JN087497

Python/Bootstrapによる
効率プログラミング

Python
ライブラリ
定番セレクション

Django4
Webアプリ開発
実装ハンドブック

処理の流れが
その場でわかる

著 チーム・カルポ

秀和システム

はじめに

この本は、Webアプリ開発用フレームワーク「Django（ジャンゴ）」でWebアプリを開発するための本で、前著『Django Webアプリ開発実装ハンドブック』をDjango 4に対応させた改訂版となります。前著と同様に、Djangoの基礎から実践的なことまでひとりで学べるように、ブログアプリと会員制フォトギャラリーアプリを題材にして解説しています。

新バージョン「Django 4」では、内部的な更新が数多く行われていますが、幸いなことに、以前のバージョンで書かれたソースコードも基本的に問題なく動作します。バージョンアップに対応してソースコードを書き換える必要がほとんどないので、本書で紹介しているプログラムも大きく変わっていません。ただし、今回の改定に際して以下を増強し、より読みやすい書籍になるように努めました。

・ソースコードを読みやすく、視認性を向上させました。
・前半で作成するブログアプリでは、「ビュー」という部品を作る際に、「クラスベースビュー」と「関数ベースビュー」の双方の方法を使って開発できるようにしました。
・ダウンロード用のサンプルプログラムは、章内の各節ごとの完成形をそれぞれ用意しました。プログラムの数は多くなりましたが、それぞれの節の完成形を確認してから次に進めるので、効率的に学習できます。

もちろん、これらのことは学習書としての読みやすさを追求したものですので、はじめてDjangoに触れる方はもちろん、プログラミング初心者の方にもしっかり対応できる内容となっています。

Pythonの基本機能だけでWebアプリを開発することを考えた場合、Webサーバーとブラウザー間の通信やデータベースに関する知識が必須で、ソースコードも複雑で難解なものになります。そこで、Webアプリに必要な機能をすべて部品化し、必要に応じて部品を呼び出すことで、手軽に高機能なWebアプリを開発できるようにしたのがDjangoです。とはいえ、どんな部品が用意されていて、どう使えばよいのかわからないとDjangoを使いこなすことができませんので、部品（関数やメソッド）の機能と使い方を、実際に開発する中で体系的に解説しました。本書の後半で開発するWebアプリでは、ユーザー認証といったいまやWebで必須の機能も組み込むので、さらに一歩進んだ実践的なテクニックを習得できるでしょう。

Djangoの学習や開発において、本書があなたのお役に立てることを願っております。

2022年4月　著者一同

■本書の対象者

この本は、サーバー上で動作するWebアプリの作成に興味がある人を対象に、PythonのDjangoを利用した開発について解説しています。Pythonの基本的なプログラミングテクニックは習得済みであることを前提にしていますが、Djangoを利用するときに必要となるプログラミングテクニックについてひととおり説明しているので、Pythonがはじめての方でも読み進めていただけると思います。

Webアプリの開発には、Pythonに加えてHTMLやCSSの知識も必要になりますが、学習の負担をできるだけ減らすため、本書では「Bootstrap」を利用しました。HTMLやCSSのコードはもちろん、JavaScriptもあらかじめ用意されたソースファイルを利用して本格的なデザインのページを手軽に構築できるので、本質的なプログラミングの部分に集中して開発できると思います。

4～6章では、ビューの作成に「クラスベースビュー」を用する方法と「関数ベースビュー」を用いる方法をそれぞれ解説しています。最初はどちらかの解説に絞ってお読みいただき、あとで未読の箇所を読んでいただいてもよいと思います。

■本書の構成

第1章　Djangoの使い方を知っておこう

Djangoフレームワークの特徴と開発手順、Djangoが採用するMTVアーキテクチャに触れつつ、Djangoの概要を解説します。

第2章　Djangoで開発するための準備をしよう

Pythonの開発用ツールAnacondaを用意し、Anaconda Navigatorや統合開発環境Spyderの使い方について紹介します。後半では、Djangoで開発するときに知っておきたいPythonのプログラミングテクニックについて紹介しています。

第3章　プロジェクトを作成してWebアプリのトップページを表示しよう

Djangoでは、Webアプリに必要なファイル群を「プロジェクト」と呼ばれる単位で管理します。この章では、プロジェクトを作成して、デフォルトで用意されているトップページを開発用サーバーから配信するまでを行います。

第4章　Bootstrapでスタイリッシュなトップページを作ろう

Webアプリの基盤を作成し、Bootstrapの「Clean Blog」と呼ばれるテンプレートを組み込みます。Clean Blogに用意されているHTMLドキュメント、CSS、JavaScriptを移植し、本書で作成するblogアプリのための設定を行います。

第5章　データベースと連携しよう（モデルについて）

blogアプリでは、投稿する記事をデータベースに保存します。データベースに保存した記事をトップページやカテゴリごとのページに一覧で表示し、さらに記事の詳細を表示する方法を解説します。

第6章　メール送信用のページを作ろう

blogアプリでは、問い合わせ用のフォームに入力されたデータを管理者のメールアドレスに送信します。このための問い合わせページの作成、メールサーバーとの連携について解説します。

第7章　「会員制フォトギャラリー」アプリの開発

ユーザー管理機能を備えたフォトギャラリーアプリを開発します。ユーザーの管理を行う「accounts」アプリ、写真の投稿と表示を行う「photo」アプリの2本立ての構造です。

第8章　Webアプリを公開しよう

開発した会員制フォトギャラリーアプリをWeb上で公開する手順を紹介します。GitHubにプロジェクトをアップロードし、PythonAnywhereに転送することで、Web上での公開を目指します。

目次

第6章 メール送信用のページを作ろう

第7章 「会員制フォトギャラリー」アプリの開発

第8章 Webアプリを公開しよう

ダウンロードサービスのご案内

●サンプルコードのダウンロードサービス

本書で使用しているサンプルコードは、次の秀和システムのWebサイトからダウンロードできます。

https://www.shuwasystem.co.jp/support/7980html/6717.html

本書のサンプルコードは、以下の環境で作成しました。

- **Pythonのバージョン**：Python 3.8.12

- **Djangoのバージョン**

サンプルコードは、Djangoで実装しています。執筆時点のライブラリの最新バージョンは「Django 4.0.2」となります。

Djangoでは、今後も「4.x」などへのマイナーバージョンアップが予定されていますが、本書の内容はマイナーバージョンアップに影響されることはありません。また、本書の内容に、万一、バージョンアップによる不具合などがあれば、サポートページにて情報を開示し、対応させていただきます。

第1章

Djangoの使い方を知っておこう

1.1

Djangoは何のためのものなのか知っておこう

Django（ジャンゴ）は、無料で利用できるオープンソース（誰でもソースコードの使用、修正、拡張、再配布が可能なこと）のWebアプリフレームワークです。実体はPythonで書かれたライブラリですが、Pythonモジュール（ソースファイル）の自動作成機能が搭載され、さらにはデータベース管理ソフトなどWebアプリ開発に必要な機能一式が搭載されているため、たんにライブラリと呼ぶのではなく、「フレームワーク」という呼び方がされています。

 Webアプリってそもそも何？

この本を読んでいる方ならすでにおわかりかと思いますが、Webアプリについてあらためて確認しておくことにしましょう。Webで動くアプリには大きく分けて、ブラウザー側で動作する「クライアントサイド」のアプリと、サーバー側で動作する「サーバーサイド」のアプリがあります。クライアントサイドのアプリ開発ではJavaScriptが有名ですね。

JavaScriptは、クライアントのブラウザーにHTMLドキュメントと一緒に読み込まれて、ブラウザー上で動作します。なので、JavaScriptが動作する基盤はブラウザーです。このためブラウザーには、HTMLを解析するソフトウェアと、JavaScriptを解析して実行するためのソフトウェアが備わっています。

一方、サーバーサイドのアプリは、サーバー上で動作します。開発には、PHPやJava、そしてPythonが多く使われています。この場合、サーバー側にPHPならPHPを解析／実行するソフトウェア、JavaであればJavaを解析／実行するソフトウェアが搭載されます。もちろん、Pythonであれば解析／実行用のPythonソフトウェアが搭載されます。

こうしたアプリ実行用のソフトウェアが搭載されたサーバーのことを「Webアプリケーションサーバー」、略して「アプリケーションサーバー」と呼び、Webサーバーとは区別します。Webサーバーがクライアントとの「窓口」になり、Webアプリとして処理が必要なものはアプリケーションサーバーに渡して処理してもらう、というイメージです。

図1.1 クライアント、Webサーバー、アプリケーションサーバーの関係

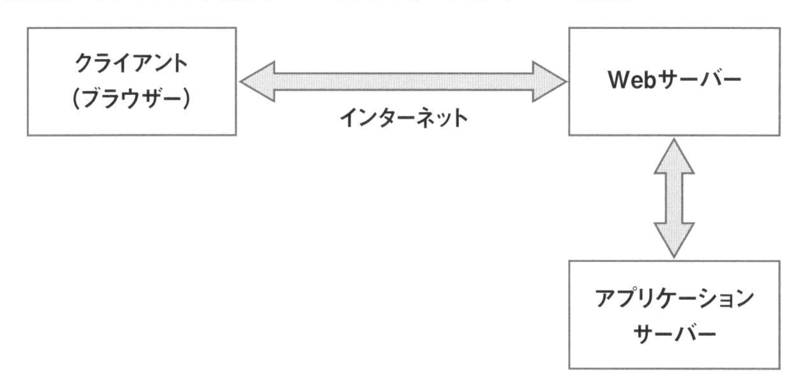

アプリケーションサーバーにはどんなソフトウェアが搭載される？

Pythonで作られたWebアプリを動作させるためには、Pythonのインタープリターや、Pythonで使われる基本ライブラリ一式が必要になります。Pythonの公式サイトからインストールできるPythonソフトウェアですね。これがアプリケーションサーバーの基盤になります。最低限、Webサーバーと連携して動作するPythonがあれば、クライアントからのアクセス（リクエスト）に対してアプリを実行して処理を行い、応答（レスポンス）を返すことができます。

ただ、ここで注意したいのは「Pythonの基本機能だけでWebアプリを作るのはとても大変」だということです。Webアプリですので、リクエストがあればその内容を確認し、適切な処理を行うことが必要です。ひとくちに処理といっても、Webページを作成するのはもちろん、必要であればデータベースからデータを読み書きするなど、そのほかにも様々な処理を行うことが必要です。これらを全部、Pythonの基本機能だけを使ってプログラミングするのは大変ですし、時間だってかかります。そこでDjangoです。

Djangoには、Webアプリを開発するための、ありとあらゆる「部品」が搭載されています。もちろん、SQLite3というデータベース管理ソフトも搭載されています。Djangoを利用する私たち開発者は、「Djangoの部品を適切に呼び出して、Webアプリに必要な処理を組み上げる」ことをします。これがDjangoによるWebアプリの開発です。

そういうわけで、アプリケーションサーバーにはPythonと一緒にDjango一式がインストールされます。もちろん、Djangoで開発されたWebアプリも一緒です。こうやって、Djangoで開発されたWebアプリが、インターネット上のWebサーバーを介して動作します。

 ところでDjangoの中身って何？

前項で少し触れましたが、DjangoにはWebアプリを開発するための部品が納められたモジュール（Pythonのソースファイル）群、言い換えるとPythonのライブラリと、データベース管理ソフト（SQLite3）、そしてWebアプリに必要なモジュール一式を作成するためのコマンド群などが同梱されています。Webアプリを手元のマシン上で実行するための「開発用サーバー」も同梱されています。

そして、Djangoはpipやcondaなどのインストール用のコマンドで簡単にインストールできます。Pythonのライブラリを使ったことのある人ならイメージできると思いますが、ライブラリのインストールはとても簡単で、インストールが終われば、面倒な設定なしですぐに開発に取りかかれます。

▼Djangoの公式ドキュメント（https://docs.djangoproject.com/ja/4.0/）

1.2

Djangoの使い方を知っておこう

Djangoでは、MTV（Model/Template/View）と呼ばれる3層構造でWebアプリを開発します。Webアプリの開発では、MVC（Model/View/Controller）が有名ですが、DjangoのMTVも名前こそ違うものの、考え方としてはほぼ同じ構造です。

 MTVのモデル、テンプレート、ビュー

表題にもありますが、MTVはModel（モデル）、Template（テンプレート）、View（ビュー）を表します。それぞれが何のことを示しているのかを見る前に、冒頭にあったMVCと何が違うのか確認しましょう。

▼MTVとMVC

MTV	MVC	説明
Model	Model	データベース連携
Template	View	HTMLドキュメント
View	Controller	応答データの生成

表を見てみると、MTVのテンプレートはMVCのビュー、MTVのビューはMVCのコントローラーに対応しています。HTMLドキュメントはMTVだとテンプレートになり、MVCだとビューになります。応答データを生成する部分は、MTVだとビューになり、MVCだとコントローラーになっています。

名前の違いだけで、基本的に何をやるのかはどちらも同じです。MTVを基準に、クライアントからのリクエストにどのように対応するのかを表したのが、次の図です。

■図1.2　ルーティング、ビュー、テンプレート、モデル

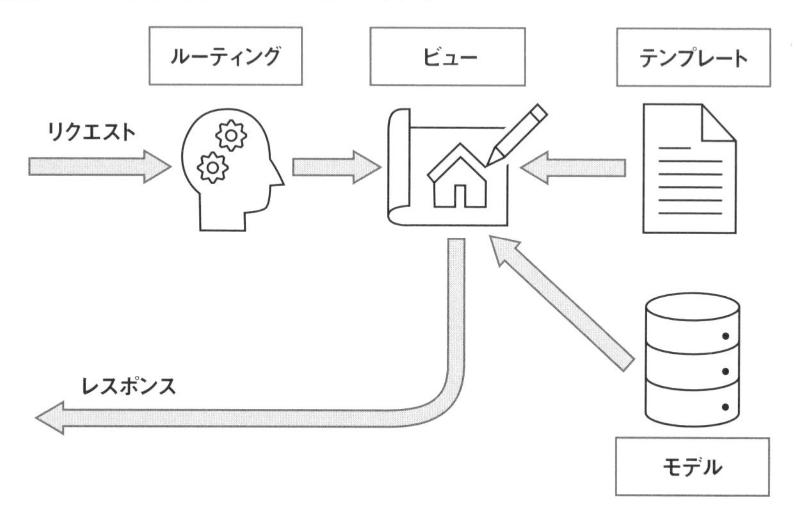

クライアントからのWebページ要求などのリクエストは、ルーティングの部分を経由してビューに渡されます。MTVにはルーティングを行う部分はありませんでしたが、ルーティングは適切なビューを呼び出す役目をするので、ビューの入り口を担う部分と考えることができます。ビューは、テンプレートからHTMLドキュメントを読み込み、さらにデータベースから読み込んだデータを反映させて、レスポンス用のHTMLドキュメントを生成します。

プログラムによる処理を必要としないWebページであれば、図のルーティングとテンプレートさえあれば問題なくレスポンス（HTMLドキュメント）をクライアントに返せるので、この2つをWebサーバーに搭載してしまえば済みます。対してWebアプリでは、データベースからデータを読み込んでHTMLドキュメントを「動的」に生成することが求められます。これを担うのがビューの役割です。そういうわけで、ルーティングからあとの部分を含めてアプリケーションサーバーに搭載したのがMTVです。

少し大雑把な説明になってしまいましたので、ルーティングのところから順番に詳しく見ていくことにしましょう。

 ルーティング

「ルーティング」とは、通信相手までの経路を判断する仕組みのことです。Djangoでは、

http(s)://<ドメイン名>/top/

のようにWebアプリへのアクセス（リクエスト）があると、ページのURL「/top」に対応したビューを呼び出します。これはWebアプリの動作を決定する重要なものです。

Webサーバーは、特に指定がなければ、受け取ったリクエストをPythonのアプリケーションサーバーに渡します。そこでルーティングの登場です。

ルーティングの設定は、「urls.py」というモジュールに記述します。このモジュールは、DjangoでWebアプリのひな形（アプリの骨格のみが記述されたモジュール群）を作成したときに自動的に用意されます。開発の際は、モジュールを開いて独自のルーティングを記述します。

▼ルーティングの例

```
from django.urls import path
from . import views

# URLパターンを登録する変数
urlpatterns = [
    # アプリへのアクセスはviewsモジュールのIndexViewを実行
    path('', views.IndexView.as_view(), name='index'),
    # mypage/へのアクセスはviewsモジュールのMypageViewを実行
    path('mypage/', views.MypageView.as_view(), name = 'mypage'),
```

ルーティングの設定のことを「URLパターン」と呼びます。この例では、

http(s)://<ドメイン名>/

へのリクエストがあったとき、ビューIndexViewを呼び出します。また、

http(s)://<ドメイン名>/mypage/

へのアクセスがあったとき、ビューMypageViewを呼び出します。

このとき、リクエスト情報(HttpRequestオブジェクト)がビューに渡されます。ビューはリクエスト情報を読み込み、指定されたテンプレートを読み込んでレスポンス用のHTMLドキュメントを生成します。

ビュー

ビューは、ルーティングからリクエスト情報(HttpRequestオブジェクト)を受け取り、指定されたテンプレートを読み込んで、レスポンスとして返すHTMLドキュメントを生成します。生成したHTMLドキュメントはレスポンス情報(HttpResponseオブジェクト)に格納され、Webサーバーを経由してクライアントに返されます。これがビューの基本的な処理ですが、状況に応じて次のようなことも行います。

・モデルにデータベースの操作を依頼する
・HTMLのフォームを使用する場合はフォームのクラスに処理を依頼する
・指定されたURLにリダイレクトする

ビューは、DjangoでWebアプリを作成したときに自動で生成される「views.py」というモジュールに記述します。ビューの書き方には、関数ベースの書き方とクラスベースの書き方の2つがあります。

関数ベースビュー

関数ベースビューは、パラメーターでHttpRequestオブジェクトを受け取り、内部処理を行って、HttpResponseオブジェクトを戻り値として返します。

▼関数ベースビュー
```
def func(request):
   [内部処理]
   return HttpResponseオブジェクト
```

次の例では、

・モデルSampleModelからすべてのデータ(データベースのレコード)を読み込んでobject_listに格納

・contextという名前の辞書（dictオブジェクト）にobject_listキーの値として格納
・render()関数にHttpRequestオブジェクト、テンプレート（app_list.html）、contextを引数として渡し、生成されたHTMLドキュメントを格納したHttpResponseオブジェクトを戻り値として返す

という処理をしています。

▼関数ベースビューの例

```
from django.shortcuts import render
from .models import SampleModel

def list_func(request):
    object_list = SampleModel.objects.all()
    context = {'object_list': object_list}
    return render(request, 'app_list.html', context)
```

●クラスベースビュー

クラスをベースにしたビューは、Djangoに用意されているビュークラスを継承したサブクラスとして作成します。Djangoには独自の機能を備えたビュークラスがいくつか用意されていますが、これらのクラスを直接使うのではなく、継承してサブクラスを作る、というやり方をします。継承する理由は、クラスのメソッドやクラス変数をオーバーライド（上書き）して独自の機能にカスタマイズできるためです。

▼クラスベースビューの例

```
from django.views.generic import ListView

class IndexView(ListView):
    # index.htmlをレンダリングする
    template_name ='index.html'
    # モデルBlogPostのオブジェクトにorder_by()を適用して
    # BlogPostのレコードを投稿日時の降順で並べ替える
    queryset = BlogPost.objects.order_by('-posted_at')
```

この例では、モデルBlogPostのレコード(データベースのデータ)を投稿日時の降順で並べ替えて、そのデータをテンプレートindex.htmlに反映させて新たなHTMLドキュメントを作り出しています。HttpResponseオブジェクトは、スーパークラスListViewの内部で生成されるので、このための処理コードを記述する必要はありません。最低限、テンプレートとモデルさえ指定しておけば、あとはスーパークラスがHTMLドキュメントの生成からHttpResponseオブジェクトをWebサーバーに渡すところまでをやってくれます。

Djangoに用意されているビュークラス

Djangoには、次のようなビュークラスが用意されています。

▼Djangoのビュークラス

クラス	用途
TemplateView	テンプレートを読み込んでHTMLドキュメントを生成します。
RedirectView	別のビューにリダイレクトする処理のみを行います。
ListView	モデルのデータを一覧表示します。
DetailView	モデルのデータの詳細を表示します。
CreateView	モデルのデータを作成します。
UpdateView	モデルのデータを更新します。
DeleteView	モデルのデータを削除します。
FormView	フォームと連動した処理を行います。

ビュークラスのオーバーライド

ビュークラスを継承した場合は、メソッドやクラス変数をオーバーライド（上書き）することで、独自の機能を設定します。

▼オーバーライドする主なクラス変数

クラス変数	対象のビュークラス	用途
template_name	RedirectViewを除くすべてのビュークラス	テンプレートを指定します。
model	ListView DetailView CreateView UpdateView DeleteView	モデルを指定します。データベースのテーブルデータを取得するだけならmodelのみ指定すればよく、querysetの指定は必要ありません。
queryset	ListView DetailView CreateView UpdateView DeleteView	データベースへのクエリ（要求）を登録します。レコードの並べ替えなど独自の処理を行う場合に使用します。
form_class	FormView CreateView UpdateView	フォームのクラスを指定します。
success_url	CreateView UpdateView DeleteView FormView	処理が成功したときのリダイレクト先のURLを指定します。登録できるのは、URLが固定のページです。動的にURLが変わる場合は後述のget_success_url()メソッドを使用してください。
fields	CreateView UpdateView	ビューでフォームと連動した処理を行う際に、フォームのフィールド（テーブルのカラムに相当）を指定します。

▼オーバーライド可能な主なメソッド

メソッド	対象のビュークラス	用途
get_context_data()	RedirectViewを除く すべてのビュークラス	テンプレートに渡される辞書オブジェクトを取得します。
get_queryset()	ListView DetailView CreateView UpdateView DeleteView	データベースへのクエリ(要求)を実行します。パラメーターでリクエストオブジェクト(HttpRequest)を取得できるので、リクエストの状況に応じて動的にクエリを実行する必要がある場合に、オーバーライドして独自のクエリを記述します。
form_valid()	FormView CreateView UpdateView	フォームのバリデーション(入力データの検証)をクリアしたときの処理を記述します。
get_success_url()	CreateView UpdateView DeleteView FormView	処理が成功したときのリダイレクト先のURLを指定します。URLが動的に変わるページ(例えばログイン中のユーザーページはログインしているユーザーによってURLの一部が変わります)の場合は、このメソッドを使用してリダイレクト先を動的に生成できます。
delete()	DeleteView	データの削除完了時の処理を記述します。
get()	すべてのビュークラス	GETリクエストに対して独自の処理を行いたい場合にオーバーライドします。
post()	CreateView UpdateView DeleteView FormView RedirectView	POSTリクエストに対して独自の処理を行いたい場合にオーバーライドします。

モデルは、データベースを「オブジェクト化」するためのクラスです。ビューは、データベースのデータを読み書きする処理を行いますが、そのときに直接データベースとやり取りするのではなく、モデルを介して操作します。

▼モデルクラスの例

```
from django.db import models


class BlogPost(models.Model):
    # タイトル用のフィールド
    title = models.CharField(verbose_name='タイトル')
    # 本文用のフィールド
    content = models.TextField(verbose_name='本文')
    # 投稿日時のフィールド
    posted_at = models.DateTimeField(verbose_name='投稿日時',
                                     auto_now_add=True)
```

このモデルクラスは、Djangoに用意されたモデルのスーパークラスmodels.Modelを継承しています。このことで、モデルとしての機能が実装されるので、フィールドを定義するだけでモデルクラスとして機能するようになります。フィールドは、データベースのテーブルのカラム(列)に対応するので、タイトル用のフィールドtitleの場合は、フィールドを通じてデータベーステーブルのtitleカラムのデータを操作できます。以下は、Djangoで使用するフィールド用のクラスです。

▼フィールドのクラス

クラス	使用するウィジェット	説明
CharField	TextInput	短いテキスト向けのフィールドです。
TextField	Textarea	長いテキスト向けのフィールドです。
IntegerField	NumberInput	負の値を含む整数値。
PositiveIntegerField	NumberInput	0を含む正の整数値。
FloatField	NumberInput	浮動小数点数。
DateField	TextInput	日付を扱うフィールドです。 auto_now_addオプションにTrueをセットすると、レコードの新規作成時の日付が記録されます。 auto_nowオプションにTrueをセットすると、レコードを更新するたびに、そのときの日付が記録されます。
DateTimeField	TextInput	日付と時刻を扱うフィールドです。 auto_now_addオプションにTrueをセットすると、レコードの新規作成時の日付と時刻が記録されます。 auto_nowオプションにTrueをセットすると、レコードを更新するたびに、そのときの日付と時刻が記録されます。

モデルクラスを作成したあと、「マイグレーション」という処理(コマンドで実行)を行うことで、データベースの作成が自動で行われます。

テンプレート

テンプレートは、Webページの外観を決めるためのHTMLドキュメントです。Djangoのビューは、テンプレートを読み込むことでレスポンス用のHTMLドキュメントを生成します。

このためテンプレートの形態は、拡張子が.htmlのHTMLドキュメントではありますが、HTMLのタグにDjango特有の「テンプレートタグ」が混在したものとなっています。

▼テンプレートタグの記法

記法	説明
{{ 変数名 }}	変数に格納された値を出力します。
{% テンプレートタグ %}	繰り返し処理や条件分岐などを行います。
{# コメント #}	コメントを記述します。コメントは出力されません。

▼テンプレートタグ

テンプレートタグ	機能
if～elif～else～endif	条件分岐を行います。
for...in～endfor	繰り返し処理（ループ処理）を行います。
extends	ベース（親）テンプレートを適用します。
block	ベーステンプレートが適用されたテンプレートで独自の処理を記述します。
include	テンプレートに他のテンプレートを組み込みます。
load	カスタムテンプレートタグを読み込みます。
url	URLを逆引きします。

これらの表を見ただけではいまひとつ用途がわかりにくいと思いますが、実際にWebアプリを作成する過程でこれらをすべて使用します。その際にそれぞれ詳しく説明するのでご安心ください。

あと、テンプレートでは、ビューから渡される以下の変数がデフォルトで使えるようになっています。

▼テンプレートで利用できる変数

変数	格納されているデータ
object	モデルから渡されるオブジェクトが格納されます。データベースの1レコードです。
object_list	モデルから渡されるオブジェクトが格納されます。テーブルのレコードのリストです。
form	フォームのオブジェクトが格納されます。
messages	メッセージのリストが格納されます。

第2章

Djangoで開発するための準備をしよう

2.1 Djangoで開発するための準備をしよう

Djangoで開発するためのツールを用意しましょう。開発するためのツールを指して「開発環境」という言い方をしますが、開発環境には、Pythonのコードを記述して実行するために必要なソフトウェア一式が含まれます。

Pythonの開発環境には、Python標準の「IDLE（アイドル）」をはじめとしていくつかのものがありますが、本書ではDjangoのインストールから開発までをカバーする統合型の開発ツール「Anaconda（アナコンダ）」を使うことにしましょう。

 Anacondaとは？

Anacondaは、Anaconda, Inc.が開発・配布しているPythonディストリビューションです。ライブラリの管理および開発に必要なツール群が1つの配布型パッケージとしてまとめられています。パッケージには、個人利用のための無償版の「Anaconda Distribution」や商業利用のための「Anaconda Professional」（月額約1,800円）などがあります。学習用途ですので、Anaconda Distributionを利用することにしましょう。

● Anacondaに含まれる主なツール

Anacondaには、Pythonで開発するための以下のツールが含まれています。

○ Anaconda Navigator（アナコンダナビゲーター）

Anacondaの各種のツールを起動するランチャーとして機能と、外部のライブラリをインストール／管理するための機能が搭載されています。ライブラリの管理機能は、開発目的ごとに「仮想環境」を作成し、それぞれの環境独自にライブラリをインストールし、Updateなどの管理も仮想環境ごとに行えるのが特徴です。

Pythonでは、開発したプログラムを実行するための環境を「仮想環境」と呼び、開発する際は必ず1つ以上の仮想環境を用意することになります。Pythonの標準機能ではconsoleへのコマンド入力で仮想環境の作成や管理を行いますが、Anaconda Navigatorではビジュアルな画面（GUI）で作業できるためとても便利です。

◯Jupyter Notebook（ジュピターノートブック）

Pythonの統合開発環境（IDE）です。ブラウザー上で動作するWebアプリであり、プログラムを書いたら、すぐその下に実行結果が出力されるのが特徴です。このことから、プログラムの実行結果を逐一確認するようなデータ分析、あるいはディープラーニングなどの分野で広く使われています。

◯Spyder（スパイダー）

Pythonの統合開発環境（IDE）です。ソースコードの入力画面および実行結果が出力される画面のほか、変数の値やソースファイルが含まれるディレクトリを表示する画面など、プログラミングに必要な様々な画面が用意されています。

Djangoを用いた開発では、「プロジェクト」と呼ばれる単位で様々なモジュール（Pythonのソースファイル）やHTMLドキュメント、さらにはHTMLで利用するCSSファイルなど、結構な数のファイルを扱います。

Spyderは、モジュール単位での開発に適しているだけでなく、ディレクトリの構造を表示する［ファイル］ペインが用意されているので、Djangoのプロジェクトの管理がとてもラクです。こうした理由があるので、Djangoでの開発にはSpyderを用いたいと思います。

◯Anacondaをインストールするときの注意

Anacondaは、日本語を含むフォルダーにはインストールできません。インストールできたとしても、実行時に不具合を起こしてしまいます。特に、Windowsのユーザー名が日本語になっている場合は、デフォルトのインストール先が日本語のユーザー名以下のフォルダーになるため、注意が必要です。

もし、日本語のユーザー名を使用している場合は、Anaconda専用の英語表記のみのディレクトリ（フォルダー）を用意してからインストールするようにしましょう。インストール先は、Anacondaのインストール時に指定できます。

 Anacondaをインストールしよう

❶ Anacondaの無償版であるAnaconda Distributionは、Anacondaの公式サイトの「Anaconda Distribution」のページから入手します。ブラウザーのアドレス欄に「https://www.anaconda.com/products/distribution」と入力してダウンロードページにアクセスし、[Download]ボタンをクリックしましょう。
このとき、自動的にOSの種類が判別されていますが、手動で選択してダウンロードを行いたい場合は、[Download]ボタンの下にあるOSのアイコン部分をクリックして次の手順に進んでください。

■図2.1　Anacondaの「Anaconda Distribution」のダウンロードページ

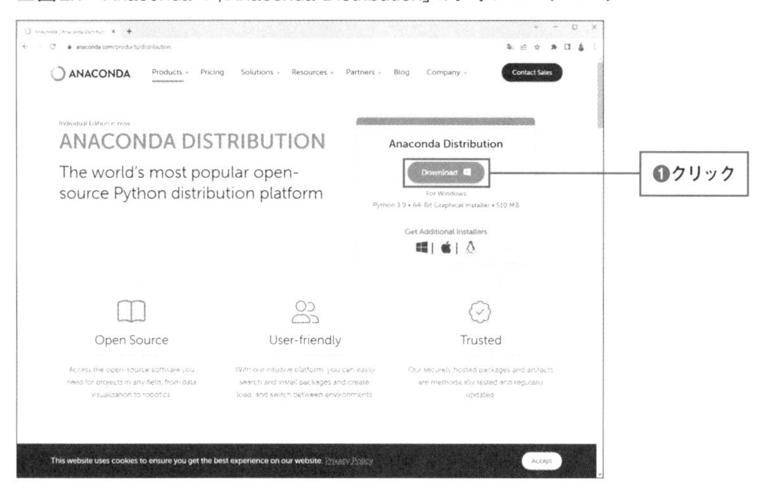

❷ Windowsでは「64-Bit Graphical Installer」または「32-Bit Graphical Installer」をクリック、macOSでは「64-Bit Graphical Installer」をクリックしましょう。

■図2.2　Anacondaのダウンロード

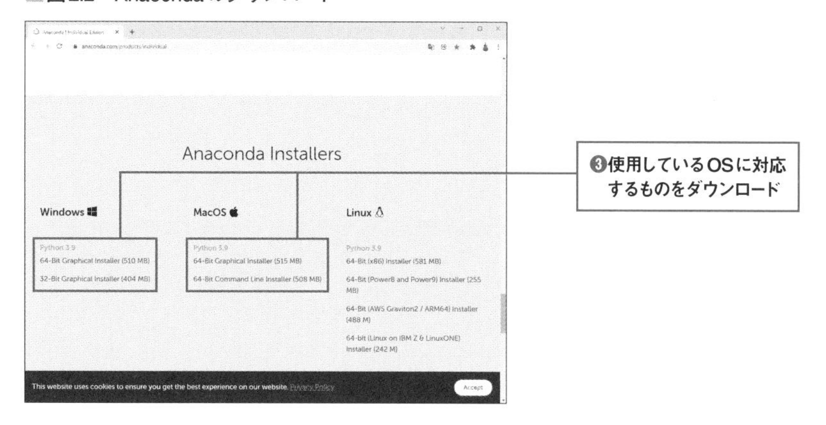

❸ダウンロードされたexe形式ファイル（macOSの場合はpkgファイル）を実行します。インストーラーが起動したら［Next］ボタンをクリックします。

■図2.3　インストールの開始

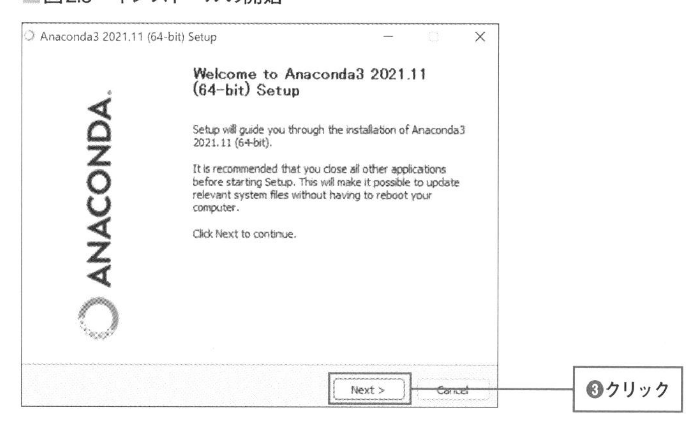

❹使用許諾を確認して［I Agree］をクリックし、続く画面で使用するユーザーとして［Just Me］、または［All Users］のどちらかを選択して［Next］ボタンをクリックします。

❺Anacondaのインストール先を選択する画面が表示されます。インストール先のフォルダーまでが英語表記の場合はこのまま[Next]ボタンをクリックします。日本語表記のフォルダーが含まれている場合は、[Browse]ボタンをクリックして英語表記だけのフォルダーを選択してから[Next]ボタンをクリックしてください。

図2.4　インストール先の設定

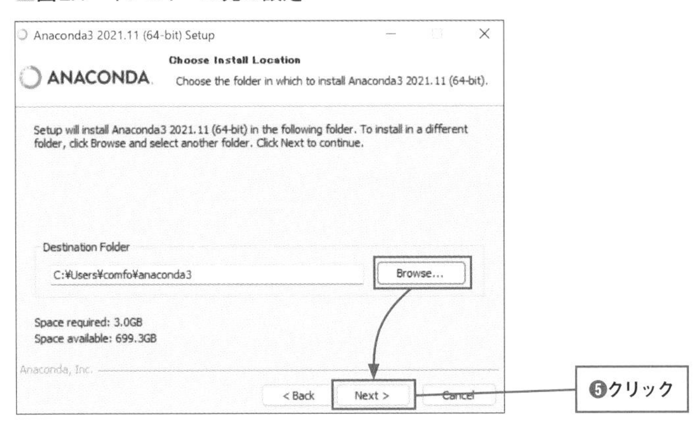

❻オプションの選択画面が表示されるので、[Register Anaconda3 as my default Python 3.x]のみにチェックを入れて[Install]ボタンをクリックしましょう。

図2.5　インストールの開始

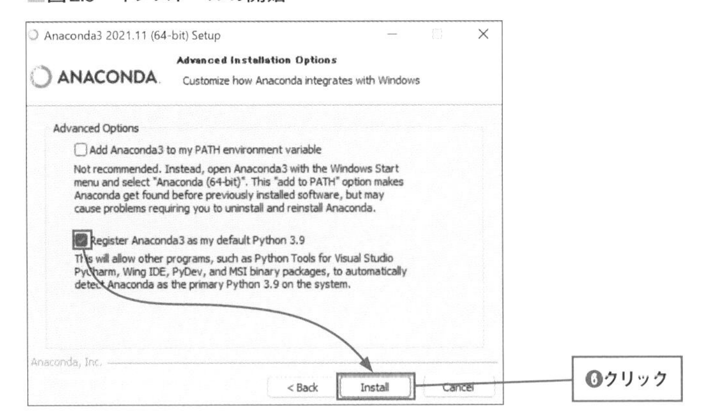

❼インストールが完了すると「Completed」と表示されるので[Next]ボタンを2回クリックします。最後に[Finish]ボタンをクリックしてインストーラーを終了しましょう。

Anacondaでは、Pythonで開発するための仮想環境として「base」という名前の環境があらかじめ用意されています。でも、ここでは、専用の仮想環境を用意することにしましょう。新規に作成する仮想環境にはPython本体および必要最小限のライブラリやツールしか含まれないので、目的に応じて必要なライブラリのみをインストールし、クリーンな状態で開発が行えます。デフォルトの仮想環境にあるような余計なライブラリは含まれないので、アップデートなどのメンテナンスが楽という理由もあります。

 Anaconda Navigatorを起動して仮想環境を作ろう

仮想環境と聞くと、「本体を模した仮想的な環境」というイメージがありますね。実際にPythonは仮想環境上で動作するように設計されています。Anacondaでは「base」という名前の仮想環境がデフォルトで用意されています。ただし、仮想環境はいくつでも用意できるので、Django開発専用の仮想環境を用意することにしましょう。

仮想環境の作成は、Anacondaに付属している「Anaconda Navigator」で行います。

❶Windowsの場合は[スタート]メニューの[Anaconda3]のサブメニューにアイコンがあるので、それをクリックすれば起動できます。macOSの場合はファインダーの「アプリケーション」から起動してください。

❷Anaconda Navigatorを起動したら、画面左側の[Environments]タブをクリックし、画面下の[Create]ボタンをクリックしましょう。

■図2.6　仮想環境の作成

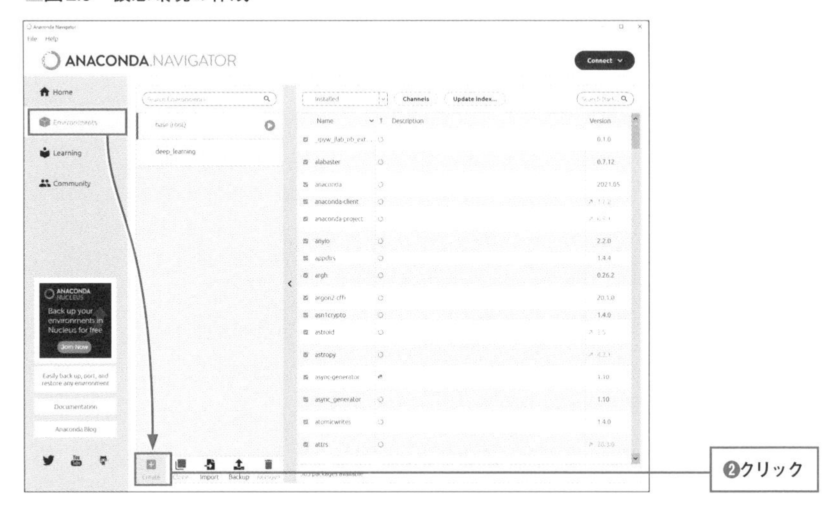

❸[Create new environment]ダイアログが起動するので、[Name]に仮想環境名を入力し、[Python]がチェックされているのを確認後、最新のバージョンを確認して[Create]ボタンをクリックします。

■図2.7　[Create new environment]ダイアログ

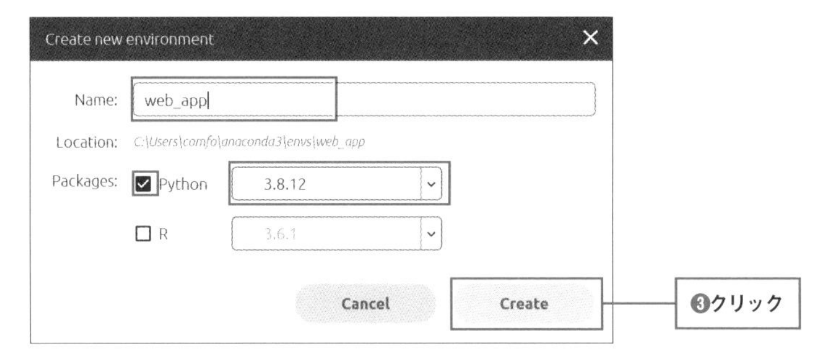

しばらくすると、仮想環境が作成されます。以降は、作成した仮想環境上でターミナルやSpyderを動作させることにします。

2.2

開発ツールSpyderをインストールしよう

Anacondaに含まれる開発ツールの「Spyder」を、仮想環境にインストールして使えるようにしてみましょう。Spyderの画面には、ソースコードの入力や編集を行うウィンドウ、プログラムの実行結果や変数に格納されている値を表示するための複数のウィンドウが表示されます。コードの管理をはじめとするプログラミングに必要な情報がツール画面の小ウィンドウに表示されるわけですが、このような画面構成は多くの開発ツールに採用されています。

Spyderを仮想環境にインストールする

Spyderは、Anaconda Navigatorを使って仮想環境上にインストールします。

❶ Anaconda Navigatorの[Home]画面の[Applications on]で仮想環境を選択し、Spyderの[Install]ボタンをクリックしましょう。

■図2.8　仮想環境にSpyderをインストールする

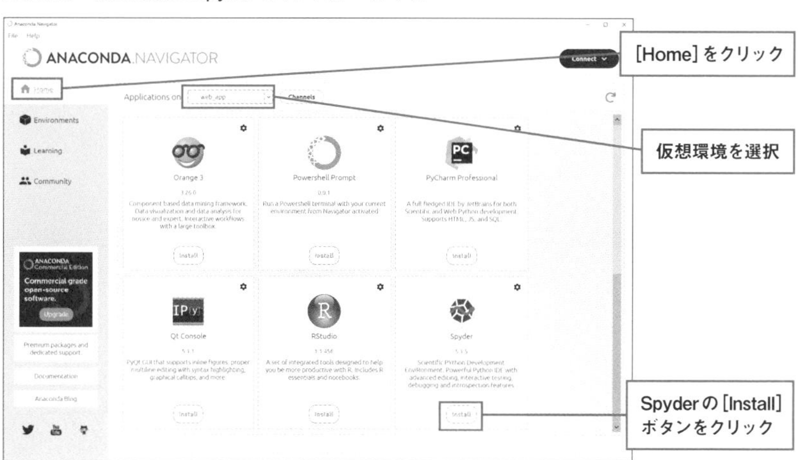

❷インストールが完了したら、[Launch]ボタンをクリックしてSpyderを起動してみましょう。

■図2.9　Spyderの起動

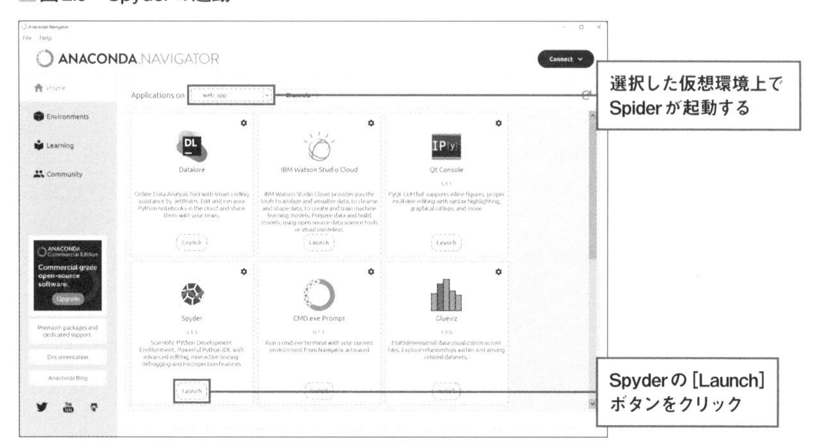

■図2.10　起動直後のSpyder

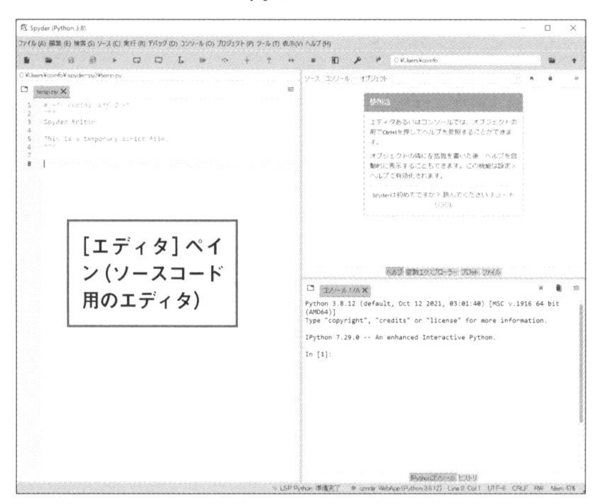

Spyderの画面スタイル

Spyderは複数の画面スタイルを選択できます。[ツール]メニューの[設定]を選択し、[設定]ダイアログの[外見]に表示される[構文強調テーマ]で選択可能です。

選択した仮想環境上でSpyderが起動しました。すでにソースコードを入力するウィンドウ([エディタ]ペイン)が開いています。ソースコードを入力して、プログラムを実行してみることにしましょう。

❸[エディタ]ペインに次のように入力してみてください。

```
num = 100*2
print(num)
```

100×2の計算結果を変数numに代入し、このnumに代入された値をprint()関数でコンソールに出力するコードです。入力が済んだら、いったんソースファイルを保存しましょう。

❹[ファイル]メニューの[形式を指定して保存]を選択してください。

■図2.11 ソースファイルの保存(1)

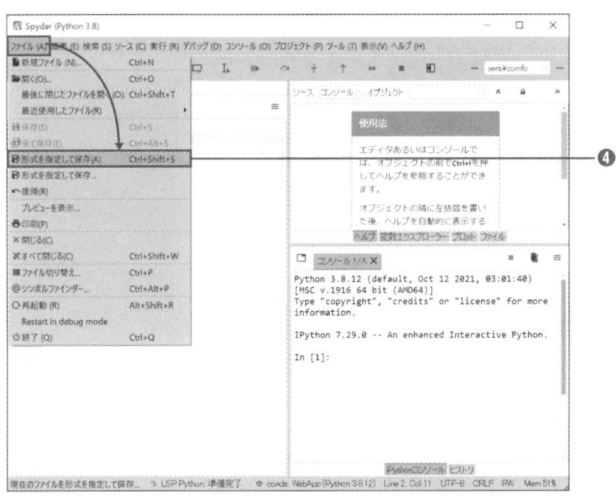

❺[ファイルを保存]ダイアログが表示されるので、ファイルの保存先を選択し、ファイル名を入力して[保存]ボタンをクリックします。

■図2.12　ソースファイルの保存(2)

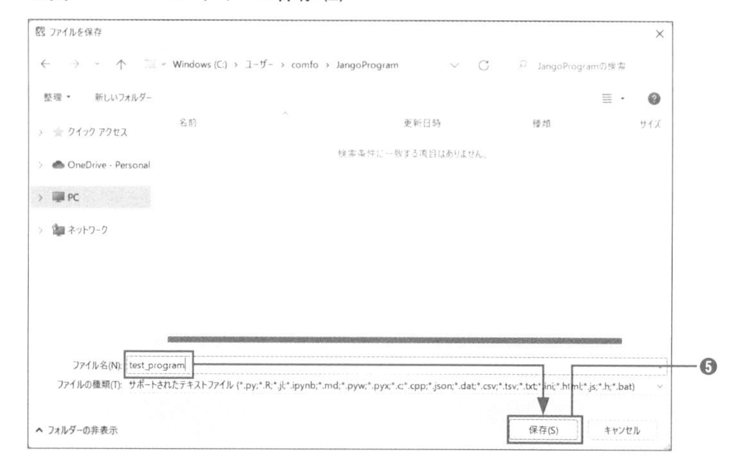

ソースファイルは、拡張子が「.py」のPython形式ファイルとして保存されます。保存が済んだらプログラムを実行してみましょう。

❻[実行]メニューの[実行]を選択(またはツールバー上の[実行]ボタンをクリック)します。

■図2.13　プログラムの実行

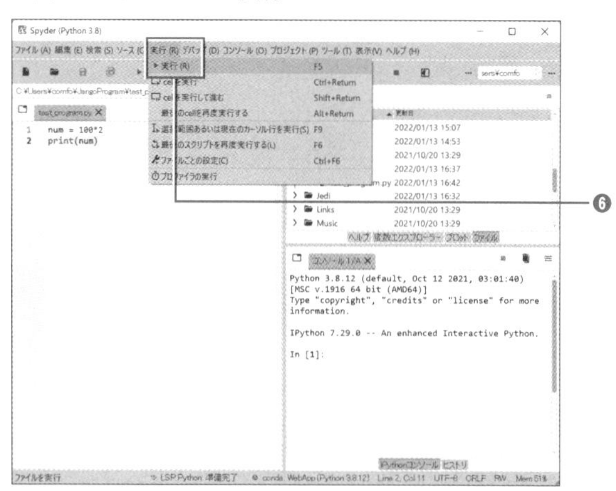

❼初回実行時には、次のダイアログが表示されますので、このままの状態で[実行]ボタンをクリックしましょう。

図2.14　プログラムの実行設定を行うダイアログ

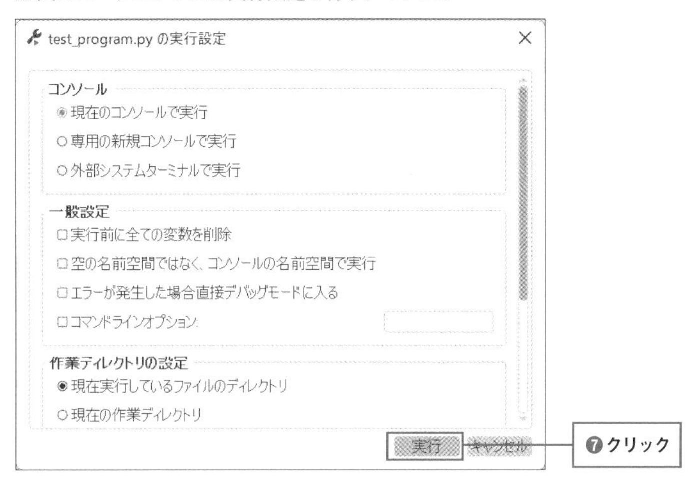

右下の[IPythonコンソール]ペインに、プログラムの実行結果が表示されます。

❽右上のペイングループの[変数エクスプローラー]タブをクリックしてみてください。変数numに格納されている値「200」が表示されているのが確認できます。

Spyder起動中はコンソールが表示される

Spyderを起動すると、コンソールの画面が表示されることがあります。Spyderの実行に必要なものなので閉じないようにしてください。

■図2.15　プログラムの実行結果

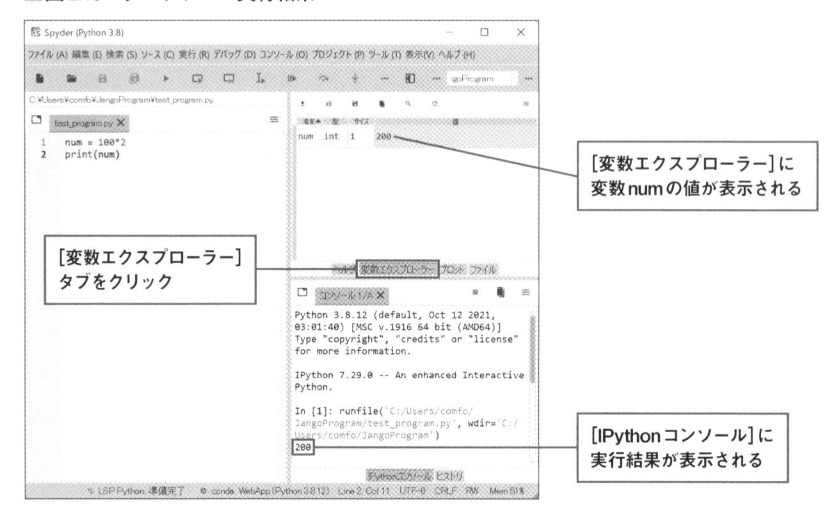

Spyderではこのようにして、コードの入力とプログラムの実行を行います。Djangoで開発するときは、Spyder上ではなくDjangoの「開発サーバー」上でプログラムを実行しますが、基本的な使い方として覚えておきましょう。

Spyderの日本語化

状況によってはSpyderが英語表示になっていることがあります。

この場合は、[Tools]メニューの[Preferences]を選択し、[Preferences]ダイアログの[Application]をクリックして、右側の[Advanced settings]➡[Language]で[日本語]を選択してください。[OK]ボタンをクリックすると、Spyderを再起動してよいか聞かれるので、[Yes]をクリックして再起動すれば、日本語化が完了します。

2.3

「Django」をインストールしよう

「Django」は、Pythonの外部ライブラリなので、仮想環境にインストールすることが必要です。ここでは、最新バージョンの「Django 4.x」をインストールする手順を紹介します。

作成した仮想環境にDjangoをインストールしましょう。

「CONDA-FORGE」をチャネルに追加しよう

Anaconda Navigatorでは、外部ライブラリをインストールする際に、「チャネル」に登録されているサイトからダウンロードしてインストールするようになっています。デフォルトで「defaults」というチャネルが登録されています。

ただし、「defaults」チャネルはDjangoのバージョン4に対応していないので(2022年2月現在)、「CONDA-FORGE」というチャネルを追加することにします。CONDA-FORGEでは、数多くのパッケージ(ライブラリ)を公開していて、defaultsチャネルで未対応のパッケージをダウンロードすることが可能です。

図2.16 「CONDA-FORGE」のサイト(https://conda-forge.org/)

❶Anaconda Navigatorの［Environments］タブで仮想環境名を選択し、［Channels］ボタンをクリックします。

図2.17　Anaconda Navigatorの［Environments］タブ

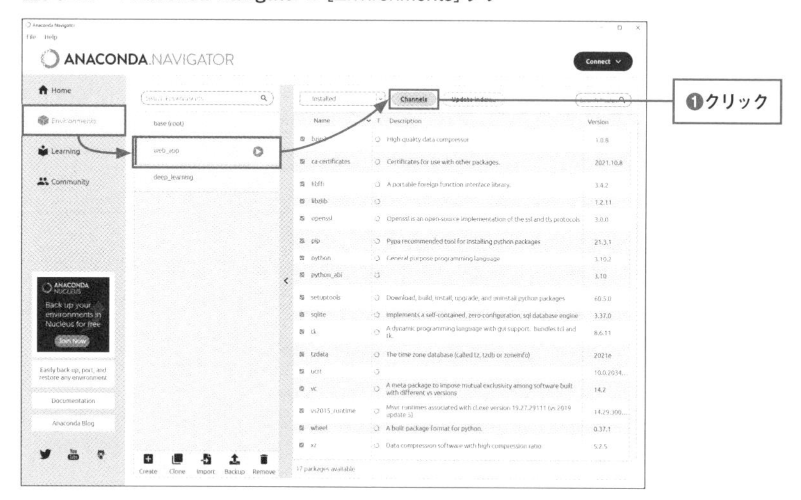

❷ダイアログが表示されるので、［Add...］をクリックします。

図2.18　チャネルの追加

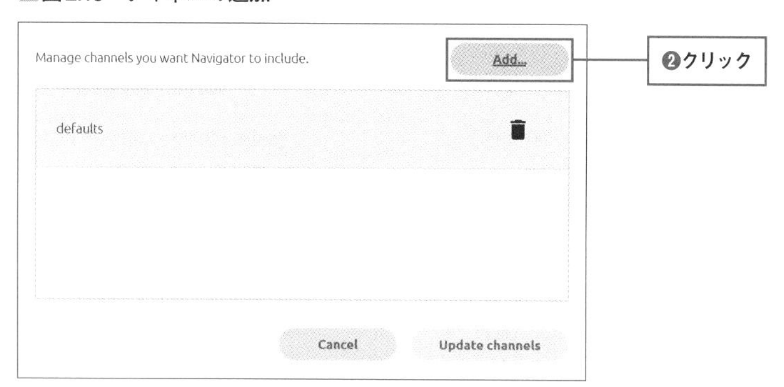

❸「conda-forge」と入力して、[Enter]キーを押します。

■図2.19　チャネルの追加

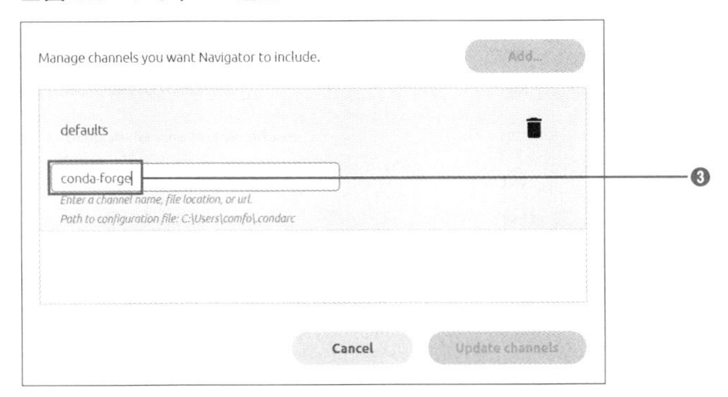

❹[Update channels]をクリックします。

■図2.20　チャネルの追加

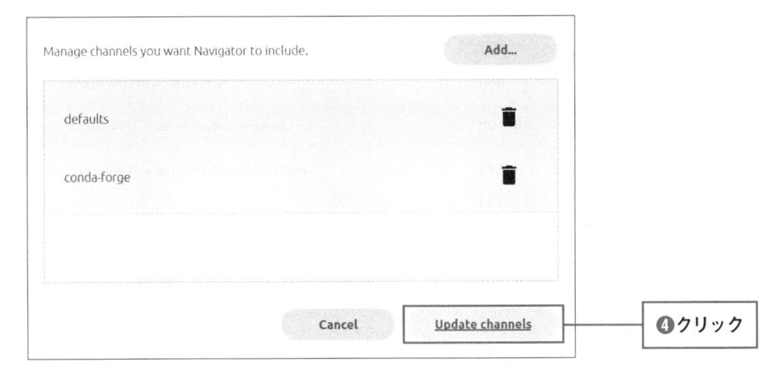

以上でCONDA-FORGEがチャネルに追加されました。続いてDjango 4.0のインストールに進みましょう。

Django 4.0のインストール

❶Anaconda Navigatorの[Environments]タブで仮想環境名を選択します。

❷上部中央のメニューで[Not installed]を選択し、上部右側の検索欄に「django」と入力します。

図2.21　Anaconda Navigatorの[Environments]タブ

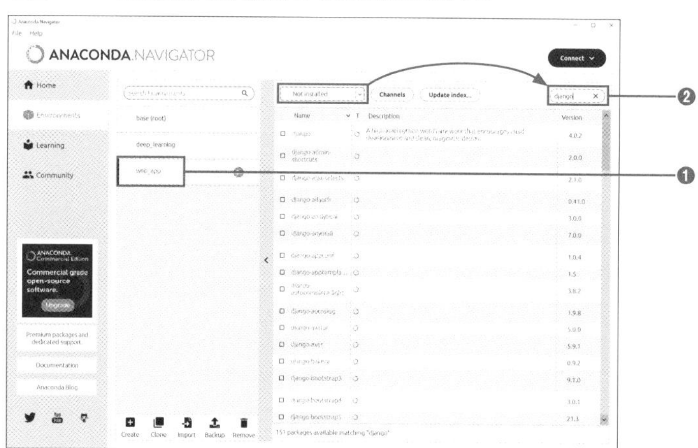

❸検索結果に「django」が表示されるので、チェックボックスを右クリックして[Mark for specific version Installation]をポイントし、「4.0」をクリックします。4.0以上のバージョンが表示された場合は、そのバージョンをクリックしてもかまいません。

ワンポイント

djangoが表示されない

「django」が表示されない場合は、ツールバーの「Update index...」ボタンをクリックして、ライブラリ名の更新をしてみてください。

図2.22　Anaconda Navigatorの[Environments]タブ

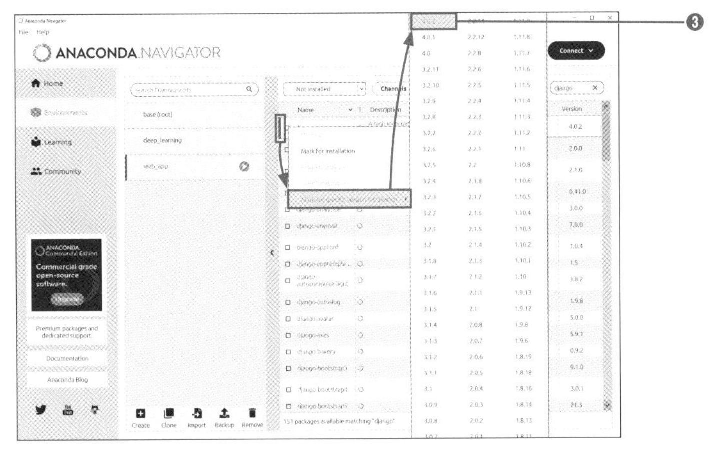

❹[Apply]ボタンをクリックします。

図2.23　Anaconda Navigatorの[Environments]タブ

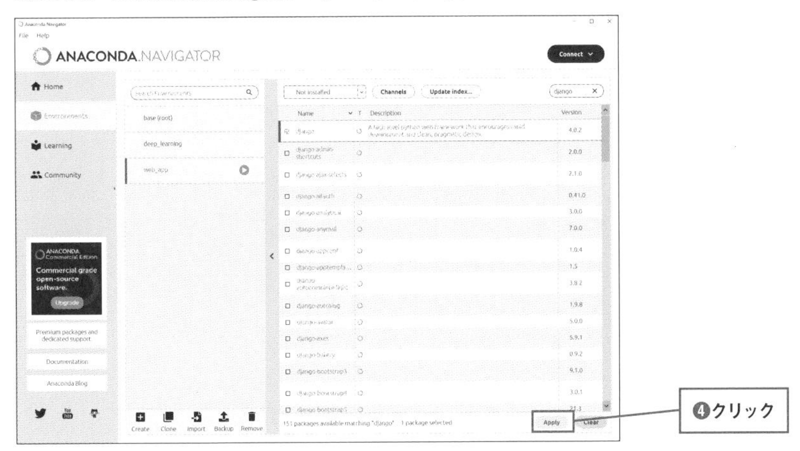

❺[Install Packages]ダイアログに、インストールされるパッケージ(ライブラリ)の一覧が表示されるので、このまま[Apply]ボタンをクリックしてインストールしましょう。

■図2.24 [Install Packages]ダイアログ

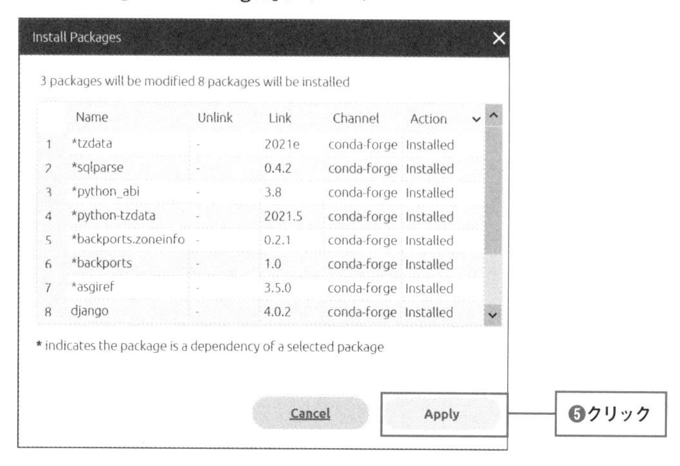

以上でDjangoのインストールは完了です。

Anaconda Navigatorで[Installed]を選択して、検索欄に「django」と入力すると、操作例ではDjangoのバージョン4.0.2がインストールされていることが確認できます。

■図2.25 Anaconda Navigatorの[Environments]タブ

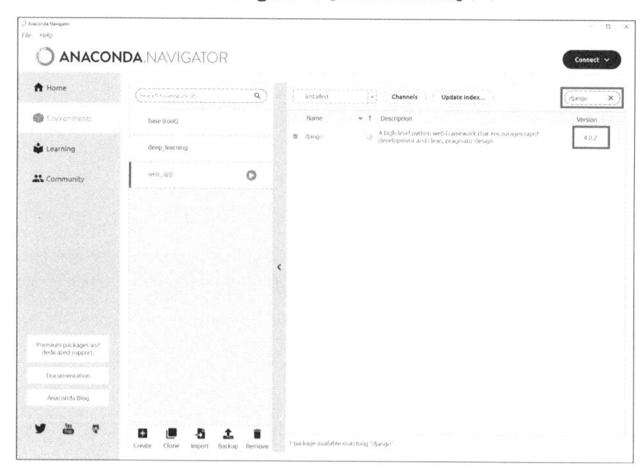

Djangoのアップデート

現在、インストールされているDjangoの新しいバージョンが公開された場合、Anaconda Navigatorの[Environments]タブの[Version]の欄にアップデートを知らせる矢印のマークが表示されます。[django]のチェックボックスを右クリックして[Mark for update]を選択すると画面下に[Apply]ボタンが表示されるので、これをクリックしてアップデートを行うことができます。

■図2.26　Anaconda Navigatorの[Environments]タブ

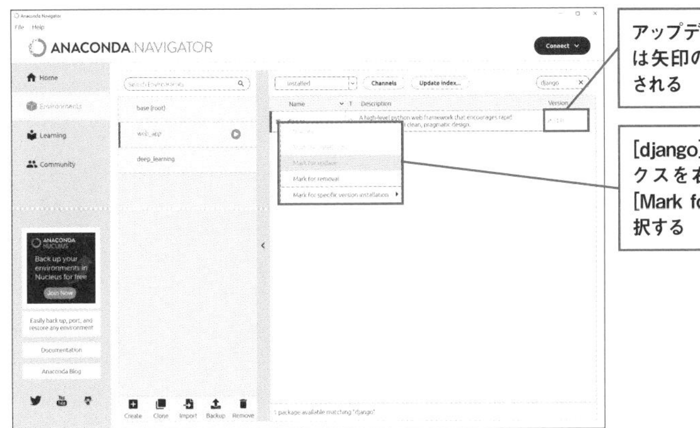

■図2.27　Anaconda Navigatorの[Environments]タブ

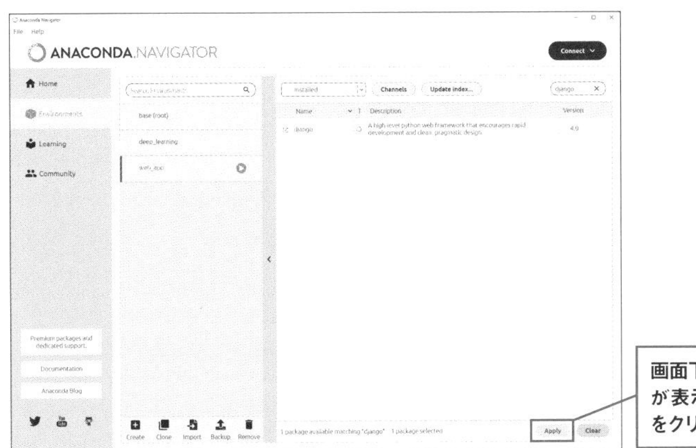

コラム

「CONDA-FORGE」がチャネルに登録されているとSpyderのインストール画面が表示されない場合がある

本書では、Spyderのインストールを先に行ってからDjango 4のインストールを行うようにしています。ただし、Django 4を先にインストールしてからSpyderのインストールに進もうとすると、Anaconda Navigatorの[Home]タブに、Spyderをインストールするための画面（[Install]ボタンなど）が表示されないことがあります。

このような状況に陥った場合は、次の手順でチャネルから「conda-forge」を削除してください。

[Environments]タブで仮想環境名を選択し、[Channels]ボタンをクリックしたあと、「conda-forge」のゴミ箱のアイコンをクリックして[Update channels]をクリックしましょう。

■図2.28 「CONDA-FORGE」をチャネルから削除する

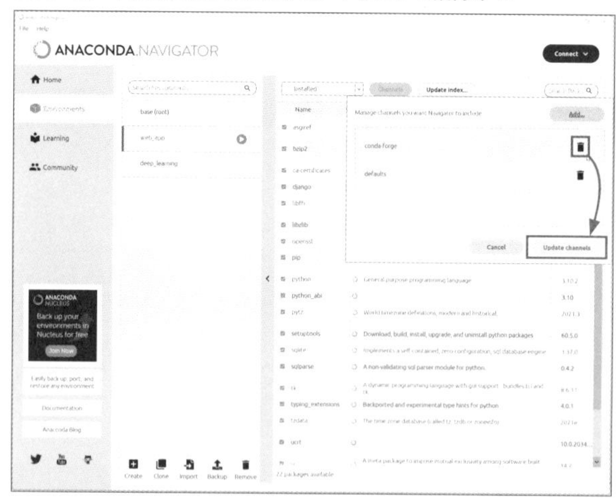

「CONDA-FORGE」がチャネルに登録されていると「defaults」チャネルと競合することが原因のようなので、登録を抹消することでSpyderのインストール画面が表示されるようになります。なお、Spyderのインストールが完了したら、Djangoのアップデートに備えて、再度「CONDA-FORGE」をチャネルに登録しておくことをお勧めします。

2.4

Pythonプログラミングのポイント

Djangoを利用するうえで知っておきたい、Pythonプログラミングのテクニックをピックアップしました。Djangoでの開発中、疑問に思うところがあったときに参照してもらえればと思います。

 「シーケンス」というデータ

「シーケンス」とは、データが順番に並んでいて、並んでいる順番で処理が行えることを指します。対義語は「ランダム」です。Pythonのデータ型の文字列（str型）は、1つひとつの文字が順番に並ぶことで意味をなすので、シーケンスです。このようなstr型オブジェクトとは別に、Pythonにはシーケンスを表すデータ型として、「リスト」と「タプル」があります。リスト型のオブジェクトもタプル型のオブジェクトも、1つのオブジェクトに複数のオブジェクトを格納できるので、Djangoでは多くのリストやタプルが使われています。

リストを作る

リストを作るには、ブラケット[ ]で囲んだ内部にデータをカンマ(,)で区切って書いていきます。そうすれば、リストに名前（変数名）を付けて管理できるようになります。

[構文] リストを作る

```
変数名 = [要素1, 要素2, 要素3, ... ]
```

▼すべての要素がint型のリストを作る

```
number = [1, 2, 3, 4, 5]
```

▼すべての要素がstr型のリストを作る

```
words = ['Django', 'Web', 'インターネット']
```

▼str型、int型、float型が混在したリストを作る

```
data = ['身長', 160, '体重', 40.5]
```

リストの中身を「要素」と呼びます。要素のデータ型は何でもよく、いろいろなデータ型を混在させてもかまいません。要素はカンマで区切って書きますが、最後の要素のあとにカンマを付けても付けなくても、どちらでもOKです。また、要素と要素の間にスペースを入れていますが、これはコードを読みやすくするためなので、不要であれば入れなくてもかまいません。

空のリストを作る

リストの中身が最初から決まっていればよいのですが、プログラムを実行してみないことにはわからない、ということもあります。そのようなときは、あらかじめ要素が何もない「空のリスト」を用意することになります。

[構文] 空のリストをブラケットで作る

```
変数名 = [ ]
```

[構文] 空のリストをlist()関数で作る

```
変数名 = list()
```

中身が空ですので、プログラムの実行中に要素を追加することになります。そのときはappend()メソッドを使います。

▼append()メソッドで要素を追加する (list.py)

```
sweets = []
sweets.append('ティラミス')          # 要素を追加
print(sweets)  # 出力：['ティラミス']
sweets.append('チョコエクレア')      # 要素を追加
print(sweets)  # 出力：['ティラミス', 'チョコエクレア']
```

1つ注意点ですが、append()は要素を1つずつしか追加できません。複数の要素を追加するときは、forやwhileを使って連続してappend()を実行します。

●リストのインデクシング

リストの要素の並びは、追加した順番のまま維持されます。このため、文字列のときと同じように、ブラケット演算子でインデックスを指定することで特定の要素を取り出すことができます。これを「インデクシング」と呼びます。インデックスは0から始まるので、1番目の要素のインデックスは0、2番目の要素は1、…と続きます。

[構文]リスト要素のインデクシング

```
変数名[インデックス]
```

▼インデクシング

```
sweets = ['ティラミス', 'チョコエクレア', 'クレームブリュレ']
print(sweets[0])     # 出力:ティラミス
print(sweets[1])     # 出力:チョコエクレア
print(sweets[2])     # 出力:クレームブリュレ
```

●イテレーション

リストの処理で最も多く使われるのは、すべての要素に対して順番に何らかの処理をすること(イテレーション)です。Pythonのforは「イテレート可能なオブジェクト」を基準にして繰り返し処理を行います。

[構文]forによる繰り返し

```
for 要素を代入する変数 in イテレート可能なオブジェクト:
    処理...
```

リストをイテレートしてみましょう。

▼リストをイテレートしてみる

```
for count in [0, 1, 2, 3, 4]:
    print(count)
```

▼実行結果

```
0
1
2
3
4
```

要素の値を変更できないタプル

タプルは、リストと同じように複数の要素を持てるイテレーション可能なオブジェクトです。リストと唯一違うのは、「一度セットした値を変更できない(書き換え不可能、イミュータブル)」ということです。

▼タプルの要素を処理する (tuple.py)

```
tuple = ('設定1', '設定2', '設定3', '設定4')
for t in tuple:
    print(t)
```

▼実行結果

```
設定1
設定2
設定3
設定4
```

実行結果はリストのときと同じですが、タプルの要素を書き換えることはできません。

▼タプルの特徴

- **要素が書き換えられることがないので、リストよりパフォーマンスの点で有利**
- **要素の値を誤って書き換える危険がない**
- **関数やメソッドの引数はタプルとして渡されている**
- **辞書(このあとで紹介)のキーとして使える**

タプルの作り方と使い方

タプルは、( )の中で各要素をカンマで区切って書くことで作成します。なお、( )を省略して直接、要素を書いても作成できます。

[構文] タプルを作成する2つの方法

```
変数名 = (要素1, 要素2, ...)
```

```
変数名 = 要素1, 要素2, ...
```

 キーと値のペアでデータを管理する辞書(dict)

「辞書(dict)」は、キー(名前)と値のペアを要素として管理できるデータ型です。Djangoでは辞書がよく使われているので、チェックしておきましょう。

リストやタプルではインデックスを使って要素を参照するのに対し、辞書ではキーを使って要素を参照します。リストやタプルでは要素の並び順が決まっていますが、辞書の要素の並び順は保証されません。唯一、要素を参照する手段は、要素に付けた名前(キー)です。

[構文] 辞書(dict)の作成

```
変数名 = {キー1 : 値1, キー2 : 値2, ...}
```

「キー : 値」が辞書の1つの要素になります。キーに使うのは、文字列でも数値でも何でもかまいません。「'今日の昼ごはん' : 'うどん'」を要素にすると、'今日の昼ごはん'で'うどん'を検索する、といったまさに辞書的な使い方ができます。

なお、辞書の要素は書き換え可能(ミュータブル)ですが、キーだけの変更はできません(キーはイミュータブルのため)。変更する場合は要素(キー:値)ごと削除して、新しい要素を追加することになります。

辞書の作成

辞書を作成してみましょう。

▼辞書を作成する(dict.py)

```
menu = {
        '朝食' : 'シリアル',
        '昼食' : '牛丼',
        '夕食' : 'トマトのパスタ' }
print(menu) # {'朝食': 'シリアル', '昼食': '牛丼', '夕食': 'トマトのパスタ'}
```

辞書には、リストと違って「順序」という概念がありません。この例ではたまたま作成したときと同じ順序で出力されていますが、どのキーとどの値のペアかという情報のみが保持されているので、いつもこのようになるとは限りません。

要素の参照

辞書に登録した要素を参照するには、リストと同じようにブラケット[ ]を使います。

[構文] 辞書の要素を参照する

```
辞書[登録済みのキー]
```

▼辞書menuの要素を参照

```
print(menu['朝食'])   # シリアル
```

要素の追加と変更

先ほど作成した辞書に新しい要素を追加してみましょう。

[構文] 辞書に要素を追加する

```
辞書[キー] = 値
```

▼作成済みの辞書に要素を追加する

```
menu['おやつ'] = 'ドーナッツ'
print(menu)
```

▼出力

```
{'昼食': '牛丼', '朝食': 'シリアル', 'おやつ': 'ドーナッツ', '夕食': 'トマトのパスタ'}
```

辞書の要素の順番は固定されないので、プログラムを実行するタイミングによって並び順はバラバラです。しかし、キーを指定すれば値を参照できるので、並び順は重要ではないのです。キーを指定して、登録済みの値を変更してみましょう。

[構文]辞書の要素の値を変更する

```
辞書[登録済みのキー] = 値
```

▼登録済みの値を変更する

```
menu['おやつ'] = 'いちご大福'
print(menu)
```

▼出力

```
{'昼食': '牛丼', '朝食': 'シリアル', 'おやつ': 'いちご大福', '夕食': 'トマトのパスタ'}
```

●要素の削除

辞書の要素を削除する場合はdel演算子を使います。

[構文]辞書の要素を削除する

```
del 辞書名[登録済みのキー]
```

▼キーを指定して要素を削除する

```
del menu['おやつ']
print(menu)
```

▼出力

```
{'昼食': '牛丼', '朝食': 'シリアル', '夕食': 'トマトのパスタ'}
```

イテレーションアクセス

辞書の要素は、forを使ってイテレート(反復処理)できます。辞書そのものをforでイテレートすると、要素のキーのみが取り出されます。

▼[構文]辞書のキーをイテレートする

```
for キーを代入する変数 in 辞書:
    繰り返す処理...
```

▼キーをイテレートして列挙する

```
setting = {
            '設定1' : 'メール送信',
            '設定2' : 'リクエスト',
            '設定3' : 'レスポンス'
        }
for key in setting:
    print(key)
```

▼出力

```
設定1
設定2
設定3
```

辞書の値を取得する

辞書の値は、values()メソッドでまとめて取得できます。

[構文]辞書の値をイテレートする

```
for 値を代入する変数 in 辞書.values():
    処理...
```

▼辞書のすべての値をリストとして取得する

```
val = setting.values()
print(val)  # dict_values(['メール送信', 'リクエスト', 'レスポンス'])
```

●辞書の要素をまるごと取得する

items()メソッドは、キーと値のペアを1つのオブジェクト（タプル）にして、これをリストの要素にして返します。

▼辞書の要素をすべて取得

```
val = setting.items()
print(val)
```

▼出力

```
dict_items([('設定1', 'メール送信'), ('設定2', 'リクエスト'), ('設定3', 'レスポンス')])
```

辞書の要素であることを示すためにdict_items()が出力されていますが、その中身はタプルのリストです。forでイテレートすることで、タプルからキーと値を別々に取り出していろいろな処理が行えます。

[構文] 辞書のキーと値をイテレートする

```
for キーを代入する変数, 値を代入する変数 in 辞書.items():
    処理...
```

▼辞書のキーと値をイテレートする

```
for key, value in setting.items():
    # 書式を設定して出力
    print('「{}」は{}です。'.format(key, value))
```

▼出力

```
「設定1」はメール送信です。
「設定2」はリクエストです。
「設定3」はレスポンスです。
```

関数

ある目的のための処理を行うコードを「関数」としてまとめることができます。関数に似た仕組みとしてメソッドがありますが、構造自体はどちらも同じで、書き方のルールもほぼ同じです。

関数はモジュールに直接書かれているのに対して、メソッドはクラスの内部で定義されている、という違いがあります。

処理だけを行う関数

関数を作ることを「関数の定義」と呼びます。

[構文]関数の定義(処理だけを行うタイプ)

```
def 関数名():
    処理...
```

関数名の先頭は英字か_でなければならず、英字、数字、_以外の文字は使えません。同じモジュールで定義された関数は、「関数名()」と書いて呼び出すことができます。他のモジュールで定義された関数のときは、

```
import モジュールの名前空間名
```

のように、あらかじめモジュールをインポート(読み込み)して、

```
モジュール名.関数名()
```

のように書いて実行します。

▼文字列を出力する関数(function.py)

```
def hello():                # hello()関数の定義
    print('こんにちは')

hello()                     # hello()関数を実行
```

▼出力

```
こんにちは
```

●引数を受け取る関数

print()は、カッコの中に書かれている文字列を画面に出力します。カッコの中に書いて関数に渡す値が「引数」です。関数側では、引数として渡されたデータを「パラメーター」を使って受け取ります。

[構文] **関数の定義（引数を受け取るタイプ）**

```
def 関数名(パラメーター):
    処理...
```

パラメーターは、カンマ(,)で区切ることで必要な数だけ設定できます。関数を呼び出すときの引数は「書いた順番」でパラメーターに渡されます。

▼引数を2つ受け取る関数

```
def show_hello(name1, name2):  # 2つのパラメーターを設定
    print(name1 + 'さん、こんにちは!')
    print(name2 + 'さん、こんにちは!')

show_hello('山田', '鈴木')        # 引数を2つ設定して関数を呼び出す
```

▼出力

```
山田さん、こんにちは!
鈴木さん、こんにちは!
```

 処理結果を返す関数

関数の処理結果を「戻り値」として、呼び出し元に返すことができます。

[構文] **関数の定義（処理結果を戻り値として返すタイプ）**

```
def 関数名(パラメーター):
    処理...
    return 戻り値
```

関数の処理の最後の「return 戻り値」の部分で、処理した結果を呼び出し元に返します。戻り値には、関数内で使われている変数を設定するか、式を直接書いてその式が返す値を戻り値にします。

▼戻り値を返す関数

```
def return_hello(name1, name2):            # 2つのパラメーターを設定
    result = name1 + 'さん、' + name2 + 'さん、こんにちは！'
    return result                          # 処理した文字列を戻り値として返す

show = return_hello('山田', '鈴木')        # 引数を2つ設定して関数を呼び出す
print(show)                                # 関数の戻り値を出力
```

▼出力

```
山田さん、鈴木さん、こんにちは！
```

クラス

Pythonは「オブジェクト指向プログラミング」対応の言語なので、プログラムで扱うすべてのデータをオブジェクトとして扱います。オブジェクトは、「クラス」として定義されます。Pythonのint型はintクラス、str型はstrクラスで定義されています。「age = 28」と書くと、コンピューターのメモリ上に28という値を読み込み、「この値はint型である」という制約をかけます。このような制約をかけるのがクラスです。クラスには、専用のメソッドが定義されているので、制約をかけることによってクラスで定義されているメソッドが使えるようになります。

クラスの定義

クラスを作るには、その定義が必要です。クラスは次のようにclassキーワードを使って定義します。

[構文] クラスの定義

```
class クラス名:
    クラスの定義コード
```

インスタンスメソッド

クラスの内部にはメソッドを定義するコードを書きます。メソッドと関数の構造は同じですが、クラスの内部で定義されているものをメソッドと呼んで区別します。

[構文] メソッドの定義

```
def メソッド名(self, パラメーター)
    処理...
```

メソッドの決まりとして、第1パラメーターにはオブジェクトを受け取るためのパラメーターを用意します。名前は何でもよいのですが、慣例として「self」がよく使われます。メソッドを実行するときは「オブジェクト.メソッド()」のように書きますが、これは「オブジェクトに対してメソッドを実行する」ことを意味します。呼び出される側のメソッドは、呼び出しに使われたオブジェクトを知っておく必要があるので、パラメーターでオブジェクトを受け取るのですね。

▼メソッドを呼び出すと、実行元のオブジェクトの情報がselfに渡される

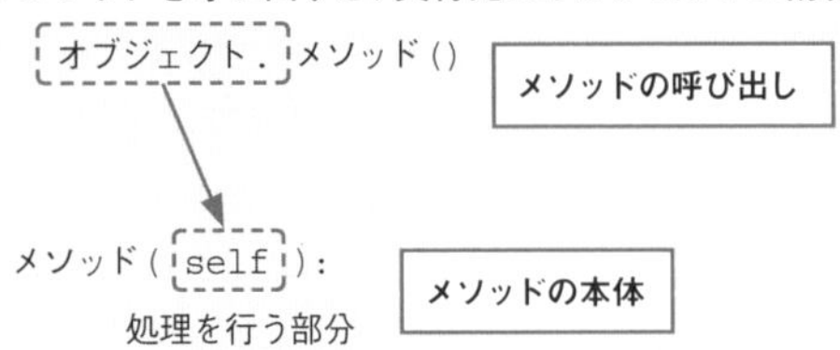

このように、オブジェクトから呼び出すメソッドを特に「インスタンスメソッド」と呼びます。インスタンスメソッドは、パラメーターが不要な場合であっても、オブジェクトを受け取るパラメーター(self)は必要です。これを書かないと、どのオブジェクトから呼び出されたのかがわからないので、メソッドを実行することができません。

●クラスを定義してオブジェクトを生成する

メソッドを1つだけ持つシンプルなクラスを作ってみましょう。

▼Testクラスを定義する(class.py)

```
class Test:
    def show(self, val):
        print(self, val)      # selfとvalを出力
```

クラスからオブジェクトを作ることを「クラスのインスタンス化」と呼びます。インスタンスとは、オブジェクトと同じ意味を持つプログラミング用語です。

クラスのインスタンス化は次のようにして行います。インスタンス(オブジェクト)の参照情報(メモリアドレス)が変数に代入されるので、以降はこの変数を使って、クラスで定義されているメソッドなどを呼び出せるようになります。

[構文] クラスのインスタンス化

```
変数名 = クラス名(引数)
```

クラス名(引数)と書けば、クラスがインスタンス化されてオブジェクトが生成されます。とはいえ、str型やint型のオブジェクトではこのような書き方はしませんでした。intやstr、float、さらにはリスト、辞書(dict)などの基本的なデータ型の場合は、直接、値を書けば内部的な処理でオブジェクトが生成されるようになっています。

先ほど作成したTestクラスをインスタンス化してshow()メソッドを呼び出してみます。クラスを定義した部分の下の行に次のように記述します。

▼Testクラスをインスタンス化してメソッドを使ってみる

```
test = Test()                # Testクラスをインスタンス化してオブジェクトの参照を代入
test.show('こんにちは')      # Testオブジェクトからshow()メソッドを実行
```

▼出力

```
<__main__.Test object at 0x05560BD0> こんにちは
```

show()メソッドには、必須のパラメーターselfとは別にパラメーターvalがあります。

▼メソッド呼び出しにおける引数の受け渡し

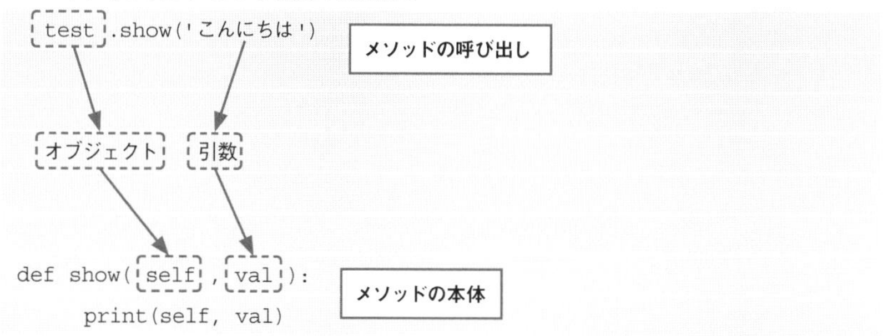

show()メソッドでは、これら2つのパラメーターの値を出力します。パラメーターselfの値として、

```
<__main__.Test object at 0x05560BD0>
```

のように出力されています。「0x05560BD0」の部分がTestクラスのオブジェクトの参照情報（メモリアドレス）です。

●オブジェクトの初期化を行う__init__()

クラスからオブジェクトが作られた直後、初期化のための処理が必要になることがあります。例えば、回数を数えるカウンター変数の値を0にセットする、必要な情報をファイルから読み込む、などです。「初期化」を意味するinitializeを略したinitの4文字をダブルアンダースコアで囲んだ__init__()というメソッドは、オブジェクトの初期化処理を担当し、オブジェクト作成直後に自動的に呼び出されます。

［構文］__init__()メソッドの定義

```
def __init__(self, パラメーター, ...)
      初期化のための処理...
```

●インスタンスごとの情報を保持するインスタンス変数

インスタンス変数とは、インスタンス（オブジェクト）が独自に保持する情報を格納するための変数です。1つのクラスからオブジェクトはいくつでも作れますが、それぞれのインスタンスは独自の情報を保持します。このとき、どのインスタンスかを示すのがselfの役割です。

インスタンス変数は、メソッドの内部で「self.変数名」のように書いて宣言します。次のように、宣言と同時に値を代入することもできます。

［構文］インスタンス変数を宣言して初期化する

```
self.インスタンス変数名 = 値
```

selfが付いているので、クラスをインスタンス化したオブジェクトで機能します。

▼__init__()メソッドでインスタンス変数への代入を行う

```
class Test2:
    def __init__(self, val):
```

```
        self.val = val

    def show(self):
        print(self.val)     # self.valを出力

test2 = Test2(100)
test2.show()
```

▼出力

```
100
```

クラス変数

クラスの内部で、直接定義された変数を「クラス変数」と呼びます。

[構文]クラス変数の定義

```
変数名 = 値
```

クラス変数は、「クラス名.変数名」でアクセスできます。インスタンス化しなくても利用できるのが特徴です。Djangoではクラス変数がよく使われています。

▼クラス変数

```
class MyClass:
    count = 0   # クラス変数countの定義

print(MyClass.count)   # 出力：0
```

クラスメソッド

クラスメソッドは、インスタンスではなく「クラス」と関連付けられたメソッドです。

[構文]クラスメソッドの定義

```
@classmethod
def メソッド名(cls):
    処理...
```

クラスメソッドを定義するには「@classmethod」というデコレーターを冒頭に付けます。デコレーターは、「関数やメソッド、クラスの定義の前に置くことで、その動作をカスタマイズする」ためのものです。@classmethodは、クラスメソッドを定義するためのデコレーターです。

クラスメソッドの第1パラメーターは「cls」とします。クラスメソッドを呼び出すには、「クラス名.クラスメソッド名(引数)」または「インスタンス.クラスメソッド名(引数)」としますが、これらの呼び出しにより、第1パラメーターの「cls」には呼び出しに使われたクラス、または呼び出しに使われたインスタンスのクラスが渡されます。

[構文]クラスメソッドの呼び出し

```
クラス名.メソッド名()
```

▼クラスメソッドを使ってみる

```
class ClassTest:
    @classmethod
    def class_method(cls):
        print("これはクラスメソッドです。")

ClassTest.class_method()   # 出力:これはクラスメソッドです。
```

コラム

Djangoのバージョンの確認方法

Djangoのバージョンは、Anaconda Navigatorで確認できます。

Anaconda Navigatorの[Environments]タブで仮想環境名を選択し、メニューの[Installed]を選択して検索欄に「django」と入力します。

検索結果の「django」の[Version]欄に、インストールされているバージョンが表示されています。また、チェックボックスを右クリックして[Mark for specific version installation]をポイントすると、バージョンの一覧がポップアップします。チェックが付いているのがインストールされているバージョンです。

第3章

プロジェクトを作成して Webアプリのトップページを表示しよう

3.1

Djangoで開発するためのプロジェクトを作成する

Djangoで開発するときは、コンピューター上の任意の場所に「プロジェクト」を作成します。それから、プロジェクト以下にWebアプリのファイル一式を作成し、開発することになります。

何だかややこしそうな感じがしますが、「Webアプリを統括するためのプロジェクト以下に、アプリごとのフォルダーを作成して開発する」とお考えいただければと思います。

 Webアプリを開発するための「プロジェクト」を作成しよう（startprojectコマンド）

Djangoでは、Webアプリの各種の設定情報を統括・管理するための仕組みとして「プロジェクト」を使用します。プロジェクトには、Webアプリに必要なモジュール（Pythonのソースファイル）やHTMLファイル、各種の設定ファイルなど、Webアプリを動作させるためのファイル一式が格納されます。プロジェクトは、Djangoのコマンドを使ってコンピューター上の任意の場所に作成できるようになっています。コマンド実行後、プロジェクトのフォルダー以下に、Webアプリを開発するために必要な次のソースファイルが作成されます。

▼コマンド実行によりプロジェクトのフォルダー以下に作成されるソースファイル

- manage.py
- __init__.py
- urls.py
- settings.py
- wsgi.py
- asgi.py

これらは、Djangoの機能を利用するためのPythonで書かれたモジュール（ソースファイル）です。Djangoで開発するための第一歩は、このようにして、プロジェクトの基盤となるこれらのファイルを、コンピューター上の任意の場所に作成することです。

それから、Webアプリのためのモジュールをプロジェクトのフォルダー以下に(Djangoのコマンドで)作成する、という手順で開発を進めます。

ひとくちに「Webアプリ」といってもその形態は様々です。1つのWebアプリですべてをまかなう場合や、複数のWebアプリを組み合わせる場合があります。今回開発する「blog」アプリは1つのWebアプリとして稼働しますが、本書の後半で開発する「photo」アプリは、画面表示を行うアプリとユーザー管理を専門に行うアプリの2本立てで運用します。このような形態に対応するため、Djangoでは基本的な設定情報を共有するためのプロジェクトを作成し、プロジェクト内部に1つまたは複数のWebアプリ(のモジュールやHTMLドキュメント)を格納するようになっています。

プロジェクトの作成

Djangoの「startproject」コマンドを実行することで、コンピューター上の任意のプロジェクト用フォルダーに、先述の6ファイルを生成することができます。

コマンドの実行は、Anacondaに搭載されている「ターミナル」というコマンドラインツールで行います。ターミナルは、コマンドを画面上に直接入力して実行するためのツール(端末)で、macOSのターミナルが有名です。Windowsには「Windowsターミナル(またはコンソールアプリケーション)」という名称で「Windows PowerShell」が搭載されているほか、cmd.exeで実行される「コマンド プロンプト」もありますね。

一方で、

「Anacondaのターミナルは仮想環境に結び付いた状態で起動する」

のが特徴です。もちろん、Windows PowerShellやmacOSのターミナルでも仮想環境上でのコマンド実行は可能ですが、Anacondaのターミナルは GUI画面で仮想環境を選択して起動するだけなので使い勝手がよいのです。では、ターミナルを起動してみましょう。

❶ Anaconda Navigatorを起動して、[Environments]タブをクリックします。

❷ 使用中の仮想環境名の右横にある横向きの三角形▶をクリックして、[Open Terminal]を選択します。

■図3.1　Anaconda Navigatorからターミナルを起動する

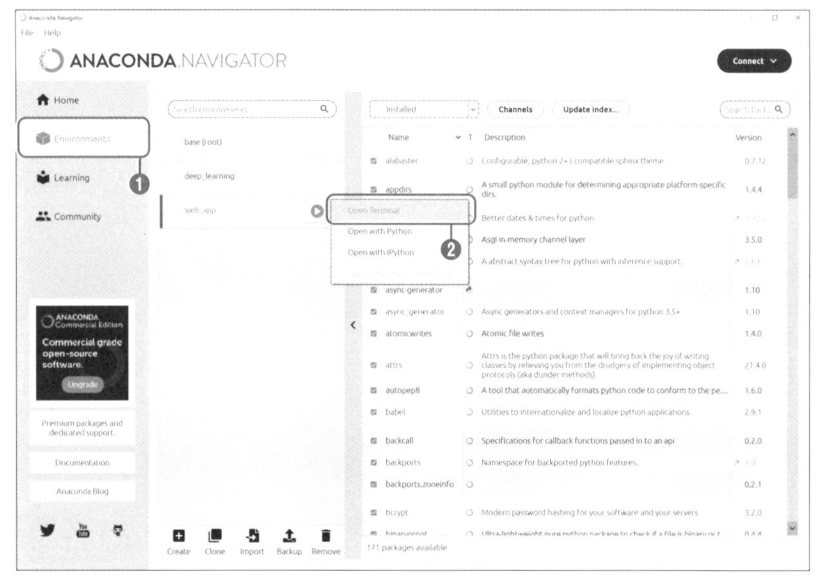

黒い画面が起動しましたね。これが仮想環境上で起動したターミナルです。

1行目の冒頭に(web_app)などという仮想環境名が表示されていて、仮想環境にインストールされたコマンド群を実行できるようになっています。

「>」(macOSの場合は「$」)までのプロンプトには、実行中のユーザー用のディレクトリが表示されています。

■図3.2　仮想環境から起動したターミナル

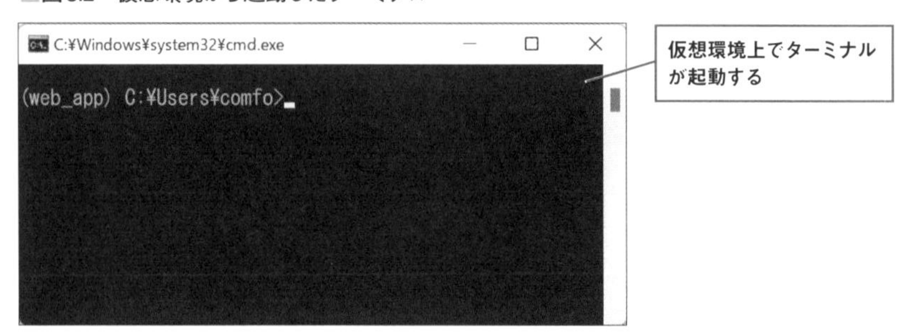

タイトルバーに目を移すと、「cmd.exe」の文字が見えます。Anacondaのターミナルの実体はWindowsのコマンドプロンプトです。macOSの場合は、macOS搭載のターミナルです。それぞれのOSのコマンドラインツールが、仮想環境と結び付けられた状態で起動されています。

入力待ちのプロンプトに表示されているディレクトリは、

```
C:¥Users¥ユーザー名>
```

となっています。この状態でstartprojectコマンドを実行すると、Cドライブの「Users」➡「ユーザー名」フォルダー以下にプロジェクトが作成されることになります。ですが、これでは管理するのに何かと不便なので、Cドライブ以下に「djangoprojects」フォルダーを作成し、これをDjangoのプロジェクト専用とすることにしましょう。

プロジェクトを保存するためのフォルダーが用意できたら、ターミナルのプロンプトに表示されているディレクトリからcdコマンドで、

```
cd C:¥djangoprojects
```

のように入力して移動しましょう（移動先のディレクトリはお使いのコンピューターの状況に応じて適宜、変更してください）。

■ 図3.3　cdコマンドによるディレクトリの移動

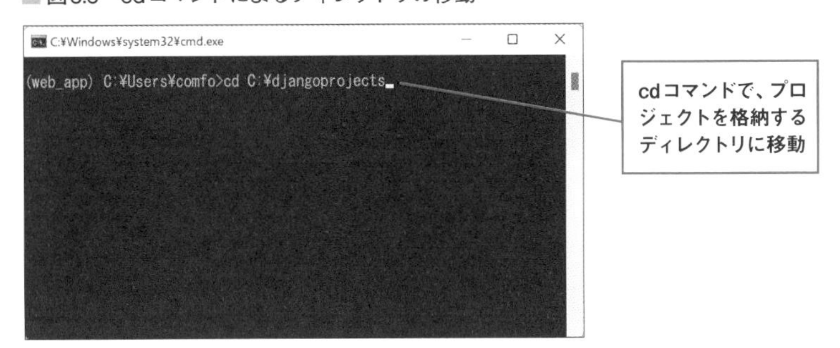

ディレクトリの移動が完了すると、移動先のディレクトリが現在のディレクトリとしてプロンプト記号（>または$）の直前に表示されているはずです。

では、startprojectコマンドを実行してプロジェクトを作成しましょう。プロンプトの直後に

```
django-admin startproject blogproject
```

と入力します。

startprojectコマンドは、Djangoに搭載されているモジュール「django-admin.py」で実行するので、「django-admin」+「半角スペース」+「startproject」+「半角スペース」+「プロジェクト名」の形式で入力してください。

startprojectのあとに半角スペースに続けて入力した「blogproject」が、作成するプロジェクト名です。

■図3.4 startprojectコマンドでプロジェクトを作成する

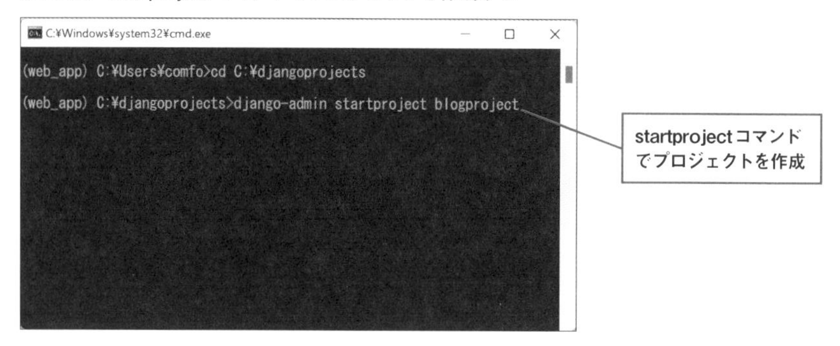

実行の結果、Cドライブの「djangoprojects」フォルダー以下にプロジェクトのフォルダー「blogproject」が作成されているのが確認できます。

■図3.5　コマンドを実行したディレクトリ以下に作成されたプロジェクトのフォルダー

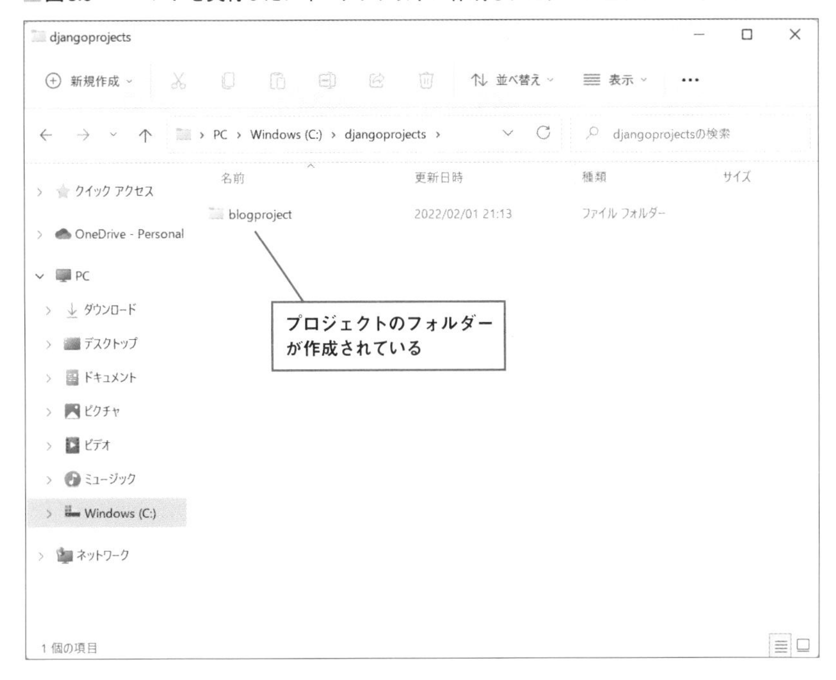

ワンポイント

プロジェクトを保存するフォルダー名

必ずしも「djangoprojects」にする必要はありません。お使いのコンピューターの状況に合わせて、任意の場所にプロジェクトを保存するためのフォルダーを作成してください。

3.2

プロジェクトに作成されたファイルの中身を見てみよう

startprojectコマンドは、Webアプリを開発するためのベース（基盤）になるモジュール（Pythonのソースファイル）を作成します。これらのモジュールには、プロジェクトに作成されるWebアプリが共通して使用する機能がまとめられています。

プロジェクトのモジュールが何をするためのものなのかは、実際に使うまではイメージしにくい部分もあるかと思いますが、その役割に的を絞ってひととおり見ておくことにしましょう。

 プロジェクトに作成されたモジュールを見ていこう

startprojectコマンドを実行すると、次のようなファイル構造が作成されました。

■図3.6 「django-admin startproject blogproject」で作成されたファイル／フォルダー

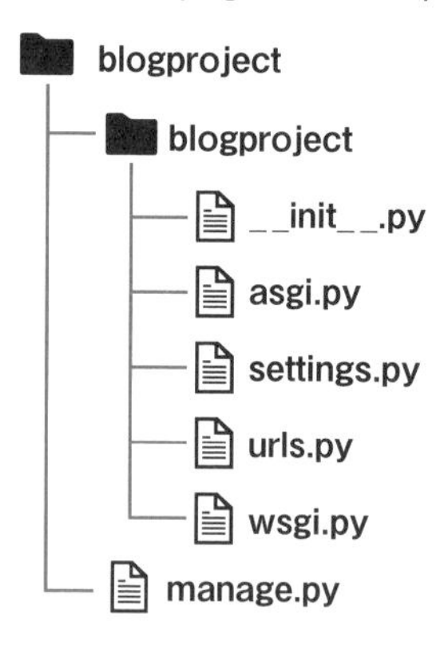

●manage.py

プロジェクトのフォルダー直下に作成されたモジュールです。同じディレクトリには5ファイルを格納した「blogproject」フォルダーがありますので、プロジェクトのトップレベルに配置されたモジュール（Pythonのソースファイル）です。

「manage.py」をSpyderで開いてみましょう。Spyderを起動し、［表示］メニューの［ペイン］をポイントし、［ファイル］にチェックを入れてください。

■図3.7 ［ファイル］ペインの表示

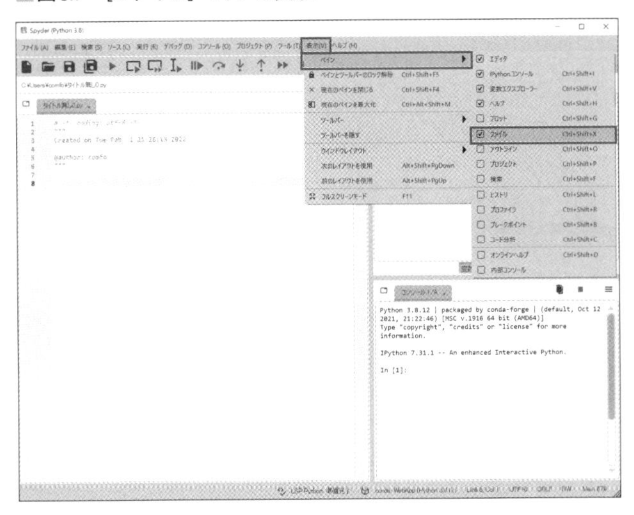

［ファイル］ペインが表示されるので、「blogproject」フォルダーを展開しましょう。「manage.py」をダブルクリックすると、［エディタ］ペインにソースコードが表示されます。

■図3.8 Spyderで「manage.py」を開く

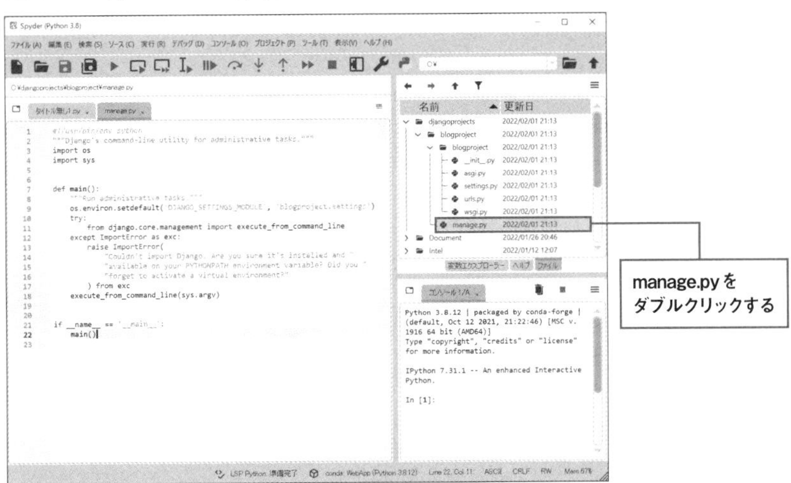

▼manage.pyのソースコード

```
#!/usr/bin/env python
"""Django's command-line utility for administrative tasks."""
import os
import sys


def main():
    """Run administrative tasks."""
    os.environ.setdefault('DJANGO_SETTINGS_MODULE', 'blogproject.settings')
    try:
        from django.core.management import execute_from_command_line
    except ImportError as exc:
        raise ImportError(
            "Couldn't import Django. Are you sure it's installed and "
            "available on your PYTHONPATH environment variable? Did you "
            "forget to activate a virtual environment?"
        ) from exc
    execute_from_command_line(sys.argv)


if __name__ == '__main__':
    main()
```

main()という関数が定義されています。モジュールの末尾には、

```
if __name__ == '__main__':
    main()
```

という記述があり、モジュールを直接、実行したときにこの関数が実行されるようになっています。

main()関数の定義部に目を移すと、環境変数

```
DJANGO_SETTINGS_MODULE
```

に'blogproject.settings'をセットするためのコードが1行目に書かれています。環境変数とは、「プロジェクトの設定情報を扱う変数」のことを指します。Djangoでは、プロジェクトの設定を行うための環境変数が定義されていて、変数名にはすべてアルファベットの大文字が使われています(定数とみなして扱うため)。

DJANGO_SETTINGS_MODULEは、設定情報が記載されたモジュールを示すための環境変数です。blogproject.settingsは、blogproject以下のsettings.pyを表す名前空間名です。

tryブロックには、django.core.managementモジュール(django/core/managementの階層構造)からexecute_from_command_line()という関数を読み込むためのインポート文が書かれています。正しく読み込みが行われると、

```
execute_from_command_line(sys.argv)
```

によってこの関数が実行されます。execute_from_command_line()関数が実行されると、

- **プロジェクトの設定ファイルが読み込まれる**
- **指定されたコマンドが検索される**
- **コマンドを実行**

という手順でDjangoのコマンドが実行される仕組みです。どのようなコマンドが実行されるかについては、次節をご覧ください。

ワンポイント

名前空間

「名前空間」とは、クラスやメソッドを表すための完全修飾名です。クラスやメソッドの位置を表すためのフルパスに相当するものだとお考えください。

__init__.py

ここからは、プロジェクトと同名のフォルダー「blogproject」に作成されたモジュールを見ていきます。

最初は__init__.pyです。Pythonではクラスを定義するときに、初期化のための処理を__init__()という名前のメソッドに書くルールになっています。これをモジュールに適用したのが__init__.pyです。モジュールの__init__.pyでは、

- **モジュールのインポート(他のファイルから読み込むこと)ができるようにするための処理**
- **モジュール自体の初期化処理**

などが定義されます。作成された__init__.pyには何も記載されておらず、空のモジュールとなっています。

urls.py

ブラウザーからのリクエストがあったときに、次に行う処理(ルーティング)を記述するためのモジュールです。インターネット上のすべてのページには、独自のURLが必要です。

Djangoは、

```
http(s)://<ホスト名>/
```

以下のURL(index.htmlなど)について、ルーティング(経路選択)を行ってページの表示を行います。

ルーティングは、「URLconf(URL設定)」と呼ばれる仕組みを使って行われます。「url.py」は、URLconfを定義するためのモジュールです。

> ワンポイント
>
> **__init__.py**
>
> 1つのディレクトリに複数のモジュールがある場合や、階層化されたディレクトリにモジュールが分散されている場合、これらのモジュールを外部のモジュールでインポートするためには、インポートされるモジュール側で__init__.pyを用意しておくことが必要になります。

▼urls.pyを［エディタ］ペインで開いてみる

```
"""blogproject URL Configuration

コメント部分省略
"""
from django.contrib import admin
from django.urls import path

urlpatterns = [
    path('admin/', admin.site.urls),
]
```

トリプルクオート（''' や """ ）で囲まれた行は、コメントのための行です。これはPythonによって実行されない行です。その下には、django.contribモジュールからadminを、django.urlsからpathをそれぞれインポートすることが書かれています。ソースコードの

```
urlpatterns = [path('admin/', admin.site.urls),]
```

は、ブラウザーからのリクエスト先のURLが'admin/'と一致（http(s)：//<ホスト名>/admin/）した場合に、admin.site.urlsで定義されているビュー（ページを描画するプログラム）を呼び出すことを意味します。これをDjangoでは「URLパターン」と呼びます。URLパターンによってビューが呼び出されると、ページの描画が行われ、描画されたページがそのままレスポンスとしてブラウザーに送信されます。このことについては、該当の節で詳しく解説します。

Djangoにおけるルーティング

Djangoで開発されたWebアプリは、ブラウザーからのアクセスがあるとURLconfで定義されているURLパターンを参照し、要求されたページをレスポンス（応答）するための処理を行います。

settings.py

settings.pyは、プロジェクト全体の設定情報が保存されたモジュールです。先にお話ししたように、Djangoでは「環境変数」というものを使って、様々な設定情報をDjango側に伝えるようになっています。

冒頭のインポート文から、環境変数を定義するコードまでを1つずつ見ていきましょう。

from pathlib import Path

ファイル名やパスを操作するためのpathlibモジュールからPathモジュールをインポートします。

BASE_DIR = Path(__file__).resolve().parent.parent

BASE_DIRは、プロジェクト全体のベース(基底)となるフォルダー(ディレクトリ)の絶対パスを登録しておくための環境変数です。この絶対パスが具体的にどこを指しているのかというと、startprojectコマンドでプロジェクトを作成したとき作られたフォルダー(manage.pyが入っている場所)が登録されています。

__file__ は、現在実行中の「モジュール.py」の絶対パスを取得するためのキーワードです。Cドライブのdjangoprojectsフォルダー以下にプロジェクトを作成した場合は、

```
__file__
   ↓
C:¥djangoprojects¥blogproject¥blogproject¥settings.py
```

のようにsettings.pyの絶対パスを取得します。

Pythonのpathlibモジュールには、ファイル名やパスを操作するための関数が収められていて、冒頭でインポートしたPath()は、「引数に相対パスまたは絶対パスでパスを指定すると、パスを操作するためのPathオブジェクトを生成する」処理を行います。

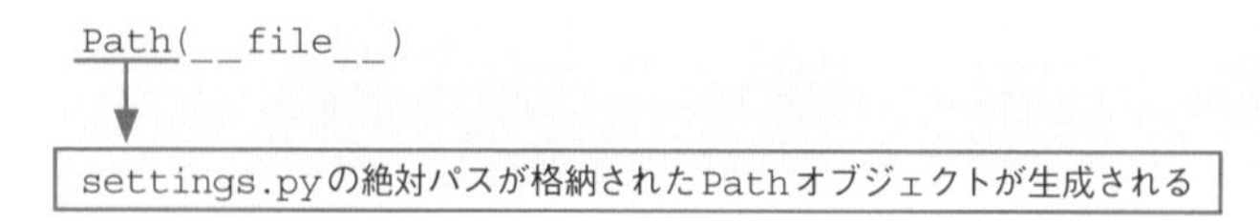
Path(__file__)
settings.pyの絶対パスが格納されたPathオブジェクトが生成される

次に、Path(__file__)で返されたPathオブジェクトに対してresolve()メソッドを実行しています。resolve()は絶対パスを作成するメソッドで、Pathオブジェクトに対して実行することで、相対パスを絶対パスに変換します。

```
Path(__file__).resolve()
        ↓
C:¥djangoprojects¥blogproject¥blogproject¥settings.py
```

Path(__file__)にはすでにsettings.pyの絶対パスが格納されているので、resolve()の実行後も、絶対パスはそのままの状態です。

次に、Pathオブジェクトのparentプロパティで、Pathオブジェクトに格納されたパスの親ディレクトリを取得します。

```
Path(__file__).resolve().parent
        ↓
C:¥djangoprojects¥blogproject¥blogproject
```

さらに、取得したディレクトリに対してparentプロパティを実行することで、さらにその上の親ディレクトリを取得します。

```
Path(__file__).resolve().parent.parent
        ↓
C:¥djangoprojects¥blogproject
```

これで、プロジェクトフォルダー「blogproject」の絶対パスが取得できました。このようにしてBASE_DIRには、プロジェクト用フォルダーの絶対パスが格納されます。

- **SECRET_KEY = 'django-insecure-6q6qdgpye0=bzw#$9h9a=0dtyxjcoo^zi*ao0+ejz3jqdqhq%a'**

環境変数SECRET_KEYには、Djangoのプロジェクトを利用するユーザーのパスワードに加えられる、アルファベットや記号で構成された文字列が登録されます。パスワードを強化するための文字列で、プロジェクトを作成したときにランダムに生成されるようになっているので、文字列の中身はプロジェクトごとにまったく異なるものになります。

- **DEBUG = True**

DEBUGは、Webアプリを実行する際のデバッグモードの有効(True)、無効(False)を登録しておくための環境変数です。デバッグモードでは、エラーが発生したときにブラウザーにエラーの詳細情報が表示されます。また、データベースに送信した命令をすべてメモリ上に記憶するなど、実行速度やメモリ使用率などのリソースを犠牲にして、デバッグ向けにカスタマイズされた状態でアプリが動作します。Webアプリの内部情報が出力されるので、本番環境ではDEBUG = Falseにしておかなくてはなりません。

- **ALLOWED_HOSTS = []**

ALLOWED_HOSTSは、クライアント(ブラウザー)からのリクエストを受け付けるサーバーのアドレス('www.example.com'など)を登録しておくための環境変数です。クライアントからのリクエストに含まれるサーバーアドレスが、ALLOWED_HOSTSに登録されているアドレスと一致しない場合は、HTTPの400エラーが返されます。

デフォルトでは空のリストになっていますが、インターネット上のサーバーを用いてWebアプリを公開する場合は、サーバーに指定されているアドレスを登録することになります。

- **INSTALLED_APPS = [**
  'django.contrib.admin',
  'django.contrib.auth',
  'django.contrib.contenttypes',
  'django.contrib.sessions',
  'django.contrib.messages',
  'django.contrib.staticfiles',]

環境変数INSTALLED_APPSには、インストール済みのアプリ名がリスト形式で登録されています。ここでの「アプリ」という用語は、これから作成するWebアプリではなく、Djangoのプロジェクト内部で使われるアプリのことを指しています。urls.pyにデフォルトで記載されていたURLパターンで呼び出されるadminも登録されています。

- **MIDDLEWARE = [**
  'django.middleware.security.SecurityMiddleware',
  'django.contrib.sessions.middleware.SessionMiddleware',
  'django.middleware.common.CommonMiddleware',
  'django.middleware.csrf.CsrfViewMiddleware',
  'django.contrib.auth.middleware.AuthenticationMiddleware',
  'django.contrib.messages.middleware.MessageMiddleware',
  'django.middleware.clickjacking.XFrameOptionsMiddleware',]

MIDDLEWAREは、Webアプリで使用するミドルウェアを登録するための環境変数です。ミドルウェアとは、OSとアプリの間に入って処理を行うソフトウェアのことを指す用語ですが、ここでは「Webアプリがクライアントからのリクエストに対して応答を返す際に、間に入って各種の処理を行うモジュール」がリストにまとめられています。

認証を行う際に必要な処理を行うミドルウェアや、クライアント⇔サーバー間の通信状態を維持する「セッション」に関わる処理を行うミドルウェアなどが登録されています。

- **ROOT_URLCONF = 'blogproject.urls'**

ROOT_URLCONFは、クライアント（ブラウザー）からのリクエストがあったときに、真っ先にリクエストを受け取るURLconfを登録するための環境変数です。ここでは、プロジェクト用フォルダー「blogproject」以下のurls.pyが、名前空間の命名規則に従って登録されています。Webアプリへのすべてのリクエストは、プロジェクトのurls.pyに送られることになります。

- **TEMPLATES = [**
  {
  'BACKEND': 'django.template.backends.django.DjangoTemplates',
  'DIRS': [],
  'APP_DIRS': True,
  'OPTIONS': {
  'context_processors': [
  'django.template.context_processors.debug',

```
'django.template.context_processors.request',
'django.contrib.auth.context_processors.auth',
'django.contrib.messages.context_processors.messages',],},},]
```

Djangoでは、HTMLを「テンプレート」と呼ばれるHTML形式ファイルに記述します。テンプレートに関する基本的な処理を設定するのが、環境変数TEMPLATESです。TEMPLATESの値は、キーと値のペアで構成されるdictオブジェクトです。

1つ目のキーのBACKENDは、テンプレートエンジン(テンプレートを適用するなどの処理を行うプログラム)として、django.template.backends.django.DjangoTemplatesモジュールが指定されています。

2番目のキーDIRSは、テンプレートが検索されたときの検索対象のフォルダーをリスト形式で指定します。デフォルトは空のリストです。

3番目のキーAPP_DIRS は、Webアプリ用に作成されたフォルダーも検索するかどうかをTrue／Falseで指定するためのものです。デフォルトでTrue(検索する)が指定されています。

OPTIONSは、テンプレートに関わる各種のオプション情報を記録するためのものです。django.template.context_processorsは、プロジェクトのすべてのテンプレートで共通して利用する変数名を登録するためのものです。値を見ると、debug、requestが共通して利用する変数名として登録されています。

- **WSGI_APPLICATION = 'blogproject.wsgi.application'**

WSGI_APPLICATIONは、WSGIを実行する関数を登録するための環境変数です。

Pythonには、WebサーバーとWebアプリを接続するための仕組みとして、WSGI(Web Server Gateway Interface)という仕様が用意されていて、Djangoはもちろん、FlaskやBottleなどの他のWebフレームワークも、WSGIの仕様に準拠した実装が行われています。

デフォルトで登録されているblogproject.wsgi.applicationは、

「プロジェクトフォルダー以下のwsgi.pyに記載された変数application」

のことを示しています。

このあとで紹介するwsgi.pyの変数applicationには、WSGIを実行するget_wsgi_application()関数が登録されています。

- **DATABASES = {**
  'default': {
  'ENGINE': 'django.db.backends.sqlite3',
  'NAME': BASE_DIR / 'db.sqlite3', }}

DATABASESは、Webアプリが使用するデータベースを登録するための環境変数です。defaultキーの値のdictオブジェクトに、Djangoが標準で使用する「SQLite3(エスキューライトスリー)」が設定されています。この設定を変更することで、MySQLやPostgreSQLなど、SQLite3以外のデータベースが利用可能です。

- **AUTH_PASSWORD_VALIDATORS = [**
  {'NAME': 'django.contrib.auth.password_validation.UserAttributeSimilarityValidator',},
  {'NAME': 'django.contrib.auth.password_validation.MinimumLengthValidator',},
  {'NAME': 'django.contrib.auth.password_validation.CommonPasswordValidator',},
  {'NAME': 'django.contrib.auth.password_validation.NumericPasswordValidator',},]

AUTH_PASSWORD_VALIDATORSは、パスワードの妥当性をチェックする仕組みを登録するための環境変数であり、デフォルトでdictオブジェクトのリストが登録されています。リストの先頭から、

- **ユーザー名と似たパスワード**
- **短すぎるパスワード**
- **よくあるパスワード**
- **数値のみのパスワード**

をチェックするためのクラスが登録されています。

- **LANGUAGE_CODE = 'en-us'**

LANGUAGE_CODEは、Djangoの中で使用する言語を設定するための環境変数です。'ja'に変更すると、プロジェクトのデータベースを管理する「Django管理サイト」の表示が日本語になります。

- **TIME_ZONE = 'UTC'**

TIME_ZONEは、標準として使用する時間帯を設定するための環境変数です。デフォルトはUTC（協定世界時、日本標準時はUTCの+9時間）が設定されています。

- **USE_I18N = True**

USE_I18Nは、多言語化機能を有効にするか否かを指定するための環境変数です。

- **USE_TZ = True**

USE_TZは、タイムゾーン（時間帯）を変換する機能を有効にするか否かを指定するための環境変数です。

- **STATIC_URL = '/static/'**

STATIC_URLは、画像などの静的ファイルを納めたフォルダーのURL（相対パス）を指定するための環境変数です。

- **DEFALUT_AUTO_FIELD = 'django.db.models.BigAutoField'**

プロジェクト全体の主キーフィールドの型を指定します。

静的ファイル

Djangoでは、CSSファイルやイメージなど、Webアプリケーションサーバーで処理する必要のないファイルのことを「静的ファイル」と呼び、専用のフォルダーにまとめておくようになっています。デフォルトで/static/が登録されていますので、Webアプリの静的ファイルは、アプリのフォルダー内に「static」フォルダーを作成し、このフォルダーに保存することになります。

wsgi.py

settings.pyで定義されている環境変数WSGI_APPLICATIONには、Webアプリと Webサーバーを接続するための処理を行う関数として、wsgi.applicationが登録されていました。

▼wsgi.pyに記載されているソースコード

```
import os

from django.core.wsgi import get_wsgi_application

os.environ.setdefault(
    'DJANGO_SETTINGS_MODULE', 'blogproject.settings')

application = get_wsgi_application()
```

1行目でライブラリのosをインポートし、2行目でdjango.core.wsgiモジュールからget_wsgi_application()関数をインポートしています。

Djangoを使う場合、各種の設定情報がどこにあるかをDjango側に教えなければなりませんが、これを伝える役割を持つのが環境変数 DJANGO_SETTINGS_MODULEです。ソースコードを見ると、DJANGO_SETTINGS_MODULEにblogproject.settingsがセットされていますね。プロジェクトフォルダー直下のプロジェクトと同名のフォルダー以下に作成されたsettings.pyです。settings.pyで定義されている環境変数WSGI_APPLICATIONには、WSGIを実行するための関数として、wsgi.pyのapplicationを参照せよ、ということが書かれていました。そのapplicationには、関数の実体としてget_wsgi_application()が登録されています。

環境変数WSGI_APPLICATIONが参照されるとここに飛んできて、applicationに代入されているget_wsgi_application()が参照されるという仕組みです。

asgi.py

WSGI (Web Server Gateway Interface) は、Pythonにおいて、WebサーバーとWebアプリが通信するための、標準化された仕様(インターフェイス定義)です。WebアプリがWSGI仕様で書かれていれば、WSGIをサポートするサーバー上であればどこでも動作させることができます。

WSGIの後継となるASGI (Asynchronous Server Gateway Interface) は、「非同期」で動作するように設計されていて、WebSocketなど複数のプロトコルがサポートされています。ここでの「非同期」は、「相手の反応を待たずに独自に動作する」ことを意味します。つまり、非同期処理を行うことで、同時に複数の処理を実行する「並行処理」が可能になり、多くのリクエストを同時に処理できるのがメリットです。ただし、ASGIをサポートするサーバー上でWebアプリを動作させるためには、WebアプリがASGI仕様で書かれていることが必要になります。

▼asgi.pyに記載されているソースコード

```
import os

from django.core.asgi import get_asgi_application

os.environ.setdefault('DJANGO_SETTINGS_MODULE', 'blogproject.settings')

application = get_asgi_application()
```

wsgi.pyと同じように、環境変数DJANGO_SETTINGS_MODULEにsettings.pyが登録されています。applicationには、get_asgi_application()が登録されています。冒頭のインポート文にあるように、この関数はdjango.core.asgiモジュールに収録されている関数です。

3.3 プロジェクトに作成された manage.pyで実行されるコマンド

プロジェクト用のフォルダー直下に作成されたmanage.pyには、Webアプリの開発に必要なコマンドが収録されています。

 manage.pyのコマンドの実行方法

manage.pyのコマンドを使うときは、仮想環境上に作成されたプロジェクト用のフォルダーにcdコマンドで移動してから、次のような書き方をします。

▼manage.pyでコマンドを実行するときの書式

```
python manage.py コマンド名
```

冒頭のpythonは、manage.pyのようなPythonモジュールを実行するためのものです。これがないとmanage.pyが呼び出されないので注意してくださいね。

●startappコマンド

Webアプリ用のソースファイルを生成します。

▼startappコマンドの書式

```
python manage.py startapp アプリケーション名
```

コマンド名のあとに入力したアプリケーション名のフォルダーがプロジェクトフォルダー内に作成され、以下のファイルとフォルダーが格納されます。

▼startappコマンドで作成されるWebアプリ用のソースファイルとフォルダー

- __init__.py
- admin.py
- apps.py
- models.py
- tests.py
- views.py
- migrationsフォルダー（__init__.pyが格納されている）

6個のモジュールと、migrationsフォルダー内に1個のモジュールが作成されます。これらのモジュールがWebアプリの骨格、言い換えると基盤になります。ただし、それぞれのモジュールには必要最小限のことしか書かれていないので、これを編集して独自のWebアプリを開発します。

●runserverコマンド

Djangoに搭載されたサーバーを起動し、Webアプリを実行します。

▼runserverコマンドの書式

```
python manage.py runserver
```

Djangoには、開発中のWebアプリをコンピューター上で直接、実行するための「開発用サーバー」が搭載されています。「ブラウザーからのリクエストに応答（レスポンス）を返すWebサーバー」と、「Webサーバーから依頼された処理を実行するWebアプリケーションサーバー」が合体したのが、開発用サーバーです。

開発用サーバーを起動すると、ブラウザーのアドレス欄に「http://127.0.0.1:8000/」と入力してWebアプリのトップページを表示することができます。

 makemigrationsコマンド

Djangoには、SQLite3というデータベースが搭載されています。SQLite3に限らず、データベース製品はすべて、「SQL」と呼ばれるデータベース定義言語を使って操作するので、私たちPythonユーザーにとって難易度が少し高めです。

そこでDjangoには、Pythonのソースファイルから直接、データベースを操作するための「マイグレーション」という仕組みが用意されています。startappコマンドでWebアプリを作成すると、「migrations」フォルダー以下に__init__.pyが生成されます。makemigrationsは、マイグレーションを実行するための情報が記述されたモジュールを生成するためのコマンドです。

▼makemigrationsコマンドの書式

```
python manage.py makemigrations
```

マイグレーションファイルには、データベースおよびデータベースのテーブルを生成するためのコードが記述されています。マイグレーションファイルを生成したら、migrateコマンドを実行することでデータベースにテーブルが作成されます。

 createsuperuserコマンド

プロジェクトの管理者(スーパーユーザー)を作成します。スーパーユーザーとは、データベースの管理を行う権限を与えられたユーザーのことで、「Django管理サイト」を利用して、データベースの操作を直接、行うことができます。

▼createsuperuserコマンドの書式

```
python manage.py createsuperuser
```

createsuperuserコマンドを実行すると、ユーザー名、メールアドレス、パスワードの入力が求められ、すべてを入力するとスーパーユーザーが作成されます。

▼createsuperuserコマンドの実行例

```
python manage.py createsuperuser
ユーザー名: admin
メールアドレス: super_u@example.com
Password:          ← パスワードを入力
Password(again):   ← パスワードを再入力
Superuser created succsessfully.
```

マイグレーション

マイグレーションについては、実際にコマンドを実行するときに詳しく説明します。

3.4

Webサーバーを立ち上げてデフォルトページを表示してみよう

プロジェクトに作成されたmanage.pyには、Djangoの開発用として搭載されているWebサーバーを起動するrunserverコマンドが収録されています。Webサーバーが起動するとWebアプリのトップページが表示されます。今はまだプロジェクトを作成したばかりでWebアプリを作成していませんが、そういうときはDjangoがデフォルトで用意したトップページが代わりに表示されます。

runserverコマンドを実行してWebサーバーを起動しよう

manage.pyのコマンドを実行するためのターミナルを起動しましょう。

❶Anaconda Navigatorの[Environments]タブをクリックし、使用中の仮想環境名の右横にある▶をクリックして[Open Terminal]を選択します。

❷ターミナルが起動したら、cdコマンドでmanage.pyが格納されているフォルダー(プロジェクト用フォルダー)に移動しましょう。

図3.7　ターミナルを起動し、cdコマンドでmanage.pyが格納されているフォルダーに移動

❸ディレクトリを移動したら、次のように入力してrunserverコマンドを実行しましょう。

▼runserverコマンドの実行

```
python manage.py runserver
```

コマンドを実行すると、次のように表示されます。

■図3.8　runserverコマンドを実行したあとのターミナル

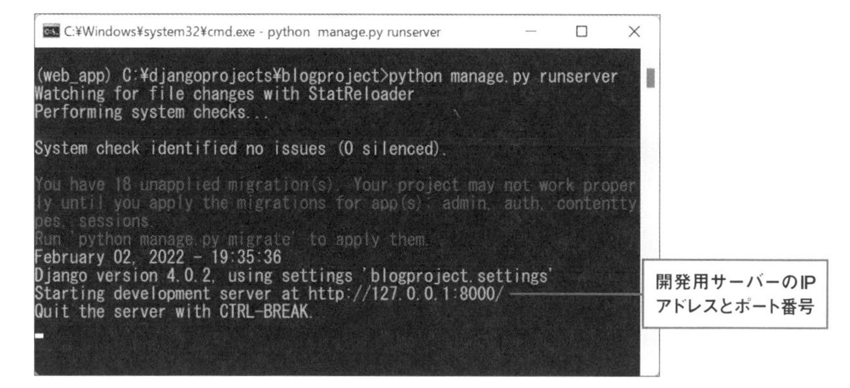

ターミナルの下から2行目の

```
Starting development server at http://127.0.0.1:8000/
```

という記述は、開発用のWebサーバーが

IPアドレス：127.0.0.1
ポート番号：8000

において稼働中であることを伝えています。

現在、開発用のWebサーバーが稼働しています。注意点として、Webサーバー稼働中は、ターミナルを閉じないようにしてください。閉じてしまうと、開発用サーバーがシャットダウンされてしまうので、シャットダウンするとき以外はターミナルを開きっぱなしにしておきましょう。

手動でWebサーバーをシャットダウンする場合は、

[Ctrl]キー＋[Break]キー（または[Ctrl]キー＋[C]キー）

を押してください。そうすると、Webサーバーがシャットダウンすると共に、ターミナルがrunserverコマンド実行前のプロンプトに切り替わります。

 Djangoのデフォルトページを表示してみよう

Webサーバーが起動しましたので、Djangoが用意したトップページを表示してみましょう。ブラウザーを起動してアドレス欄に

http://127.0.0.1:8000/

と入力してください(末尾の「/」は省略できます)。

■図3.9 Djangoで用意されているデフォルトのトップページ

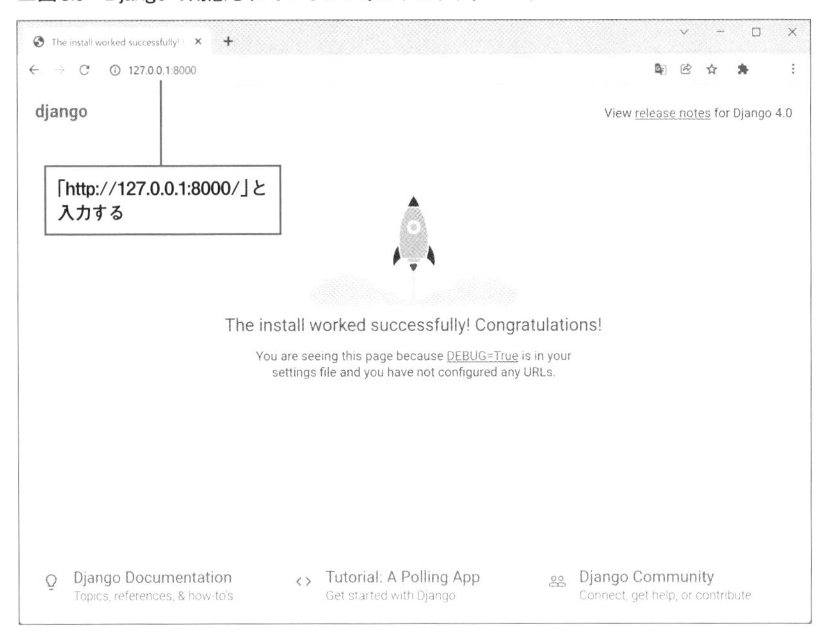

レトロなフォルムのロケットが爆煙を上げています。たったいま作ったばかりのプロジェクトがローカルマシン上で稼働を開始しました！

コラム

ローカルマシンのIPアドレス「127.0.0.1」

「127.0.0.1」は「ローカル・ループバック・アドレス」と呼ばれ、自分自身を指すために定められた特別なIPアドレスです。ローカルマシンで稼働しているWebサーバーに、同じローカルマシン上のブラウザーからアクセスする場合は、「127.0.0.1」がWebサーバーのアドレスとなります。

ローカル・ループバック・アドレスは、「localhost」という名前で代用できます。この場合、DjangoのWebサーバーには、

http://localhost:8000

でアクセスできます。

コラム

ポート番号の「8000」

ポート番号は、「通信相手のアプリケーションを識別するための0から65535までの番号」です。コンピューターネットワーク上でアプリケーション同士が通信するときは、双方のIPアドレスを用いることに加えて、ポート番号の指定が必須です。例えば、Yahoo! JAPANにアクセスする場合は、

https://www.yahoo.co.jp:443

のように、URLの末尾に「:443」と付けて、HTTPSという通信規約に定められている443番ポートを指定します。

でも、私たちはこんな番号を付けてアクセスしたことなんてありません。実は、ブラウザー側の設定で、httpsの通信には内部で「:443」が追加されるようになっているのです。

話が横にそれてしまいましたが、DjangoのWebサーバーは、ポート番号が「8000」に設定されています。この場合、ブラウザーは自動で「:8000」を付け加えることはしませんので、

http://127.0.0.1:8000

と入力する必要があるのですね。

コラム

ドメインネームとIPアドレス

Djangoのwebサーバーにアクセスするとき、ブラウザーのアドレス欄に「http://127.0.0.1:8000」と入力しました。ポート番号は別にして、「何かいつもと違う」と感じたのではないでしょうか。いつものURLではなく、IPアドレスを直(じか)に入力しました。

それは、ローカル・ループバック・アドレスの「127.0.0.1」は、これに対応するドメイン名がないからです。URLというものは、

https://www.apple.com/jp/iphone/top.html

プロトコル　ホスト名　ドメイン名　ディレクトリ　ファイル名

のような構造になっていて、この中の「ホスト名」と「ドメイン名」を合わせたものをFQDN (Fully Qualified Domain Name) と呼びます。

このFQDNは、DNS (Domain Name System) という仕組みによって、IPアドレスと一対一で対応付けられています。

このような仕組みのおかげで、xxx.xxx.xxx.xxxのような10進数で0.0.0.0～255.255.255.255 (IPv4の場合) のIPアドレスを入力することなく、FQDNの文字列でサーバーにアクセスできます。

ネット上では、ブラウザーから送信されたFQDNをIPアドレスに変換してくれる仕組みが常に動いているので、このようなことが可能なのですね。

でも、先にお話ししたように、ローカル・ループバック・アドレスをはじめとした、ローカル環境（インターネットに閉じたという意味）で使用するIPアドレスには、FQDNが割り当てられていません。外部に公開するものではないので、そもそも必要ないのです。

そういえば、自宅にネット環境を構築するとき、ルーターのIPアドレスを手打ちして設定用のページを呼び出しましたが、それと同じことだったのですね。

第4章

Bootstrapで
スタイリッシュな
トップページを作ろう

4.1

Webアプリのひな形を作成して初期設定を行う（モジュールの作成）

3章では、Djangoのプロジェクトを作成するところまでを済ませました。ここでは、Webアプリを開発するための基盤（モジュール）を、Djangoのコマンドを使って作成します。

 Webアプリの基盤を作成する（startappコマンド）

Anaconda Navigatorを起動し、［Environments］タブで仮想環境名の右横の▶をクリックして［Open Terminal］を選択し、ターミナルを起動しましょう。cdコマンドでプロジェクトのフォルダー（manage.pyが格納されているフォルダーです）に移動します。

▼Cドライブの「djangoprojects」以下に作成したプロジェクト用フォルダー「blogproject」にcdコマンドで移動する例

```
cd C:¥djangoprojects¥blogproject
```

cdコマンドを実行したら、次のように入力してstartappコマンドを実行します。startappのあとに半角スペースを入れて、Webアプリの名前を指定することを忘れないでください。今回はブログアプリを作成しますので、「blogapp」という名前にしました。

▼startappコマンド

```
python manage.py startapp blogapp
```

■図4.1　startappコマンドを実行してWebアプリの基盤を作成する

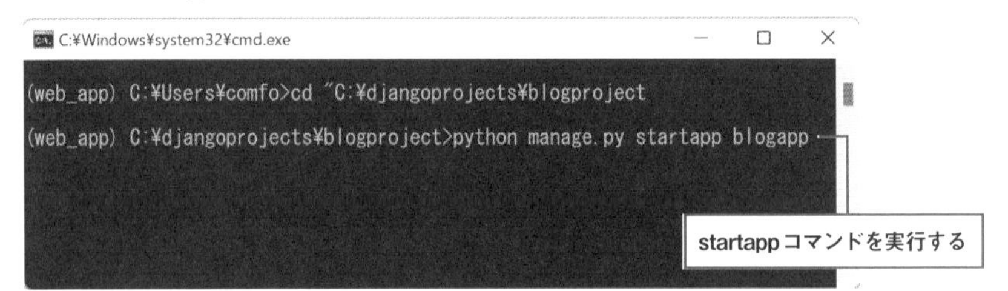

次のように、再びプロンプトの状態に切り替わります。

図4.2　startappコマンド実行後のターミナル

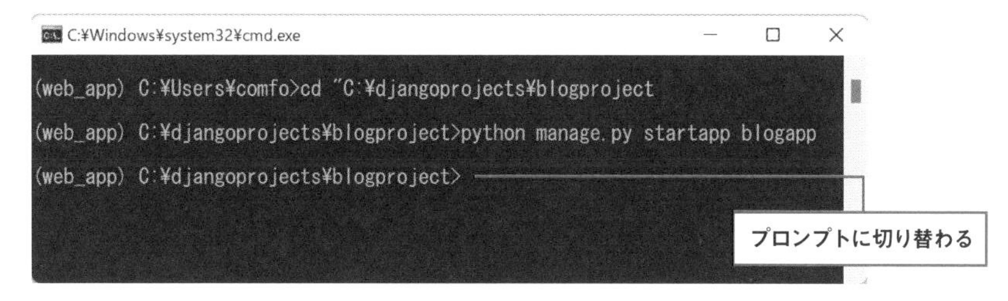

プロジェクト用フォルダーにblogアプリの基盤が作成されました！

図4.3　「blogapp」作成直後のディレクトリ構造

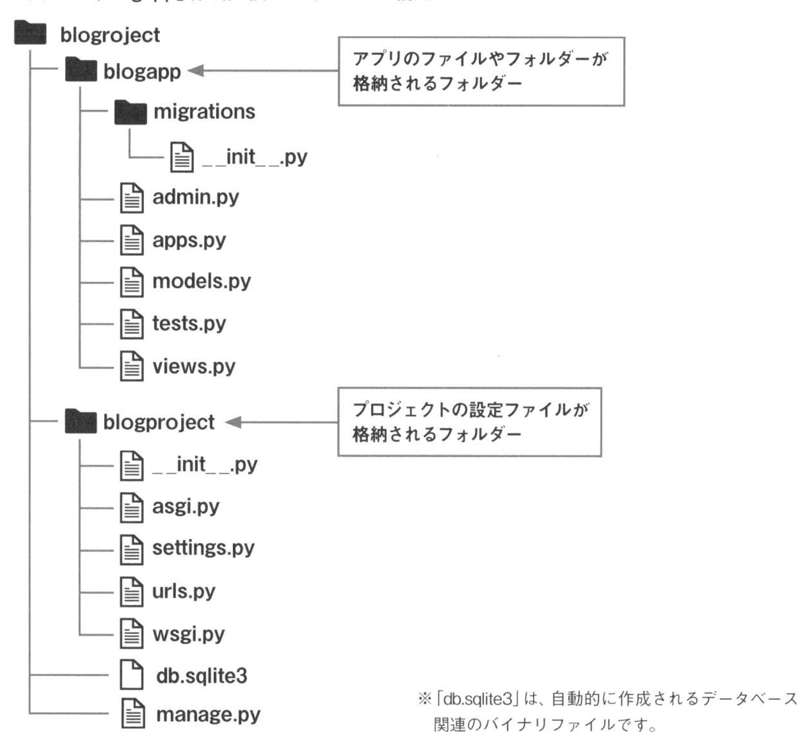

 初期設定をしよう

blogアプリを作成したら、settings.pyを開いて初期設定を行いましょう。

●blogアプリをプロジェクトに登録する(INSTALLED_APPS)

Webアプリを作ったら、Djangoにそれを使うように伝えることが必要です。Djangoでは、プロジェクト内のすべてのWebアプリについて、設定情報を管理する「settings.py」があり、環境変数を使って設定値を管理します。まずはSpyderを起動して[ファイル]ペインを表示しましょう。

[ファイル]ペインでプロジェクトのフォルダー「blogproject」を表示して展開し、さらに内部の「blogproject」フォルダーを展開して「settings.py」をダブルクリックします。

■図4.4　Spyderの[ファイル]ペインで「blogproject」を開いたところ

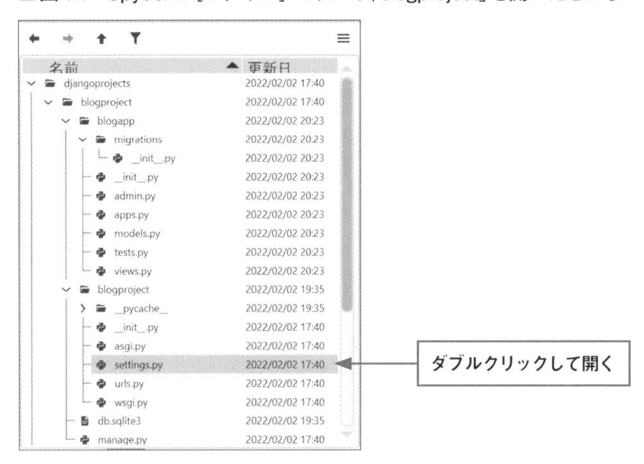

Spyderの[エディタ]ペインが開いて、settings.pyのソースコードが表示されます。INSTALLED_APPSを見つけて、[ ]の中の最後の行に

```
'blogapp.apps.BlogappConfig',
```

の記述を追加しましょう。

▼環境変数INSTALLED_APPSにblogappアプリを追加する(blogproject/settings.py)

```
INSTALLED_APPS = [
    'django.contrib.admin',
    'django.contrib.auth',
    'django.contrib.contenttypes',
    'django.contrib.sessions',
    'django.contrib.messages',
    'django.contrib.staticfiles',
     # blogappを追加する
    'blogapp.apps.BlogappConfig',
]
```

'blogapp.apps.BlogappConfig'は、blogappアプリのフォルダー「blogapp」以下に作成された「apps.py」で定義されているBlogappConfigクラスを指す名前空間名です。

▼「blogProject」以下の「blogapp/apps.py」を開いたところ

```
from django.apps import AppConfig


class BlogappConfig(AppConfig):
    default_auto_field = 'django.db.models.BigAutoField'
    name = 'blogapp'
```


ワンポイント

Spyderを起動して[ファイル]ペインを表示する手順

❶Anaconda Navigatorの[Home]タブの[Applications on]メニューで仮想環境名を選択し、[Spyder]の[Launch]ボタンをクリックします。

❷Spyderの[表示]メニューの[ペイン]➡[ファイル]を選択します。

●使用言語とタイムゾーンを日本仕様に設定する

初期設定で、使用言語とタイムゾーンが欧米仕様になっているので、日本仕様に変更します。settings.pyの下の行に書かれている環境変数の値を

- LANGUAGE_CODE = 'en-us' ➡ 'ja'
- TIME_ZONE = 'UTC' ➡ 'Asia/Tokyo'

にそれぞれ書き換えます。書き換え後は次のようになります。

▼使用言語とタイムゾーンを日本仕様にする(blogproject/settings.py)

```
# 使用言語を設定
LANGUAGE_CODE = 'ja'

# タイムゾーンを設定
TIME_ZONE = 'Asia/Tokyo'
```

編集が終わったら、Spyderのツールバーの[ファイルを保存]ボタンをクリックしてモジュールを保存しておきましょう。

■図4.5 ファイルの保存

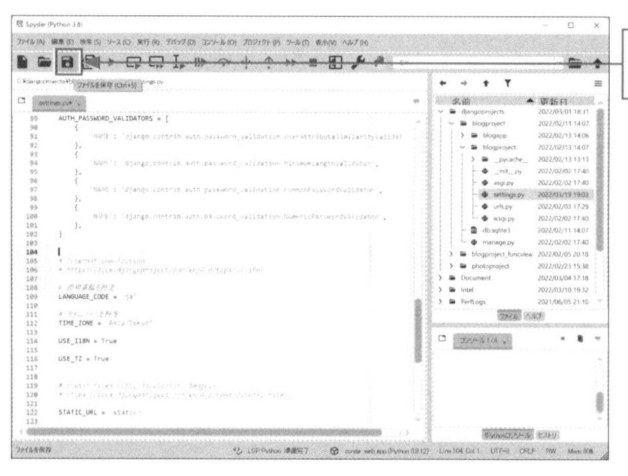

4.2

トップページが表示されるようにしよう（ルーティングの設定）

Webアプリにアクセスがあった場合に、トップページとして用意したページ（テンプレート）を表示するためのルーティングを設定します。

 Djangoがリクエストを処理する方法

Djangoのルーティング処理では、URLconf（urls.py）に記載されたURLパターンがポイントになります。次は、「Djangoで開発したWebアプリがクライアントからのリクエストを受け取って、ページを表示するまで」の処理の流れです。

❶ Djangoはクライアントからのリクエストを受け取ると、プロジェクトの設定ファイル「settings.py」で定義されている環境変数ROOT_URLCONFを参照します。環境変数ROOT_URLCONFには、

```
ROOT_URLCONF = 'blogproject.urls'
```

のように、プロジェクトの「URLconf」の場所が登録されています。URLconfとは、ルーティングの内容（URLパターン）が書かれたモジュール（urls.py）のことです。

❷ DjangoはROOT_URLCONFに記載されたURLconfを呼び出し、リクエストの内容が格納されたHttpRequestオブジェクトを引き渡します。

❸ 続いて、「URLパターン」が格納された変数「urlpatterns」を参照します。URLパターンには、リクエストされたURLから「http(s)://<ホスト名>/」を除いた部分のマッチングと、そのあとに行う処理が記載されています。

❹ Djangoはurlpatternsに格納されているURLパターンを順番に実行し、❷で引き渡されたHttpRequestオブジェクトのpathプロパティの値と照合します。pathプロパティには、リクエストされたURLから「http(s)://<ホスト名>/」を除いた部分が格納されています。

❺ リクエストされたURLがURLパターンのどれかにマッチングすると、URLパターンに指定されているビュー、または別のURLconfを呼び出します。このとき、呼び出し先には❷のHttpRequestオブジェクトがそのまま引き渡されます。

処理を細かく追ったために少しわかりにくいと思いますが、この先、疑問に思ったときに再度参照してもらえればと思います。

 プロジェクトのURLconfにURLパターンを追加しよう

Djangoでは、基本的にプロジェクト全体のURLルーティングはプロジェクトのURLconfで設定し、Webアプリ側のルーティングは独自のURLconfで行います。プロジェクトのURLconfですべてのルーティングを設定することもできますが、プロジェクトに複数のWebアプリがあると内容がわかりにくくなって管理が大変なので、分けておいたほうが無難です。

●プロジェクトのURLconfを開いてみよう

プロジェクトのURLconf（blogproject/urls.py）は、プロジェクトを作成するとデフォルトで作成されています。プロジェクト全体の設定ファイル「blogproject/settings.py」で定義されている環境変数ROOT_URLCONFには、クライアント（ブラウザー）からのリクエストがあったときに参照されるURLconfとして、「blogproject/urls.py」がすでに登録されています。

▼環境変数ROOT_URLCONF

```
ROOT_URLCONF = 'blogproject.urls'
```

blogappアプリにアクセスがあれば、プロジェクトのフォルダー以下のURLconf（blogproject/blogproject/urls.py）が参照される仕組みです。では、Spyderの［ファイル］ペインで「blogproject」以下の「urls.py」をダブルクリックして、［エディタ］ペインで開きましょう。

■図4.6 [ファイル]ペイン

■図4.7 プロジェクトの構造

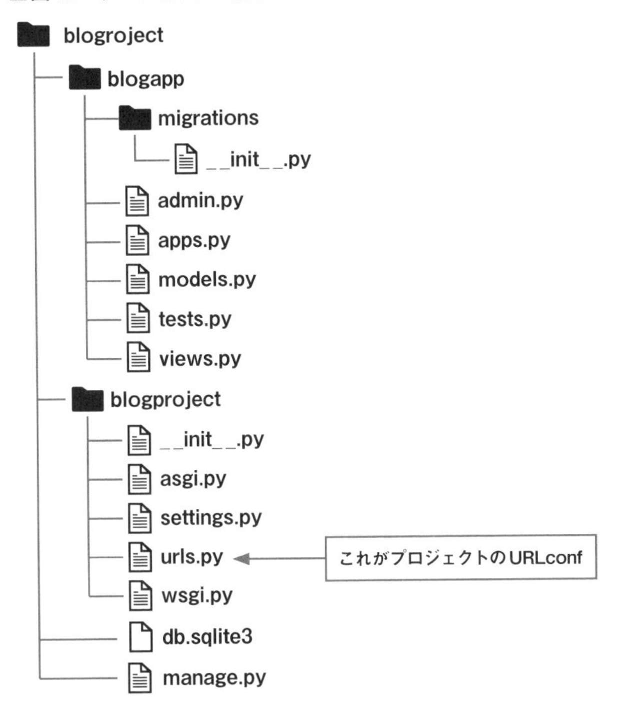

▼プロジェクトのURLconf (blogproject/blogproject/urls.py) を開いたところ

```
"""blogproject URL Configuration

コメント部分省略
"""
from django.contrib import admin
from django.urls import path

urlpatterns = [
    path('admin/', admin.site.urls),
]
```

urlpatternsはURLパターンを定義するためのリスト型の変数で、URLconfが呼び出されたときに参照されます。urlpatternsの要素として、

```
path('admin/', admin.site.urls),
```

と記述されていますね。

▼django.urls.path()関数

第1パラメーター(routeオプション)で指定されたパスに対して、どのビューを呼び出すのかを決定します。この設定は、URLパターン(のインスタンス)として返されます。

書式	path(route, view, kwargs=None, name=None)	
パラメーター	route	ルートディレクトリ(ここではマッチングさせるページのフルパスのことを指す)を指定します。
	view	ビュー、またはas_view()で返されるビューを指定します。
	kwargs	ビューで定義されている関数やメソッドが引数を取る場合、kwargsに設定した値を引き渡すことができます。
	name	path()関数で設定したURLパターンに名前を付けることができます。

path()関数を利用して、「リクエストされたページに対して特定のビューを呼び出すためのURLパターンを生成する」ことができます。

routeオプションで指定するのは、「http(s)://<ホスト名>/」からあとの部分（ページへのフルパス）です。デフォルトで書かれているのは'admin/'となっています。

http(s)://<ホスト名>/admin/

というURLでアクセスされた場合、admin/の部分がマッチングするので、admin.site.urlsが呼び出されます。admin.site.urlsは、プロジェクトの管理を行う「Django管理サイト」を表示するときに使用されるURLconfが記述されたモジュールです。

●Django管理サイトを表示してみる

実際にどんな画面が表示されるのか試してみましょう。runserverコマンドで開発用サーバーを起動した状態で、ブラウザーのアドレス欄に、

http://127.0.0.1:8000/admin/

と入力してアクセスしてみます。

■図4.8　Django管理サイト

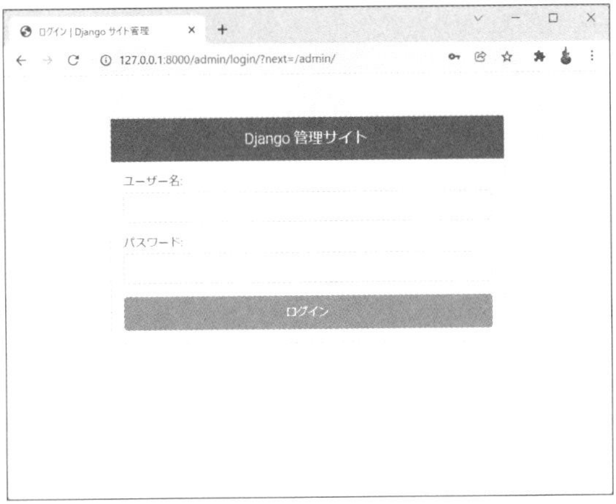

その結果、「http://127.0.0.1:8000/admin/login/?next=/admin/」にリダイレクトされて「Django管理サイト」のログイン画面が表示されました。残念ですが、まだスーパーユーザーを登録していませんので、これ以上先に進むことはできません。

確認したら再びターミナルに戻って、[Ctrl]+[Break]キーを押して開発用サーバーをシャットダウンし、ブラウザーも閉じておきましょう。

●プロジェクトのURLconfに、blogappアプリのURLconfにリダイレクトする記述を追加

本題に戻ります。先ほど開いたurls.pyの2行目のインポート文にincludeを追加し、リストurlpatternsの要素として1行のコードを追加しましょう。冒頭にあるコメントは削除してしまってかまいません。

▼プロジェクトのURLパターンを追加する(blogproject/urls.py)

```
from django.contrib import admin
# include()関数を使うためincludeを追加
from django.urls import path, include

# プロジェクトのURLパターンを登録するリスト
urlpatterns = [
    # http(s)://ホスト名/以下のパスがadmin/にマッチングした場合
    # admin.site.urlsを呼び出し、Django管理サイトを表示する
    path('admin/', admin.site.urls),

    # http(s)://ホスト名/へのアクセスはblogappの
    # URLconf(urls.py)を呼び出す
    path('', include('blogapp.urls')),
]
```

内容がわかるようにコメントを追加しています。リストurlpatternsの要素として、

```
path('', include('blogapp.urls')),
```

が追加されました。末尾の「,」は付けなくても問題ないのですが、URLパターンは複数を列挙することが常なので、Pythonのコーディングスタイルに従って末尾の要素に「,」が付けられます。

path()関数の第1引数を空の文字列' 'にしたことで、リクエストされたすべてのURLにマッチングします。第2引数にはinclude()関数でblog.urlsを指定しています。blog.urlsはblogアプリのurls.pyの名前空間名(コラム参照)です。これで、「http(s)://<ホスト名>/」へのアクセスがあると、blogappアプリのURLconf(blogapp.urls)が参照されるようになります。

入力が済みましたら、ツールバーの[ファイルを保存]ボタンをクリックして、モジュールを保存しておきましょう。

▼django.urls.include()関数

指定されたモジュールをインポートするためのパス(名前空間)を取得します。デフォルトでアプリケーションの名前空間を使用しますが、namespaceオプションでインスタンスの名前空間を指定することもできます。

書式	include(module, namespace=None)	
パラメーター	module	URLconfモジュールの名前空間名を指定します。
	namespace	通常、アプリケーションの名前空間はmoduleで指定しますが、Webアプリの名前空間が設定されている場合に、namespaceでこれを指定することができます。

コラム

アプリケーションの名前空間とインスタンスの名前空間

Djangoでは、モジュールの場所を示す仕組みとして、次の2つの「名前空間」を使うことができます。

- **アプリケーションの名前空間**

各モジュールの相対的な位置を階層構造で表します。プロジェクトのurls.pyにおいて、blogappアプリのurls.pyを参照するときの名前空間は、「blogapp.urls」になります。また、blogappアプリの「blogapp」フォルダー以下のurls.pyにおいて、同じディレクトリのviews.pyモジュールで定義されているIndexViewクラスを参照するときの名前空間は、「views.IndexView」になります。

- **インスタンスの名前空間**

アプリケーションの特定のインスタンスを識別するための名前空間です。インスタンスの名前空間は、プロジェクト全体で一意である必要があります。Django管理サイトのインスタンス名前空間は'admin'です。

blogappのURLパターンを設定しよう（blogappのURLconf）

blogappアプリのルーティングを専門に行うURLconf（urls.py）を作成しましょう。作成する場所は、blogappアプリが格納されているフォルダーです。

■図4.9　プロジェクトの構造

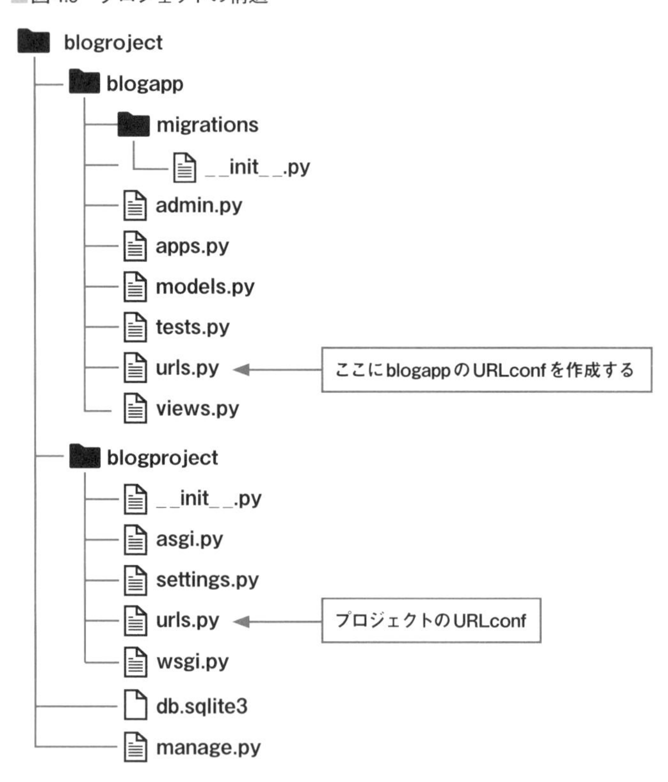

●URLconf（urls.py）の作成とルーティング情報の記述

❶Spyderの［ファイル］ペインで、プロジェクト用のフォルダー以下の「blogapp」フォルダーを右クリックして［新規］➡［Pythonファイル…］を選択します。

■図4.10 blogappアプリのURLconf(urls.py)を作成

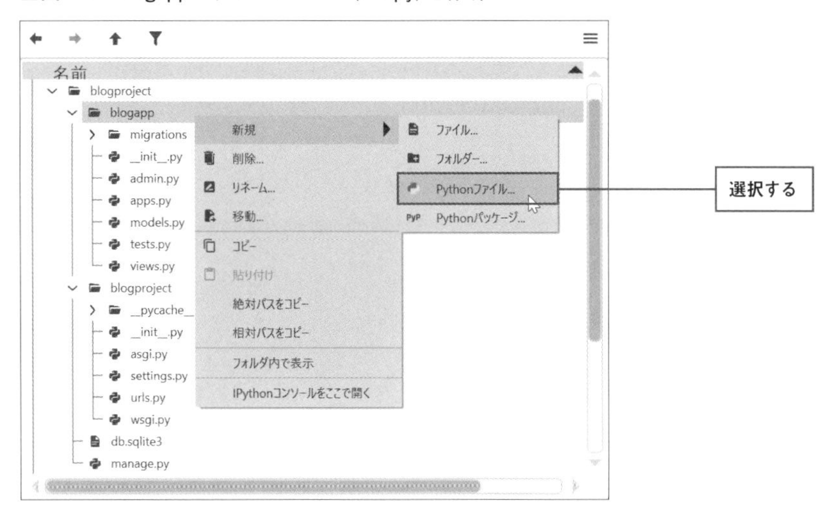

❷[新規モジュール]ダイアログが表示されるので、[ファイル名]に「urls」と入力して[保存]ボタンをクリックしましょう。

■図4.11 [新規モジュール]ダイアログ

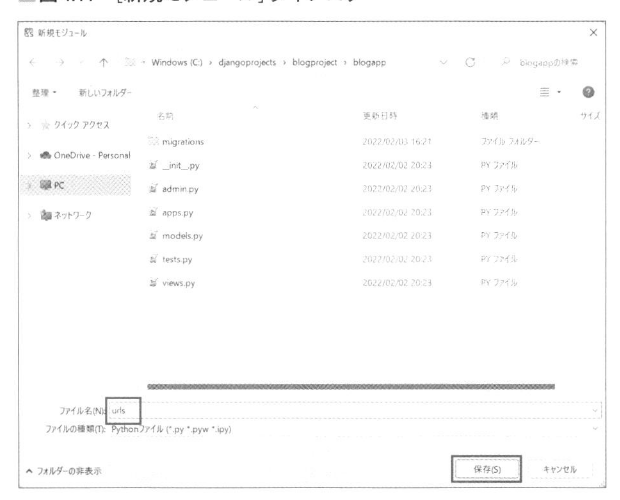

❸［ファイル］ペインに「urls.py」が表示され、［エディタ］ペインでモジュールが開きました。

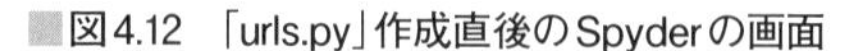
図4.12 「urls.py」作成直後のSpyderの画面

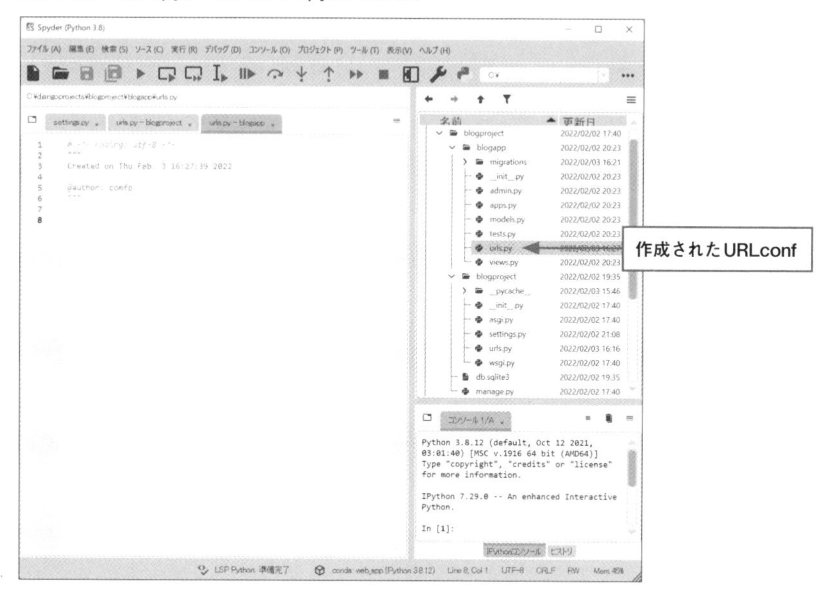

blogappアプリのルーティングを行うURLパターンを作成します。それと、URLconfを逆引きで参照できるように、app_name = 'blogapp'の記述をして、アプリ名を登録しておきましょう。

作成したばかりのモジュールにはコメントが入力されていますが、これは削除してしまっても問題ありません。

▼blogappのURLconf（blogapp/urls.py）

```
from django.urls import path
from . import views

# URLconfのURLパターンを逆引きできるようにアプリ名を登録
app_name = 'blogapp'
```

```
# URLパターンを登録するためのリスト
urlpatterns = [
    # http(s)://ホスト名/以下のパスが''(無し)の場合
    # viewsモジュールのIndexViewを実行
    # URLパターン名は'index'
    path('', views.IndexView.as_view(), name='index'),
]
```


❹入力が済んだら、ツールバーの[ファイルを保存]ボタンをクリックしてモジュールを保存しましょう。入力したソースコードの内容は、これから説明します。

インポート文

1行目のインポート文は、django.urlsモジュールのpath()関数をインポートするためのものです。2行目は、blogappアプリのviewsモジュールを丸ごとインポートするためのものです。このあとで、ビューを生成するためのクラスIndexViewを作成するので、本来なら

```
from views import IndexView
```

と書くべきですが、ビューは複数、作成することが多いので、

```
from . import views
```

のようにして、viewsモジュールごとインポートするようにするのが便利です。そうすると、viewsモジュールで定義されているIndexViewクラスを

```
views.IndexView
```

で参照できるようになります。

リストurlpatterns

urlpatternsに次のようなURLパターンを登録しました。

```
urlpatterns = [
    path('', views.IndexView.as_view(), name='index'),
]
```

blogappアプリのURLconfが参照されると、urlpatternsに登録されたURLパターンが順番に参照され、リクエストされたURLとのマッチングが行われます。blogappアプリでは、

http(s)://<ホスト名>/

へのアクセスをトップページのビューであるIndexViewの呼び出しにするので、path()関数の第1引数を空の文字列' 'にしています。第2引数には、呼び出すビューとしてIndexViewを設定しました。

```
views.IndexView.as_view()
```

これは、viewsモジュールのIndexViewクラスにas_view()メソッドを適用することを意味しています。

▼django.views.generic.base.View.as_view()

すべてのビュークラスのスーパークラスdjango.views.generic.base.Viewクラスで定義されているクラスメソッドです。クラスメソッドはクラスのインスタンス化が不要で、

```
クラス名.メソッド名()
```

でダイレクトに実行できます。使い方としては、モジュール名.関数名()で実行できる関数とよく似ています(冒頭に付けるのがクラス名かモジュール名かの違い)。

as_view()が実行されると、ビュークラスにおいてレンダリングに必要な処理が行われ、HTTPレスポンスが返されます。つまり、この時点でビューの呼び出しからレンダリング、そしてレンダリングしたHTMLドキュメントを含むHTTPレスポンスの生成までが完了することになります。

これで、「http(s)://<ホスト名>/」へのアクセスがあった場合に、トップページ用のビューが呼び出され、レンダリングのあと、HTTPレスポンスの返送までが行われるようになりました。

最後の name='index'は、URLパターンを識別するための名前です。これは、呼び出し先のビューと同じ名前にすることもできますが、まったく別の名前にすることもできます。Djangoで開発するWebアプリは、リンクを設定する際に名前付けされたURLパターンを使うので、定義済みのURLパターンに名前を付けておくのは重要です。そうすれば、リンク先の情報として生のURLをハードコーディング(直接入力すること)しなくても、URLパターン名で設定できるようになります。

開発用サーバーを起動して状態を確認してみよう

以上でルーティングの設定は完了です。ここで、開発用サーバーを起動して、どのような状態になるか確認してみましょう。間違いなく起動に失敗するはずですが、エラーの内容でDjangoの仕組み的なことを覗(のぞ)けるので、あえて試してみることにしましょう。

使用している仮想環境からターミナルを起動し、cdコマンドでmanage.pyが保存されているディレクトリ(プロジェクトのフォルダー)に移動して、runserverコマンドを実行します。

■図4.13 開発用サーバーの起動に失敗したときのターミナルのようす

```
C:¥Windows¥system32¥cmd.exe - python manage.py runserver
(web_app) C:¥djangoprojects¥blogproject>python manage.py runserver
Watching for file changes with StatReloader
Performing system checks...

Exception in thread django-main-thread:
Traceback (most recent call last):
  File "C:¥Users¥comfo¥anaconda3¥envs¥web_app¥lib¥threading.py", line 932, in _bootstrap_inner
    self.run()
  File "C:¥Users¥comfo¥anaconda3¥envs¥web_app¥lib¥threading.py", line 870, in run
    self._target(*self._args, **self._kwargs)
  File "C:¥Users¥comfo¥anaconda3¥envs¥web_app¥lib¥site-packages¥django¥utils¥autoreload.py", line 64, in wrapper
    fn(*args, **kwargs)
  File "C:¥Users¥comfo¥anaconda3¥envs¥web_app¥lib¥site-packages¥django¥core¥management¥commands¥runserver.py", line 124, in inner_run
    self.check(display_num_errors=True)
  File "C:¥Users¥comfo¥anaconda3¥envs¥web_app¥lib¥site-packages¥django¥core¥management¥base.py", line 438, in check
    all_issues = checks.run_checks(
  File "C:¥Users¥comfo¥anaconda3¥envs¥web_app¥lib¥site-packages¥django¥core¥checks¥registry.py", line 77, in run_checks
    new_errors = check(app_configs=app_configs, databases=databases)
  File "C:¥Users¥comfo¥anaconda3¥envs¥web_app¥lib¥site-packages¥django¥core¥checks¥urls.py", line 13, in check_url_config
    return check_resolver(resolver)
  File "C:¥Users¥comfo¥anaconda3¥envs¥web_app¥lib¥site-packages¥django¥core¥checks¥urls.py", line 23, in check_resolver
    return check_method()
  File "C:¥Users¥comfo¥anaconda3¥envs¥web_app¥lib¥site-packages¥django¥urls¥resolvers.py", line 448, in check
    for pattern in self.url_patterns:
  File "C:¥Users¥comfo¥anaconda3¥envs¥web_app¥lib¥site-packages¥django¥utils¥functional.py", line 48, in __get__
    res = instance.__dict__[self.name] = self.func(instance)
  File "C:¥Users¥comfo¥anaconda3¥envs¥web_app¥lib¥site-packages¥django¥urls¥resolvers.py", line 634, in url_patterns
    patterns = getattr(self.urlconf_module, "urlpatterns", self.urlconf_module)
  File "C:¥Users¥comfo¥anaconda3¥envs¥web_app¥lib¥site-packages¥django¥utils¥functional.py", line 48, in __get__
    res = instance.__dict__[self.name] = self.func(instance)
  File "C:¥Users¥comfo¥anaconda3¥envs¥web_app¥lib¥site-packages¥django¥urls¥resolvers.py", line 627, in urlconf_module
    return import_module(self.urlconf_name)
  File "C:¥Users¥comfo¥anaconda3¥envs¥web_app¥lib¥importlib¥__init__.py", line 127, in import_module
    return _bootstrap._gcd_import(name[level:], package, level)
  File "<frozen importlib._bootstrap>", line 1014, in _gcd_import
  File "<frozen importlib._bootstrap>", line 991, in _find_and_load
  File "<frozen importlib._bootstrap>", line 975, in _find_and_load_unlocked
  File "<frozen importlib._bootstrap>", line 671, in _load_unlocked
  File "<frozen importlib._bootstrap_external>", line 843, in exec_module
  File "<frozen importlib._bootstrap>", line 219, in _call_with_frames_removed
  File "C:¥djangoprojects¥blogproject¥blogproject¥urls.py", line 13, in <module>
    path('', include('blogapp.urls')),
  File "C:¥Users¥comfo¥anaconda3¥envs¥web_app¥lib¥site-packages¥django¥urls¥conf.py", line 34, in include
    urlconf_module = import_module(urlconf_module)
  File "C:¥Users¥comfo¥anaconda3¥envs¥web_app¥lib¥importlib¥__init__.py", line 127, in import_module
    return _bootstrap._gcd_import(name[level:], package, level)
  File "<frozen importlib._bootstrap>", line 1014, in _gcd_import
  File "<frozen importlib._bootstrap>", line 991, in _find_and_load
  File "<frozen importlib._bootstrap>", line 975, in _find_and_load_unlocked
  File "<frozen importlib._bootstrap>", line 671, in _load_unlocked
  File "<frozen importlib._bootstrap_external>", line 843, in exec_module
  File "<frozen importlib._bootstrap>", line 219, in _call_with_frames_removed
  File "C:¥djangoprojects¥blogproject¥blogapp¥urls.py", line 11, in <module>
    path('', views.IndexView.as_view(), name='index'),
AttributeError: module 'blogapp.views' has no attribute 'IndexView'
```

IndexViewが存在しないと通知している

すると、開発用サーバーを起動する過程で、ターミナル上にエラーを伝える通知が次々に出力され、予想どおり起動に失敗してしまいます。

次々にエラーの内容が出力され、最後の行で

```
AttributeError: module 'blogapp.views' has no attribute 'IndexView'
```

とあるとおり、

blogapp.viewsモジュールにIndexViewが存在しない

といわれてしまいました。blogアプリのURLconfに設定したリダイレクト先のビューIndexViewはまだ作成していませんので、当然起こりうるエラーです。ですが、IndexViewの読み込みのところで止まったということは、

プロジェクトのURLconf

blogappアプリのURLconf

までのルーティングは正常に行われていることになります。とはいえ、ターミナルはエラーのところで止まっていますので、気持ちのいいものではありませんね。[Ctrl]+[Break]キーでシャットダウンして、プロンプトの状態に戻しましょう。ターミナルを閉じてしまってもかまいませんが、このあとの作業の中で再び開発サーバーを起動するので、特に支障がなければそのままにしておきましょう。

4.3

ビューを作成してトップページを表示してみよう

前節では、プロジェクトのURLconfからblogアプリのURLconfを経由して、ビューを呼び出すまでの流れを設定しました。ここでは、ビューのクラス「IndexView」を作成し、さらにビューがレンダリングするテンプレート「index.html」を作成します。

 トップページを表示する司令塔を作ろう(IndexViewクラス)

トップページへのルーティングを行うURLパターンでは、次のようにビューのクラスIndexViewが呼び出されます。

▼トップページのURLパターン(blogapp/urls.py)

```
urlpatterns = [
    path('', views.IndexView.as_view(), name='index'),
]
```

Djangoでは、ビューを作成するときのために、様々なタイプのスーパークラスを用意しています。これらの中から目的に合ったクラスをチョイスし、これを継承したサブクラスを作ることで、独自のビューを定義できます。

テンプレート(HTMLドキュメント)をレンダリング(画面に表示する内容を作ること)するだけなら、TemplateViewクラスまたはRedirectViewクラスが最適です。この2つのクラスは、django.views.generic.base.Viewクラスのサブクラスになっていて、次のように使い分けます。

- **TemplateViewはテンプレートをレンダリングするときに使う**
- **RedirectViewは任意のURLにリダイレクトするときに使う**

▼TemplateView

フルネーム	django.views.generic.base.TemplateView
機能	指定されたテンプレートをレンダリングします。
継承しているクラス	django.views.generic.base.TemplateResponseMixin django.views.generic.base.ContextMixin django.views.generic.base.View

▼RedirectView

フルネーム	django.views.generic.base.RedirectView
機能	指定されたURLにリダイレクトします。
継承しているクラス	django.views.generic.base.View

今回は、トップページのテンプレートをレンダリングしたいので、TemplateViewを継承したサブクラスとしましょう。

IndexViewクラスの作成

blogappアプリのフォルダーに収められている「views.py」を開きましょう。[ファイル]ペインで「blogapp」フォルダーを展開し、「views.py」をダブルクリックします。

デフォルトでは、django.shortcutsモジュールからrenderをインポートすることだけが書かれています。下の行にTemplateViewのインポート文、その下にトップページ用のビューにするIndexViewクラスの定義を書いていきます。

ワンポイント

クラスベースビューと関数ベースビュー

Djangoでは、ビューを作成する方法として、「クラスベースビュー」「関数ベースビュー」の2つの方法が用意されています。本書で主に紹介しているのは「クラスベースビュー」です。実装が容易なので、基本的にクラスベースビューを使うのがお勧めです。一方、関数ベースビューは、クラスベースビューにはない記述が必要な一方で、細かな制御が必要な場合に小回りがきく(実装しやすい)というメリットがあります。4～6章では、クラスベースビューの実装を紹介したあとに、関数ベースビューでの実装も紹介しているので、併せて参照してもらえればと思います。

▼トップページのビュー、IndexViewクラスの定義(blogapp/views.py)

```
from django.shortcuts import render
# django.views.generic.baseからTemplateViewをインポート
from django.views.generic.base import TemplateView

class IndexView(TemplateView):
    '''トップページのビュー

    テンプレートのレンダリングに特化したTemplateViewを継承

    Attributes:
      template_name: レンダリングするテンプレート
    '''
    # index.htmlをレンダリングする
    template_name = 'index.html'
```


template_nameは、TemplateViewが継承しているTemplateResponseMixinで定義されているクラス変数です。template_nameをオーバーライド(再定義)することで、任意のテンプレートをレンダリングすることができます。

入力が済んだら、ツールバーの[ファイルを保存]ボタンをクリックしてモジュールを保存しましょう。これで、

プロジェクトのURLconf
⬇
blogappアプリのURLconf
⬇
IndexViewによるindex.htmlのレンダリング

の流れが出来上がりました。あとは、テンプレートindex.htmlを作成すれば、blogappアプリのトップページがブラウザーに表示されることになります!

開発用サーバーを起動して状態を確認してみよう

開発用サーバーを起動して、blogappアプリの現在の状態をチェックしてみましょう。ターミナル上でrunserverコマンドを実行します。あらためてターミナルを起動した場合は、cdコマンドでmanage.pyが保存されているディレクトリ（プロジェクトのフォルダー）に移動してから、

```
python manage.py runserver
```

のように入力して、runserverコマンドを実行しましょう。

ブラウザーのアドレス欄に「http://127.0.0.1:8000/」と入力して、トップページにアクセスしてみましょう。

■図4.14　ブラウザーを起動して「http://127.0.0.1:8000/」にアクセス

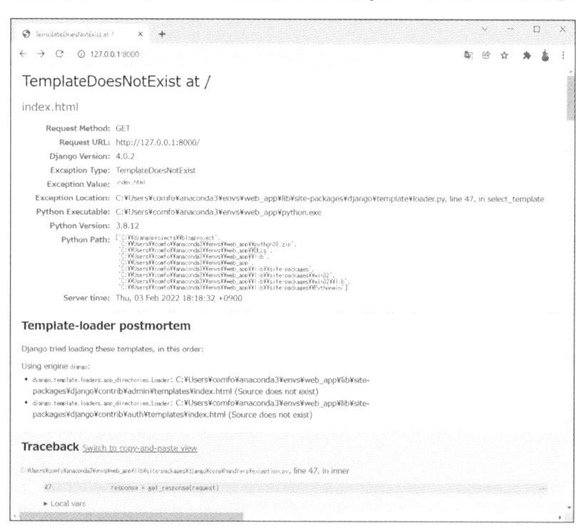

「TemplateDoesNotExist at /」と大きく表示され、エラーの内容が細かく表示されています。トップページのビュー（IndexView）がレンダリングするテンプレート（index.html）の作成はまだなので仕方ありませんが、エラーの内容から、

プロジェクトのURLconf

⬇

blogappアプリのURLconf

⬇

トップページのビュー(IndexView)

までのルーティングが正常に行われていることは確認できます！　一方、ターミナルには、ブラウザーからのアクセスがエラーになったことを伝えるメッセージとして、

```
django.template.exceptions.TemplateDoesNotExist: index.html
[03/Feb/2022 18:18:32] "GET / HTTP/1.1" 500 76305
```

が表示されています。[Ctrl] + [Break] キーを押して開発用サーバーをシャットダウンしておきましょう。

トップページのテンプレートを作ろう(HTMLドキュメントの作成)

トップページのテンプレートを作成しましょう。テンプレートは、ページの表示内容と見栄え(デザイン)を決定するHTMLドキュメントで、DjangoのMTVモデルのT(Template)の部分です。テンプレートでは、テキストやイメージなど、あらかじめ決められた内容を表示するほか、ビューがデータベースから読み込んだ内容を受け取って表示することもできます。このように、Djangoで使用するHTMLドキュメントは異なる情報を統一された形式で出力するので、「テンプレート(ひな形)」という呼び方をします。

template_nameに設定するのはファイル名だけ

レンダリングするテンプレートの設定では、template_name = 'index.html'のようにファイル名だけが登録されています。Djangoはテンプレートの格納場所として「templates」フォルダーを検索しますので、template_nameには拡張子を含むファイル名を設定するだけでOKです。

●テンプレートを格納する「templates」フォルダーを作成する

Webアプリ用のフォルダー直下に「templates」フォルダーを作成しておくと、Djangoはその中からテンプレートを検索してくれます。テンプレートは1つだけではなく、いくつも作成することになりますが、「templates」フォルダーにまとめておけば、ビューがレンダリングする際に自動で検索されます。

blogappアプリのフォルダー「blogapp」の直下に、「templates」フォルダーを作成しましょう。

❶Spyderの[ファイル]ペイン(表示されていない場合は[表示]メニューの[ペイン]➡[ファイル]を選択してください)で、プロジェクト用フォルダー以下の「blogapp」フォルダーを右クリックして[新規]➡[フォルダー]を選択します。

図4.15　Spyderの[ファイル]ペイン

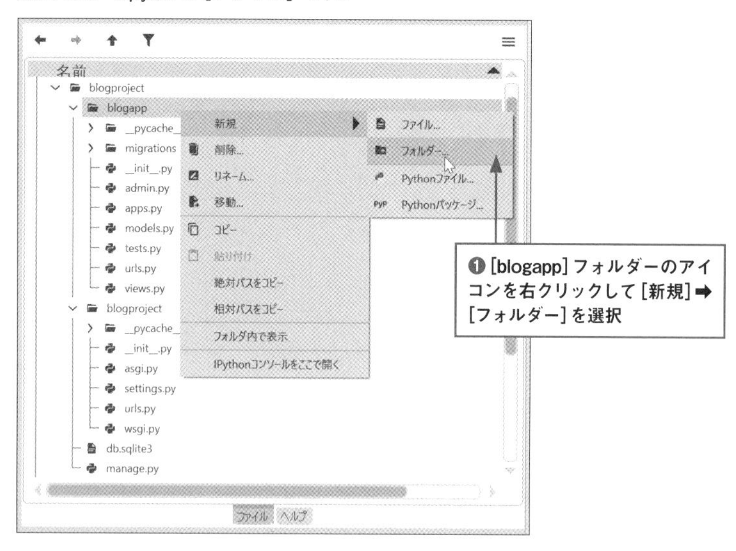

❷[新規フォルダー]ダイアログが表示されるので、「templates」と入力して[OK]ボタンをクリックしましょう。

■図4.16 [新規フォルダー]ダイアログ

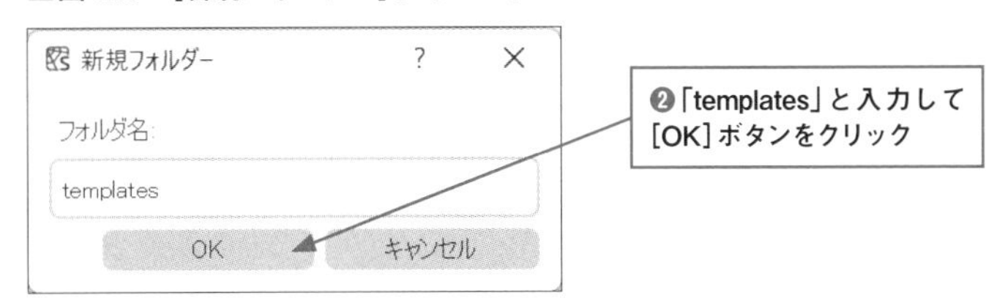

❸続いてテンプレート(HTMLドキュメント)を作成します。作成済みの[templates]フォルダーのアイコンを右クリックして、[新規]➡[ファイル]を選択します。

■図4.17 Spyderの[ファイル]ペイン

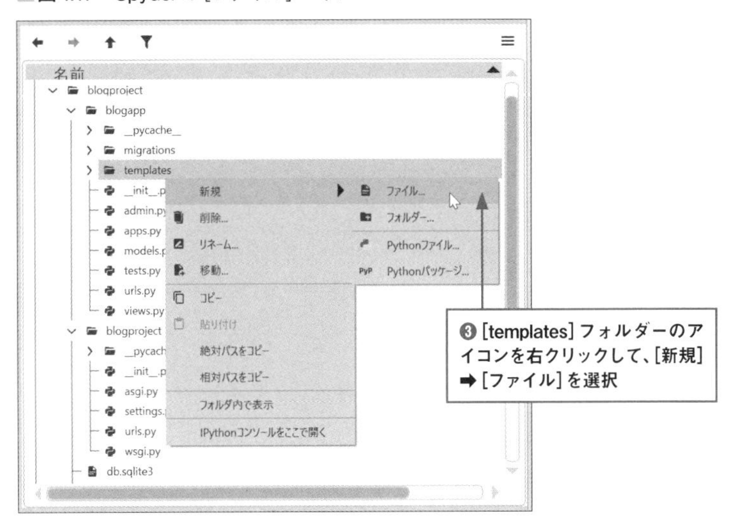

❹[新規ファイル]ダイアログが表示されるので、[ファイル名]に、「index.html」のように拡張子を含めてファイル名を入力して、[保存]ボタンをクリックしましょう。

■図4.18　[新規ファイル]ダイアログ

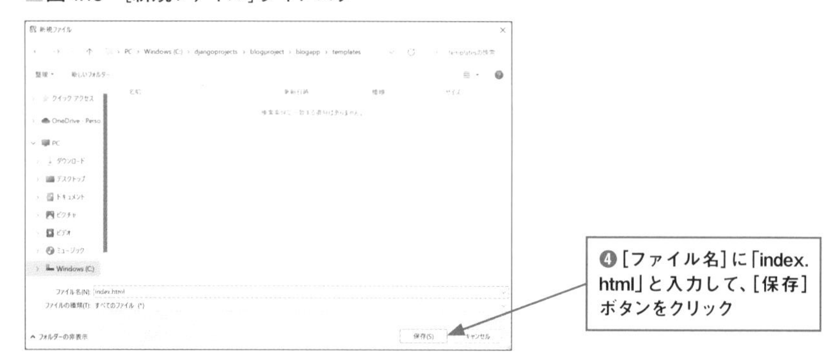
❹[ファイル名]に「index.html」と入力して、[保存]ボタンをクリック

これで空の状態のHTMLファイル（index.html）が作成されました。Spyderの[エディタ]ペインにファイルが開かれているはずです。

❺もし開いていなかったら、[ファイル]ペインで[index.html]のアイコンをダブルクリックしてください。

■図4.19　作成されたindex.html

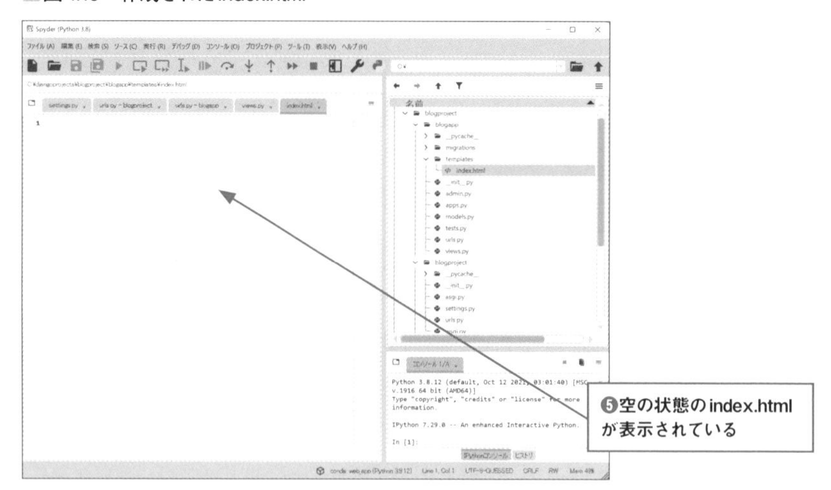
❺空の状態のindex.htmlが表示されている

最初ですので、トップページのタイトル「Top Page」とだけ表示する必要最小限のHTMLのコードを入力しましょう。

▼タイトルとして「Top Page」と表示するHTMLのコード(blogapp/templates/index.html)

```
<!DOCTYPE html>
<html>
<head>
</head>

<body>
    <h1>Top Page</h1>
</body>
</html>
```

1行目の<!DOCTYPE html>は、このファイルの中身がHTML形式の文書(ドキュメント)であることを示す宣言文です。続く<html>はHTMLコードの始まりを示します。<head>～</head>は、ヘッダー情報(ページのタイトルや各種の設定情報など)を書くためのタグですが、中身は空きのままとしています。

<body>タグ以下にページに表示する要素を書くので、ここでは最もサイズが大きい見出し文字を表示する<h1>タグの要素として「Top Page」という文字列を設定しました。

</body>でタグを終了し、</html>でHTMLのコードの終わりを示せばHTMLドキュメントの完成です。入力が済んだら、ツールバーの[ファイルを保存]ボタンをクリックして、HTMLのソースコードを保存しましょう。

開発用サーバーを起動してトップページを表示してみよう

ここまでの作業で、

プロジェクトのURLconf

⬇

blogappアプリのURLconf

⬇

IndexViewによるindex.htmlのレンダリング

のように、ブラウザーからblogappアプリにアクセスされたときにトップページを表示する処理の流れが出来上がりました。

cdコマンドでプロジェクトのフォルダー「blogproject」に移動した状態のターミナルで、runserverコマンドを実行して開発用サーバーを起動し、ブラウザーから「http://127.0.0.1:8000/」にアクセスしてみましょう。

■図4.20　blogアプリのトップページ

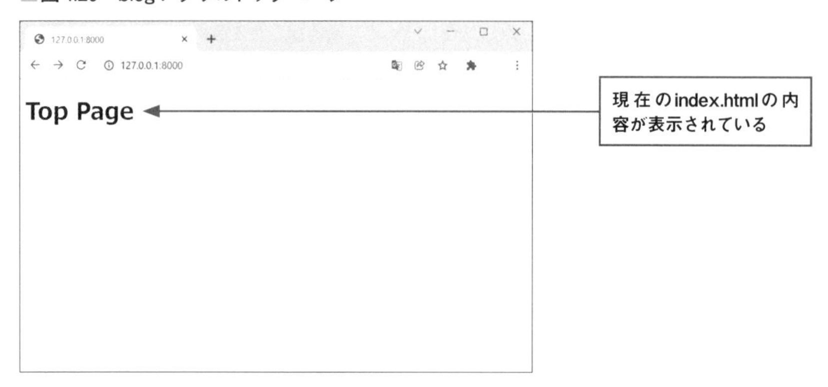

<h1>タグに埋め込んだ「Top Page」の文字が見出し用として大きく表示されています。何ともシュールな画面ですが、次の節ではこの画面を本職のデザイナーさんが作ったカッコいいものに取り替えます。期待しつつ先へ進むことにしましょう。

ワンポイント

HTMLとは?

HTMLは、「HyperText Markup Language」の頭文字を取ったもので、ChromeやFirefox、SafariなどのWebブラウザーで解読され、利用者にWebページを表示するためのコードです。HyperTextは、Webページ間を結び付けるハイパーリンクをサポートするテキスト形式という意味です。Markupとは、Webページの1つの要素について、コードで修飾を付けて、ブラウザーにどう解釈するかを伝えることを意味します。

HTMLのコードは「<」で始まり「>」で終わるタグで構成されています。これらのタグが、Markup修飾の要素です。

 関数ベースビューを使う

関数ベースビューを使う場合について解説します。関数ベースビューでは、blogappアプリのURLconf(blogapp/urls.py)およびビューを定義するモジュール(blogapp/views.py)の内容がクラスベースビューのものとは異なりますので、それぞれの書き方を紹介します。

以降、4～6章ではクラスベースビューの説明のあとに関数ベースビューの解説が入ります。

●blogappアプリのURLconf(blogapp/urls.py)

blogappアプリのURLconfのURLパターンでは、

```
path('', views.IndexView.as_view(), name='index')
```

のように、IndexViewクラスをas_view()メソッドで実行する書き方をしていましたが、この部分が

```
path('', views.index_view, name='index')
```

のように、このあと作成するindex_view()関数の呼び出しになります。

▼blogappアプリのURLconf(blogapp/urls.py)

```
from django.urls import path
from . import views

# URLconfのURLパターンを逆引きできるようにアプリ名を登録
app_name = 'blogapp'

# URLパターンを登録するためのリスト
urlpatterns = [
    # http(s)://ホスト名/以下のパスが''(無し)の場合
    # viewsモジュールのindex_view()関数を実行
    # URLパターン名は'index'
    path('', views.index_view, name='index'),
]
```

●blogappアプリのビュー

関数ベースビューでは、ビューを関数として実装することになります。

▼関数ベースビュー（blogapp/views.py）

```
from django.shortcuts import render

def index_view(request):
    '''トップページのビュー
    Parameters:
        request(HTTPRequest):クライアントからのリクエスト情報
    Returns(HTTPResponse):
        render()でテンプレートをレンダリングした結果
    '''
    return render(request, 'index.html')
```

関数ベースビューでは、

「HTTPRequestオブジェクトを受け取るパラメーターを設定する」

という決まりがあります。HTTPRequestは、クライアント（ブラウザー）からのリクエストの内容を格納するためのクラスです。クラスベースビューのときはレンダリングするテンプレートを指定するだけでしたが、関数ベースビューの場合はHTTPRequestをパラメーターとして設定しておくことが必要なのです。

戻り値としてrender()関数の実行結果が指定されています。render()は、指定されたテンプレートをレンダリングし、その結果をHTTPResponseオブジェクトとして返します。HTTPResponseは、クライアントにレスポンスとして返すデータ（HTML含む）を格納するためのクラスです。

Djangoでは、クライアントからのリクエストをHTTPRequestオブジェクトに格納し、レスポンスをHTTPResponseオブジェクトに格納して扱います。クラスベースビューでは表に出てきませんでしたが、関数ベースビューではそれぞれのオブジェクトのやり取りをしっかり記述するのですね。このため、render()関数を実行する際は、最低でも第1引数にHTTPRequestオブジェクトを指定し、第2引数にレンダリングするテンプレート名（.html）を設定することが必要です。このあとに出てくるコラム「クラスベースビューと関数ベースビュー」ではクラスベースビューと関数ベースビューの比較を行っていますので、併せて参照してもらえればと思います。

4.4

Bootstrapでスタイリッシュなデザインのトップページを作ろう

「Bootstrap（ブートストラップ）」は、Webサイトや Webアプリケーションを作成するためのWebアプリケーションフレームワークです。Djangoがサーバーサイドのフレームワークなのに対し、Bootstrapはフロントエンドのフレームワークなので、HTMLやCSS、JavaScriptで拡張した本格的なデザインのテンプレートが数多く配布されています。

 Bootstrapはどうやって使うの？

Bootstrapには、目的別に制作されたHTMLやCSSをダウンロードして、ソースコードをコピー＆ペーストして利用する方法と、Webサイトとしての完成品の中から気に入ったものをダウンロードして利用する方法があります。前者はページのデザイン的な要素を部品として利用する使い方になり、後者は完成品のWebサイトを丸ごと利用し、用途に応じて中身を改造していく使い方になります。

■図4.21　Bootstrapのサイト（https://getbootstrap.jp/）

Bootstrapのサイトでは、以下をダウンロードして利用することができます。

- **コンパイルされたCSSとJavaScriptプラグイン**
  すぐに使えるコンパイルされたBootstrapのコード。
- **ソースファイル**
  Sass、JavaScript、HTMLドキュメントを含むソースファイル。
- **サンプル**
  目的別に用意されたHTMLドキュメントとCSSのセット。

このほかに、「はじめる」というページで、テンプレートとして表示されるコードをそのままコピーし、手元のソースファイルに貼り付けて利用することができます。

Start Bootstrapのサイトでは、目的別に用意されたテンプレートを個別にダウンロードすることもできます。ここでのテンプレートとは、「ページの構造を定義するHTMLドキュメントと、画面のデザインを定義するCSSなどのセット」を意味します。ダウンロードしたものを自作のWebアプリに移植すれば、Start Bootstrapのサイトのデモと同じものを再現することができます。

■図4.22　Start Bootstrapのサイト（https://startbootstrap.com/）

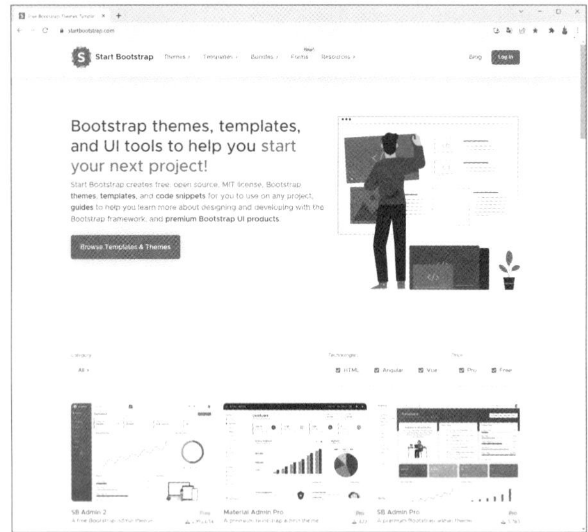

Start Bootstrapから「Clean Blog」をダウンロードしよう

Start Bootstrapのサイトに、オシャレなデザインの「Clean Blog」というテンプレートがあるので、これを使ってblogアプリのページを作成することにしましょう。

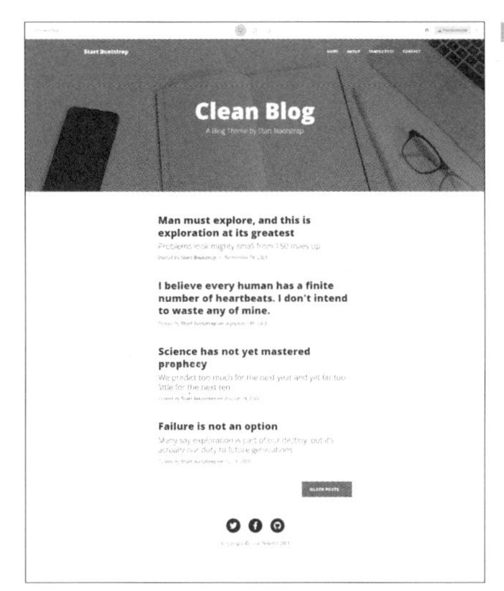

図4.23 Clean Blogのトップページ

❶ Start Bootstrap（https://startbootstrap.com/）にアクセスし、［Themes］メニューの［Blog］を選択します。

図4.24 Start Bootstrapのトップページ

❷一覧の中から「Clean Blog」を見つけて、これをクリックします。

■図4.25　Start Bootstrapに用意されたBlogの一覧

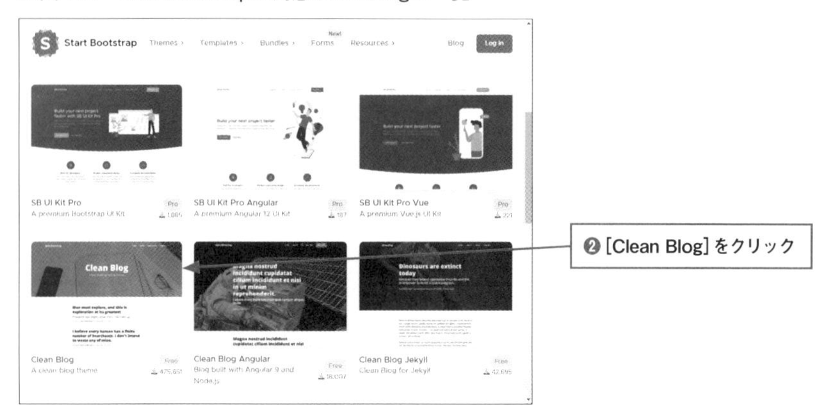

❸「Clean Blog」のダウンロードページが表示されるので、[Free Download]をクリックしましょう。

■図4.26　「Clean Blog」のダウンロードページ

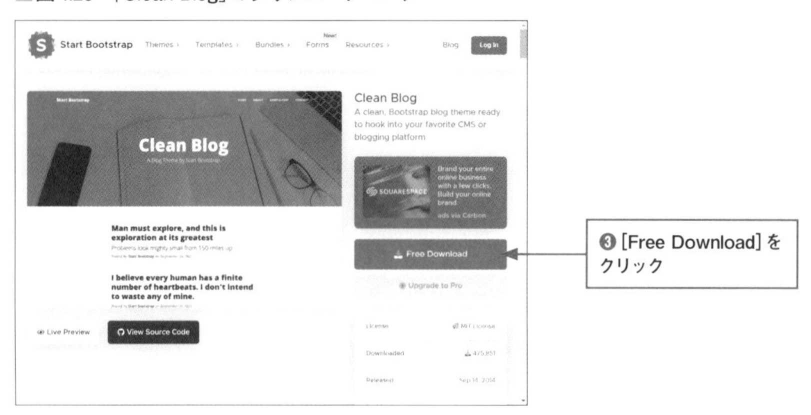

「startbootstrap-clean-blog-gh-pages.zip」というファイルがダウンロードされます。ZIP形式で圧縮されているので、ダウンロードが完了したら解凍しましょう。

 「Clean Blog」のindex.htmlを既存のindex.htmlと入れ替えよう

ダウンロードしたZIP形式ファイルを解凍すると、「startbootstrap-clean-blog-gh-pages」フォルダー以下に、トップページ用の「index.html」があります。

■図4.27 「startbootstrap-clean-blog-gh-pages」フォルダーの展開図

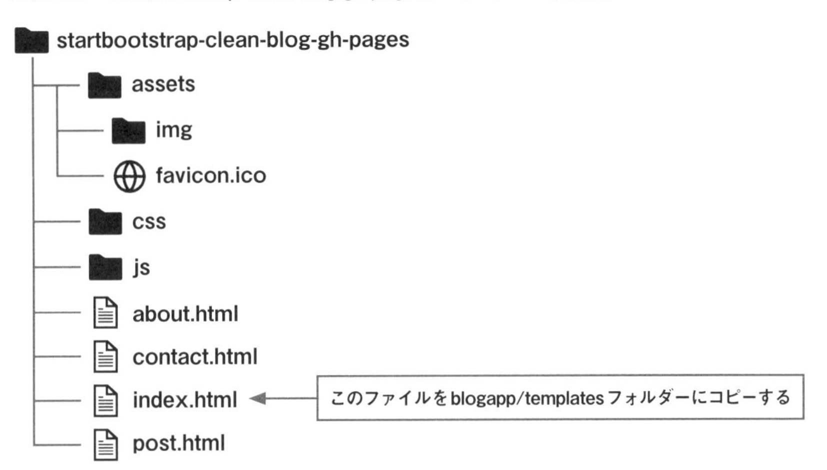

blogappアプリのフォルダー(blogapp/templates)には、前節で作成したindex.htmlが保存されていますが、これは実験用のものなので事前に削除しておきましょう。

❶Spyderの[ファイル]ペインでプロジェクトのフォルダー以下の「blog」➡「templates」を展開し、「index.html」を右クリックして[削除]を選択します。

図4.28　前節で作成したindex.htmlを削除する

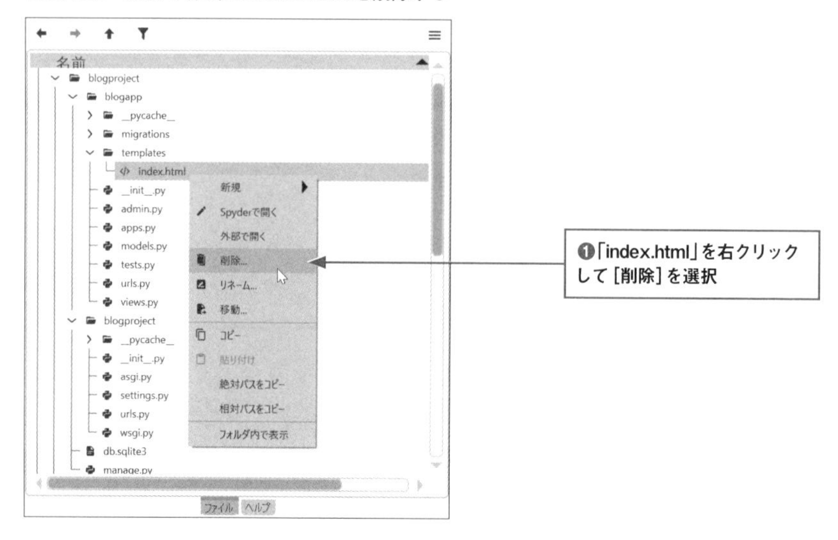

❷「Clean Blog」が収められた「startbootstrap-clean-blog-gh-pages」フォルダーを開き、「index.html」を右クリックして［コピー］を選択します。

❸再び、Spyderの［ファイル］ペインに戻って、「blog」フォルダー以下の「templates」上で右クリックして［貼り付け］を選択します。

図4.29　「Clean Blog」のindex.htmlを「templates」フォルダーに格納する

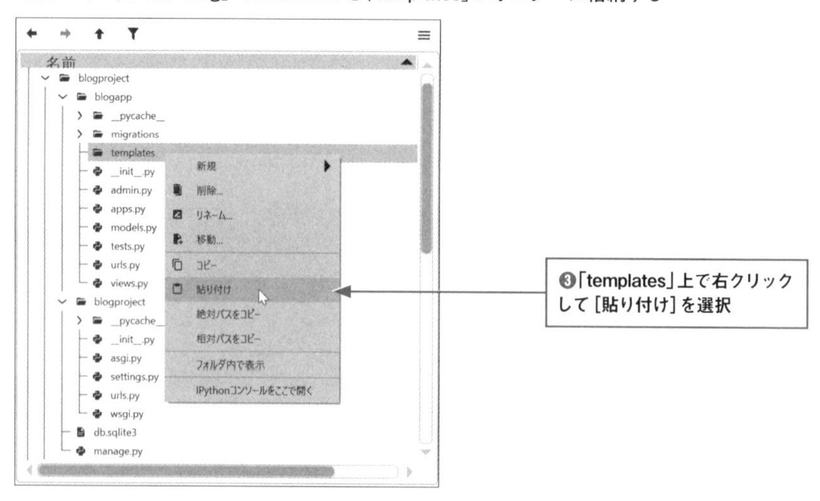

以上でindex.htmlの入れ替えは完了です。これで、blogアプリのトップページが「Clean Blog」のトップページと同じものになりました。

開発用サーバーが起動中の場合は、新しいindex.htmlが認識されていますので、トップページを表示中のブラウザーの更新ボタンをクリックすれば、「Clean Blog」のトップページが表示されます。開発用サーバーもブラウザーも起動していない場合は、runserverコマンドで開発用サーバーを起動したあと、ブラウザーのアドレス欄に「http://127.0.0.1:8000/」と入力してアクセスしましょう。

■図4.30　blogアプリのトップページ

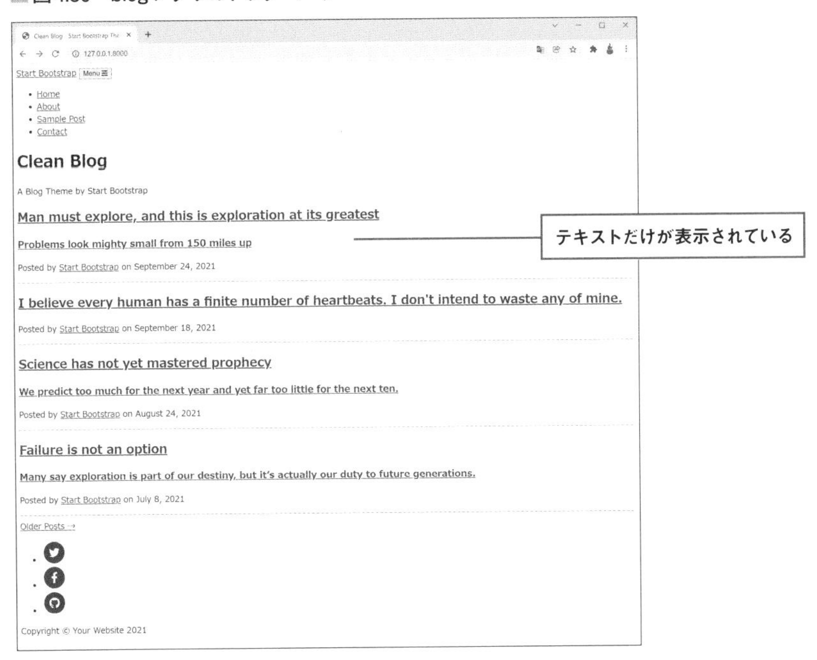

トップページが表示されました！　でも、HTMLドキュメントだけをコピーしたので、「Clean Blog」のトップページのような華やかさはなく、テキストばかりが並んでいます。ページのスタイルを設定するCSSや、ページ上に表示するイメージが不足しているためです。

コラム

クラスベースビューと関数ベースビュー

Djangoでは、ビューを定義する方法として、クラスベースによる定義方法と関数ベースによる定義方法が用意されています。

関数ベースビューの場合のURLパターンは、次のように関数呼び出しのものになります。

▼blogappアプリのurls.py

```
from django.urls import path
from . import views

app_name = 'blogapp'

urlpatterns = [
    path('', views.index_view, name='index')
]
```

▼blogappアプリのviews.py

```
from django.shortcuts import render

def index_view(request):
  return render(request, 'index.html')
```

index_view()が関数ベースビューです。ここで、

```
def index_view(request):
  print(request)
  print(render(request, 'index.html'))
  return render(request, 'index.html')
```

のようにして、関数のパラメーターrequestと関数の戻り値を出力してみます。ブラウザーでトップページにアクセスすると、ターミナルに次のように出力されます。

▼ターミナルに出力されたrequestと戻り値のrender(request, 'index.html')

```
<WSGIRequest: GET '/'>
<HttpResponse status_code=200, "text/html; charset=utf-8">
```

関数ベースビューのパラメーターrequestには、クライアントからのリクエスト情報が格納されたWSGIRequestクラス（HttpRequestのサブクラスです）のオブジェクトが渡されます。出力を見ると、リクエストの種類がGET、リクエストされたURLが'/'となっています。この情報を

```
render(request, 'index.html')
```

のようにテンプレートと共にrender()に渡すと、render()は、第1引数のリクエストの内容に従って第2引数のテンプレートをレンダリングし、HttpResponseクラスのオブジェクト

```
<HttpResponse status_code=200, "text/html; charset=utf-8">
```

を返してきます。Djangoはこれを使ってHTTPレスポンスを生成し、クライアントに返送します。

ところで、このようなコードはクラスベースビューでは記述していません。実は、クラスベースビューの場合、継承したスーパークラス（またはさらに上位のスーパークラス）が内部的な処理で済ませてしまうため、関数ベースビューのようなコードは必要ないのです。TemplateViewを継承したクラスベースビューの場合、内部で

setup()

dispatch()

（http_method_not_allowed()）

get_context_data()

の順で定義済みのメソッドが実行されます。実際にHttpResponseの生成を行うのは、dispatch()です。dispatch()は、HTTPリクエストがGETの場合、TemplateViewクラスのget()メソッドを呼び出します。

▼TemplateViewクラスのget()メソッド

```
class TemplateView(TemplateResponseMixin, ContextMixin, View):
    def get(self, request, *args, **kwargs):
        context = self.get_context_data(**kwargs)
        return self.render_to_response(context)
```

この中の

```
context = self.get_context_data(**kwargs)
```

のところでget_context_data()が呼ばれています。contextには、辞書(dict)型のコンテキストデータが格納されます。コンテキストデータとは、テンプレートをレンダリングするために必要な情報を格納したdjango.template.Contextクラスのオブジェクトです。最後のreturn文を見ると、

```
return self.render_to_response(context)
```

とあります。render_to_response()メソッドは、引数にコンテキストデータを指定すると、関数ベースビューで使用したrender()と同じ処理を行って、HttpResponseオブジェクトを返送します。

このように、クラスベースビューでは、基本的な処理はすべてクラス側で行われるようになっています。Djangoの以前のバージョンでは関数ベースビューのみでしたが、のちにクラスベースビューが追加されたという経緯があります。クラスベースビューのメリットは、ビューとしての基本的な処理の記述が不要で、処理の内容を違うものにしたければ、該当のメソッドをオーバーライドして手軽にカスタム化できる、という点です。

メソッドの「*args」「kwargs」について**

「*args」は任意の数の引数を許可し、argsという名前のタプルに割り当てられることを意味します。

「**kwargs」は任意の数のキーワード引数を許可し、kwargsという名前の辞書(dict)に割り当てられることを意味します。

「Clean Blog」のCSS、JavaScript、イメージをblogアプリに移植しよう

「Clean Blog」のトップページ(index.html)は、ページのデザインをCSSで設定し、ヘッダー(ページ上部にあるタイトルやメニューなどを表示する領域のこと)にメニュー展開用のボタンを配置し、これをJavaScriptで動かすようにしています。また、ヘッダーの背景画像も指定された場所から読み込んで表示するようになっています。

これらのファイルは、「Clean Blog」をダウンロードしたときの「startbootstrap-clean-blog-gh-pages」フォルダー内にすべて保存されています。

図4.31 「startbootstrap-clean-blog-gh-pages」フォルダーの展開図

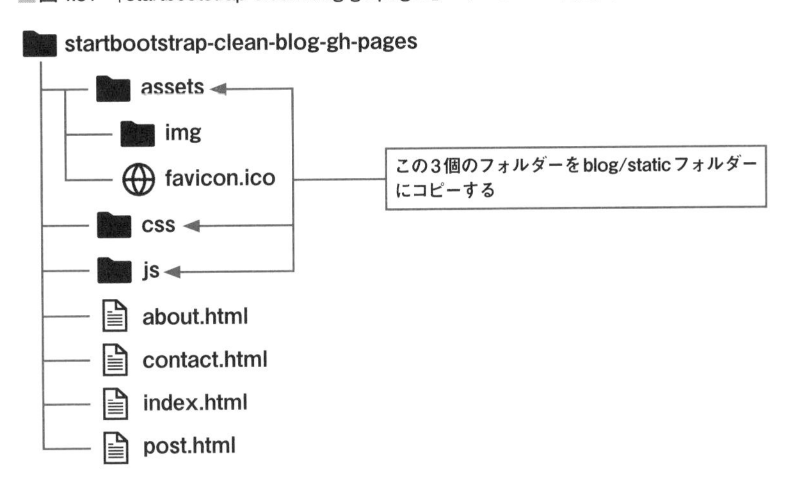

「css」と「js」には「Clean Blog」で使用するCSSとJavaScriptのファイルが保存されています。「assets」以下の「image」フォルダーには、ヘッダーで使用する背景イメージが保存されています。

●Djangoでは静的ファイルを「static」フォルダーに置くルールになっている

さっそくblogappアプリにコピーして移植したいところですが、その前にこれらのフォルダーを保存するフォルダーを作成しましょう。Djangoでは、CSSやJavaScript、イメージなどのファイルは静的ファイルとして、Webアプリのフォルダー以下に作成した「static」という名前のフォルダーに保存するようになっています。これは、プロジェクトの設定モジュール「settings.py」の環境変数STATIC_URLで次のように設定されているからです。

▼環境変数STATIC_URL (settings.py)

```
STATIC_URL = 'static/'
```

静的とは、Pythonのモジュールなどとは違って「動的に処理されることがない」という意味です。CSSファイルやJavaScriptファイル、それにイメージファイルなど、「そのまま読み込んで使うファイル」はすべて静的ファイルに分類されます。

ワンポイント

静的ファイルを格納する場所

静的ファイルは、アプリケーションサーバーでの処理が不要なファイルです。ブラウザーからリクエストされたらそのままファイルを返すだけでよいので、Webサーバー側で処理を済ませてしまうことが可能です。このため、静的ファイルの処理はWebサーバーに任せるのが一般的です。アプリケーションサーバーに無用な負荷をかけないようにするためです。

開発モード (DEBUG = True) では、runserverコマンドで静的ファイルを自動的に配信します。このとき、環境変数INSTALLED_APPSに登録されているアプリのSTATIC_URL (/static/) が検索されます。この結果、

/static/...... へのリクエスト

➡ Webアプリのフォルダー以下の「static」を参照し、
リクエストされた静的ファイルを返す

という流れで静的ファイルが配信されます (レスポンスとして返される)。

Webアプリのフォルダー「blogapp」以下に「static」フォルダーを作成したのは、このような理由があったのです。

●blogappアプリ直下に「static」フォルダーを作成する

環境変数STATIC_URLに設定されている「static/」に従って、blogappアプリのフォルダー直下に「static」フォルダーを作成します。

❶Spyderの[ファイル]ペインで「blogapp」フォルダーを右クリックして[新規]➡[フォルダー]を選択しましょう。

■図4.32 [ファイル]ペイン上に表示されたプロジェクトのディレクトリ構造

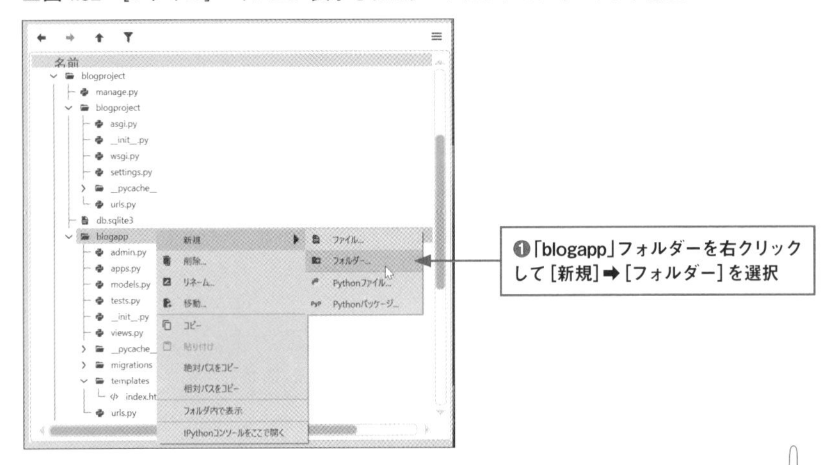

ワンポイント

本番環境での静的ファイルの取り扱い

本番環境では、Webアプリの静的ファイルをすべてプロジェクト直下の「static」フォルダーに集約することになります。この場合は、プロジェクト直下に「static」フォルダーを作成し、環境変数STATIC_ROOTでstaticフォルダーの絶対パスを登録します。そうすると、Djangoのcollectstaticコマンドがstaticフォルダーに静的ファイルを収集できるので、このコマンドを実行して静的ファイルの収集を行います。あとは、Webサーバー側で、

static/......へのリクエスト
➡ プロジェクト直下の「static」を参照し、リクエストされた静的ファイルを返す

という流れで静的ファイルが配信されるように設定します。

❷[新規フォルダー]ダイアログに「static」と入力して[OK]ボタンをクリックしましょう。

■図4.33 [新規フォルダー]ダイアログ

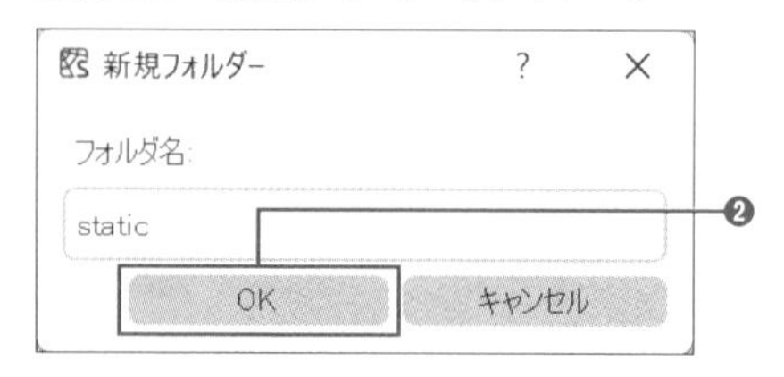

これで、静的ファイルを収めるフォルダーが用意できました。

❸続いて、ダウンロードした「startbootstrap-clean-blog-gh-pages」フォルダーを開き、「assets」「css」「js」の3つのフォルダーをコピー([Ctrl]キー+クリックで複数選択➡右クリック➡[コピー])します。

■図4.34 「assets」「css」「js」をコピー

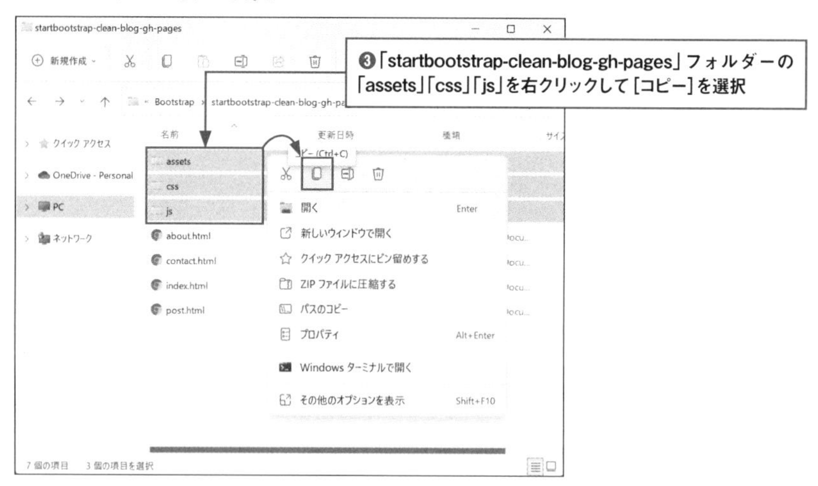

❹Spyderの[ファイル]ペインに戻って、「static」フォルダーを右クリックして[貼り付け]を選択しましょう。

■図4.35 ［ファイル］ペイン上に表示されたプロジェクトのディレクトリ構造

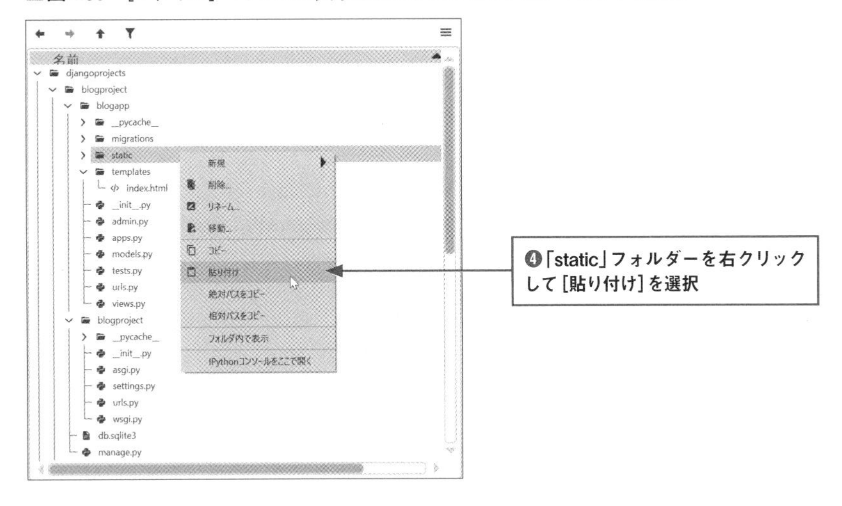

❺次のように「static」フォルダー以下に3個のフォルダーが表示されていればOKです。

■図4.36 ［ファイル］ペイン

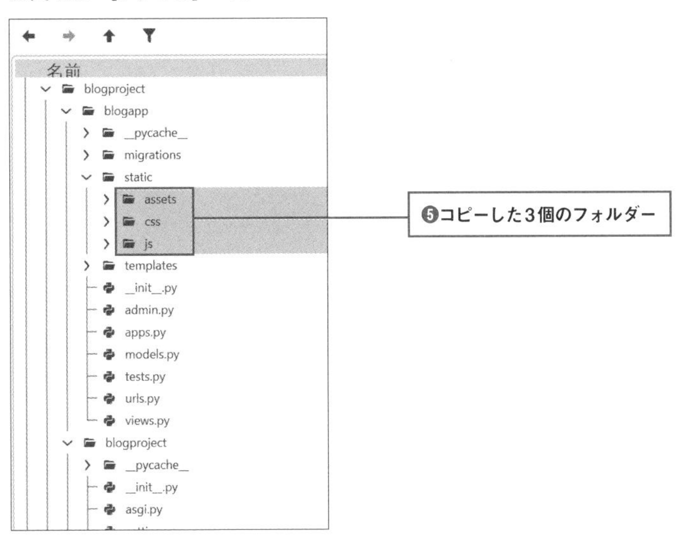

Djangoが静的ファイルを参照する仕組み

Djangoは、静的ファイルを参照するのに独自の仕組みを使います。テンプレートの冒頭で、次のようにテンプレートタグload でstaticをロードします。

▼テンプレートタグでstaticをロード

```
{% load static %}
```

<link>タグなどでリンクを設定するhref属性の値として、staticを使ってリンク先を設定します。

▼staticを使ってリンク先のURLを設定する

```
<link href={% static "css/clean-blog.min.css" %} rel="stylesheet">
```

Djangoのテンプレートは、HTMLドキュメント(HTML形式ファイルのこと)なので、HTML言語でページの構造を決定するほかに、CSS言語でテキストなどのスタイルを設定できます。

これは一般的なHTMLドキュメントと同じですが、Djangoでは独自の機能を追加するための「テンプレートタグ」が用意されています(本文29ページ参照)。

▼Djangoの組み込みテンプレートタグの一部

テンプレートタグ	説明
load	組み込み以外のテンプレートタグを読み込みます。
url	ビューを参照するための絶対パスを返します。
for	配列の各要素に対してループ処理を実行します。
if	変数を評価し、その変数がTrueであるときにブロック内のコードを実行します。

上の表に示したのは、Djangoであらかじめ用意されている組み込みのテンプレートタグの一部ですが、forやifのようにPythonの構文を実行するものが用意されていますね。このような組み込みのテンプレートタグを使うときは、

```
{% タグ %}
```

のように書きます。HTMLのタグは<タグ>のような書き方をしますが、Djangoのテンプレートタグは上記のような書き方をします。{% load static %}で読み込んでいるstaticは静的ファイルのURLを参照するためのものですが、組み込みのテンプレートタグではないので、あらかじめ読み込んでおく必要があります。

staticは、静的ファイルのURLを返します。環境変数STATIC_URLは、

```
STATIC_URL = 'static/'
```

のように設定されていましたので、

```
{% static "css/styles.css" %}
```

と書くと、

```
static/css/styles.css
```

というURLがドキュメント上に出力され、「blogapp」➡「static」フォルダー以下の「css」➡「styles.css」が参照されるようになります。

ヘッダー情報を変更しよう

HTMLドキュメントの構造は、<head>～</head>のヘッダー情報（ページ上部のヘッダー領域とは異なるので注意）、<body>～</body>のコンテンツ（ページに出力する内容）に大きく分かれます。ヘッダー情報には、ページのタイトルやページで使用されている言語、CSSなどの外部のリソース（資源）のリンク先などを定義します。ここに記載された内容は基本的にページ上には表示されません。例外として<title>タグで設定したページタイトルのみ、ブラウザーの上部に小さく表示されるほか、検索エンジンの検索結果として表示されます。

▼HTMLドキュメントの構造

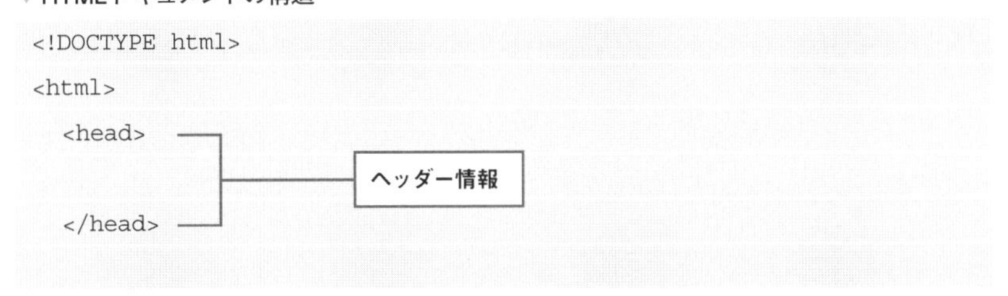

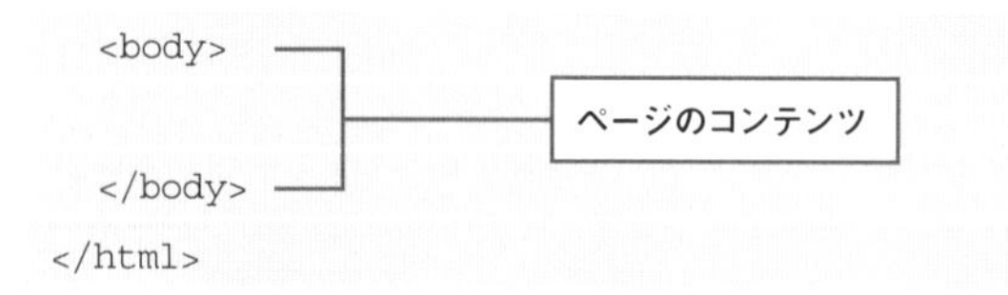

CSS、JavaScriptのソースファイルのURLを設定しよう

「Clean Blog」から移植したトップページ(index.html)に戻って、CSSとJavaScriptのURLを設定しましょう。CSSとJavaScriptの参照先を「static」フォルダー以下に変更します。

❶Spyderの[ファイル]ペインで、「templates」以下の「index.html」をダブルクリックして[エディタ]ペインで開きましょう。HTMLドキュメントの1行目にstaticをロードするためのテンプレートタグloadを追加します。

▼staticをロードする

```
<!-- 静的ファイルのURLを生成するstaticタグをロードする -->
{% load static %}
```

❷続いて、ページにアクセスしたときにブラウザー上部のページタイトル横に表示されるアイコンを設定する<link>タグがあるので、リンク先を示すhref属性の値を次のように書き換えましょう。

▼ページタイトル横に表示されるアイコンのURLを{% static %}で生成する

```
<link rel="icon" type="image/x-icon"
      href={% static 'assets/favicon.ico' %} />
```

href以下の属性設定のところで改行していますが、コードを読みやすくするためのものなので、1行で書いてしまってもかまいません。デフォルトでは、

```
href="assets/favicon.ico"
```

でしたが、上記のように書くことで、

```
static/assets/favicon.ico
```

のようなURLが生成され、移植済みの「assets」フォルダー以下が参照されます。ということは、

```
<link rel="icon" type="image/x-icon"
      href="static/assets/favicon.ico" />
```

と書いたことと同じです。実際、このように書いても問題なくアイコンファイルは読み込まれますが、HTMLドキュメントにURLをハードコーディングするのは避けましょう。

❸コメントの<!-- Font Awesome icons (free version)-->と<!-- Google fonts-->のコードブロックの次、コメント<!-- Core theme CSS (includes Bootstrap)-->以下に、CSSファイルのリンクを設定する<link>タグがあります。リンク先を示すhref属性の値を次のように書き換えましょう。

▼styles.cssのURLを設定する

```
<!-- Core theme CSS (includes Bootstrap)-->
<!-- staticでstyles.cssのURLを生成する -->
<link href={% static 'css/styles.css' %}
      rel="stylesheet" />
```

❹index.htmlの<head>タグ以下の中段付近に<titile>タグがあるので、タグ要素のタイトル文字をblogappアプリ独自のものに書き換えましょう。

▼ヘッダー情報のページタイトルの変更 (blogapp/templates/index.html)

```
<head>
    <meta charset="utf-8" />
    <meta name="viewport"
          content="width=device-width, initial-scale=1, shrink-to-
fit=no" />
    <meta name="description" content="" />
    <meta name="author" content="" />
    <!-- ページタイトル -->
    <title>Django's Blog</title>
    ......以下省略......
```

● <html>タグに設定された使用言語の情報をja（日本語）に変更しよう

index.htmlの上部に、HTMLドキュメント全体で使用する言語を示す

```
<html lang="en">
```

という記述があり、en（英語）に設定されているので、これを

```
<html lang="ja">
```

のように、ja（日本語）に変更しましょう。

書き換え後の<head>から</head>までのコードは次のようになります。

▼書き換え後の冒頭から<head>～</head>までのコード（blogapp/templates/index.html）

```
<!-- 静的ファイルのURLを生成するstaticタグをロードする -->
{% load static %}
<!DOCTYPE html>
<!-- 言語指定をjaに設定 -->
<html lang="ja">
    <head>
        <meta charset="utf-8" />
        <meta name="viewport"
              content="width=device-width, initial-scale=1, shrink-to-fit=no" />
        <meta name="description" content="" />
        <meta name="author" content="" />
        <!-- ページタイトル -->
        <title>Django's Blog</title>
        <!-- ページタイトル横に表示されるアイコン -->
        <!-- staticでfavicon.icoのURLを生成する -->
        <link rel="icon" type="image/x-icon"
              href={% static 'assets/favicon.ico' %} />
        <!-- Font Awesome icons (free version)-->
        <script src="https://use.fontawesome.com/releases/v5.15.4/js/all.js"
                crossorigin="anonymous"></script>
        <!-- Google fonts-->
        <link href="https://fonts.googleapis.com/css?family=Lora:400,700,400..."
```

```
            rel="stylesheet"
            type="text/css" />
        <link href="https://fonts.googleapis.com/css?family=Open+Sans:300ita..."
            rel="stylesheet"
            type="text/css" />
        <!-- Core theme CSS (includes Bootstrap)-->
        <!-- staticでstyles.cssのURLを生成する -->
        <link href={% static 'css/styles.css' %}
            rel="stylesheet" />
    </head>
```


ページのタイトルやリンク先などを独自のものに設定しよう

トップページのヘッダー(ページ上部の領域)には、サイトのタイトルやナビゲーションバー(リンク先を配置する領域のこと)が配置されています。また、フッター(ページ下部の領域)には、TwitterやFacebook、GitHubへのリンク用のアイコンや著作権の記載があります。これらの設定を、blogアプリの内容に合わせて書き換えましょう。

ヘッダーのイメージのURLとタイトルを設定しよう

HTMLドキュメントのコメント<!-- Page Header -->以下に、ヘッダーの背景画像のリンク先のURLを生成するurl()関数があります。

引数にはイメージの相対パスが設定されていますので、静的ファイルのURLを生成する{% static %}に書き換えましょう。

あと、ヘッダーに大きく表示される大見出しのテキストも独自のものを設定しましょう。

▼トップページのヘッダーの部分(blogapp/templates/index.html)

```
<!-- Page Header-->
<!-- ヘッダーの背景イメージのリンク先url()の引数をstaticタグに書き換え -->
<header class="masthead"
        style="background-image: url({% static 'assets/img/home-bg.jpg' %})">
```

```
    <div class="container position-relative px-4 px-lg-5">
        <div class="row gx-4 gx-lg-5 justify-content-center">
            <div class="col-md-10 col-lg-8 col-xl-7">
                <div class="site-heading">
                    <!-- ヘッダーの大見出し(タイトル)を設定 -->
                    <h1>Django's Blog</h1>
                    <span class="subheading">
                        A Blog Theme by Start Bootstrap</span>
                </div>
            </div>
        </div>
    </div>
</header>
```

●ナビゲーションバーのアンカーテキストとリンク先を設定しよう

「Clean Blog」のトップページでは、ヘッダー領域の上部(ページのいちばん上端)にナビゲーションバーが配置されていて、その中にはトップページ自体にリンクするアンカーテキスト(リンクが設定された文字という意味です)と、ナビゲーション用のメニューが配置されています。

アンカーテキストとそのリンク先、ナビゲーションメニューの「HOME」のリンク先を、次のように書き換えましょう。書き換えるところは、コメントの<!-- Navigation --> 以下ですので、これを目印にしてください。

▼ナビゲーションバーのアンカーテキストとリンク先を書き換える(blogapp/templates/index.html)

```
<!-- Navigation-->
<nav class="navbar navbar-expand-lg navbar-light"
    id="mainNav">
    <div class="container px-4 px-lg-5">
        <!-- ナビゲーションバー左上のアンカーテキストとhref属性の値を変更 -->
        <a class="navbar-brand"
            href={% url 'blogapp:index' %}>Django's Blog</a>
        <button class="navbar-toggler"
                type="button"
```

```
                data-bs-toggle="collapse"
                data-bs-target="#navbarResponsive"
                aria-controls="navbarResponsive"
                aria-expanded="false"
                aria-label="Toggle navigation">
            Menu
            <i class="fas fa-bars"></i>
        </button>
        <div class="collapse navbar-collapse"
             id="navbarResponsive">
            <ul class="navbar-nav ms-auto py-4 py-lg-0">
                <li class="nav-item">
                    <!-- ナビゲーションメニュー「HOME」のhrefの値を変更 -->
                    <a class="nav-link px-lg-3 py-3 py-lg-4"
                       href="{% url 'blogapp:index' %}">Home</a>
                </li>
                .........以下省略.........
```


アンカーテキストとナビゲーションメニューのリンク先は、<a>タグのhref属性で指定するのですが、それぞれ

```
href="{% url 'blogapp:index' %}"
```

のように、テンプレートタグurlでURLを生成するようにしています(テンプレートタグを囲むダブルクォーテーション「"」は省略可)。urlは、

```
{% url 'URLパターンの名前' %}
```

のように記述することで、指定されたURLパターンのURLの部分が書き出されます。このときの名前とは、URLパターンに付けた識別名のことです。blogappアプリのURLconf (blogapp/urls.py) には

```
app_name = 'blogapp'
```

としてblogappという識別名が付けられていました。さらにurlpatterns では、path()関数が返すURLパターンにnameオプションでindexという名前を付けていましたね。

▼URLconf (blogapp/urls.py) のurlpatterns (クラスベースビューの場合)

```
urlpatterns = [
    path('', views.IndexView.as_view(), name='index'),
]
```

{% url 'blogapp:index' %}とした場合、blogappアプリのURLconfで定義されているURLパターンindexが参照され、URLの''が書き出されます。

```
href={% url 'blogapp:index' %}
```

のとき、URLは''なので、ドキュメントには

```
href=/
```

のように出力されます。

フッターに配置されているアイコンのリンク先を設定しよう

「Clean Blog」のトップページの下部には、フッターと呼ばれる領域があり、TwitterやFacebook、GitHubへのリンクを示すアイコンが配置されていますが、リンク先のURLは未設定です。それぞれのリンク先を示す<a>タグのhref属性の値を、公式サイトのURLに書き換えることにします。

また、フッターの下部に著作権の記載があるので、これを独自のテキストに書き換えましょう。

▼フッターに配置されているアイコンのリンク先を設定し、著作権表示のテキストを変更 (blogapp/templates/index.html)

```
<!-- Footer-->
<footer class="border-top">
    <div class="container px-4 px-lg-5">
        <div class="row gx-4 gx-lg-5 justify-content-center">
            <div class="col-md-10 col-lg-8 col-xl-7">
                <ul class="list-inline text-center">
                    <li class="list-inline-item">
                        <!-- TwitterアイコンのhrefにURLを設定 -->
                        <a href="https://twitter.com/">
```

```
                        <span class="fa-stack fa-lg">
                            <i class="fas fa-circle fa-stack-2x"></i>
                            <i class="fab fa-twitter fa-stack-1x fa-inverse"></i>
                        </span>
                    </a>
                </li>
                 <li class="list-inline-item">
                    <!--  Facebookアイコンのhref属性にURLを設定 -->
                    <a href="https://www.facebook.com/">
                        <span class="fa-stack fa-lg">
                            <i class="fas fa-circle fa-stack-2x"></i>
                            <i class="fab fa-facebook-f fa-stack-1x fa-inverse"></i>
                        </span>
                    </a>
                </li>
                <li class="list-inline-item">
                    <!--  GitHubアイコンのhref属性にURLを設定 -->
                    <a href="https://github.co.jp/">
                        <span class="fa-stack fa-lg">
                            <i class="fas fa-circle fa-stack-2x"></i>
                            <i class="fab fa-github fa-stack-1x fa-inverse"></i>
                        </span>
                    </a>
                </li>
            </ul>
            <!-- 著作権の記載を独自のものに変更 -->
            <div class="small text-center text-muted fst-italic">
                Copyright &copy; Django's Blog 2022</div>
        </div>
    </div>
</div>
</footer>
```

JavaScript

「index.html」の下から4行目にJavaScriptのファイル (scripts.js) へのリンクを設定する<script>タグが配置されてます。次のようにリンクを設定しましょう。

▼scripts.jsのリンクを設定

```
<!-- Core theme JS-->
<!-- staticでjs/scripts.jsのURLを生成する -->
<script src={% static 'js/scripts.js' %}>
</script>
```

お疲れさまでした！　ここまでの作業が済んだら、ツールバーの[ファイルを保存]ボタンをクリックして、HTMLのソースコードを保存しましょう。

トップページがどうなったか確認してみよう

トップページについては、データベースとの連携など、ほかにもやるべきことは残っていますが、ここで一区切り付けましょう。次は、これまでの修正を反映したindex.htmlの全コードです。

▼修正後のindex.html (blogapp/templates/index.html)

```
<!-- 静的ファイルのURLを生成するstaticタグをロードする -->
{% load static %}
<!DOCTYPE html>
<!-- 言語指定をjaに設定 -->
<html lang="ja">
    <head>
        <meta charset="utf-8" />
        <meta name="viewport"
              content="width=device-width, initial-scale=1, shrink-to-fit=no" />
        <meta name="description" content="" />
         <meta name="author" content="" />
        <!-- ページタイトル -->
        <title>Django's Blog</title>
```

```
        <!-- ページタイトル横に表示されるアイコン -->
        <!-- staticでfavicon.icoのURLを生成する -->
        <link rel="icon" type="image/x-icon"
              href={% static 'assets/favicon.ico' %} />
        <!-- Font Awesome icons (free version)-->
        <script src="https://use.fontawesome.com/releases/v5.15.4/js/all.js"
                crossorigin="anonymous"></script>
        <!-- Google fonts-->
        <link href="https://fonts.googleapis.com/css?family=Lora:400,700,..."
              rel="stylesheet"
              type="text/css" />
        <link href="https://fonts.googleapis.com/css?family=Open+Sans:300..."
              rel="stylesheet"
              type="text/css" />
        <!-- Core theme CSS (includes Bootstrap)-->
        <!-- staticでstyles.cssのURLを生成する -->
        <link href={% static 'css/styles.css' %}
              rel="stylesheet" />
    </head>
    <body>
        <!-- Navigation-->
        <nav class="navbar navbar-expand-lg navbar-light"
             id="mainNav">
            <div class="container px-4 px-lg-5">
                <!--
                ナビゲーションバー左上のアンカーテキストとhref属性の値を設定
                -->
                <a class="navbar-brand"
                   href={% url 'blogapp:index' %}>Django's Blog</a>
                <button class="navbar-toggler"
                        type="button"
                        data-bs-toggle="collapse"
                        data-bs-target="#navbarResponsive"
                        aria-controls="navbarResponsive"
                        aria-expanded="false"
```

```
                aria-label="Toggle navigation">
            Menu
            <i class="fas fa-bars"></i>
        </button>
        <div class="collapse navbar-collapse"
             id="navbarResponsive">
            <ul class="navbar-nav ms-auto py-4 py-lg-0">
                <li class="nav-item">
                    <!--
                    ナビゲーションメニュー「HOME」のhref属性の値を設定
                    -->
                    <a class="nav-link px-lg-3 py-3 py-lg-4"
                       href="{% url 'blogapp:index' %}">Home</a>
                </li>
                <li class="nav-item">
                    <a class="nav-link px-lg-3 py-3 py-lg-4"
                        href="about.html">About</a>
                </li>
                <li class="nav-item">
                    <a class="nav-link px-lg-3 py-3 py-lg-4"
                       href="post.html">Sample Post</a>
                </li>
                <li class="nav-item">
                    <a class="nav-link px-lg-3 py-3 py-lg-4"
                       href="contact.html">Contact</a>
                </li>
            </ul>
        </div>
    </div>
</nav>
<!-- Page Header-->
<!-- ヘッダーの背景イメージのurl()の引数をstaticタグに書き換え -->
<header class="masthead"
        style="background-image: url({% static 'assets/img/home-bg.jpg' %})">
    <div class="container position-relative px-4 px-lg-5">
```

```
                <div class="row gx-4 gx-lg-5 justify-content-center">
                    <div class="col-md-10 col-lg-8 col-xl-7">
                        <div class="site-heading">
                            <!-- ヘッダーの大見出し(タイトル)を設定 -->
                            <h1>Django's Blog</h1>
                            <span class="subheading">
                                A Blog Theme by Start Bootstrap</span>
                        </div>
                    </div>
                </div>
            </div>
        </header>
        <!-- Main Content-->
        <div class="container px-4 px-lg-5">
            <div class="row gx-4 gx-lg-5 justify-content-center">
                <div class="col-md-10 col-lg-8 col-xl-7">
                    <!-- Post preview-->
                    <div class="post-preview">
                        <a href="post.html">
                            <h2 class="post-title">
                                Man must explore, and this is explor... </h2>
                            <h3 class="post-subtitle">
                                Problems look mighty small from 150 mile...</h3>
                        </a>
                        <p class="post-meta">
                            Posted by
                            <a href="#!">Start Bootstrap</a>
                            on September 24, 2021
                        </p>
                    </div>
                    <!-- Divider-->
                    <hr class="my-4" />
                    <!-- Post preview-->
                    <div class="post-preview">
                        <a href="post.html">
```

```
                <h2 class="post-title">I believe every human...</h2>
            </a>
            <p class="post-meta">
                Posted by
                <a href="#!">Start Bootstrap</a>
                on September 18, 2021
            </p>
        </div>
        <!-- Divider-->
        <hr class="my-4" />
        <!-- Post preview-->
        <div class="post-preview">
            <a href="post.html">
                <h2 class="post-title">
                    Science has not yet mastered prophecy</h2>
                <h3 class="post-subtitle">
                    We predict too much for the next year...</h3>
            </a>
            <p class="post-meta">
                Posted by
                <a href="#!">Start Bootstrap</a>
                on August 24, 2021
            </p>
        </div>
        <!-- Divider-->
        <hr class="my-4" />
        <!-- Post preview-->
        <div class="post-preview">
            <a href="post.html">
                <h2 class="post-title">
                    Failure is not an option</h2>
                <h3 class="post-subtitle">
                    Many say exploration is part of our...</h3>
            </a>
            <p class="post-meta">
```

```
                        Posted by
                        <a href="#!">Start Bootstrap</a>
                        on July 8, 2021
                    </p>
                </div>
                <!-- Divider-->
                <hr class="my-4" />
                <!-- Pager-->
                <div class="d-flex justify-content-end mb-4">
                    <a class="btn btn-primary text-uppercase" href="#!">
                        Older Posts →
                    </a>
                </div>
            </div>
        </div>
    </div>
    <!-- Footer-->
    <footer class="border-top">
        <div class="container px-4 px-lg-5">
            <div class="row gx-4 gx-lg-5 justify-content-center">
                <div class="col-md-10 col-lg-8 col-xl-7">
                    <ul class="list-inline text-center">
                        <li class="list-inline-item">
                            <!-- TwitterのhRef属性にURLを設定 -->
                            <a href="https://twitter.com/">
                                <span class="fa-stack fa-lg">
                                    <i class="fas fa-circle fa-stack-2x"></i>
                                    <i class="fab fa-twitter fa-stack-1x fa-inverse"></i>
                                </span>
                            </a>
                        </li>
                        <li class="list-inline-item">
                            <!-- Facebookのhref属性にURLを設定 -->
                            <a href="https://www.facebook.com/">
                                <span class="fa-stack fa-lg">
```

```
                            <i class="fas fa-circle fa-stack-2x"></i>
                            <i class="fab fa-facebook-f fa-stack-1x fa-inverse">
                            </i>
                        </span>
                    </a>
                </li>
                <li class="list-inline-item">
                    <!-- GitHubのhref属性にURLを設定 -->
                    <a href="https://github.co.jp/">
                        <span class="fa-stack fa-lg">
                            <i class="fas fa-circle fa-stack-2x"></i>
                            <i class="fab fa-github fa-stack-1x fa-inverse"></i>
                        </span>
                    </a>
                </li>
            </ul>
            <!-- 著作権の記載を独自のものに変更 -->
            <div class="small text-center text-muted fst-italic">
                Copyright &copy; Django's Blog 2022</div>
          </div>
        </div>
      </div>
    </footer>
    <!-- Bootstrap core JS-->
    <script src="https://cdn.jsdelivr.net/npm/bootstrap@5.1.3/dist/js/...">
    </script>
    <!-- Core theme JS-->
    <!-- staticでjs/scripts.jsのURLを生成する -->
    <script src={% static 'js/scripts.js' %}>
    </script>
  </body>
</html>
```

現在の状態をブラウザーで確認してみましょう。Start Bootstrapの「Clean Blog」のデモと同じように表示されるはずです。

python manage.py runserverで開発用サーバーを起動し、ブラウザーのアドレス欄に「http://127.0.0.1:8000/」と入力してアクセスしましょう。

■図4.37 blogアプリのトップページ

ヘッダーのナビゲーションメニューにはJavaScriptが埋め込まれていて、ウィンドウに収まらない場合はボタン表示に切り替わります。

■図4.38　ナビゲーションメニューがウィンドウに収まらない場合

この場合、ボタンをクリックすると、メニューが展開される仕掛けです。

■図4.39　メニュー展開用のボタンをクリックしたところ

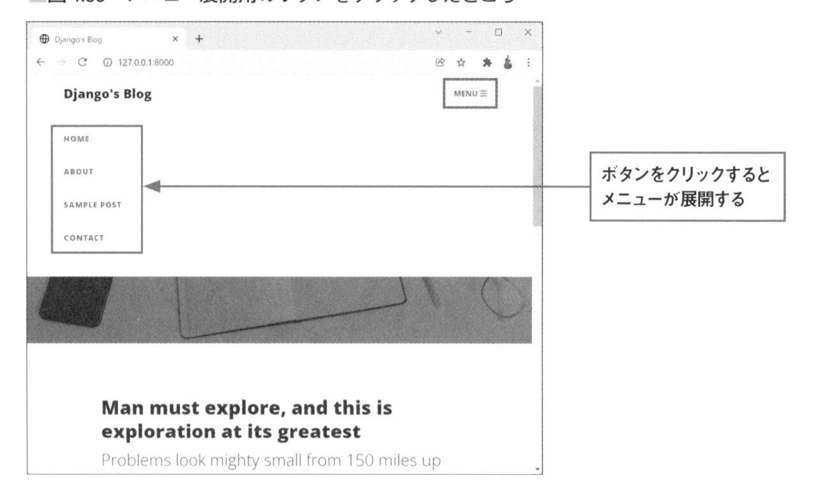

第5章

データベースと連携しよう（モデルについて）

5.1

「モデル」を作成してデータベースを操作しよう

blogアプリの投稿記事は、すべてデータベースに保存するようにします。Djangoでは、データベースの処理を「モデル」と呼ばれる仕組みで行います。

 データベースの設定を確認しよう

Djangoには、「SQLite3（エスキューライトスリー）」というデータベースが搭載されていて、標準で使用するようになっています。プロジェクトで使用するデータベースについては、プロジェクトの設定ファイル「settings.py」の環境変数DATABASESに記載されているので、確認してみましょう。Spyderの［ファイル］ペインでプロジェクトと同名のフォルダーを展開し、「settings.py」をダブルクリックして開きます。

■図5.1　Spyderの［ファイル］ペイン

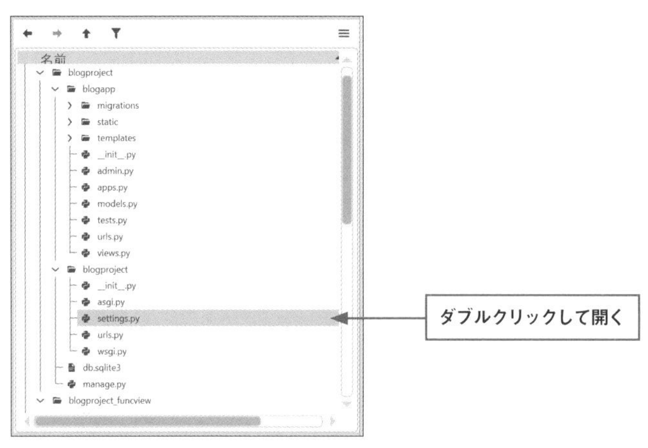

ソースコードの中段付近に、環境変数DATABASESの記載があります。

▼環境変数DATABASES (blogproject/settings.py)

```
DATABASES = {
    'default': {
        'ENGINE': 'django.db.backends.sqlite3',
        'NAME': BASE_DIR / 'db.sqlite3',
    }
}
```

DATABASESには、dict(辞書)型の値として、さらにdict(辞書)型の値が代入されています。これは、データベースの設定を必要な数だけ登録できるようにするためです。初期状態では、デフォルト値を設定する'default'キーのみが設定されていますね。'default'キーのdict型の値には、'ENGINE'および'NAME'というキーがあります。

●'ENGINE'

データベースを操作するためのプログラムが設定されます。django.db.backends.sqlite3というクラスが設定されています。

●'NAME'

使用するデータベースの名前が設定されます。値として、

```
BASE_DIR / 'db.sqlite3'
```

が設定されています。BASE_DIRは、同じsettings.pyで定義されている環境変数であり、

```
BASE_DIR = Path(__file__).resolve().parent.parent
```

のように、プロジェクトのフォルダーの絶対パスが格納されています。Cドライブの「djangoprojects」以下にプロジェクトblogprojectを作成した場合は、

```
C:/djangoprojects/blogproject/db.sqlite3
```

になります。実際、プロジェクト用フォルダー以下にはdb.sqlite3があるので、このファイルの絶対パスが値として設定されているのですね。

 モデルを作成しよう

Spyderの［ファイル］ペインで「blogapp」フォルダー以下の「models.py」をダブルクリックして開きましょう。

▼モデルを定義するためのmodelsモジュール（blogapp/models.py）

```
from django.db import models

# Create your models here.
```

初期状態で、django.dbモジュールからmodelsをインポートすることと、コメントが書かれています。modelsはモデル関連のモジュールがまとめられたパッケージ（フォルダー）です。

Djangoのモデルは、modelsに収録されているModelクラスを継承したサブクラスとして定義します。なので、モデルのクラス名は自由に付けることができます。ブログの投稿記事を扱うので「BlogPost」という名前にしましょう。

▼モデルとしてBlogPostクラスを定義する（blogapp/models.py）

```
from django.db import models

class BlogPost(models.Model):
    '''モデルクラス
    '''
    # カテゴリに設定する項目を入れ子のタプルとして定義
    # タプルの第1要素はモデルが使用する値、
    # 第2要素は管理サイトの選択メニューに表示する文字列
    CATEGORY = (('science', '科学のこと'),
                ('dailylife', '日常のこと'),
                ('music', '音楽のこと'))

    # タイトル用のフィールド
    title = models.CharField(
        verbose_name='タイトル', # フィールドのタイトル
        max_length=200           # 最大文字数は200
```

```
        )
    # 本文用のフィールド
    content = models.TextField(
        verbose_name='本文'          # フィールドのタイトル
        )
    # 投稿日時のフィールド
    posted_at = models.DateTimeField(
        verbose_name='投稿日時', # フィールドのタイトル
        auto_now_add=True         # 日時を自動追加
        )
    # カテゴリのフィールド
    category = models.CharField(
        verbose_name='カテゴリ', # フィールドのタイトル
        max_length=50,            # 最大文字数は50
        choices=CATEGORY # categoryフィールドにはCATEGORYの要素のみを登録
        )

    def __str__(self):
        '''Django管理サイトでデータを表示する際に識別名として
           投稿記事のタイトル(titleフィールドの値)を表示するために必要

        Returns(str):投稿記事のタイトル
        '''
        return self.title
```

4つのフィールドを定義しました。これらのフィールドがデータベーステーブルのカラム(列)として設定されます。

▼ここで定義した4つのフィールド

フィールド名	用途	modelsモジュールのクラス	オプションの設定
title	投稿記事のタイトル	models.CharField	verbose_name='タイトル' max_length=200
content	投稿記事本文	models.TextField	verbose_name='本文'

posted_at	投稿日時	models.DateTimeField	verbose_name='投稿日時' auto_now_add=True
category	カテゴリ	models.CharField	verbose_name='カテゴリ' max_length=50 choices=CATEGORY

posted_atフィールドは、コンストラクターmodels.DateTimeField()のauto_now_addにTrueを設定することで、投稿された日時を自動で登録するようにしました。

categoryフィールドは、コンストラクターmodels.CharField()のchoicesオプションに多重構造(入れ子)のタプルCATEGORYを設定しました。

フィールドを定義するときに、

```
verbose_name='タイトル'
```

のように、verbose_nameオプションを設定していますが、これはテーブルを表示する際に表示されるテキストです。このあと、作成したデータベースを「Django管理サイト」というツールを使って操作するのですが、titleフィールドで上記のように設定した場合は、titleフィールドが「タイトル」と画面に表示されるようになります。

ワンポイント

categoryフィールドには選択式のメニューが表示される

models.CharFieldをインスタンス化するときに

```
choices=CATEGORY
```

を設定しておくと、テーブルのcategoryフィールドにはCATEGORYで定義されている要素しか登録できないようになります。blogアプリでは、投稿記事をDjango管理サイトから登録するようにしますが、このときに表示される登録画面(フォーム)の「カテゴリ」の欄には、選択式のメニューだけが表示されます。入力欄はないので、CATEGORYに登録された要素のみがメニューから選択できる仕組みです。

 マイグレーションを行う

Djangoでは、データベースのテーブルの作成は「マイグレーション」という仕組みを使って行います。マイグレーションは、データベースを操作するSQLをPythonのコードで実行するためのもので、

- **モデルの定義に基づいてSQLを発行するためのマイグレーションファイル(Pythonモジュール)を自動生成**
- **生成したマイグレーションファイルのコードを実行してデータベースにテーブルを作成**

という2段階の処理によってテーブルの作成を行います。この2つの処理は、Djangoのコマンドを実行するだけで自動的に行われます。

makemigrationsコマンドでマイグレーションファイルを生成しよう

Anaconda Navigatorの[Environments]タブで仮想環境名の右横の▶をクリックして[ターミナル]を起動しましょう。開発用サーバーが起動中の場合は、すでにターミナルが起動していると思いますが、それとは別のターミナルを起動してください。

ターミナルを起動したら、cdコマンドでプロジェクトのフォルダー(manage.pyが格納されているフォルダー)に移動し、次のように入力してmakemigrationsコマンドを実行しましょう。

▼makemigrationsコマンド

```
python manage.py makemigrations アプリ名
```

アプリ名のところは、本書の例だと「blogapp」になります。

▼仮想環境から起動したターミナルでmakemigrationsコマンドを実行したところ

```
(web_app) C:¥Users¥comfo>cd C:/djangoprojects/blogproject


(web_app) C:¥djangoprojects¥blogproject>python manage.py
makemigrations blogapp
Migrations for 'blogapp':
  blogapp¥migrations¥0001_initial.py
```

```
    - Create model BlogPost
```

makemigrationsコマンドを実行した結果、blogアプリのフォルダー以下の「migrations」内に「0001_initial.py」というモジュールが作成されます。

■図5.2　Spyderの[ファイル]ペインで確認したところ

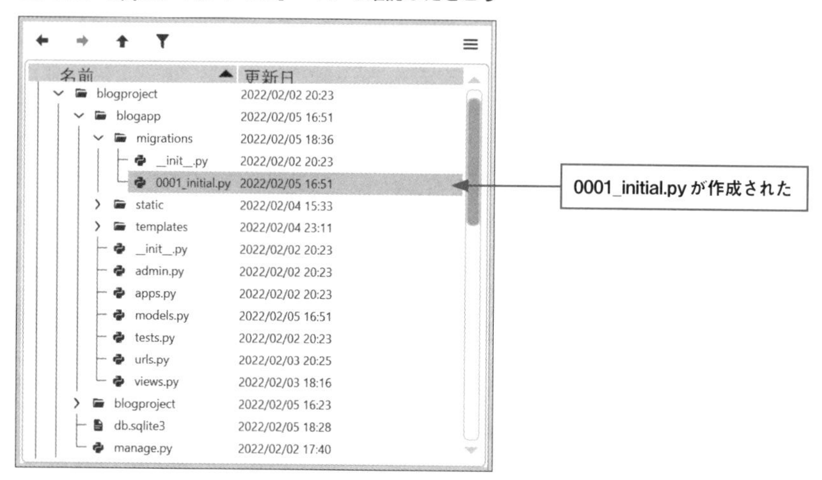

モジュールを開くと、次のようなコードが記述されています。フィールドの定義に従ってSQLを発行し、データベーステーブルに反映させるためのコードです。

▼マイグレーションファイルの中身(blogapp/migrations/0001_initial.py)

```
# Generated by Django 4.0.2 on 2022-02-05 07:23
from django.db import migrations, models

class Migration(migrations.Migration):

    initial = True

    dependencies = [
    ]

    operations = [
```

```
        migrations.CreateModel(
            name='BlogPost',
            fields=[
                ('id', models.BigAutoField(auto_created=True,
                                           primary_key=True,
                                           serialize=False,
                                           verbose_name='ID')),
                ('title', models.CharField(max_length=200,
                                           verbose_name='タイトル')),
                ('content', models.TextField(verbose_name='本文')),
                ('posted_at', models.DateTimeField(auto_now_add=True,
                                          verbose_name='投稿日時')),
                ('category', models.CharField(choices=[('science', '科学のこと'),
                                              ('dailylife', '日常のこと'),
                                              ('music', '音楽のこと')],
                                     max_length=50,
                                     verbose_name='カテゴリ')),
            ],
        ),
    ]
```

migrateコマンドでマイグレーションを実行しよう

生成されたマイグレーションファイルを実行し、データベースの更新(テーブルの作成)を行いましょう。ターミナルに次のように入力してmigrateコマンドを実行します。

▼migrateコマンドの実行

```
python manage.py migrate
```

▼migrateコマンドを実行したところ

```
(web_app) C:¥djangoprojects¥blogproject>python manage.py migrate
Operations to perform:
  Apply all migrations: admin, auth, blogapp, contenttypes, sessions
Running migrations:
  Applying contenttypes.0001_initial... OK
  Applying auth.0001_initial... OK
  Applying admin.0001_initial... OK
  Applying admin.0002_logentry_remove_auto_add... OK
  Applying admin.0003_logentry_add_action_flag_choices... OK
  Applying contenttypes.0002_remove_content_type_name... OK
  Applying auth.0002_alter_permission_name_max_length... OK
  Applying auth.0003_alter_user_email_max_length... OK
  Applying auth.0004_alter_user_username_opts... OK
  Applying auth.0005_alter_user_last_login_null... OK
  Applying auth.0006_require_contenttypes_0002... OK
  Applying auth.0007_alter_validators_add_error_messages... OK
  Applying auth.0008_alter_user_username_max_length... OK
  Applying auth.0009_alter_user_last_name_max_length... OK
  Applying auth.0010_alter_group_name_max_length... OK
  Applying auth.0011_update_proxy_permissions... OK
  Applying auth.0012_alter_user_first_name_max_length... OK
  Applying blogapp.0001_initial... OK
  Applying sessions.0001_initial... OK
```

出力の最後のほうで、「Applying blogapp.0001_initial... OK」のように、blogアプリのマイグレーションファイルが適用されたことが通知されています。そのほかに表示されているのは、settings.pyのINSTALLED_APPSに登録されているアプリのマイグレーションファイルです。

これでプロジェクトにデータベースが作成され、Django管理サイトから操作できるようになりました。

5.2

ブログの記事をデータベースに登録しよう

「Django管理サイト」は、プロジェクトに作成されたデータベースを操作するためのサイトで、「http://127.0.0.1:8000/admin」のURLでログインすることができます。

本節では、Django管理サイトを利用するためのユーザーを登録し、ブログの記事をデータベースに登録する作業までを行います。

Django管理サイトにモデルBlogPostを登録しよう（admin.pyの編集）

Django管理サイトでは、あらかじめ登録されているモデルに対してのみ、データの追加や削除、編集が行えるようになっています。このため、モデルBlogPostから作成したテーブルを操作するには、BlogPostをDjango管理サイトに登録する必要があります。

Django管理サイトへの登録は、「blogapp」フォルダーにあるadmin.pyモジュールで行います。

❶Spyderの［ファイル］ペインで「admin.py」をダブルクリックして開きましょう。

■図5.3　［ファイル］ペイン

admin.pyには、すでに次のコードが入力されています。

▼admin.pyに入力されているコード

```
from django.contrib import admin

# Register your models here.
```

1行目のインポート文だけを残して、次のように書き換えましょう。

▼admin.pyの2行目以下を書き換える

```
from django.contrib import admin
# modelsからBlogPostクラスをインポート
from .models import BlogPost

# Django管理サイトにBlogPostを登録する
admin.site.register(BlogPost)
```

これで、Django管理サイトでモデルBlogPostから作成されたテーブルが編集できるようになります。

❷入力が済んだら、ツールバーの[ファイルを保存]ボタンをクリックしてモジュールを保存しましょう。

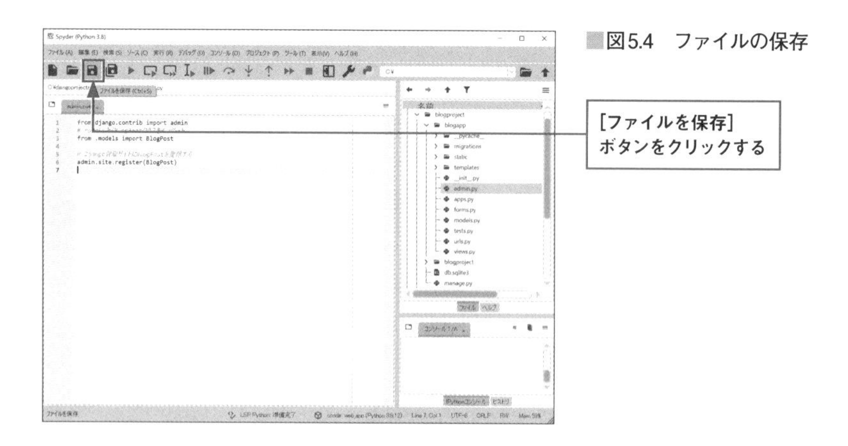

図5.4 ファイルの保存

Django管理サイトを使用するユーザーを登録しよう(createsuperuserコマンド)

Django管理サイトはデータベースの操作を行う重要なものなので、事前に登録されたsuperuser(スーパーユーザー)のみがログインして使う仕組みになっています。superuserは、createsuperuserコマンドで登録できます。仮想環境のターミナルで、プロジェクト用フォルダー(manage.pyが格納されているフォルダーです)に移動した状態で、次のようにコマンドを実行しましょう。

▼createsuperuserコマンドの実行

```
python manage.py createsuperuser
```

createsuperuserコマンドが実行されると、ユーザー名、メールアドレス、パスワードの入力が求められますので、すべてを入力します。

▼ユーザー名、メールアドレス、パスワードの登録(例)

```
(web_app) C:¥Users¥user>cd C:/djangoprojects/blogproject

(web_app) C:¥djangoprojects¥blogproject>python manage.py createsuperuser
ユーザー名 (leave blank to use 'comfo'): admin
メールアドレス: admin@example.com
Password: パスワード(8文字以上)を入力
Password (again): 同じパスワードをもう一度入力
Superuser created successfully.
```

最後に「Superuser created successfully.」と出力されたら、superuserの登録は完了です!

パスワードは8文字以上

パスワードは8文字以上にしてください(8文字より少ないと再設定が求められます)。なお、入力したパスワードは画面に表示されないので、注意してください。

Django管理サイトにログインしよう (http://127.0.0.1:8000/admin)

先ほど登録したアカウントで、Django管理サイトにログインしましょう。開発用サーバーが起動していない場合は、仮想環境からターミナルを起動し、cdコマンドでプロジェクト用フォルダーに移動したあと、

```
python manage.py runserver
```

と入力して開発用サーバーを起動しましょう。ブラウザーのアクセス欄に

http://127.0.0.1:8000/admin

と入力してください。

Django管理サイトのログイン画面が表示されたら、ユーザー名とパスワードを入力して[ログイン]ボタンをクリックしましょう。

図5.5 Django管理サイトのログイン画面

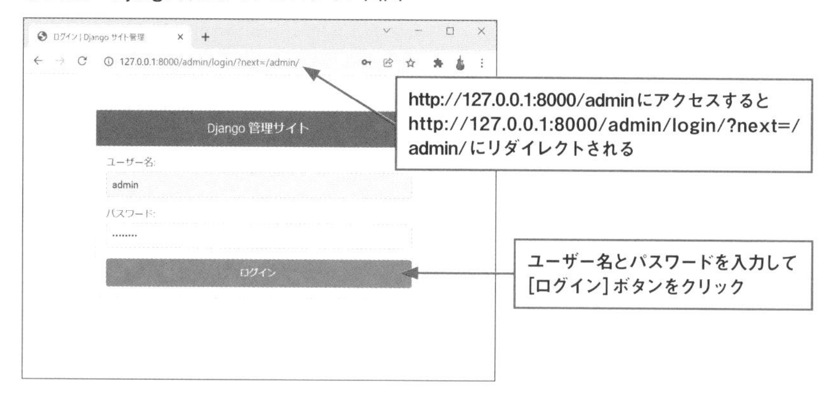

ワンポイント

開発用サーバーの再起動

開発用サーバーが起動中でも、まれにブラウザーからのアクセスがエラーになることがあります。この場合は、[Ctrl]+[Break](または[Ctrl]+[c])を押してシャットダウンしてから、再び「python manage.py runserver」を実行して開発用サーバーを再起動してください。

Django管理サイトの画面はこうなっている！（ログイン直後のDjango管理サイト）

図5.6　Django管理サイトのトップページ

「Blog posts」テーブルを見てみよう

「BLOGAPP」の下に表示されているテーブル名「Blog posts」が、モデルBlogPostから作成されたテーブルの名前です。リンクが設定されているのでクリックすると、テーブルに保存されているレコードの一覧が表示されます。

図5.7　「Blog posts」テーブルのレコード一覧

まだ1件のレコードも登録していないので、「0 blog posts」とだけ表示されています。これからレコードを登録していくと、ここに件名（フィールドtitleの値）が表示されます。

ブログの投稿記事をデータベースに登録しよう（レコードの追加）

❶「Blog posts」の右側にある［+追加］ボタンをクリックしましょう。

■図5.8 「Blog posts」テーブルのレコード一覧

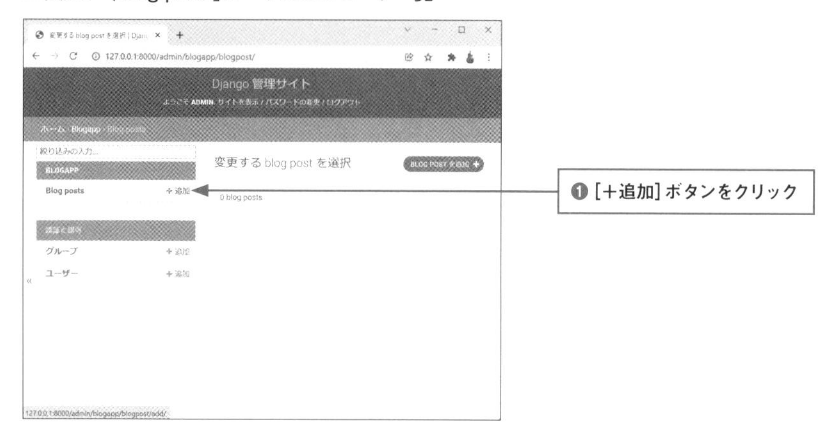

❷1件のレコードを追加するページが表示されました。［カテゴリ］の▼をクリックすると、記事のカテゴリを選択するためのメニューが表示されます。

■図5.9 「Blog posts」のレコードを追加するページ

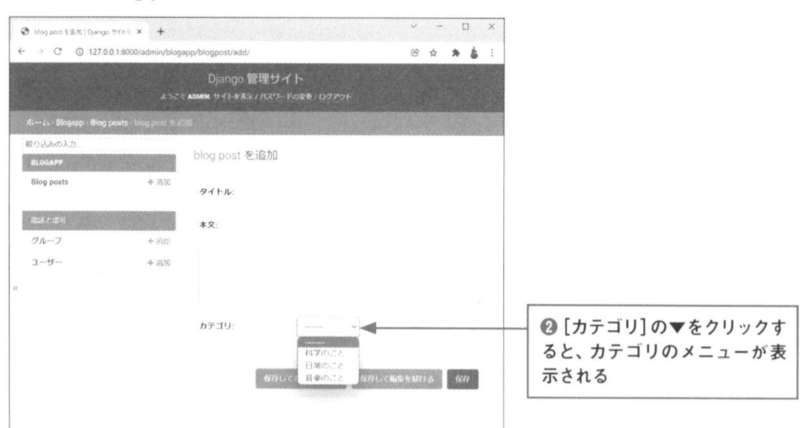

●ブログの記事をデータベースに登録する

記念すべき最初の記事をデータベースに登録（保存）しましょう！

❶タイトルと本文を入力し、カテゴリを選択して［保存］ボタンをクリックします。

■図5.10　ブログの記事をデータベースに保存する

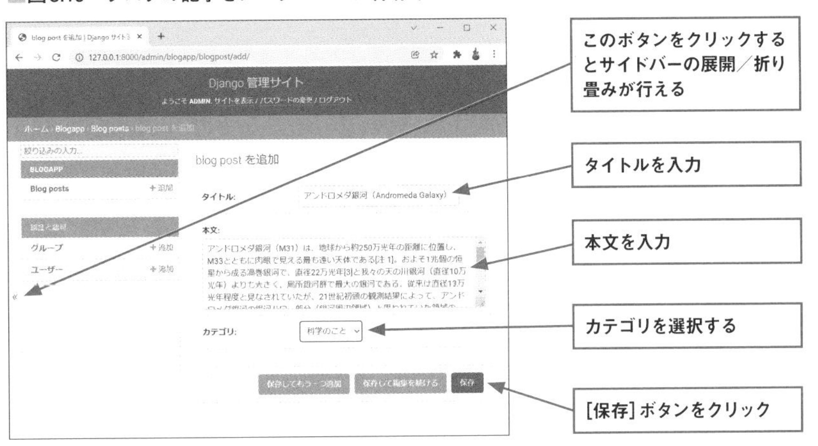

　レコードの登録が完了すると、「Blog posts」テーブルのレコード一覧の画面が表示されます。登録したレコードのtitleフィールドの値（記事のタイトル）が表示されていますね。

■図5.11　「Blog posts」テーブルのレコード一覧

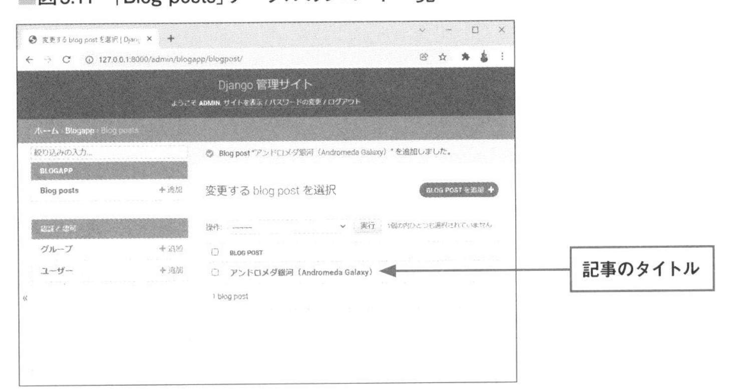

モデル（BlogPostクラス）を作成したときに、__str__()というメソッドを定義しました。このメソッドは、titleフィールドに格納されているタイトル（テキスト）を戻り値として返すのですが、このメソッドの処理によって、登録済みのデータ一覧にタイトルが表示されています。

画面右の［BLOG POSTを追加+］をクリックすると、レコードを追加するページが表示されるので、続けて他の記事も登録しましょう。

ここでは、全部で7件の記事を登録してみました。

■図5.12 「Blog posts」テーブルのレコード一覧

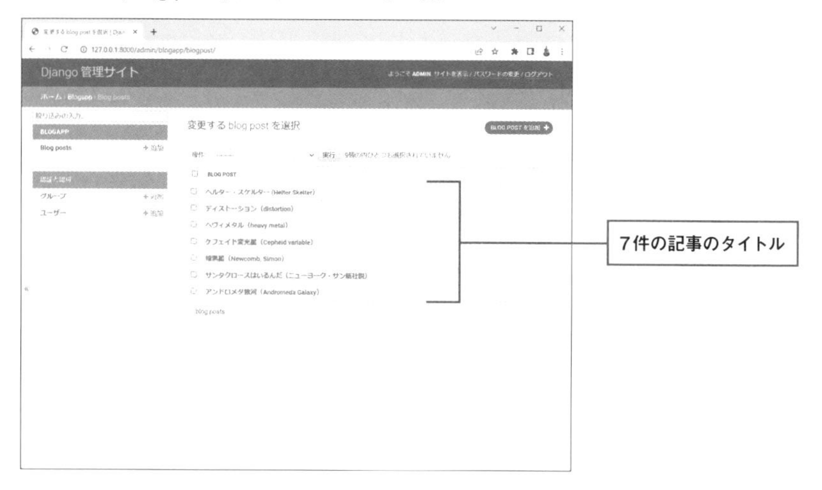

5.3

トップページにブログ記事を一覧表示できるようにしよう

データベースの投稿記事をトップページに一覧で表示しましょう。このためには、現在のビューをデータベース専用のビューに作り替える必要があります。データベースのビューなんて何だか難しそうですね。でも、そこはフル装備のフレームワークDjangoです。ページの用途に応じて様々なタイプのビューが用意されています。

今回は、データベースと連携するビューを利用して、トップページに投稿記事を一覧表示してみたいと思います。

 トップページのビューをリスト表示対応に変更しよう(ListView)

Djangoのdjango.views.generic.list.ListViewクラスは、データベースのデータを一覧表示するビューです。このクラスを継承したサブクラスを定義することで、データを一覧表示するビューを簡単に実装できます。

■図5.13　ListViewの機能

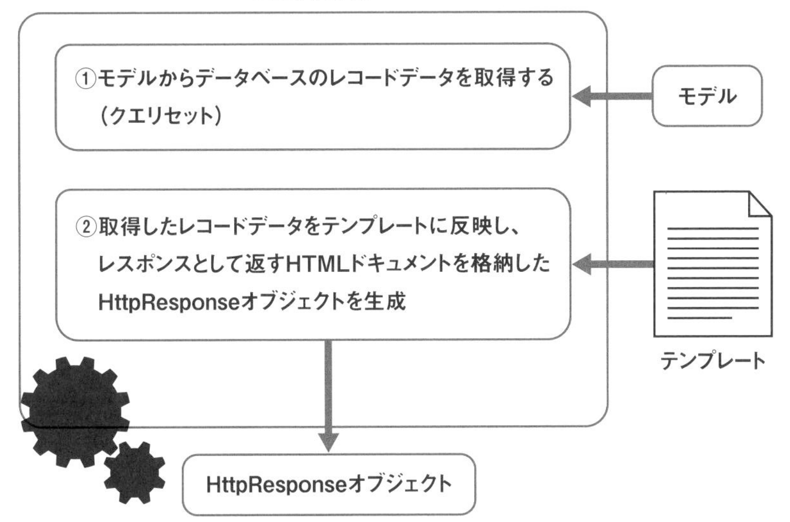

［ファイル］ペインで「views.py」をダブルクリックして［エディタ］ペインで開き、これまでのIndexViewを、ListViewを継承したものに書き換えましょう。

▼投稿記事を一覧表示するビューIndexView (blogapp/views.py)

```
from django.shortcuts import render
# django.views.genericからListViewをインポート
from django.views.generic import ListView
# モデルBlogPostをインポート
from .models import BlogPost

class IndexView(ListView):
    '''トップページのビュー

    投稿記事を一覧表示するのでListViewを継承する

    Attributes:
      template_name: レンダリングするテンプレート
      context_object_name: object_listキーの別名を設定
      queryset: データベースのクエリ
    '''
    # index.htmlをレンダリングする
    template_name ='index.html'
    # object_listキーの別名を設定
    context_object_name = 'orderby_records'
    # モデルBlogPostのオブジェクトにorder_by()を適用して
    # BlogPostのレコードを投稿日時の降順で並べ替える
    queryset = BlogPost.objects.order_by('-posted_at')
```

●抽出したレコードを参照するための辞書のキー

データベーステーブルから取り出したレコードは、Context (Contextクラスのオブジェクト) に辞書型のデータとして格納されます。このとき、object_listというキーの値として格納されますが、

```
context_object_name = 'orderby_records'
```

とすることで、orderby_recordsというキーで参照できるようにしました。Contextについてはコラム「Contextについて」をご覧ください。

●クエリを実行するためのobjects

データベースへの要求 (クエリ) は、

```
queryset = BlogPost.objects.order_by('-posted_at')
```

としました。queryset はListViewのクラス変数で、クエリを実行して取得されたレコードを格納するためのものです。queryset に格納されたレコードがテンプレートに渡されるので、クエリの結果を保持するために必須の変数です。

クエリセットBlogPost.objectsのobjectsは、SQLのクエリに相当するDjangoのメソッドを実行するためのマネージャーです。マネージャーの実体はManagerクラスのオブジェクトで、django.db.models.Modelクラスを継承したモデルには、必ず1個のマネージャーが存在し、objectsという名前で参照できます。マネージャーは、クエリを実行するためのインターフェイスとして機能するので、order_by()などのクエリを実行する際は、

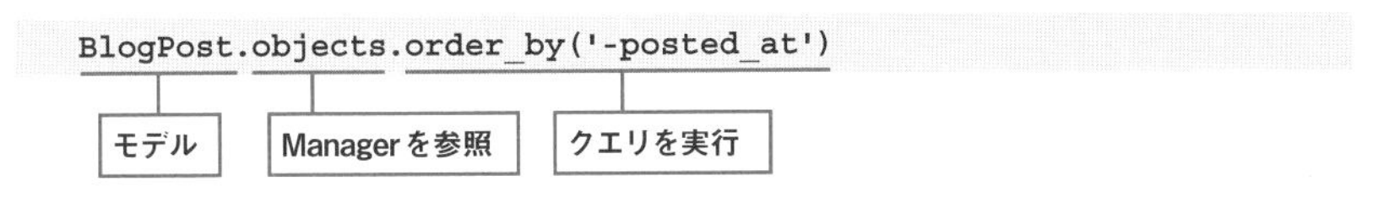

のように、メソッドの直前にobjectsを入れておく必要があります。

order_by()メソッド

order_by()メソッドは、テーブルのレコードの並べ替えを行います。引数に'−posted_at'を指定しているので、posted_atフィールド(テーブルのカラム)に登録された投稿日時の降順(マイナス)で並べ替えられます。

クエリセットでは、

```
queryset = BlogPost.objects.order_by('-posted_at')
```

としていますが、並べ替えが必要なければListViewのクラス変数modelを使って、

```
model = BlogPost
```

とすることもできます。

querysetがオーバーライドされていないときは、ListViewクラス内部のget_queryset()メソッドで、modelに登録されたモデルオブジェクトに対してall()メソッドが実行され、モデルオブジェクトが参照するテーブルからすべてのレコードが取得されます。すなわち、

```
queryset = BlogPost.objects.all()
```

としたときと同じ結果になります。このことから、テーブルのすべてのレコードを抽出する場面では、

```
model = BlogPost
```

とだけ記述すればOKです。

コラム

querysetとget_queryset()メソッド

ListViewクラスの内部では、次のメソッドが実行され、最終的に、レンダリングされたHTMLドキュメントを格納したレスポンスオブジェクト(HttpResponse)が返されます。

・setup()
・dispatch()
・http_method_not_allowed()
・get_template_names()
・get_queryset()
・get_context_object_name()
・get_context_data()
・get()
・render_to_response()

この中のget_queryset()はクエリを実行してレコードを抽出するメソッドで、

・querysetが設定されていない場合は、すべてのレコードを取得
・querysetが設定されている場合は、設定されているクエリを実行

するようになっています。
クラス変数querysetにクエリが登録されていない場合は、get_queryset()の内部ですべてのレコードが取得されます。これは、

```
queryset = BlogPost.objects.all()
```

としたときと同じ結果になります。また、

```
queryset = BlogPost.objects.order_by('-posted_at')
```

として、変数querysetを定義した場合は、get_queryset()メソッドの内部で、

```
BlogPost.objects.order_by('-posted_at')
```

が実行され、さらにall()メソッドでクエリのレコードが取得されます。querysetを定義しない代わりに、直接get_queryset()メソッドをオーバーライドして、

```
def get_queryset(self):
    # 投稿日時の降順で並べ替えたレコードのリストを返す
    return BlogPost.objects.order_by('-posted_at').all()
```

としても同じ結果を得られますが、ここまでする必要はないでしょう。
クラス変数querysetにクエリをセットするほうがスッキリしますよね。

コラム

Contextについて

ビューのスーパークラスListViewは、get_context_data()を実行して、辞書(dict)形式のデータとして取得します。これがContextと呼ばれるデータで、テンプレートにデータベースのデータを出力する際に使われます。

Contextの内容は、トップページのビューに次のようにget_context_data()をオーバーライドするコードを追加すると、確認することができます。

▼トップページのビュー

```
class IndexView(ListView):
    # index.htmlをレンダリングする
    template_name ='index.html'
    # object_listキーの別名を設定
    context_object_name = 'orderby_records'
    # モデルBlogPostのオブジェクトにorder_by()を適用して
    # BlogPostのレコードを投稿日時の降順で並べ替える
    queryset = BlogPost.objects.order_by('-posted_at')

    def get_context_data(self, **kwargs):
        context = super().get_context_data(**kwargs)
        print(context)
        return context
```

開発用サーバーを起動してトップページにアクセスすると、開発用サーバーを起動したターミナルに次のように出力されます。

▼ListViewのget_context_data()で取得したContextの中身

```
{'paginator': None,
 'page_obj': None,
 'is_paginated': False,
 'object_list': <QuerySet [
      <BlogPost: ヘルター・スケルタ (Helter Skelter)>,
      <BlogPost: ディストーション(distortion)>,
```

```
        <BlogPost: ヘヴィメタル(heavy metal)>,
        <BlogPost: ケフェイド変光星(Cepheid variable)>,
        <BlogPost: 暗黒星(Newcomb, Simon)>,
        <BlogPost: サンタクロースはいるんだ(ニューヨーク・サン紙社説)>,
        <BlogPost: アンドロメダ銀河(Andromeda Galaxy)>]>,

  'orderby_records': <QuerySet [
        <BlogPost: ヘルター・スケルター(Helter Skelter)>,
        <BlogPost: ディストーション(distortion)>,
        <BlogPost: ヘヴィメタル(heavy metal)>,
        <BlogPost: ケフェイド変光星(Cepheid variable)>,
        <BlogPost: 暗黒星(Newcomb, Simon)>,
        <BlogPost: サンタクロースはいるんだ(ニューヨーク・サン紙社説)>,
        <BlogPost: アンドロメダ銀河(Andromeda Galaxy)>]>,

  'view': <blogapp.views.IndexView object at 0x0000023D5DD5A850>}
[05/Feb/2022 21:06:39] "GET / HTTP/1.1" 200 10656
```

- **paginator、page_obj**

paginatorとpage_objは、ページネーションが行われるときに使われるもので、ページネーションを行わない場合は常にNoneになります。

- **object_list**

ポイントは、object_listです。このキーの値は、データベースへの要求(クエリ)によって抽出されたデータです。データは、django.db.models.query.QuerySetクラスのオブジェクトに格納されています。QuerySetは、モデルのデータをレコード単位で保持することに特化したクラスです。

- **orderby_records**

もう1つ、orderby_recordsというキーがありますが、ビューを定義するときにobject_listの別名を指定した場合に、object_listと同じデータを格納したものが追加されます。

- **view**

viewの値はレンダリングするテンプレート(のオブジェクト)です。

object_listキーとorderby_recordsキーの値は、get_queryset()によって抽出さ

れたQuerysetクラスのオブジェクトです。テンプレートに出力する際は、

```
{% for record in orderby_records %}
```

のようにorderby_recordsのQuerysetオブジェクトを1つずつ取り出し、

```
{{record.title}}
```

のようにフィールド名を指定することで、レコードの特定のカラムのデータを出力できます。これについては、次項で実践していきます。

トップページのビューを関数ベースビューにする

トップページのビューを関数ベースビューにするとどうなるのか見てみましょう。4章でblogappアプリの「views.py」に関数ベースビューとしてindex_view()関数を定義しました。ここでは、index_view()関数を次のように書き換えて、ブログ記事の一覧を表示するように改造します。

▼投稿記事を一覧表示する関数ベースビューindex_view() (blogapp/views.py)

```
from django.shortcuts import render
# モデルBlogPostをインポート
from .models import BlogPost

def index_view(request):
    '''トップページのビュー

    テンプレートをレンダリングして戻り値として返す

    Parameters:
      request(HTTPRequest):
          クライアントからのリクエスト情報を格納したHTTPRequestオブジェクト

    Returns(HTTPResponse):
        render()でテンプレートをレンダリングした結果
```

```
    '''
    # モデルBlogPostのオブジェクトにorder_by()を適用して
    # BlogPostのレコードを投稿日時の降順で並べ替える
   records = BlogPost.objects.order_by('-posted_at')

    # render():
    # 第1引数: HTTPRequestオブジェクト
    # 第2引数: レンダリングするテンプレート
    # 第3引数: テンプレートに引き渡すdict型のデータ
    #              {任意のキー : クエリの結果(レコードのリスト)}
    return render(
        request, 'index.html', {'orderby_records': records})
```


ソースコードの解説

- **from .models import BlogPost**

BlogPostモデルをmodels.pyからインポートしています。

- **records = BlogPost.objects.order_by('-posted_at')**

BlogPost.objectsでモデルのマネージャー(クラスベースビューのところに説明があります)を参照し、データベースへのクエリ(要求)を行うorder_by()メソッドを実行しています。引数は、日付データを格納しているposted_atフィールドです。マイナス(-)を付けることで、日付の降順にレコードを並べ替えるようにしています。

- **return render(request, 'index.html', {'orderby_records': records})**

render()関数でテンプレート'index.html'をレンダリングして、戻り値(HTTPResponseオブジェクト)として返します。

注目してほしいポイントは、第3引数に指定した

```
{'orderby_records': records}
```

の部分です。これは、テンプレートをレンダリングするにあたり、テンプレートに事前に引き渡すデータで、クラスベースビューのContextに相当します。Contextがdict(辞書)型のデータであるように、関数ベースビューでもdict形式のデータとして設定するのですね。

キーは'orderby_records'(文字列型であることに注意)、その値はクエリの結果(レコードのリスト)が格納された変数recordsです。このようにしたことで、テンプレート(index.html)側では

```
{% for record in orderby_records %}
```

という記述を使ってorderby_records(の値)からレコードを1つずつブロックパラメーターのrecordに取り出すことができます。これについては、次項で詳しく解説します。

トップページに投稿記事の一覧を表示しよう

投稿記事の一覧を表示するビューIndexViewは、データベースへのクエリによって取得したレコードをorderby_recordsという名前のContextに保持するので、テンプレート側でContextのデータを出力するようにすれば、投稿記事の一覧を表示できます。

Djangoには、オブジェクトの中身をドキュメント上に出力するための{{ }}という書式が用意されているので、これを使うことにしましょう。{{ }}で辞書のキーを囲むことで、その値をドキュメント上に出力するのですね。

まず、次のようにforループを使ってorderby_recordsの要素を取り出します。

```
{% for record in orderby_records %}
```

次に、{{ }}を使ってキーの値を出力します。キー(フィールド名)を指定して、

```
{{record.title}}
{{record.content}}
{{record.posted_at}}
{{record.category}}
```

のようにすれば、1件のレコードのデータを出力できます。

[ファイル]ペインで「templates」以下の「index.html」をダブルクリックして[エディタ]ペインで開き、次のように編集しましょう。編集する箇所はコメントの

```
<!-- Main Content -->
```

以下です。

▼index.htmlの<!-- Main Content-->以下のブロックを編集する(blogapp/templates/index.html)

```
<!-- Main Content-->
<div class="container px-4 px-lg-5">
    <div class="row gx-4 gx-lg-5 justify-content-center">
        <div class="col-md-10 col-lg-8 col-xl-7">
            <!--
            レコードが格納されたorderby_recordsから
            レコードを1行ずつrecordに取り出す
            -->
            {% for record in orderby_records %}
            <!-- Post preview-->
            <div class="post-preview">
                <a href="post.html">
                    <!-- 記事のタイトル -->
                    <h2 class="post-title">
                        <!-- titleフィールドを出力 -->
                        {{record.title}}</h2>
                    <!-- 投稿記事の本文 -->
                    <h3 class="post-subtitle">
                        <!-- サブタイトルの文字サイズを14ptにする -->
                        <span style="font-size : 14pt">
                            <!--
                            contentフィールドを出力
                            truncatecharsで出力する文字数を50以内に制限
                            -->
                            {{record.content|truncatechars:50}}
                        </span>
                    </h3>
                </a>
                <!-- 投稿日時とカテゴリ -->
                <p class="post-meta">
```

```
                <!-- ページの最上部にリンクする -->
                <a href="#">Django's Blog</a>

                <!-- posted_atフィールドを出力 -->
                 {{record.posted_at}}に投稿／カテゴリ：

                <!-- categoryフィールドを出力-->
                {{record.category}}</p>
            </p>
        </div>

        <!-- Divider-->
        <hr class="my-4" />

        <!-- forによる繰り返しはここまで -->
        {% endfor %}


        <!-- Post preview-->
            <!-- コード削除-->
        <!-- Divider-->
            <!-- コード削除-->

        <!-- Post preview-->
            <!-- コード削除-->
        <!-- Divider-->
            <!-- コード削除-->

        <!-- Post preview-->
            <!-- コード削除-->
        <!-- Divider-->
            <!-- コード削除-->
```

```
            <!-- Pager-->
            <div class="d-flex justify-content-end mb-4">
                <a class="btn btn-primary text-uppercase" href="#!">
                    Older Posts →
                </a>
            </div>
        </div>
    </div>
</div>
```


投稿記事を表示する<div class="post-preview">～</div><hr>のブロックが4個配置されていますが、1つのブロックを書き換えて残り3個は削除しましょう。

編集が済んだら、ツールバーの💾ボタンをクリックして保存しましょう。

ワンポイント

本文は文字数を少なくして表示

投稿記事の本文のみ、

```
{{record.content|truncatechars:50}}
```

として、出力する文字数を50文字までに制限しています。

 トップページを表示してみよう

トップページがどうなったか、確認してみましょう。開発用サーバーが起動中で、なおかつブラウザーでトップページを表示中の場合は、更新ボタンをクリックしてください。開発用サーバーもブラウザーも起動していない場合は、runserverコマンドで開発用サーバーを起動したあと、ブラウザーのアドレス欄に「http://127.0.0.1:8000/」と入力してアクセスしましょう。

図5.14　blogアプリのトップページ

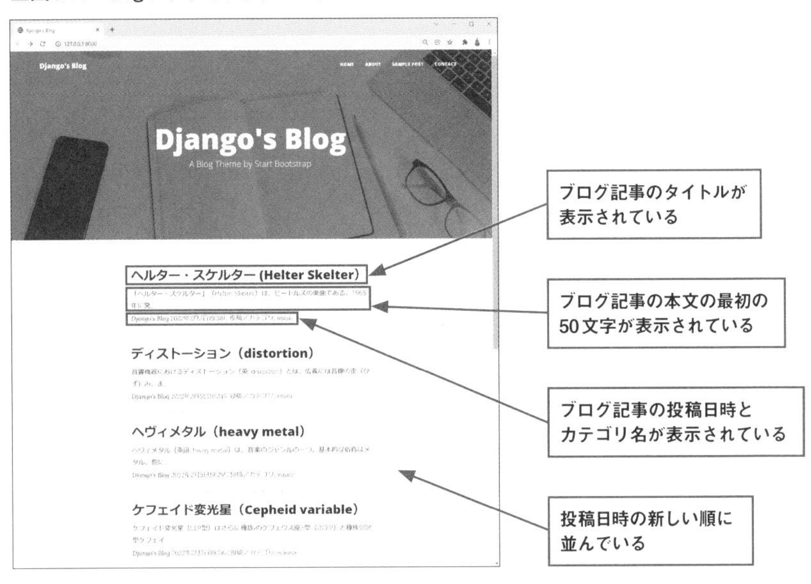

投稿記事の一覧には、それぞれ詳細ページへのリンクが設定されていますが、詳細ページはまだ作成していないため、クリックするとエラーになるので注意してください。

ワンポイント

ブログの投稿記事

ここでは、Django管理サイトから複数の記事を登録しています。

5.4

詳細ページのルーティングを設定してビューを作成しよう

トップページにはヘッドラインのような形式で投稿記事の一覧を表示しますので、1件の投稿記事を表示する「詳細ページ」を新たに用意しましょう。ここでは、Webアプリのページに必要な「URLパターン」「ビュー」「テンプレート」のうち、URLパターンとビューを作成します。

■図5.15　詳細ページのURLパターンとビューBlogDetailを作成

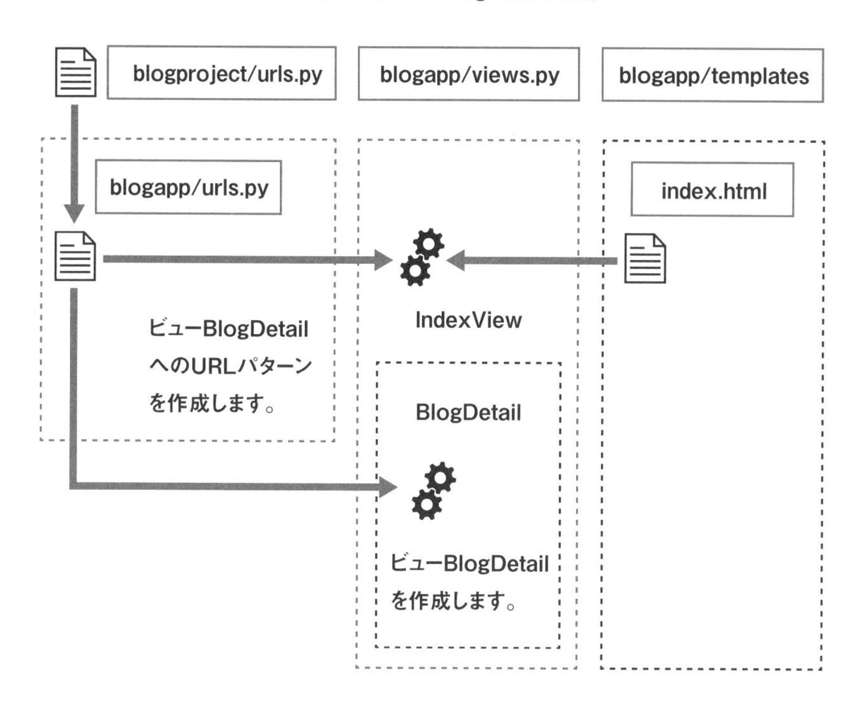

詳細ページを表示する仕組みを知っておこう

詳細ページは、トップページの投稿記事一覧で任意の記事をクリックしたタイミングで表示するようにします。その際、クリックされた記事のレコードをデータベースから取り出す（実際にはモデルから抽出する）必要があるので、次のような工夫が必要になります。

- **詳細ページのURLパターン**

詳細ページのURLパターンを次のようにします。

```
path('blog-detail/<int:pk>/',
     views.BlogDetail.as_view(),
     name='blog_detail'),
```

<int:pk>は、レコードのid（整数値）にマッチングさせ、int型に変換するためのものです。リクエストされたURLが「blog-detail/レコードのid/」であれば、'blog-detail/<int:pk>/'にマッチングします。

- **詳細ページにアクセスするためのリンク**

詳細ページにアクセスするためのリンクとしては、トップページの投稿記事一覧に表示する記事（タイトルと本文の一部）に、次のようなリンクを設定します。

```
<a href="{% url 'blog:blog_detail' record.pk %}">
```

このリンクでは、テンプレートタグurlで

```
'blog-detail/<レコードの主キーの値>/'
```

のようなURLを生成します。record.pkは、データベースのテーブルから取り出したレコードのidを取得するためのものなので、<レコードの主キーの値>の部分は、レコードのid（整数値）に置き換えられて

```
blog-detail/7/
```

のようなURLが生成されます。

idは、テーブルを作成するときに自動的に作成されているカラム(列)で、モデルのフィールドidに対応します。idに格納されるデータは、レコード1件ごとに振られる連番(整数値)です。

このURLがリクエストされると、

❶URLパターンの

```
path('blog-detail/<int:pk>/',
     views.BlogDetail.as_view(),
     name='blog_detail'),
```

にマッチングし、as_view()によってビューBlogDetail(このあと説明します)が実行されます。

❷BlogDetailはクラス変数pkに<int:pk>からキャプチャされた主キー(id)の値(先の例だと「7」)を格納します。pkは、BlogDetailが継承しているDetailViewのスーパークラスSingleObjectMixinで定義されているクラス変数です。

❸BlogDetail➡DetailView➡SingleObjectMixinにおいて、

```
if pk is not None:
    queryset = queryset.filter(pk=pk)
```

という処理が実行され、該当のレコードがテーブルから抽出されます。Djangoでは、主キーであれば「pk=値」で検索できます。

ビューBlogDetail

詳細表示を専門に行うDetailViewクラスを継承したサブクラスです。❸で説明したように、継承先のSingleObjectMixinでクエリセット(queryset)が定義されているので、新設するビューBlogDetailではquerysetの定義は必要ありません。使用するモデルとレンダリングするテンプレートの登録だけを行います。

■図5.16　詳細ページが表示されるまでの流れ

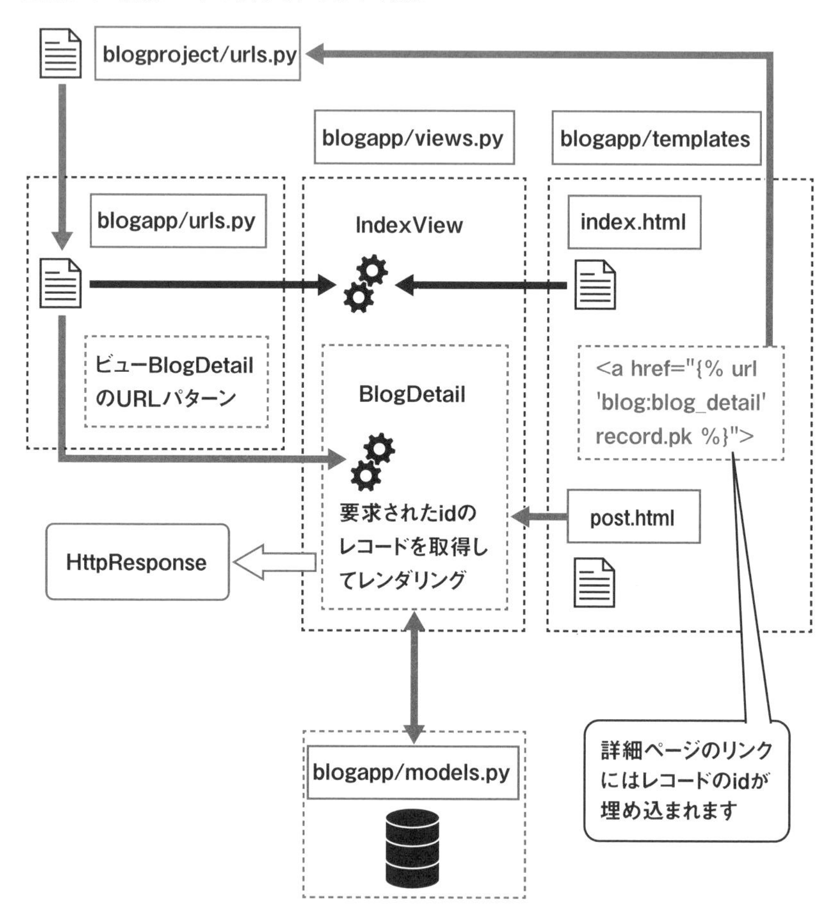

詳細ページのURLパターンを作成しよう(blogappのURLconf)

[ファイル]ペインで「blogapp」フォルダー以下の「urls.py」をダブルクリックして[エディタ]ペインで開き、詳細ページのURLパターンを追加しましょう。

▼詳細ページのURLパターンを設定する(blogapp/urls.py)

```
from django.urls import path
from . import views

# URLconfのURLパターンを逆引きできるようにアプリ名を登録
app_name = 'blogapp'

# URLパターンを登録するためのリスト
urlpatterns = [
    # http(s)://ホスト名/以下のパスが''(無し)の場合
    # viewsモジュールのIndexViewを実行
    # URLパターン名は'index'
    path('', views.IndexView.as_view(), name='index'),

    # リクエストされたURLが「blog-detail/レコードのid/」の場合
    # viewsモジュールのBlogDetailを実行
    # URLパターン名は'blog_detail'
    path(
        # 詳細ページのURLは「blog-detail/レコードのid/」
        'blog-detail/<int:pk>/',
        # viewsモジュールのBlogDetailを実行
        views.BlogDetail.as_view(),
        # URLパターンの名前を'blog_detail'にする
        name='blog_detail'
        ),
]
```

詳細ページのビューを作成しよう（DetailViewを継承したBlogDetailクラス）

詳細ページのURLパターンでは、ビューのBlogDetailを実行するように設定しました。BlogDetailクラスは、詳細ページの表示に特化したDetailViewクラスを継承したサブクラスとして定義します。仕組みの説明のところで紹介したように、指定されたidのレコードを抽出する処理はDetailViewのスーパークラスSingleObjectMixinが行うので、BlogDetailでは、使用するモデルの登録と、レンダリングするテンプレートの登録だけを行います。

［ファイル］ペインで「views.py」をダブルクリックして開いて、以下のコードを追加しましょう。

▼詳細ページのビューBlogDetail（blogapp/views.py）

```
from django.shortcuts import render
# django.views.genericからListView、DetailViewをインポート
from django.views.generic import ListView, DetailView
# モデルBlogPostをインポート
from .models import BlogPost

class IndexView(ListView):
    '''トップページのビュー

    投稿記事を一覧表示するのでListViewを継承する

    Attributes:
      template_name: レンダリングするテンプレート
      context_object_name: object_listキーの別名を設定
      queryset: データベースのクエリ
    '''
    # index.htmlをレンダリングする
    template_name ='index.html'
    # object_listキーの別名を設定
    context_object_name = 'orderby_records'
    # モデルBlogPostのオブジェクトにorder_by()を適用して
```

```
    # BlogPostのレコードを投稿日時の降順で並べ替える
    queryset = BlogPost.objects.order_by('-posted_at')

class BlogDetail(DetailView):
    '''詳細ページのビュー

    投稿記事の詳細を表示するのでDetailViewを継承する
    Attributes:
      template_name: レンダリングするテンプレート
      Model: モデルのクラス
    '''
    # post.htmlをレンダリングする
     template_name ='post.html'
    # クラス変数modelにモデルBlogPostを設定
    model = BlogPost
```


コラム

レコードの主キー

詳細ページのURLパターンは、

```
'blog-detail/<int:pk>/'
```

のようになっていて、

```
'blog-detail/レコードのid/'
```

のようなURLがマッチングしますが、ここで使われているidは、テーブルを作成したときに自動的に作成されたカラムです。これは、マイグレーションファイルを開いてみると確認できます。

▼マイグレーションファイル「0001_initial.py」

```
# Generated by Django 4.0.2 on 2022-02-05 07:23

from django.db import migrations, models

class Migration(migrations.Migration):

    initial = True
    dependencies = [
    ]

    operations = [
        migrations.CreateModel(
            name='BlogPost',
            fields=[
                ('id', models.BigAutoField(auto_created=True,
                                           primary_key=True,
                                           serialize=False,
                                           verbose_name='ID')),
                ('title',
                 models.CharField(max_length=200,
                                  verbose_name='タイトル')),
                ('content', models.TextField(verbose_name='本文')),
                ('posted_at', models.DateTimeField(auto_now_add=True,
                                                   verbose_name='投稿日時')),
                ('category', models.CharField(choices=[('science', '科学のこと'),
                                                       ('dailylife', '日常のこと'),
                                                       ('music', '音楽のこと')],
                                              max_length=50,
                                              verbose_name='カテゴリ')),
            ],
        ),
    ]
```

フィールドとして定義したtitle、content、posted_at、categoryに加えて、フィールドidが定義されています。primary_key=Trueで、レコードを一意に識別するための主キー(プライマリキー)として設定されています。Django管理サイトを開いて確認してみましょう。

■図5.17 Django管理サイトにログインしてレコードの編集画面を表示する

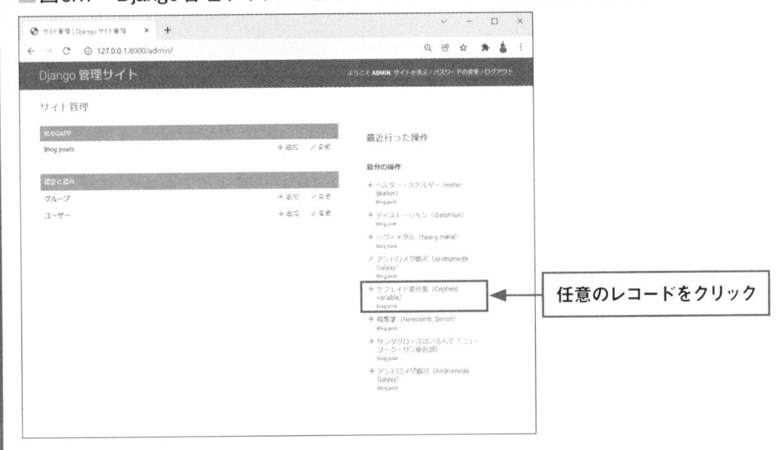

■図5.18 (続き)

ブラウザーのアドレス欄を見ると、URLの「admin/blogapp/blogpost/」のあとに「4」という数字が入っています。この数字が、このレコードに割り当てられたidです。

関数ベースビューを用いる場合の詳細ページのURLパターンとビューの作成

関数ベースビューを用いる場合の詳細ページのURLパターンとビューの作成方法を紹介します。

●詳細ページのURLパターン（blogappアプリのURLconf）

関数ベースビューとしてblog_detail()関数を定義しますので、詳細ページのURLパターンは次のようになります。

- **リクエストされたURLが「blog-detail/レコードのid/」の場合はblog_detail()関数を実行する**

▼関数ベースビューを用いる場合の詳細ページへのURLパターン（blogapp/urls.py）

```
from django.urls import path
from . import views

# URLconfのURLパターンを逆引きできるようにアプリ名を登録
app_name = 'blogapp'

# URLパターンを登録するためのリスト
urlpatterns = [
    # http(s)://ホスト名/以下のパスが''(無し)の場合
    # viewsモジュールのindex_view()関数を実行
    # URLパターン名は'index'
    path('', views.index_view, name='index'),

    # リクエストされたURLが「blog-detail/レコードのid/」の場合
    # viewsモジュールのblog_detail()関数を実行
    # URLパターン名は'blog_detail'
    path(
        # 詳細ページのURLは「blog-detail/レコードのid/」
        'blog-detail/<int:pk>/',
        # viewsモジュールのblog_detail()関数を実行
        views.blog_detail,
```

```
        # URLパターンの名前を'blog_detail'にする
        name='blog_detail'
        ),
]
```

詳細ページのビュー(blog_detail()関数)

詳細ページのテンプレートpost.htmlをレンダリングするビューとしてblog_detail()関数を定義します。今回は、詳細ページのURLパターン

```
path('blog-detail/<int:pk>/', views.blog_detail, name='blog_detail' ),
```

の'blog-detail/<int:pk>/'で投稿記事のレコードのidがpkに格納されているので、このpkを関数(ビュー)で取得するようにします。

```
def blog_detail(request, pk):
```

第1パラメーターはHTTPRequestオブジェクトを受け取るためのパラメーターrequest、第2パラメーターは投稿記事(レコード)のidを受け取るためのパラメーターpkです。pkという名前は、URLパターンの'blog-detail/<int:pk>/'で使用した「pk」にする必要があるので注意してください。

レコードのidを指定して、該当するレコードを取得するには、get()メソッドを使います。

get()メソッド

モデルのオブジェクトのマネージャー(objects)に対して実行します。引数に指定したidのレコードを抽出し、これを戻り値として返します。

書式	models.Model.objects.get(id)	
パラメーター	id(int)	抽出するレコードのid。
戻り値	指定したidに該当するレコード。	

get()メソッドの引数に、パラメーターpkを指定して、

```
record = BlogPost.objects.get(id=pk)
```

とすれば、idがpkに該当するレコードが抽出されて、変数recordに格納されます。

return文では、

```
return render(request, 'post.html', {'object': record})
```

のようにして、キー'object'、その値をrecord にした辞書(dict){'object': record}をテンプレートのpost.htmlに引き渡します。

▼詳細ページの関数ベースビューblog_detail()の定義(blogapp/views.py)

```
from django.shortcuts import render
# モデルBlogPostをインポート
from .models import BlogPost

def index_view(request):
    '''トップページのビュー
    テンプレートをレンダリングして戻り値として返す

    Parameters:
      request(HTTPRequest):
            クライアントからのリクエスト情報を格納したHTTPRequestオブジェクト

    Returns(HTTPResponse):
        render()でテンプレートをレンダリングした結果
    '''
    # モデルBlogPostのオブジェクトにorder_by()を適用して
    # BlogPostのレコードを投稿日時の降順で並べ替える
    records = BlogPost.objects.order_by('-posted_at')

    # render():
    # 第1引数: HTTPRequestオブジェクト
    # 第2引数: レンダリングするテンプレート
    # 第3引数: テンプレートに引き渡すdict型のデータ
    #            {任意のキー : クエリの結果(レコードのリスト)}
    return render(
        request, 'index.html', {'orderby_records': records})
```

```
def blog_detail(request, pk):
    '''詳細ページのビュー
    テンプレートをレンダリングして戻り値として返す

    Parameters:
      request(HTTPRequest):
          クライアントからのリクエスト情報を格納したHTTPRequestオブジェクト
      pk(int):
          投稿記事のレコードのid

    Returns(HTTPResponse):
        テンプレートpost.htmlをレンダリングした結果
    '''
    # モデルのマネージャーをBlogPost.objectsで参照し、get()を実行
    # 引数に指定したidのレコードを取得してrecordに格納
    record = BlogPost.objects.get(id=pk)
    # render():
    # 第1引数：HTTPRequestオブジェクト
    # 第2引数：レンダリングするテンプレート
    # 第3引数：テンプレートに引き渡すdict型のデータ
    #          {任意のキー : get()で取得したレコード}
    return render(
        request, 'post.html', {'object': record})
```

5.5

1件の投稿記事を表示するページを作ろう（詳細ページの作成）

1件の投稿記事を表示する「詳細ページ」のテンプレートを作成します。

■図5.19　詳細ページのテンプレート

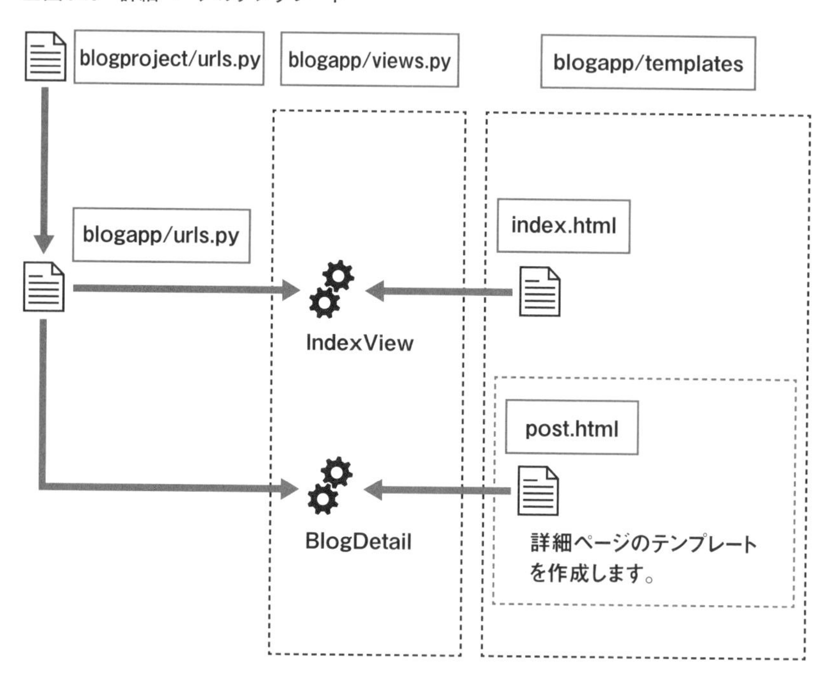

詳細ページのテンプレートを用意しよう（post.html）

詳細ページは、「Clean Blog」の「post.html」を利用して作成します。

❶ダウンロードした「Clean Blog」のフォルダー「startbootstrap-clean-blog-gh-pages」内の「post.html」を右クリックして［コピー］を選択します。

図5.20 「startbootstrap-clean-blog-gh-pages」内の「post.html」をコピー

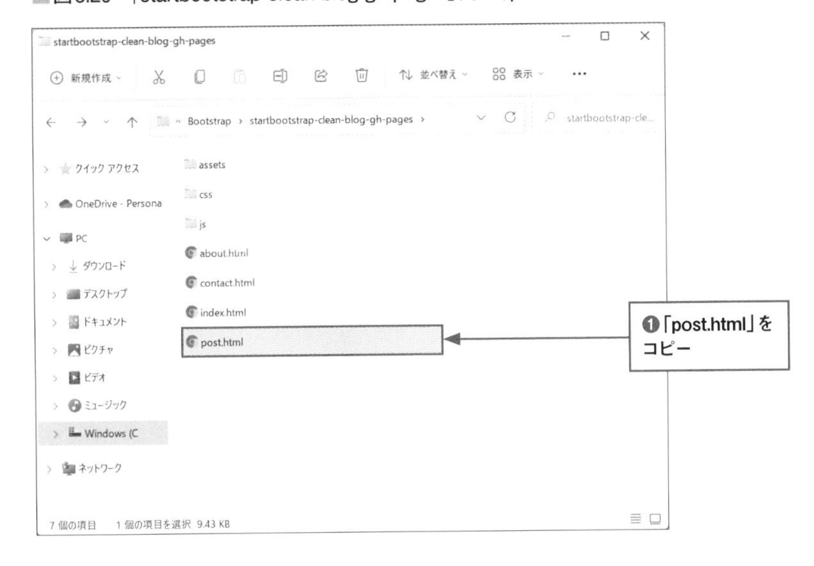

❷Spyderの［ファイル］ペインで「templates」フォルダーを右クリックし、［貼り付け］を選択します。

図5.21 Clean Blogの「post.html」を「templates」フォルダーにコピー

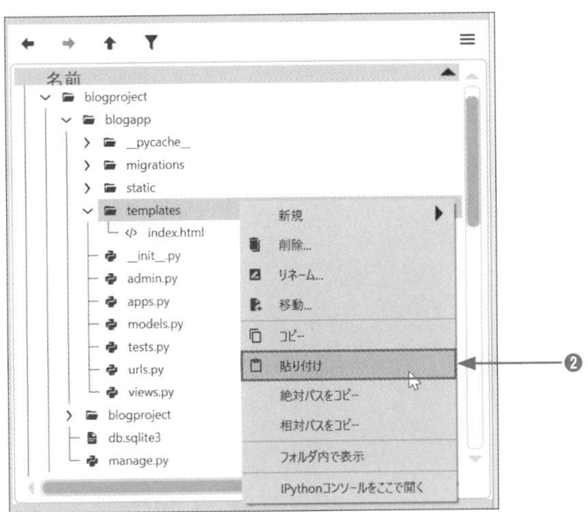

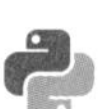 詳細ページに投稿記事が表示されるようにしよう

ビューBlogDetailは、指定されたidに該当する1件のレコードを抽出します。抽出されたレコードは、Contextに納められています。Contextは、レンダリングに必要なデータが格納される辞書（dict）型のオブジェクトです。DetailViewの場合は、「object」という名前のキーの値として、抽出されたレコードが保存されます。レコードはカラムと紐付（ひもづ）いた状態で格納されているので、モデルのフィールド名を「object.title」のように指定し、これを{{ }}で囲むことでドキュメント上に書き出すことができます。

●ページのヘッダー部分の編集

post.htmlは、ページのヘッダー<header>～</header>のブロックで投稿記事のタイトル、サブタイトル（記事の冒頭部分）、投稿日時、カテゴリ、それからトップページへのリンクを表示するようになっています。このため、次のことをするためのコードを書き込みます。

- **ブログ記事のタイトルを{{object.title}}で出力**
- **サブタイトルとして{{object.content|truncatechars:30}}で記事の冒頭30文字を出力**
- **投稿日時を{{object.posted_at}}で出力**
- **トップページへのリンクをhref={% url "index" %}に設定**

「post.html」を［エディタ］ペインで開いて、<!-- Page Header -->のコメント以下の<header>～</header>の要素を次のように書き換えましょう。

▼詳細ページのテンプレート（templates/post.html）

```
<!DOCTYPE html>
<html lang="en">
..........途中省略..........

<!-- Page Header-->
<header class="masthead"
        style="background-image: url('assets/img/post-bg.jpg')">
```

```
    <div class="container position-relative px-4 px-lg-5">
        <div class="row gx-4 gx-lg-5 justify-content-center">
            <div class="col-md-10 col-lg-8 col-xl-7">
                <div class="post-heading">
                    <!--
                    投稿記事のタイトル
                    <h1>タグの要素を書き換える
                    レコードをobjectで参照し、titleフィールドの値を出力
                    -->
                    <h1>{{object.title}}</h1>
                    <!--
                    サブタイトル
                    <h2>タグの要素を書き換える
                    レコードをobjectで参照し、
                    contentフィールドの値を30文字以内で出力
                    -->
                    <h2 class="subheading">
                        {{object.content|truncatechars:30}}</h2>
                    <span class="meta">
                        <!-- 投稿日時とカテゴリ -->
                        <!-- トップページにリンクする -->
                        <a href={% url 'blogapp:index' %}>
                            Django's Blog</a>
                        <!-- 投稿日時としてposted_atフィールドを出力 -->
                        {{object.posted_at}}に投稿／カテゴリ：
                        <!-- categoryフィールドを出力-->
                        {{object.category}}</span>
                </div>
            </div>
        </div>
    </div>
</header>
.........以下省略.........
```

●コンテンツを出力する<article>タグの要素を編集

post.htmlでは、コンテンツ出力用の<article>タグを使ってブログ記事の本文を表示するようになっています。初期状態で英語のテキストが書き込まれていますので、

- **投稿記事の本文を{{object.content}}で出力**

するようにします。このとき、段落を設定する<p>～</p>で囲むことで、全体を1つの段落として設定します。

「post.html」の<!-- Post Content-->のコメント以下、<article >～</article>の要素を次のように書き換えましょう。

▼詳細ページのテンプレート（templates/post.html）

```
<!DOCTYPE html>
<html lang="en">
.........途中省略.........

<!-- Post Content-->
<article class="mb-4">
    <div class="container px-4 px-lg-5">
        <div class="row gx-4 gx-lg-5 justify-content-center">
            <div class="col-md-10 col-lg-8 col-xl-7">
                <!--
                以下<div>タグの要素を書き換える
                レコードをobjectで参照し、contentフィールドの値を出力
                <p>～</p>の要素とすることで全体を1つの段落にする
                -->
                <p>{{object.content}}</p>
            </div>
        </div>
    </div>
</article>
<!-- 水平線を追加-->
<hr>
.........以下省略.........
```

 詳細ページへのリンクを設定しよう

トップページのテンプレートに、詳細ページへのリンクを埋め込みましょう。トップページでは、コメントの<!-- Main Content -->以下のブロックで投稿記事の一覧を表示するので、全体を囲んでいる<a>タグのhref属性に詳細ページのURLを設定します。

index.htmlを開き、投稿記事の一覧を表示するブロック(コメントの<!-- Main Content -->以下の部分です)の<a href="post.html">を

```
<a href="{% url 'blogapp:blog_detail' record.pk %}">
```

に書き換え、テンプレートタグurlで詳細ページのURLを生成するようにします。

トップページのビューIndexViewで抽出されたレコードは、Contextのorderby_recordsキーの値として格納されています。トップページのテンプレートでは、orderby_recordsから1件のレコードをrecordに格納しますが、「record.pk」とすることでレコードのidフィールドの値を取得できます。リンクをクリックすると

```
blog-detail/7/
```

のようなURLが生成されます。このURLがリクエストされると、URLパターンの

```
path('blog-detail/<int:pk>/', views.BlogDetail.as_view(),
     name='blog_detail')
```

にマッチングし、該当の記事の詳細ページが表示される(レスポンスとして返される)仕組みです。

▼ブログ記事の一覧のリンク先を詳細ページのURLに書き換える(templates/index.html)

```
<!-- Main Content-->
<div class="container px-4 px-lg-5">
    <div class="row gx-4 gx-lg-5 justify-content-center">
        <div class="col-md-10 col-lg-8 col-xl-7">
            <!--
            レコードが格納されたorderby_recordsから
            レコードを1行ずつrecordに取り出す
            -->
            {% for record in orderby_records %}
```

```
        <!-- Post preview-->
        <div class="post-preview">
          <!--
          urlでURLパターン'blog-detail/<int:pk>/'を生成し、
          詳細ページへのリンクを設定
          -->
          <a href="{% url 'blogapp:blog_detail' record.pk %}">
            <!-- 記事のタイトル -->
            <h2 class="post-title">
              <!-- titleフィールドを出力 -->
              {{record.title}}</h2>
            <!-- 投稿記事の本文 -->
            <h3 class="post-subtitle">
              <!-- サブタイトルの文字サイズを14ptにする -->
              <span style="font-size : 14pt">
                <!--
                contentフィールドを出力
                truncatecharsで出力する文字数を50以内に制限
                -->
                {{record.content|truncatechars:50}}
              </span>
            </h3>
          </a>
          <!-- 投稿日時とカテゴリ -->
          <p class="post-meta">
            <!-- ページの最上部にリンクする -->
            <a href="#">Django's Blog</a>
            <!-- posted_atフィールドを出力 -->
            {{record.posted_at}}に投稿／カテゴリ：
            <!-- categoryフィールドを出力-->
            {{record.category}}</p>
          </p>
        </div>
        <!-- Divider-->
        <hr class="my-4" />
```

```
            <!-- forによる繰り返しはここまで -->
            {% endfor %}

            <!-- Post preview-->
                <!-- コード削除 -->
            <!-- Divider-->
                <!-- コード削除 -->

            <!-- Post preview-->
                <!-- コード削除 -->
            <!-- Divider-->
                <!-- コード削除 -->

            <!-- Post preview-->
                <!-- コード削除 -->
            <!-- Divider-->
                <!-- コード削除 -->

            <!-- Pager-->
            <div class="d-flex justify-content-end mb-4">
                <a class="btn btn-primary text-uppercase" href="#!">
                    Older Posts →
                </a>
            </div>
        </div>
    </div>
</div>
```

トップページの投稿記事一覧から詳細ページを表示してみよう

詳細ページがどのように表示されるか確認しましょう。開発用サーバーを起動した状態で「http://127.0.0.1:8000/」にアクセスします。

図5.22　投稿記事一覧から任意の記事をクリック

図5.23　詳細ページ

クリックした記事の詳細ページが表示されました。Blog postsテーブルから該当のレコードが抽出されて、タイトルをはじめ、投稿日時、カテゴリ、そして本文が表示されています。ひとまず、詳細ページの基本的な要件は満たしていますね！

ただし、CSSやJavaScriptの設定はまだですので、ページの構造のみが出力されています。ページのヘッダーやフッターの変更も必要ですので、引き続き次節で取り組んでいくことにしましょう。

5.6

テンプレートで共通利用する基底テンプレートを作成しよう(ベーステンプレート)

トップページと詳細ページには、それぞれに同じナビゲーションバーとフッターを表示します。どちらも同じものを使いますので、これを「共通部品」としてまとめ、それぞれのテンプレートで読み込んで使える仕組みを作ります。

■図5.24　共通利用する部分をベーステンプレートにまとめる

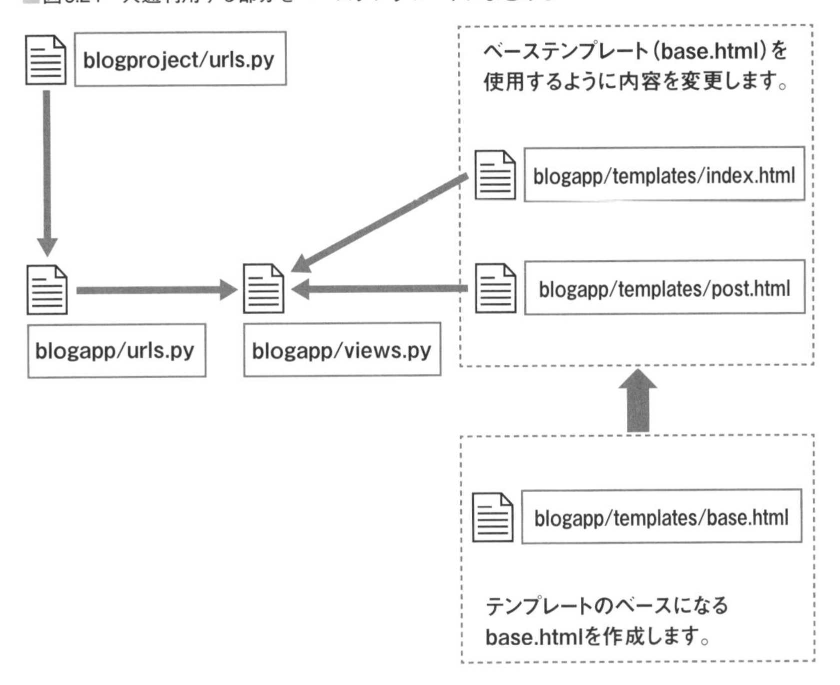

ベーステンプレートって何？

Webアプリは多くの場合、1つのページだけでなく、複数のページで構成されます。作成中のblogアプリには、今のところトップページと詳細ページがありますね。これから詳細ページにもトップページと同じように、ナビゲーションバーを配置し、ページのフッターを配置するのですが、いずれにしてもトップページと同じものを配置することになります。

こういうときのためにDjangoには、「共通して利用するレイアウトをまとめたテンプレート（ベーステンプレート）を作成しておいて、各ページで読み込んで使う」ための仕組みが用意されています。何だか少し難しそうな感じがしますが、実装はとても簡単です。

- **ベーステンプレートとしてのHTMLドキュメントを作成します。**
- **ベーステンプレートを各ページで読み込みます。**

たったこれだけで、同じレイアウトを各ページで使い回すことができるようになります。ではさっそく、ベーステンプレートの作成から取りかかることにしましょう。

ベーステンプレートを作成しよう（base.html）

ベーステンプレートに必要な情報は、トップページのテンプレートにすべてまとめられているので、これをコピーして、ベーステンプレートとして使うことにしましょう。

❶Spyderの［ファイル］ペインで「blogapp」フォルダー以下の「templates」フォルダーを展開し、「index.html」を右クリックして［コピー］を選択します。

■図5.25 ［ファイル］ペイン

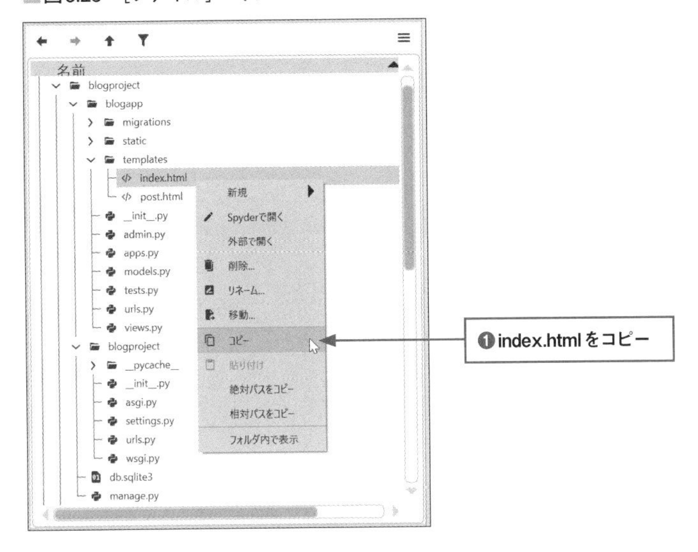

❷「templates」フォルダーを右クリックして［貼り付け］を選択します。

■図5.26 ［ファイル］ペイン

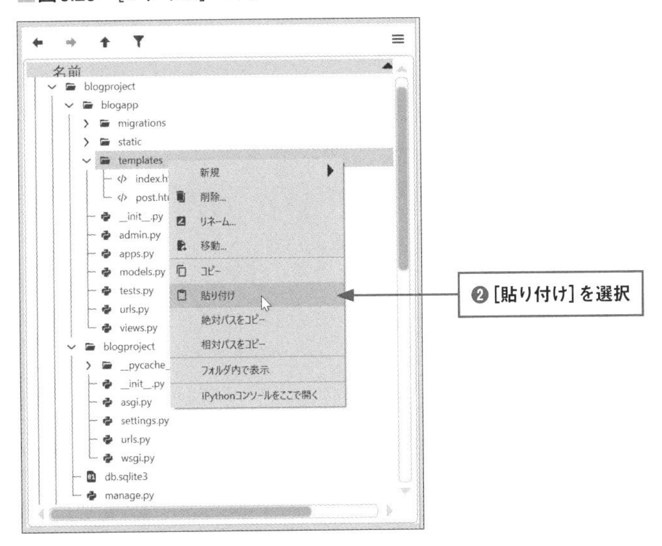

❸「index1.html」というファイルが作成されるので、これを右クリックして[リネーム]を選択しましょう。

■図5.27 [ファイル]ペイン

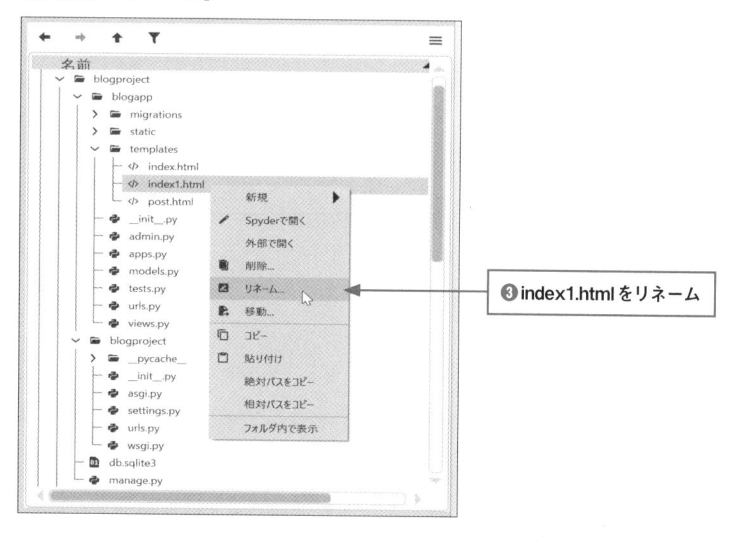

❹[新しい名前]に「base.html」と入力して、[OK]ボタンをクリックします。

■図5.28 [リネーム]ダイアログ

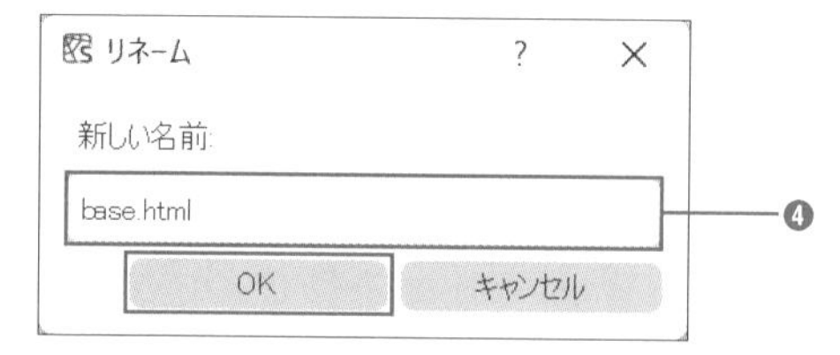

❺リネームされた「base.html」をダブルクリックして、[エディタ]ペインで開きましょう。

■図5.29 [ファイル]ペイン

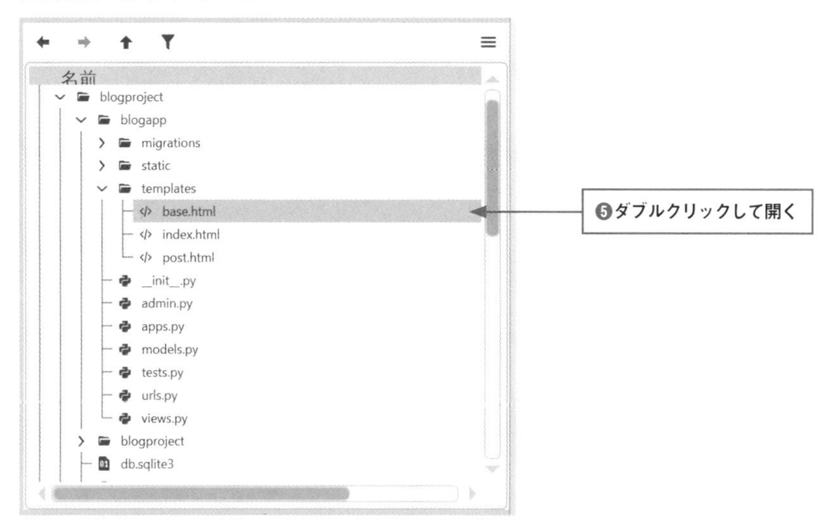

「base.html」が表示されました。ファイルの中身は、コピー元の「index.html」とまったく同じものです。

●ページの基本情報

HTMLドキュメント冒頭の基本情報の箇所はそのままにしておいて、ベーステンプレートを用いるページに適用されるようにします。

▼HTMLドキュメント冒頭の基本情報はそのままにしておく

```
<!-- 静的ファイルのURLを生成するstaticタグをロードする -->
{% load static %}
<!DOCTYPE html>
<!-- 言語指定をjaに設定 -->
<html lang="ja">
```

ページのヘッダー情報（<head>～</head>）

ヘッダー情報を設定する<head>～</head>には、文字コードなどの基本情報やCSS、JavaScriptへのリンクが設定されていますので、ページタイトルを設定する部分以外は、そのまま各ページに適用されるようにします。

<title>～</title>タグの要素のみ、ベーステンプレートを利用するページ側でタイトルを設定できるようにします。

▼ページタイトルを設定する<title>タグ

```
<title>Django's Blog</title>
```

という記述があるので、これを次のようにテンプレートタグblockを埋め込んだものに書き換えます。

▼書き換え後の<title>タグ

```
<title>{% block title %}{% endblock %}</title>
```

ナビゲーション

ページ上部のナビゲーションについては、ベーステンプレートを用いるページで共通して使います。<body>タグのナビゲーションのブロック（コメント<!-- Navigation -->以下です）の<nav>～</nav>の要素はそのままにしておきましょう。

ページのヘッダー

ページのヘッダー部分は、ベーステンプレートを用いるページ側で独自に設定できるようにしましょう。<body>タグのヘッダーのブロック（コメント<!-- Page Header -->以下です）の<header>～</header>までのコードをすべて削除し、次のようにテンプレートタグblockを設定します。

▼<header>～</header>までのコードをすべて削除

```
<!-- Page Header-->
<!-- ヘッダーの背景イメージのリンク先url()の引数をstaticタグに書き換え -->
<header class="masthead"
        style="background-image: url({% static 'assets/img/home-bg.jpg' %})">
    <div class="container position-relative px-4 px-lg-5">
    ......途中省略......
</header>
```

削除する

headerという名前を使って各ページで設定できるように、<header>～</header>のブロックがあった場所に次のように記述しましょう。

▼ヘッダー部分にテンプレートタグblockを設定

```
<!-- Page Header-->
<!-- ページのヘッダーはベーステンプレートを使用するページで設定する -->
{% block header %}{% endblock %}
```

メインコンテンツ

メインコンテンツもベーステンプレートを用いるページ側で独自に設定できるようにしましょう。<body>タグのヘッダーのブロック（コメント<!-- Main Content -->以下です）の<div class="container">～</div>まで、メインコンテンツのすべてのブロックを削除します。

▼<!-- Main Content-->以下のブロックを削除

```
<!-- Main Content-->
<div class="container px-4 px-lg-5">
    <div class="row gx-4 gx-lg-5 justify-content-center">
        <div class="col-md-10 col-lg-8 col-xl-7">
            <!--
            レコードが格納されたorderby_recordsから
            レコードを1行ずつrecordに取り出す
            -->
            {% for record in orderby_records %}
```

```
            <!-- Post preview-->
            <div class="post-preview">
                <!--
                urlでURLパターン'blog-detail/<int:pk>/'を生成し、
                詳細ページへのリンクを設定
                -->
                <a href="{% url 'blogapp:blog_detail' record.pk %}">
                    <!-- 記事のタイトル -->
                    ......途中省略......
                </a>
                <!-- 投稿日時とカテゴリ -->
                <p class="post-meta">
                    ......途中省略......
                </p>
            </div>
            <!-- Divider-->
            <hr class="my-4" />
            <!-- forによる繰り返しはここまで -->
            {% endfor %}

            <!-- Pager-->
            <div class="d-flex justify-content-end mb-4">
                <a class="btn btn-primary text-uppercase" href="#!">
                    Older Posts →
                 </a>
            </div>
        </div>
    </div>
</div>
<!-- Footer-->
<footer class="border-top">
........以下省略.........
```

削除する

削除した場所に、メインコンテンツを埋め込むためのテンプレートタグblockを配置します。

▼メインコンテンツの部分にテンプレートタグblockを配置

```
<!-- Main Content-->
<!-- ページのコンテンツはベーステンプレートを使用するページで設定する -->
{% block contents %}{% endblock %}
```

ページのフッター<footer>～</footer>

ページ下部のフッターは、ベーステンプレートを用いるページで共通して使います。コメント<!-- Footer-->以下のフッターのブロック<footer>～</footer>は、何も手を加えずにそのままにしておきましょう。

ドキュメント末尾のタグ

ドキュメントの末尾には、JavaScriptのリンクを設定する<script>～</script>が2個配置され、さらにその下の行には<body>タグと<html>タグの終了を示す</body>、</html>が配置されています。これらのタグは、ベーステンプレートを用いるページで共通して使うので、何も手を加えずにそのままにしておきましょう。

ベーステンプレート（base.html）の最終形

以上でベーステンプレートが作成できました。入力が済んだら、ツールバーの［ファイルを保存］ボタン🖫をクリックしてモジュールを保存しましょう。base.htmlのコード全体は次のようになります。ベーステンプレートを利用するページで独自に設定する箇所にはテンプレートタグblockが埋め込まれているので、確認してみてください。

▼ベーステンプレート（templates/base.html）

```
<!-- 静的ファイルのURLを生成するstaticタグをロードする -->
{% load static %}
<!DOCTYPE html>
<!-- 言語指定をjaに設定 -->
<html lang="ja">
```

```
<head>
    <meta charset="utf-8" />
    <meta name="viewport"
          content="width=device-width, initial-scale=1, shrink-to-fit=no" />
    <meta name="description" content="" />
    <meta name="author" content="" />
    <!-- ページタイトル -->
    <title>{% block title %}{% endblock %}</title>
    <!-- ページタイトル横に表示されるアイコン -->
    <!-- staticでfavicon.icoのURLを生成する -->
    <link rel="icon" type="image/x-icon"
            href={% static 'assets/favicon.ico' %} />
    <!-- Font Awesome icons (free version)-->
    <script src="https://use.fontawesome.com/releases/v5.15.4/js/all.js"
            crossorigin="anonymous"></script>
    <!-- Google fonts-->
    <link href="https://fonts.googleapis.com/css?family=Lora:400,700,..."
          rel="stylesheet"
          type="text/css" />
    <link href="https://fonts.googleapis.com/css?family=Open+Sans:300..."
          rel="stylesheet"
          type="text/css" />
    <!-- Core theme CSS (includes Bootstrap)-->
    <!-- staticでstyles.cssのURLを生成する -->
    <link href={% static 'css/styles.css' %}
          rel="stylesheet" />
</head>
<body>
    <!-- Navigation-->
    <nav class="navbar navbar-expand-lg navbar-light"
         id="mainNav">
        <div class="container px-4 px-lg-5">
            <!--
            ナビゲーションバー左上のアンカーテキストとhref属性の値を設定
            -->
```

```
<a class="navbar-brand"
   href={% url 'blogapp:index' %}>Django's Blog</a>
<button class="navbar-toggler"
        type="button"
        data-bs-toggle="collapse"
        data-bs-target="#navbarResponsive"
        aria-controls="navbarResponsive"
        aria-expanded="false"
        aria-label="Toggle navigation">
    Menu
    <i class="fas fa-bars"></i>
</button>
<div class="collapse navbar-collapse"
     id="navbarResponsive">
    <ul class="navbar-nav ms-auto py-4 py-lg-0">
        <li class="nav-item">
            <!--
            ナビゲーションメニュー「HOME」のhrefの値を設定
            -->
            <a class="nav-link px-lg-3 py-3 py-lg-4"
               href="{% url 'blogapp:index' %}">Home</a>
        </li>
        <li class="nav-item">
            <a class="nav-link px-lg-3 py-3 py-lg-4"
                href="about.html">About</a>
        </li>
        <li class="nav-item">
            <a class="nav-link px-lg-3 py-3 py-lg-4"
               href="post.html">Sample Post</a>
        </li>
        <li class="nav-item">
            <a class="nav-link px-lg-3 py-3 py-lg-4"
               href="contact.html">Contact</a>
        </li>
    </ul>
```

```
                </div>
            </div>
        </nav>
        <!-- Page Header-->
        <!-- ページのヘッダーはベーステンプレートを使用するページで設定する -->
        {% block header %}{% endblock %}

        <!-- Main Content-->
        <!-- ページのコンテンツはベーステンプレートを使用するページで設定する -->
        {% block contents %}{% endblock %}

        <!-- Footer-->
        <footer class="border-top">
            <div class="container px-4 px-lg-5">
                <div class="row gx-4 gx-lg-5 justify-content-center">
                    <div class="col-md-10 col-lg-8 col-xl-7">
                        <ul class="list-inline text-center">
                            <li class="list-inline-item">
                                <!-- TwitterのhrefJ属性にURLを設定 -->
                                <a href="https://twitter.com/">
                                    <span class="fa-stack fa-lg">
                                        <i class="fas fa-circle fa-stack-2x"></i>
                                        <i class="fab fa-twitter fa-stack..."></i>
                                    </span>
                                </a>
                            </li>
                            <li class="list-inline-item">
                                <!-- Facebookのhref属性にURLを設定 -->
                                <a href="https://www.facebook.com/">
                                    <span class="fa-stack fa-lg">
                                        <i class="fas fa-circle fa-stack-2x"></i>
                                        <i class="fab fa-facebook-f fa-stack-...">
                                        </i>
                                    </span>
                                </a>
```

```
                              </li>
                              <li class="list-inline-item">
                                  <!--  GitHubのhref属性にURLを設定 -->
                                  <a href="https://github.co.jp/">
                                      <span class="fa-stack fa-lg">
                                          <i class="fas fa-circle fa-stack-2x"></i>
                                          <i class="fab fa-github fa-stack-..."></i>
                                      </span>
                                  </a>
                              </li>
                          </ul>
                          <!-- 著作権の記載を独自のものに変更 -->
                          <div class="small text-center text-muted fst-italic">
                              Copyright &copy; Django's Blog 2022</div>
                      </div>
                  </div>
              </div>
          </footer>
          <!-- Bootstrap core JS-->
          <script src="https://cdn.jsdelivr.net/npm/bootstrap@5.1.3/dist/js/...">
          </script>
          <!-- Core theme JS-->
          <!-- staticでjs/scripts.jsのURLを生成する -->
          <script src={% static 'js/scripts.js' %}>
          </script>
      </body>
</html>
```

 トップページにベーステンプレートを適用しよう

トップページにベーステンプレートを適用します。［エディタ］ペインで「index.html」を開きましょう。

①ドキュメント冒頭のコードを削除

ページのヘッダー情報とページ上部のナビゲーションの部分は、ベーステンプレートを適用しますので、ドキュメント冒頭の{% load static %}だけを残し、

- <!DOCTYPE html>
- <html lang="ja">
- <head>～</head>
- <body>
- コメントNavigation以下の<nav>～</nav>

の部分を削除しましょう。

②ベーステンプレートの読み込み

ドキュメントの冒頭に、ベーステンプレートを読み込むためのテンプレートタグ

```
{% extends 'base.html' %}
```

を追加します。

③ページタイトルの設定

ヘッダー情報のページタイトルを、テンプレートタグを使って

```
{% block title %}Django's Blog{% endblock %}
```

のように設定します。

④ヘッダーの設定

ページのヘッダーを設定する<header>～</header>のブロックは、ベーステンプレートを利用するページで設定する箇所です。ブロック全体をテンプレートタグ

```
{% block header %}～{% endblock %}
```

で囲みましょう。

⑤メインコンテンツの設定

メインコンテンツを設定する<div class="container"…>～</div>のブロックは、ベーステンプレートを利用するページで設定する箇所です。この部分をテンプレートタグ

```
{% block contents %}～{% endblock %}
```

で囲みましょう。

⑥フッター以下のタグを削除

フッター以下はベーステンプレートを適用するので、<footer>タグ以下をすべて削除します。削除するのは、<footer>～</footer>までのブロックと、<script>～</script>の4つのブロック、終了タグ</body>、</html>です。

●ベーステンプレート適用後のトップページ

ここまでの修正が済んだら、ツールバーの[ファイルを保存]ボタンをクリックしてHTMLドキュメントを保存しましょう。index.htmlのコード全体は次のようになります。トップページで独自に設定する箇所は、テンプレートタグblockでマークアップされていますね。

▼ベーステンプレート適用後のトップページ（templates/index.html）

```
<!-- ①<!DOCTYPE html> <html lang="ja">を削除 -->

<!-- ②ベーステンプレートを適用する -->
{% extends 'base.html' %}
<!-- 静的ファイルのURLを生成するstaticタグをロードする -->
{% load static %}

<!-- ③ヘッダー情報のページタイトルは
    ベーステンプレートを利用するページで設定する -->
```

```
{% block title %}Django's Blog{% endblock %}

<!-- ①<head>～</head>を削除 -->
<!-- ①<body>とコメントNavigation以下の<nav>～</nav>を削除 -->
    <!-- Navigation-->

    <!-- Page Header-->
    <!-- ④<header>～</header>をテンプレートタグで囲む -->
    {% block header %}
    <!-- ヘッダーの背景イメージのリンク先url()の引数をstaticタグで設定 -->
    <header class="masthead"
            style="background-image: url({% static 'assets/img/home-bg.jpg' %})">
        <div class="container position-relative px-4 px-lg-5">
            <div class="row gx-4 gx-lg-5 justify-content-center">
                <div class="col-md-10 col-lg-8 col-xl-7">
                    <div class="site-heading">
                        <!-- ヘッダーの大見出し(タイトル)を設定 -->
                        <h1>Django's Blog</h1>
                        <span class="subheading">
                            A Blog Theme by Start Bootstrap
                        </span>
                    </div>
                </div>
            </div>
        </div>
    </header>
    <!-- ④<header>～</header>をテンプレートタグで囲む -->
    {% endblock %}

    <!-- Main Content-->
    <!-- ⑤メインコンテンツを設定する<div>～</div>をテンプレートタグで囲む -->
    {% block contents %}
    <div class="container px-4 px-lg-5">
        <div class="row gx-4 gx-lg-5 justify-content-center">
            <div class="col-md-10 col-lg-8 col-xl-7">
```

```
<!--
レコードが格納されたorderby_recordsから
レコードを1行ずつrecordに取り出す
-->
{% for record in orderby_records %}
<!-- Post preview-->
<div class="post-preview">
    <!--
    urlでURLパターン'blog-detail/<int:pk>/'を生成し、
    詳細ページへのリンクを設定
    -->
    <a href="{% url 'blogapp:blog_detail' record.pk %}">
        <!-- 記事のタイトル -->
        <h2 class="post-title">
            <!-- titleフィールドを出力 -->
            {{record.title}}</h2>
        <!-- 投稿記事の本文 -->
        <h3 class="post-subtitle">
            <!-- サブタイトルの文字サイズを14ptにする -->
            <span style="font-size : 14pt">
                <!--
                contentフィールドを出力
                truncatecharsで出力する文字数を50以内に制限
                -->
                {{record.content|truncatechars:50}}
            </span>
        </h3>
    </a>
    <!-- 投稿日時とカテゴリ -->
    <p class="post-meta">
        <!-- ページの最上部にリンクする -->
        <a href="#">Django's Blog</a>
        <!-- posted_atフィールドを出力 -->
        {{record.posted_at}}に投稿／カテゴリ：
        <!-- categoryフィールドを出力-->
```

```
                        {{record.category}}</p>
                    </p>
                </div>
                <!-- Divider-->
                <hr class="my-4" />
                <!-- forによる繰り返しはここまで -->
                {% endfor %}
                <!-- Pager-->
                <div class="d-flex justify-content-end mb-4">
                    <a class="btn btn-primary text-uppercase" href="#!">
                        Older Posts →
                    </a>
                </div>
            </div>
        </div>
    </div>
    <!-- ⑤メインコンテンツを設定する<div>～</div>をテンプレートタグで囲む -->
    {% endblock %}

    <!-- Footer-->
    <!-- ⑥<Footer>以下はベーステンプレートを適用するので末尾まで削除 -->
```

詳細ページにベーステンプレートを適用しよう

続いて、詳細ページ（post.html）を［エディタ］ペインで開いて、ベーステンプレートを適用できるように修正しましょう。ここでは、

- **ページのヘッダーの<header>～</header>**
- **メインコンテンツの<article>～</article>**
- **<article>～</article>以下の<hr>タグ**

以外は削除し、新規のタグが追加されます。次に示すのが書き換え後の詳細ページです。削除した箇所にもコメントを入れているので、これを参考にして書き換えてください。

▼ベーステンプレート適用後の詳細ページ（templates/post.html）

```
<!-- ベーステンプレートを適用する -->
{% extends 'base.html' %}
<!--
静的ファイルのURLを生成するstaticタグのロードは
個々のページで行うことが必要
-->
{% load static %}
<!-- ヘッダー情報のページタイトルは
ベーステンプレートを利用するページで設定する -->
{% block title %}Django's Blog{% endblock %}

<!--
<!DOCTYPE html>以下、<head>～</head>まで
ベーステンプレートで設定済みなので削除
-->

<!-- <body>と<nav>～</nav>はベーステンプレートで設定済みなので削除 -->
    <!-- Navigation-->

    <!-- Page Header-->
    <!--
    ページのヘッダーはベーステンプレートを使用するページで設定するので
    テンプレートタグで囲む
     -->
    {% block header %}
    <!-- ヘッダーの背景イメージのリンク先url()の引数をstaticタグに書き換え-->
    <header class="masthead"
            style="background-image: url({% static 'assets/img/post-bg.jpg' %})">
        <div class="container position-relative px-4 px-lg-5">
            <div class="row gx-4 gx-lg-5 justify-content-center">
                <div class="col-md-10 col-lg-8 col-xl-7">
                    <div class="post-heading">
                        <!--
                        投稿記事のタイトル
```

```
                    <h1>タグの要素を書き換える
                    レコードをobjectで参照し、titleフィールドの値を出力
                    -->
                    <h1>{{object.title}}</h1>
                    <!--
                    サブタイトル
                    <h2>タグの要素を書き換える
                    レコードをobjectで参照し、
                    contentフィールドの値を30文字以内で出力
                    -->
                    <h2 class="subheading">
                        {{object.content|truncatechars:30}}</h2>
                    <span class="meta">
                        <!-- 投稿日時とカテゴリ -->
                        <!-- トップページにリンクする -->
                        <a href={% url 'blogapp:index' %}>
                            Django's Blog</a>
                        <!-- 投稿日時としてposted_atフィールドを出力-->
                        {{object.posted_at}}に投稿／カテゴリ：
                        <!-- categoryフィールドを出力-->
                        {{object.category}}</span>
                </div>
            </div>
        </div>
    </div>
</header>
<!-- ページのヘッダーに適用するテンプレートタグの終了-->
{% endblock %}
```

```
<!-- Post Content-->
<!--
<article>～</article>はベーステンプレートを
使用するページで設定するのでテンプレートタグで囲む -->
{% block contents %}
<article class="mb-4">
    <div class="container px-4 px-lg-5">
        <div class="row gx-4 gx-lg-5 justify-content-center">
            <div class="col-md-10 col-lg-8 col-xl-7">
                <!--
                以下<div>タグの要素を書き換える
                レコードをobjectで参照し、contentフィールドの値を出力
                <p>～</p>の要素とすることで全体を1つの段落にする -->
                <p>{{object.content}}</p>
            </div>
        </div>
    </div>
</article>
<!-- 水平線を追加 -->
<hr>
<!-- テンプレートタグの終了 -->
{% endblock %}

<!-- Footer-->
<!-- <footer>以下はベーステンプレートで設定するので削除 -->
```

ベーステンプレート適用後のトップページと詳細ページを見てみよう

CSSやJavaScriptへのリンクはすべてベーステンプレートから適用されるので、詳細ページのスタイルを含めて完全な状態でブラウザーに表示されるでしょう。

■図5.30 トップページ

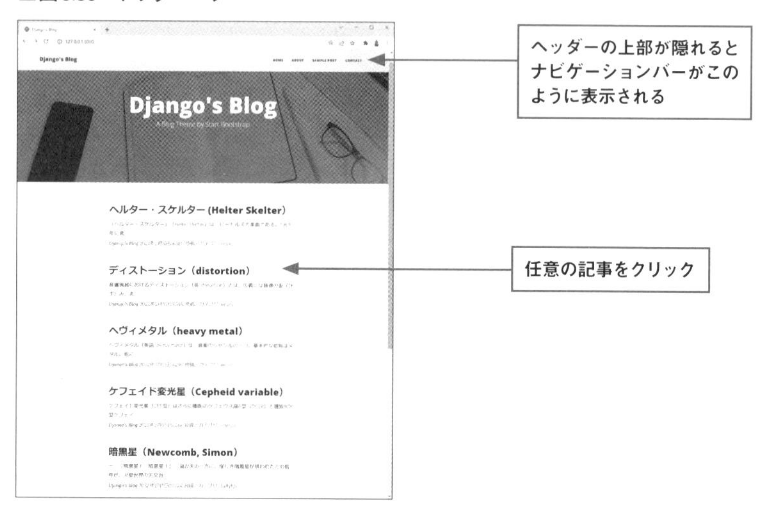

■図5.31 詳細ページ

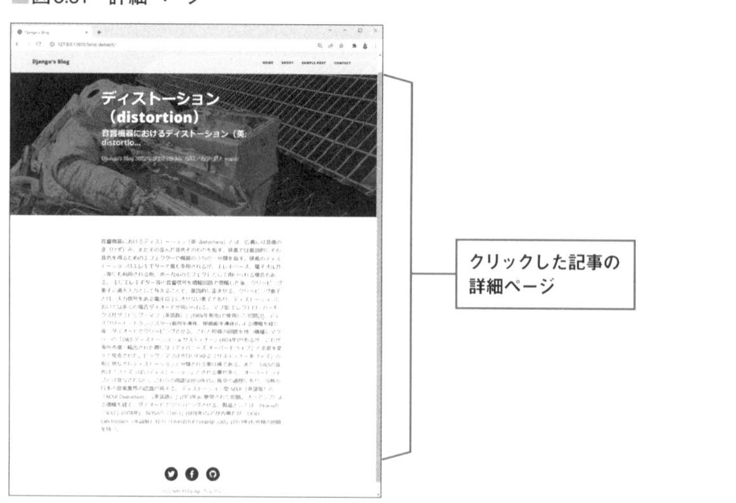

5.7

ページネーション機能を付けよう

トップページの投稿記事一覧に「ページネーション」の機能を組み込みましょう。ページネーションとは、1ページあたりの表示件数を設定し、収まりきらなかったコンテンツを複数のページに分割して表示することを指します。

図5.32　ページネーションの概要

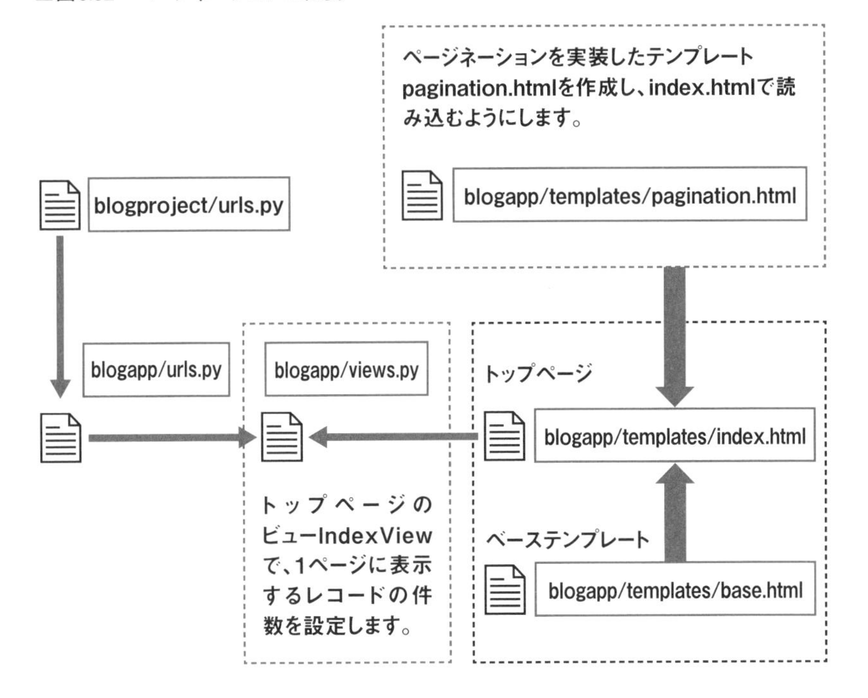

1ページに表示する投稿記事の件数を設定しよう（IndexView）

ページネーションを設定する場合は、1ページあたりに表示するレコードの件数を指定する必要があります。この設定は、ページをレンダリングするビューで行います。

［ファイル］ペインで「blogapp」フォルダー以下の「views.py」をダブルクリックし、

［エディタ］ペインで開きましょう。トップページのビューはIndexViewクラスですので、クラスの定義コードの末尾に

```
paginate_by = 4
```

と入力します。

paginate_byは、ListViewのクラス変数で、1ページに出力するレコードの件数を設定するためのものです。表示件数を4としましたが、少ないようでしたら数を増やしてもらってかまいません。

▼IndexViewにpaginate_byの設定を追加（blogapp/views.py）

```
class IndexView(ListView):
    '''トップページのビュー

    投稿記事を一覧表示するのでListViewを継承する

    Attributes:
      template_name: レンダリングするテンプレート
      context_object_name: object_listキーの別名を設定
      queryset: データベースのクエリ
    '''
    # index.htmlをレンダリングする
    template_name ='index.html'
    # object_listキーの別名を設定
    context_object_name = 'orderby_records'
    # モデルBlogPostのオブジェクトにorder_by()を適用して
    # BlogPostのレコードを投稿日時の降順で並べ替える
    queryset = BlogPost.objects.order_by('-posted_at')
    # 1ページに表示するレコードの件数を設定
    paginate_by = 4
```

これで、IndexViewがインスタンス化されたときに、Blog postsテーブルから

「投稿日時の降順で並べ替えられた全レコード」

が抽出され、

「1ページあたりの表示件数は4件」

という条件が加えられた状態で、レコードのリストがテンプレートのindex.htmlに渡されるようになります。

ページネーション機能を組み込んだテンプレートを作成しよう

ページネーションを行う専用のテンプレートを作成しましょう。ページネーションは複数のページで行うことがあるので、独立したテンプレートにまとめておいて、各ページで共通して利用できるようにしたほうが便利です。

❶Spyderの[ファイル]ペインで「blogapp」以下の「templates」フォルダーを右クリックして[新規]➡[ファイル]を選択します。

■図5.33 [ファイル]ペイン

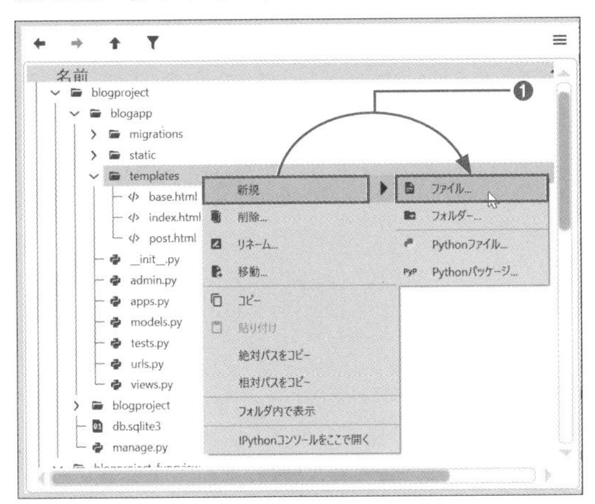

❷[新規ファイル]ダイアログの[ファイル名]に「pagination.html」と入力して[保存]ボタンをクリックしましょう。

■図5.34 [新規ファイル]ダイアログ

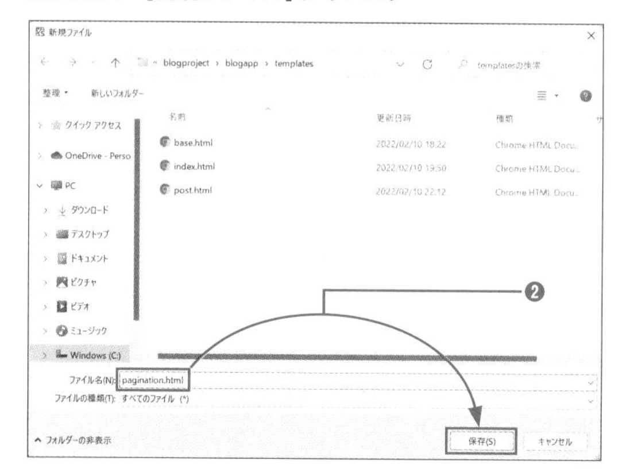

❸「templates」フォルダーに作成された「pagination.html」をダブルクリックして[エディタ]ペインで開き、以下のコードを入力しましょう。

▼ページネーションの処理を記述する(templates/pagination.html)

```
<!-- ページネーションのアイコンを左右中央に配置 -->
<ul class="pagination"
    style="justify-content:center">
    <!--
    前ページを表示するアイコンとリンクの設定
    ページネーションされたPageオブジェクトをpage_objで取得
    Page.has_previous: 直前にページがある場合にTrueを返す
    -->
    {% if page_obj.has_previous %}
    <!--
    前のページが存在する場合はそのページへのリンクが設定されたアイコン[<<]を表示
    Page.previous_page_number: 直前のページ番号を返す
    -->
    <li class="page-item">
        <a class="page-link"
           href="?page={{ page_obj.previous_page_number }}"
           aria-label="Previous">
```

```
            <span aria-hidden="true">&laquo;</span>
        </a>
    </li>
    {% endif %}
    <!--
    すべてのページについてページ番号のアイコンを表示
    paginator.page_range: [1, 2, 3, 4] のように1から始まるページ番号を返す
    page_obj.paginator.page_rangeとして取得
    ブロックパラメーターnumに順次取り出される
    -->
    {% for num in page_obj.paginator.page_range %}
        <!--
        各ページのアイコンを出力
        Page.number: 引き渡されたページのページ番号を返す
        -->
        {% if page_obj.number == num %}
        <!--
        処理中のページ番号が引き渡されたページのページ番号と一致する場合は
        ページ番号のアイコン(アクティブ状態)を表示(リンクは設定しない)
        -->
        <li class="page-item active">
            <span class="page-link">{{ num }}</span>
        </li>
        <!--
        ページ番号が引き渡されたページのページ番号と一致しない場合
        -->
        {% else %}
        <!--
        ページ番号のアイコン(アクティブ状態ではない)にリンクを設定して表示
        -->
        <li class="page-item">
            <a class="page-link" href="?page={{ num }}">{{ num }}</a>
        </li>
        {% endif %}
    {% endfor %}
```

```
        <!--
        次ページへのリンクを示すアイコンの表示
        Page.has_next: 次のページがある場合にTrueを返す
        -->
        {% if page_obj.has_next %}
        <!--
        次ページが存在する場合はリンクを設定したアイコン[>>]を表示
        Page.next_page_number: 次のページ番号を返す
        -->
        <li class="page-item">
            <a class="page-link"
                href="?page={{ page_obj.next_page_number }}"
                aria-label="Next">
                 <span aria-hidden="true">&raquo;</span>
            </a>
        </li>
        {% endif %}
</ul>
```

ListViewを継承したビューは、pagenate_byに1ページあたりのレコード数を指定すると、Paginatorクラスのオブジェクトを生成し、ページに分割する処理を行います。ページごとに分割されたデータ（レコード）はPageクラスのオブジェクトに格納され、dict型のデータとしてテンプレートへ引き渡されます。厳密には、Pageオブジェクトにはリクエストがあったページのレコードのみが抽出されて格納されます。クラスベースビューでは内部的に処理されるので、ややわかりにくいと思います。のちほど関数ベースビューによる実装方法も紹介しているので、併せて参照すれば処理の流れがよくわかると思います。

一方、テンプレート側では、引き渡されたPageオブジェクトを「page_obj」という名前（キー）で取得できます。このあたりのことはソースコード内のコメントに書いてあるので、参照してください。ページネーションについては、

- **Djangoドキュメント（https://docs.djangoproject.com/ja/4.0/topics/pagination/）**

に解説があります。また、ここではBootstrapのCSSを使って見栄えを設定しています。これについては、

- **Bootstrap5ドキュメント（https://getbootstrap.jp/docs/5.0/components/pagination/）**

に解説があります。

 トップページにページネーションを組み込もう（テンプレートタグinclude）

作成した「pagination.html」は、ページネーションを組み込むための部品化されたテンプレートです。さっそくトップページに組み込むことにしましょう。

❶［ファイル］ペインで「templates」フォルダー以下の「index.html」をダブルクリックして開きましょう。

メインコンテンツのブロック（<!-- Main Content-->のコメント以下です）の下部に、ページング用のボタンを配置する以下のブロックがあります。

▼メインコンテンツ下部のページング用のボタンのコード

```
<!-- Pager-->
<div class="d-flex justify-content-end mb-4">
    <a class="btn btn-primary text-uppercase" href="#!">Older Posts →</a>
</div>
```

これは使わないので、<div class="d-flex...>～</div>までをブロックごと削除しましょう。

削除したところに、

```
{% include "pagination.html" %}
```

と記述しましょう。テンプレートタグincludeは、他のテンプレートを読み込むためのもので、extendsが他のテンプレートを丸ごとページに反映させるのに対し、includeは「ページの特定の部分」にテンプレートを反映させるという違いがあります。

▼トップページのメインコンテンツの下部にページネーションを組み込む（templates/index.html）

```
<!-- Main Content-->
<!-- メインコンテンツを設定する<div>～</div>をテンプレートタグで囲む-->
{% block contents %}
<div class="container px-4 px-lg-5">
    <div class="row gx-4 gx-lg-5 justify-content-center">
        <div class="col-md-10 col-lg-8 col-xl-7">
            <!--
            レコードが格納されたorderby_recordsから
            レコードを1行ずつrecordに取り出す
            -->
            {% for record in orderby_records %}
            <!-- Post preview-->
            <div class="post-preview">
                <!--
                urlでURLパターン'blog-detail/<int:pk>/'を生成し、
                詳細ページへのリンクを設定
                -->
                <a href="{% url 'blogapp:blog_detail' record.pk %}">
                    <!-- 記事のタイトル -->
                    <h2 class="post-title">
                        <!-- titleフィールドを出力-->
                        {{record.title}}</h2>
                    <!-- 投稿記事の本文 -->
                    <h3 class="post-subtitle">
                        <!-- サブタイトルの文字サイズを14ptにする-->
                        <span style="font-size : 14pt">
                            <!--
                            contentフィールドを出力
                            truncatecharsで出力する文字数を50以内に制限
                            -->
                            {{record.content|truncatechars:50}}
                        </span>
                    </h3>
                </a>
```

```
                <!-- 投稿日時とカテゴリ -->
                <p class="post-meta">
                    <!-- ページの最上部にリンクする -->
                    <a href="#">Django's Blog</a>
                    <!-- posted_at フィールドを出力 -->
                    {{record.posted_at}}に投稿／カテゴリ：
                    <!-- category フィールドを出力 -->
                    {{record.category}}</p>
                </p>
            </div>

            <!-- Divider-->
            <hr class="my-4" />
            <!-- forによる繰り返しはここまで -->
            {% endfor %}

            <!-- Pager-->
            <!-- ページネーションが組み込まれたテンプレートの読み込み -->
            {% include "pagination.html" %}
        </div>
    </div>
</div>

<!-- メインコンテンツを設定する<div>～</div>をテンプレートタグで囲む -->
{% endblock %}
```

 トップページのページネーションを確認してみよう

ブラウザーでトップページを開いて、ページネーションの状態を確認しましょう。

■図5.35 ページネーションが実装されたトップページ

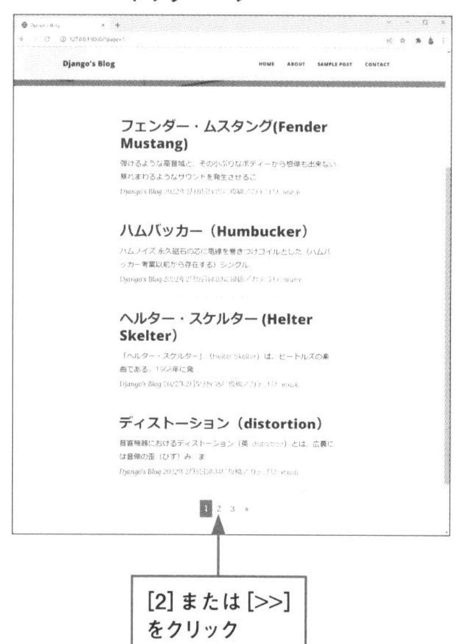

■図5.36 表示された次のページ

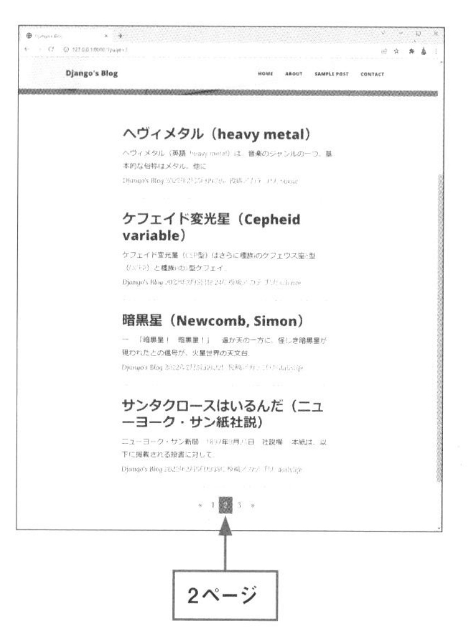

関数ベースビューによる実装方法

ページネーションを関数ベースビューで実装する方法を紹介します。

関数ベースビューindex_view()の改造

関数ベースビューでは、

- Paginator()で、ページの分割処理が行われたPaginatorオブジェクトを取得
- request.GET.get()で、リクエストされたURLからpageパラメーターの値（ページ番号）を取得

- **取得したページ番号のレコードをPaginatorオブジェクトから取得（Pageオブジェクトとして）**
- **レンダリングの際に、render()の引数にPageオブジェクトを設定してテンプレートに引き渡す**

という流れで処理を行います。

クラスベースビューでは内部的に処理されていましたが、関数ベースビューでは処理を記述することになります。

▼関数ベースビューの定義（blogapp/views.py）

```
from django.shortcuts import render
# Paginatorをインポート
from django.core.paginator import Paginator
# モデルBlogPostをインポート
from .models import BlogPost

def index_view(request):
    '''トップページのビュー
    テンプレートをレンダリングして戻り値として返す

    Parameters:
      request(HTTPRequest):
          クライアントからのリクエスト情報を格納したHTTPRequestオブジェクト

    Returns(HTTPResponse):
        render()でテンプレートをレンダリングした結果
    '''
    # モデルBlogPostのオブジェクトにorder_by()を適用して
    # BlogPostのレコードを投稿日時の降順で並べ替える
    records = BlogPost.objects.order_by('-posted_at')
    # Paginator(レコード, 1ページあたりのレコード数)でページに分割する
    paginator = Paginator(records, 4)
    # GETリクエストのURLにpageパラメーターがある場合はその値を取得する
    # pageパラメーターがない場合はデフォルトで1を返すようにする。
```

```
page_number  = request.GET.get('page', 1)
# page()メソッドの引数にページ番号を設定し、
# 該当ページのレコードを取得する
pages = paginator.page(page_number)
# render():
# 第1引数: HTTPRequestオブジェクト
# 第2引数: レンダリングするテンプレート
# 第3引数: テンプレートに引き渡すdict型のデータ
#             {任意のキー : リクエストされたページのレコードリスト}
return render(
    request, 'index.html', {'orderby_records': pages})
```

render()の第3引数でテンプレートに引き渡すdict型のデータでは、キーを'orderby_records'としていたので、これはそのままにしておきましょう。ここを変えてしまうと、index.htmlでデータの取得ができなくなるので注意です。

●ページネーション機能を組み込んだテンプレート（templates/post.html）

クラスベースビューのときと同じように、「templates」フォルダー以下に「pagenation.html」を作成し、次のように記述しましょう。全体的にクラスベースビューのときとほぼ同じですが、リクエストされたページのレコードを格納したPageオブジェクトを取得するキーが異なるので注意してください。

▼関数ベースビューを使用するときのページネーションの処理（templates/pagenation.html）

```
<!-- 左右の中央に配置 -->
<ul class="pagination" style="justify-content:center">
    <!--
    前ページを表示するアイコンとリンクの設定
    ページネーションされたPageオブジェクトをorderby_recordsで取得
    Page.has_previous: 直前にページがある場合にTrueを返す
    -->
    {% if orderby_records.has_previous %}
    <!--
    前のページが存在する場合はそのページへのリンクが設定されたアイコン[<<]を表示
    Page.previous_page_number: 直前のページ番号を返す
```

```
-->
<li class="page-item">
    <a class="page-link"
        href="?page={{ orderby_records.previous_page_number }}"
        aria-label="Previous">
        <span aria-hidden="true">&laquo;</span>
    </a>
</li>
{% endif %}
<!--
すべてのページについてページ番号のアイコンを表示
paginator.page_range: [1, 2, 3, 4] のように1から始まるページ番号を返す
orderby_records.paginator.page_rangeとして取得
ブロックパラメーターnumに順次取り出される
-->
{% for num in orderby_records.paginator.page_range %}
    <!--
    各ページのアイコンを出力
    Page.number: 引き渡されたページのページ番号を返す
    -->
    {% if orderby_records.number == num %}
    <!--
    処理中のページ番号が引き渡されたページのページ番号と一致する場合は
    ページ番号のアイコン(アクティブ状態)を表示(リンクは設定しない)
    -->
    <li class="page-item active">
        <span class="page-link">{{ num }}</span>
    </li>
    <!--
    ページ番号が引き渡されたページのページ番号と一致しない場合
    -->
    {% else %}
    <!--
    ページ番号のアイコン(アクティブ状態ではない)にリンクを設定して表示
    -->
```

```
        <li class="page-item">
            <a class="page-link" href="?page={{ num }}">{{ num }}</a>
        </li>
        {% endif %}
    {% endfor %}
    <!--
    次ページへのリンクを示すアイコンの表示
    Page.has_next: 次のページがある場合にTrueを返す
    -->
    {% if orderby_records.has_next %}
    <!--
    次ページが存在する場合はリンクを設定したアイコン[>>]を表示
    Page.next_page_number: 次のページ番号を返す
    -->
    <li class="page-item">
        <a class="page-link"
            href="?page={{ orderby_records.next_page_number }}"
            aria-label="Next">
             <span aria-hidden="true">&raquo;</span>
        </a>
    </li>
    {% endif %}
</ul>
```

関数ビューから、リクエストされたページのレコードを格納したPageオブジェクトがテンプレートに渡されます。クラスベースビューのときはpage_objという名前で取得しましたが、関数ベースビューで指定したキー「orderby_records」を指定して取得するのがポイントです。

5.8 カテゴリごとの一覧表示ページを作ろう

投稿記事には、それぞれカテゴリが設定されています。そこで、カテゴリごとの記事を一覧表示するページを用意することにしましょう。

■図5.37　カテゴリ一覧表示ページ作成の流れ

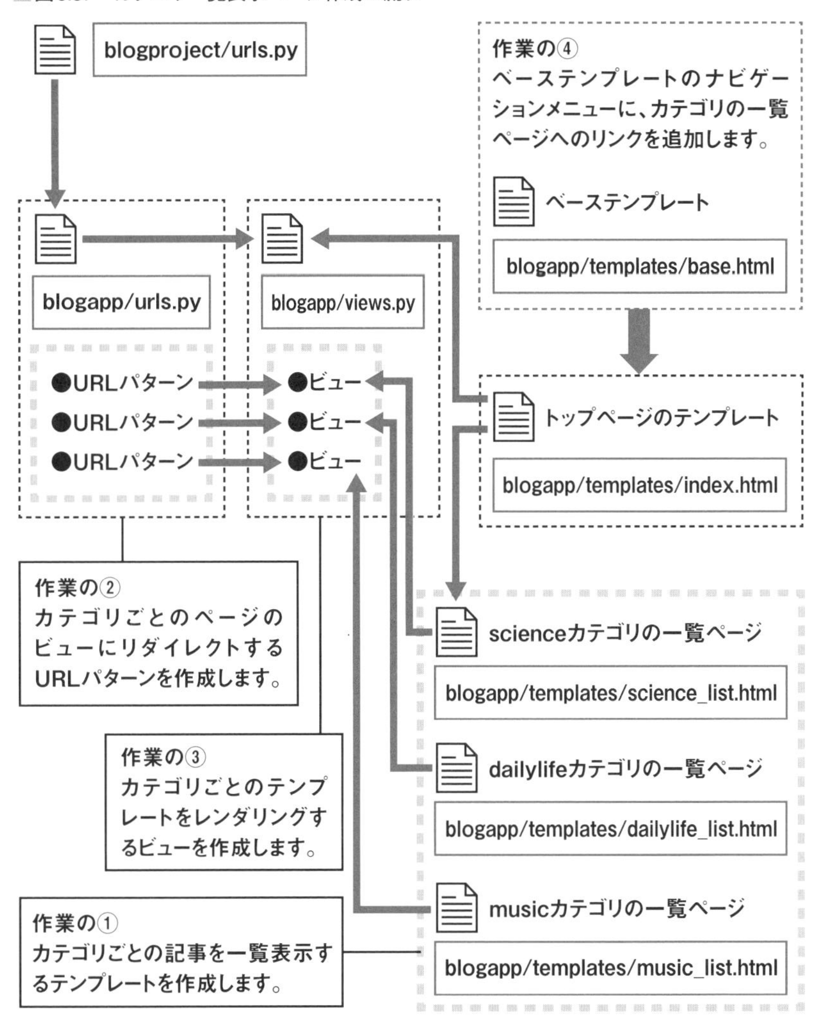

カテゴリの一覧ページを作ろう（作業の①）

❶「index.html」を右クリックして［コピー］を選択します。

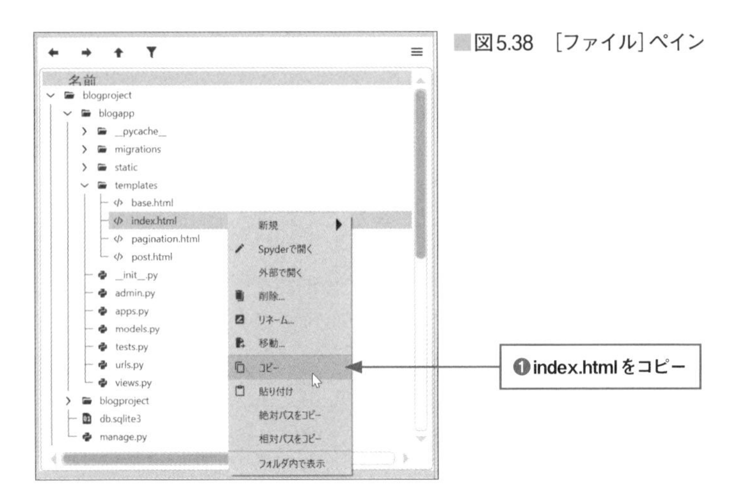

■図5.38 ［ファイル］ペイン

❷「templates」フォルダーを右クリックして［貼り付け］を選択します。これを計3回繰り返します。

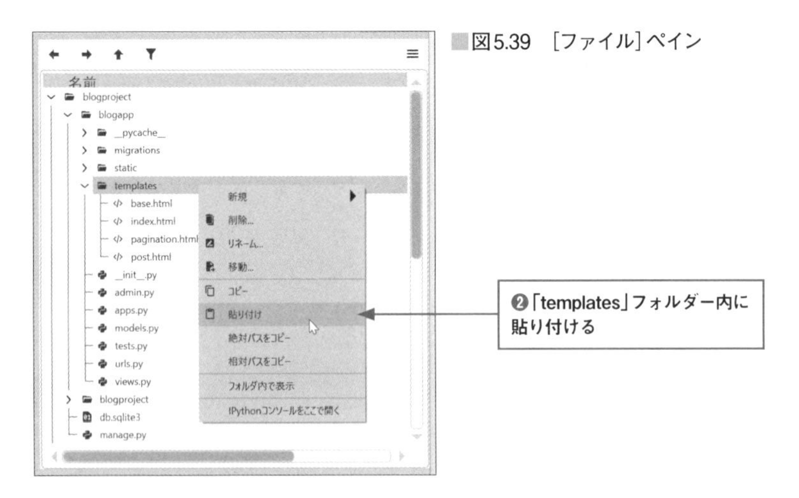

■図5.39 ［ファイル］ペイン

❸「index1.html」「index2.html」「index3.html」が作成されるので、「index1.html」を右クリックして［リネーム］を選択します。

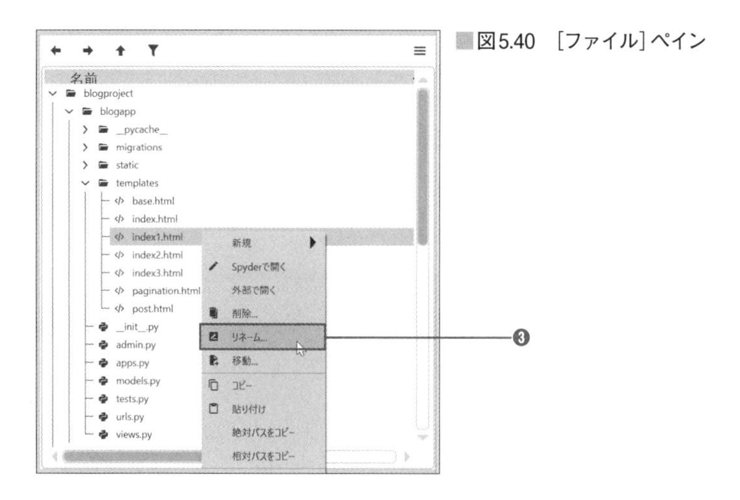

■図5.40 [ファイル]ペイン

❹[新しい名前]に「science_list.html」と入力して[OK]ボタンをクリックします。

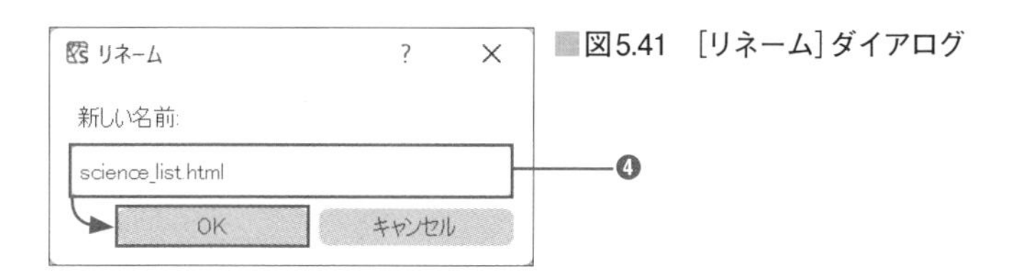

■図5.41 [リネーム]ダイアログ

❺同じように操作して、「index2.html」を「dailylife_list.html」に、「index3.html」を「music_list.html」に変更します。

●scienceカテゴリの記事を一覧表示するページ

❶[ファイル]ペインで「science_list.html」をダブルクリックして[エディタ]ペインで開きましょう。

コピーしたので、「index.html」とまったく同じコードが書き込まれています。これを利用して、Blog postsテーブルのcategoryフィールドに「science」が登録されているレコードのみを抽出して一覧表示するようにしたいと思います。変更するのは、

- **ヘッダー情報のページタイトル**
- **サブタイトルのテキスト**
- **レコードを抽出する{% for record in orderby_records %}のレコードを格納したオブジェクト名（orderby_recordsをscience_recordsに変更）**

の3カ所です。

▼scienceカテゴリのテンプレート（templates/science_list.html）

```
<!-- ベーステンプレートを適用する -->
{% extends 'base.html' %}
<!-- 静的ファイルのURLを生成するstaticタグをロードする -->
{% load static %}

<!-- ヘッダー情報のページタイトルは
  ベーステンプレートを利用するページで設定する -->
{% block title %}Django's Blog - Science{% endblock %}

        <!-- Page Header-->
        <!-- <header>～</header>をテンプレートタグで囲む -->
        {% block header %}
        <!-- ヘッダーの背景イメージのリンク先url()の引数をstaticタグで設定 -->
        <header class="masthead"
                style="background-image: url({% static 'assets/img/home-bg.jpg' %})">
            <div class="container position-relative px-4 px-lg-5">
                <div class="row gx-4 gx-lg-5 justify-content-center">
                    <div class="col-md-10 col-lg-8 col-xl-7">
                        <div class="site-heading">
                            <!-- ヘッダーの大見出し（タイトル）を設定 -->
                            <h1>Django's Blog</h1>
                            <!-- サブタイトルを変更 -->
                            <span class="subheading">
                                Scienceカテゴリの記事一覧</span>
                        </div>
                    </div>
                </div>
```

```
        </div>
    </header>
    <!-- <header>～</header>をテンプレートタグで囲む -->
    {% endblock %}

    <!-- Main Content-->
    <!-- メインコンテンツを設定する<div>～</div>をテンプレートタグで囲む -->
    {% block contents %}
    <div class="container px-4 px-lg-5">
        <div class="row gx-4 gx-lg-5 justify-content-center">
            <div class="col-md-10 col-lg-8 col-xl-7">
                <!--
                レコードが格納されたscience_recordsから
                レコードを1行ずつrecordに取り出す
                -->
                {% for record in science_records %}
                <!-- Post preview-->
                <div class="post-preview">
                    <!--
                    urlでURLパターン'blog-detail/<int:pk>/'を生成し、
                    詳細ページへのリンクを設定
                    -->
                    <a href="{% url 'blogapp:blog_detail' record.pk %}">

                    .........以下は変更がないので省略します.........
```


dailylifeカテゴリの記事を一覧表示するページ

［ファイル］ペインで「dailylife_list.html」をダブルクリックして［エディタ］ペインで開きましょう。変更するのは以下の3カ所です。

- **ヘッダー情報のページタイトル**
- **サブタイトルのテキスト**
- **レコードを抽出する{% for record in orderby_records %}のレコードを格納したオブジェクト名(orderby_recordsをdailylife_recordsに変更)**

▼dailylifeカテゴリのテンプレート(templates/dailylife_list.html)

```
<!-- ベーステンプレートを適用する -->
{% extends 'base.html' %}
<!-- 静的ファイルのURLを生成するstaticタグをロードする -->
{% load static %}

<!-- ヘッダー情報のページタイトルは
   ベーステンプレートを利用するページで設定する -->
{% block title %}Django's Blog - Dailylife{% endblock %}

        <!-- Page Header-->
        <!-- <header>～</header>をテンプレートタグで囲む -->
        {% block header %}
        <!-- ヘッダーの背景イメージのリンク先url()の引数をstaticタグで設定 -->
        <header class="masthead"
                style="background-image: url({% static 'assets/img/home-bg.jpg' %})">
            <div class="container position-relative px-4 px-lg-5">
                <div class="row gx-4 gx-lg-5 justify-content-center">
                    <div class="col-md-10 col-lg-8 col-xl-7">
                        <div class="site-heading">
                            <!-- ヘッダーの大見出し(タイトル)を設定 -->
                            <h1>Django's Blog</h1>
                            <!-- サブタイトルを変更 -->
                            <span class="subheading">
                                Dailylifeカテゴリの記事一覧</span>
                        </div>
                    </div>
                </div>
            </div>
        </header>
        <!-- <header>～</header>をテンプレートタグで囲む -->
        {% endblock %}

        <!-- Main Content-->
        <!-- メインコンテンツを設定する<div>～</div>をテンプレートタグで囲む -->
```

```
        {% block contents %}
        <div class="container px-4 px-lg-5">
            <div class="row gx-4 gx-lg-5 justify-content-center">
                <div class="col-md-10 col-lg-8 col-xl-7">
                    <!--
                    レコードが格納されたdailylife_recordsから
                    レコードを1行ずつrecordに取り出す
                    -->
                    {% for record in dailylife_records %}
                    <!-- Post preview-->
                    <div class="post-preview">
                        <!--
                        urlでURLパターン'blog-detail/<int:pk>/'を生成し、
                        詳細ページへのリンクを設定
                        -->
                        <a href="{% url 'blogapp:blog_detail' record.pk %}">

                        .........以下は変更がないので省略します.........
```


musicカテゴリの記事を一覧表示するページ

［ファイル］ペインで「music_list.html」をダブルクリックして［エディタ］ペインで開きましょう。変更するのは、

- **ヘッダー情報のページタイトル**
- **サブタイトルのテキスト**
- **レコードを抽出する{% for record in orderby_records %}のレコードを格納したオブジェクト名(orderby_recordsをmusic_recordsに変更)**

の3カ所です。

▼musicカテゴリのテンプレート(music_list.html)

```
<!-- ベーステンプレートを適用する -->
{% extends 'base.html' %}
<!-- 静的ファイルのURLを生成するstaticタグをロードする -->
{% load static %}
```

```
<!-- ヘッダー情報のページタイトルは
   ベーステンプレートを利用するページで設定する -->
{% block title %}Django's Blog - Music{% endblock %}

        <!-- Page Header-->
        <!-- <header>~</header>をテンプレートタグで囲む -->
        {% block header %}
        <!-- ヘッダーの背景イメージのリンク先url()の引数をstaticタグで設定 -->
        <header class="masthead"
                style="background-image: url({% static 'assets/img/home-bg.jpg' %})">
            <div class="container position-relative px-4 px-lg-5">
                <div class="row gx-4 gx-lg-5 justify-content-center">
                    <div class="col-md-10 col-lg-8 col-xl-7">
                        <div class="site-heading">
                            <!-- ヘッダーの大見出し(タイトル)を設定 -->
                            <h1>Django's Blog</h1>
                            <!-- サブタイトルを変更 -->
                            <span class="subheading">
                                Musicカテゴリの記事一覧</span>
                        </div>
                    </div>
                </div>
            </div>
        </header>
        <!-- <header>~</header>をテンプレートタグで囲む -->
        {% endblock %}

        <!-- Main Content-->
        <!-- メインコンテンツを設定する<div>~</div>をテンプレートタグで囲む -->
        {% block contents %}
        <div class="container px-4 px-lg-5">
            <div class="row gx-4 gx-lg-5 justify-content-center">
                <div class="col-md-10 col-lg-8 col-xl-7">
                    <!--
                    レコードが格納されたmusic_recordsから
```

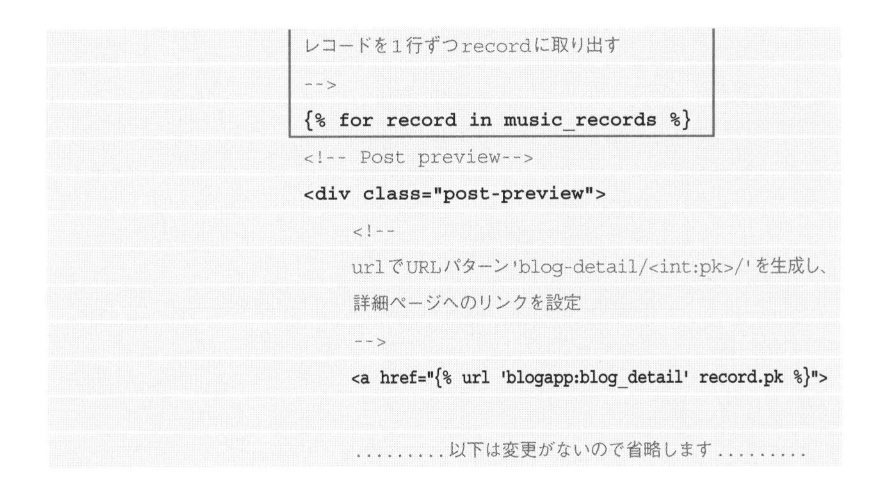

```
レコードを1行ずつrecordに取り出す
-->
{% for record in music_records %}
<!-- Post preview-->
<div class="post-preview">
    <!--
    urlでURLパターン'blog-detail/<int:pk>/'を生成し、
    詳細ページへのリンクを設定
    -->
    <a href="{% url 'blogapp:blog_detail' record.pk %}">

    .........以下は変更がないので省略します.........
```

カテゴリの一覧ページのURLパターンを作ろう（作業の②）

blogappアプリのURLconf、「blogapp/urls.py」を［エディタ］ペインで開きましょう。URLパターンとして、

- **scienceカテゴリのページ「science-list/」➡ScienceView**
- **dailylifeカテゴリのページ「dailylife-list/」➡DailylifeView**
- **musicカテゴリのページ「music-list/」➡MusicView**

の3パターンを作成します。

▼blogappアプリのURLconfにURLパターンを追加（blogapp/urls.py）

```
from django.urls import path
from . import views

# URLconfのURLパターンを逆引きできるようにアプリ名を登録
app_name = 'blogapp'

# URLパターンを登録するためのリスト
urlpatterns = [
    # http(s)://ホスト名/以下のパスが''（無し）の場合
```

```
# viewsモジュールのIndexVieを実行
# URLパターン名は'index'
path('', views.IndexView.as_view(), name='index'),

# リクエストされたURLが「blog-detail/レコードのid/」の場合
# viewsモジュールのBlogDetailを実行
# URLパターン名は'blog_detail'
path(
    # 詳細ページのURLは「blog-detail/レコードのid/」
    'blog-detail/<int:pk>/',
    # viewsモジュールのBlogDetailを実行
    views.BlogDetail.as_view(),
    # URLパターンの名前を'blog_detail'にする
    name='blog_detail'
    ),
# scienceカテゴリの一覧ページのURLパターン
path(
    # scienceカテゴリの一覧ページのURLは「science-list/」
    'science-list/',
    # viewsモジュールのBlogDetailを実行
    views.ScienceView.as_view(),
    # URLパターンの名前を'science_list'にする
    name='science_list'
    ),
# dailylifeカテゴリの一覧ページのURLパターン
path(
    # dailylifeカテゴリの一覧ページのURLは「dailylife-list/」
    'dailylife-list/',
    # viewsモジュールのDailylifeViewを実行
    views.DailylifeView.as_view(),
    # URLパターンの名前を'dailylife_list'にする
    name='dailylife_list'
    ),
# musicカテゴリの一覧ページのURLパターン
path(
    # scienceカテゴリの一覧ページのURLは「music-list/」
```

```
        'music-list/',
        # viewsモジュールのMusicViewを実行
        views.MusicView.as_view(),
        # URLパターンの名前を'music_list'にする
        name='music_list'
        ),
]
```

カテゴリの一覧ページのビューを作ろう(作業の③)

カテゴリごとの一覧ページのURLパターンからリダイレクトされるビューを作成しましょう。

ビューのクラス名は、ScienceView、DailylifeView、MusicViewとします。基本的な構造はIndexViewと同じで、template_nameにレンダリングするテンプレート名、context_object_nameにレコードを参照するときのキーを設定します。

クエリをセットするquerysetには、

```
queryset = BlogPost.objects.filter(
    category='science').order_by('-posted_at')
```

ここに、カテゴリ名の'science'、'dailylife'、'music'のいずれかを設定する

のようにfilter()メソッドを適用して、categoryフィールドが指定されたカテゴリとなっているレコードのみを抽出するようにします。

これで、Blog postsテーブルのオブジェクトBlogPostからfilter()メソッドで特定のカテゴリのレコードが抽出され、order_by('-posted_at')で投稿日の新しい順で並べ替えられます。

カテゴリ一覧のテンプレートには、ページングの機能が搭載されているので、

```
paginate_by = 2
```

のように、1ページあたりに表示するレコードの件数を指定することも忘れないでください。

「views.py」を[エディタ]ペインで開いて、以下のように入力しましょう。

▼ビューのクラス、ScienceView、DailylifeView、MusicViewを作成 (blogapp/views.py)

```
from django.shortcuts import render
# django.views.genericからListView、DetailViewをインポート
from django.views.generic import ListView, DetailView
# モデルBlogPostをインポート
from .models import BlogPost

class IndexView(ListView):
    '''トップページのビュー

    投稿記事を一覧表示するのでListViewを継承する

    Attributes:
      template_name: レンダリングするテンプレート
      context_object_name: object_listキーの別名を設定
      queryset: データベースのクエリ
    '''
    # index.htmlをレンダリングする
    template_name ='index.html'
    # object_listキーの別名を設定
    context_object_name = 'orderby_records'
    # モデルBlogPostのオブジェクトにorder_by()を適用して
    # BlogPostのレコードを投稿日時の降順で並べ替える
    queryset = BlogPost.objects.order_by('-posted_at')
    # 1ページに表示するレコードの件数を設定
    paginate_by = 4

class BlogDetail(DetailView):
    '''詳細ページのビュー

    投稿記事の詳細を表示するのでDetailViewを継承する
     Attributes:
      template_name: レンダリングするテンプレート
      Model: モデルのクラス
    '''
```

```
    # post.htmlをレンダリングする
    template_name ='post.html'
    # クラス変数modelにモデルBlogPostを設定
    model = BlogPost

class ScienceView(ListView):
    '''科学(science)カテゴリの記事を一覧表示するビュー

    '''
    # science_list.htmlをレンダリングする
    template_name ='science_list.html'
    # クラス変数modelにモデルBlogPostを設定
    model = BlogPost
    # object_listキーの別名を設定
    context_object_name = 'science_records'
    # category='science'のレコードを抽出して
    # 投稿日時の降順で並べ替える
    queryset = BlogPost.objects.filter(
        category='science').order_by('-posted_at')
    # 1ページに表示するレコードの件数
    paginate_by = 2

class DailylifeView(ListView):
    '''日常(dailylife)カテゴリの記事を一覧表示するビュー

    '''
    # dailylife_list.htmlをレンダリングする
    template_name ='dailylife_list.html'
    # クラス変数modelにモデルBlogPostを設定
    model = BlogPost
    # object_listキーの別名を設定
    context_object_name = 'dailylife_records'
    # category='dailylife'のレコードを抽出して
    # 投稿日時の降順で並べ替える
    queryset = BlogPost.objects.filter(
        category='dailylife').order_by('-posted_at')
```

```
    # 1ページに表示するレコードの件数
    paginate_by = 2

class MusicView(ListView):
    '''音楽(music)カテゴリの記事を一覧表示するビュー

    '''
    # music_list.htmlをレンダリングする
    template_name ='music_list.html'
    # クラス変数modelにモデルBlogPostを設定
    model = BlogPost
    # object_listキーの別名を設定
    context_object_name = 'music_records'
    # category='music'のレコードを抽出して
    # 投稿日時の降順で並べ替える
    queryset = BlogPost.objects.filter(
        category='music').order_by('-posted_at')
    # 1ページに表示するレコードの件数
    paginate_by = 2
```

お疲れさまでした！　入力が済んだら、ツールバーの[ファイルを保存]ボタンをクリックしてモジュールを保存しておきましょう。

 ベーステンプレートにカテゴリ一覧のリンクを設定しよう（作業の④）

ベーステンプレートには、ページ上部に表示されるナビゲーションメニューが配置されています。現在のところ、トップページへのリンクのみが設定されていますので、今回作成したカテゴリごとの一覧ページへのリンクを追加しましょう。

現状で設定されている「About」「Sample Post」「Contact」の<li class="nav-item">～</li>の要素の<a>タグを、「SCIENCE」「DAILYLIFE」「MUSIC」のものに書き換えます。

▼ナビゲーションメニューにカテゴリごとの一覧ページへのリンクを追加(templates/base.html)

```
<!-- 静的ファイルのURLを生成するstaticタグをロードする -->
{% load static %}
<!DOCTYPE html>
<!-- 言語指定をjaに設定 -->
<html lang="ja">
    <head>
        <meta charset="utf-8" />
        <meta name="viewport"
              content="width=device-width, initial-scale=1, shrink-to-fit=no" />
        <meta name="description" content="" />
        <meta name="author" content="" />
        <!-- ページタイトル -->
        <title>{% block title %}{% endblock %}</title>
        <!-- ページタイトル横に表示されるアイコン -->
        <!-- staticでfavicon.icoのURLを生成する -->
        <link rel="icon" type="image/x-icon"
              href={% static 'assets/favicon.ico' %} />
        <!-- Font Awesome icons (free version)-->
        <script src="https://use.fontawesome.com/releases/v5.15.4/js/all.js"
                crossorigin="anonymous"></script>
        <!-- Google fonts-->
        <link href="https://fonts.googleapis.com/css?family=Lora:400,..."
              rel="stylesheet"
              type="text/css" />
        <link href="https://fonts.googleapis.com/css?family=Open+Sans:..."
              rel="stylesheet"
              type="text/css" />
        <!-- Core theme CSS (includes Bootstrap)-->
        <!-- staticでstyles.cssのURLを生成する -->
        <link href={% static 'css/styles.css' %}
              rel="stylesheet" />
    </head>
    <body>
        <!-- Navigation-->
```

```
<nav class="navbar navbar-expand-lg navbar-light"
     id="mainNav">
    <div class="container px-4 px-lg-5">
        <!--
        ナビゲーションバー左上のアンカーテキストとhref属性の値を設定
        -->
        <a class="navbar-brand"
           href={% url 'blogapp:index' %}>Django's Blog</a>
        <button class="navbar-toggler"
                type="button"
                data-bs-toggle="collapse"
                data-bs-target="#navbarResponsive"
                aria-controls="navbarResponsive"
                aria-expanded="false"
                aria-label="Toggle navigation">
            Menu
            <i class="fas fa-bars"></i>
        </button>
        <div class="collapse navbar-collapse"
             id="navbarResponsive">
            <ul class="navbar-nav ms-auto py-4 py-lg-0">
                <li class="nav-item">
                    <!--
                    ナビゲーションメニュー「HOME」のhrefの値を設定
                    -->
                    <a class="nav-link px-lg-3 py-3 py-lg-4"
                       href="{% url 'blogapp:index' %}">Home</a>
                </li>
                <li class="nav-item">
                    <!--
                    ナビゲーションメニューの「SCIENCE」のリンク先を
                    名前付きURLパターンscience_listに設定する
                    -->
                    <a class="nav-link px-lg-3 py-3 py-lg-4"
                       href="{% url 'blogapp:science_list' %}">
```

```
                        SCIENCE</a>
                </li>
                <li class="nav-item">
                    <!--
                    ナビゲーションメニューの「DAILYLIFFE」のリンク先を
                    名前付きURLパターンdailylife_listに設定する
                    -->
                    <a class="nav-link px-lg-3 py-3 py-lg-4"
                        href="{% url 'blogapp:dailylife_list' %}">
                        DAILYLIFFE</a>
                </li>
                <li class="nav-item">
                    <!--
                    ナビゲーションメニューの「MUSIC」のリンク先を
                    名前付きURLパターンmusic_listに設定する
                    -->
                    <a class="nav-link px-lg-3 py-3 py-lg-4"
                        href="{% url 'blogapp:music_list' %}">
                        MUSIC</a>
                </li>
            </ul>
        </div>
    </div>
</nav>
<!-- Page Header-->
<!-- ページのヘッダーはベーステンプレートを使用するページで設定する -->
{% block header %}{% endblock %}

.........以下省略.........
```

 カテゴリごとの一覧ページを表示してみよう

カテゴリごとの一覧ページを表示するための準備は完了です！　さっそく表示して確かめてみましょう。トップページを表示して、ナビゲーションメニューの「SCIENCE」「DAILYLIFE」「MUSIC」をそれぞれクリックしてみてください。

■図5.42　scienceカテゴリの一覧ページ

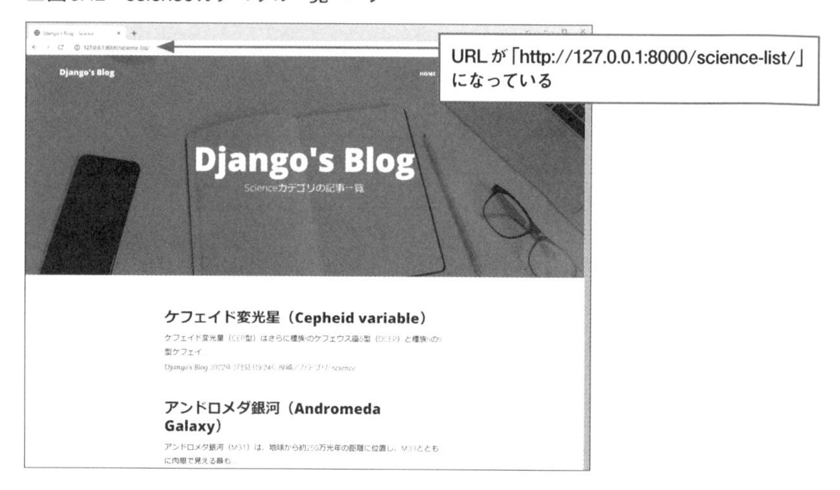

■図5.43　dailylifeカテゴリの一覧ページ

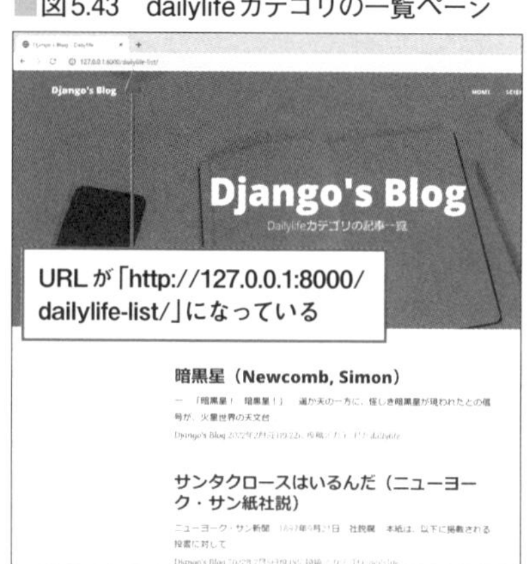

■図5.44　musicカテゴリの一覧ページ

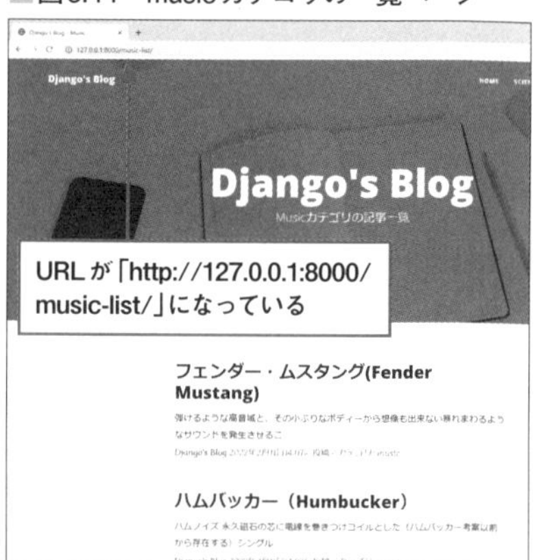

関数ベースビューでカテゴリごとの一覧ページを作る方法

関数ベースビューでカテゴリごとの一覧ページを作る方法を紹介します。この場合、カテゴリの一覧ページのURLパターンと、ビューの定義が、クラスベースビューのときと異なるものになります。

●カテゴリ一覧ページの作成

クラスベースビューのときと同じ手順で、

- 「index.html」をコピーして「science_list.html」「dailylife_list.html」「music_list.html」を作成

を行って、それぞれのソースコードを次のように修正します。基本的にはクラスベースビューのときと同じですが、関数ベースビューでは、データベースから抽出したレコードリストを参照するときの名前（キー）を「orderby_records」にしているため、この部分のみがクラスベースビューのときと異なるので注意してください。

▼scienceカテゴリのテンプレート（templates/science_list.html）

```
<!-- ベーステンプレートを適用する -->
{% extends 'base.html' %}
<!-- 静的ファイルのURLを生成するstaticタグをロードする -->
{% load static %}

<!-- ヘッダー情報のページタイトルは
   ベーステンプレートを利用するページで設定する -->
{% block title %}Django's Blog - Science{% endblock %}

        <!-- Page Header-->
        <!-- <header>～</header>をテンプレートタグで囲む -->
        {% block header %}
        <!-- ヘッダーの背景イメージのリンク先url()の引数をstaticタグで設定 -->
        <header class="masthead"
                style="background-image: url({% static 'assets/img/home-bg.jpg' %})">
            <div class="container position-relative px-4 px-lg-5">
                <div class="row gx-4 gx-lg-5 justify-content-center">
```

```
                    <div class="col-md-10 col-lg-8 col-xl-7">
                        <div class="site-heading">
                            <!-- ヘッダーの大見出し(タイトル)を設定 -->
                            <h1>Django's Blog</h1>
                            <!-- サブタイトルを変更 -->
                            <span class="subheading">
                                Scienceカテゴリの記事一覧</span>
                        </div>
                    </div>
                </div>
            </div>
        </header>
        <!-- <header>~</header>をテンプレートタグで囲む -->
        {% endblock %}

        <!-- Main Content-->
        <!-- メインコンテンツを設定する<div>~</div>をテンプレートタグで囲む -->
        {% block contents %}
        <div class="container px-4 px-lg-5">
            <div class="row gx-4 gx-lg-5 justify-content-center">
                <div class="col-md-10 col-lg-8 col-xl-7">
                    <!--
                    レコードが格納されたorderby_recordsから
                    レコードを1行ずつrecordに取り出す
                    -->
                    {% for record in orderby_records %}
                    <!-- Post preview-->
                    <div class="post-preview">
                        <!--
                        urlでURLパターン'blog-detail/<int:pk>/'を生成し、
                        詳細ページへのリンクを設定
                        -->
                        <a href="{% url 'blogapp:blog_detail' record.pk %}">
                        .........以下省略.........
```

▼dailylifeカテゴリのテンプレート（templates/ dailylife_list.html）

```
<!-- ベーステンプレートを適用する -->
{% extends 'base.html' %}
<!-- 静的ファイルのURLを生成するstaticタグをロードする -->
{% load static %}

<!-- ヘッダー情報のページタイトルは
  ベーステンプレートを利用するページで設定する -->
{% block title %}Django's Blog - Dailylife{% endblock %}

        <!-- Page Header-->
        <!-- <header>~</header>をテンプレートタグで囲む -->
        {% block header %}
        <!-- ヘッダーの背景イメージのリンク先url()の引数をstaticタグで設定 -->
        <header class="masthead"
                style="background-image: url({% static 'assets/img/home-bg.jpg' %})">
            <div class="container position-relative px-4 px-lg-5">
                <div class="row gx-4 gx-lg-5 justify-content-center">
                    <div class="col-md-10 col-lg-8 col-xl-7">
                        <div class="site-heading">
                            <!-- ヘッダーの大見出し（タイトル）を設定 -->
                            <h1>Django's Blog</h1>
                            <!-- サブタイトルを変更 -->
                            <span class="subheading">
                                Dailylifeカテゴリの記事一覧</span>
                        </div>
                    </div>
                </div>
            </div>
        </header>
        <!-- <header>~</header>をテンプレートタグで囲む -->
        {% endblock %}

        <!-- Main Content-->
        <!-- メインコンテンツを設定する<div>~</div>をテンプレートタグで囲む -->
```

```
{% block contents %}
<div class="container px-4 px-lg-5">
    <div class="row gx-4 gx-lg-5 justify-content-center">
        <div class="col-md-10 col-lg-8 col-xl-7">
            <!--
            レコードが格納されたorderby_recordsから
            レコードを1行ずつrecordに取り出す
            -->
            {% for record in orderby_records %}
            <!-- Post preview-->
            <div class="post-preview">
                <!--
                urlでURLパターン'blog-detail/<int:pk>/'を生成し、
                詳細ページへのリンクを設定
                -->
                <a href="{% url 'blogapp:blog_detail' record.pk %}">
                .........以下省略.........
```

▼ musicカテゴリのテンプレート (templates/music_list.html)

```
<!-- ベーステンプレートを適用する -->
{% extends 'base.html' %}
<!-- 静的ファイルのURLを生成するstaticタグをロードする -->
{% load static %}

<!-- ヘッダー情報のページタイトルは
  ベーステンプレートを利用するページで設定する -->
{% block title %}Django's Blog - Music{% endblock %}

        <!-- Page Header-->
        <!-- <header>~</header>をテンプレートタグで囲む -->
        {% block header %}
        <!-- ヘッダーの背景イメージのリンク先url()の引数をstaticタグで設定 -->
        <header class="masthead"
                style="background-image: url({% static 'assets/img/home-bg.jpg' %})">
            <div class="container position-relative px-4 px-lg-5">
```

```
                <div class="row gx-4 gx-lg-5 justify-content-center">
                    <div class="col-md-10 col-lg-8 col-xl-7">
                        <div class="site-heading">
                            <!-- ヘッダーの大見出し（タイトル）を設定 -->
                            <h1>Django's Blog</h1>
                            <!-- サブタイトルを変更 -->
                            <span class="subheading">
                                Musicカテゴリの記事一覧</span>
                        </div>
                    </div>
                </div>
            </div>
        </header>
        <!-- <header>～</header>をテンプレートタグで囲む -->
        {% endblock %}

        <!-- Main Content-->
        <!-- メインコンテンツを設定する<div>～</div>をテンプレートタグで囲む -->
        {% block contents %}
        <div class="container px-4 px-lg-5">
            <div class="row gx-4 gx-lg-5 justify-content-center">
                <div class="col-md-10 col-lg-8 col-xl-7">
                    <!--
                    レコードが格納されたorderby_recordsから
                    レコードを1行ずつrecordに取り出す
                    -->
                    {% for record in orderby_records %}
                    <!-- Post preview-->
                    <div class="post-preview">
                        <!--
                        urlでURLパターン'blog-detail/<int:pk>/'を生成し、
                        詳細ページへのリンクを設定
                        -->
                        <a href="{% url 'blogapp:blog_detail' record.pk %}">
                        .........以下省略.........
```

●関数ベースビューにおけるURLパターンの作成

blogappアプリのURLconf(blogapp/urls.py)を開いて、scienceカテゴリ、dailylifeカテゴリ、musicカテゴリのURLパターンを作成します。

▼blogappアプリのURLconfにURLパターンを追加 (blogapp/urls.py)

```
from django.urls import path
from . import views

# URLconfのURLパターンを逆引きできるようにアプリ名を登録
app_name = 'blogapp'

# URLパターンを登録するためのリスト
urlpatterns = [
    # http(s)://ホスト名/以下のパスが''(無し)の場合
    # viewsモジュールのindex_view()関数を実行
    # URLパターン名は'index'
    path('', views.index_view, name='index'),
    # リクエストされたURLが「blog-detail/レコードのid/」の場合
    # viewsモジュールのblog_detail()関数を実行
    # URLパターン名は'blog_detail'
    path(
        # 詳細ページのURLは「blog-detail/レコードのid/」
        'blog-detail/<int:pk>/',
        # viewsモジュールのblog_detail()関数を実行
        views.blog_detail,
        # URLパターンの名前を'blog_detail'にする
        name='blog_detail'
        ),
    # scienceカテゴリの一覧ページのURLパターン
    path(
        # scienceカテゴリの一覧ページのURLは「science-list/」
        'science-list/',
        # viewsモジュールのscience_view()関数を実行
        views.science_view,
```

```
        # URLパターンの名前を'science_list'にする
        name='science_list'
         ),
    # dailylifeカテゴリの一覧ページのURLパターン
    path(
        # dailylifeカテゴリの一覧ページのURLは「dailylife-list/」
        'dailylife-list/',
        # viewsモジュールのdailylife_view()関数を実行
        views.dailylife_view,
        # URLパターンの名前を'dailylife_list'にする
        name='dailylife_list'
        ),
    # musicカテゴリの一覧ページのURLパターン
    path(
        # scienceカテゴリの一覧ページのURLは「music-list/」
        'music-list/',
        # viewsモジュールのmusic_view()関数を実行
        views.music_view,
        # URLパターンの名前を'music_list'にする
        name='music_list'
        ),
]
```


●関数ベースビューを用いたカテゴリ一覧ページのビューを作成する

カテゴリ一覧ページのビューを関数ベースビューで定義します。基本的な構造は、index_view()と同じで、ページネーションのための処理を組み込みます。あとは、レコードを抽出する際にfilter()メソッドで、

```
records = BlogPost.objects.filter(category='science').order_by('-posted_at')
```

のようにして、特定のカテゴリのレコードのみを抽出するようにします。

▼関数ベースビューによるカテゴリ一覧ページのビュー(blogapp/views.py)

```
from django.shortcuts import render
# Paginatorをインポート
from django.core.paginator import Paginator
# モデルBlogPostをインポート
from .models import BlogPost

def index_view(request):
    '''トップページのビュー
    テンプレートをレンダリングして戻り値として返す

    Parameters:
      request(HTTPRequest):
          クライアントからのリクエスト情報を格納したHTTPRequestオブジェクト

    Returns(HTTPResponse):
        render()でテンプレートをレンダリングした結果
    '''
    # モデルBlogPostのオブジェクトにorder_by()を適用して
    # BlogPostのレコードを投稿日時の降順で並べ替える
    records = BlogPost.objects.order_by('-posted_at')
    # Paginator(レコード, 1ページあたりのレコード数)でページに分割する
    paginator = Paginator(records, 4)
    # GETリクエストのURLにpageパラメーターがある場合はその値を取得する
    # pageパラメーターがない場合はデフォルトで1を返すようにする
    page_number  = request.GET.get('page', 1)
    # page()メソッドの引数にページ番号を設定し、
    # 該当ページのレコードを取得する
    pages = paginator.page(page_number)

    # render():
    # 第1引数: HTTPRequestオブジェクト
    # 第2引数: レンダリングするテンプレート
    # 第3引数: テンプレートに引き渡すdict型のデータ
    #           {任意のキー : リクエストされたページのレコードのリスト}
```

```
    return render(
        request, 'index.html', {'orderby_records': pages})

def blog_detail(request, pk):
    '''詳細ページのビュー
    テンプレートをレンダリングして戻り値として返す

    Parameters:
      request(HTTPRequest):
          クライアントからのリクエスト情報を格納したHTTPRequestオブジェクト
      pk(int):
          投稿記事のレコードのid

    Returns(HTTPResponse):
        テンプレートpost.htmlをレンダリングした結果
    '''
    # モデルのマネージャーをBlogPost.objectsで参照し、get()を実行
    # 引数に指定したidのレコードを取得してrecordに格納
    record = BlogPost.objects.get(id=pk)

    # render():
    # 第1引数: HTTPRequestオブジェクト
    # 第2引数: レンダリングするテンプレート
    # 第3引数: テンプレートに引き渡すdict型のデータ
    #           {任意のキー : get()で取得したレコード}
    return render(
        request, 'post.html', {'object': record})

def science_view(request):
    '''scienceカテゴリのビュー
    science_list.htmlをレンダリングして戻り値として返す

    Parameters:
      request(HTTPRequest):
          クライアントからのリクエスト情報を格納したHTTPRequestオブジェクト
```

```
    Returns(HTTPResponse):
        render()でテンプレートをレンダリングした結果
    '''
    # モデルBlogPostのオブジェクトにfilter()を適用してscienceカテゴリを抽出
    # order_by()を適用してレコードを投稿日時の降順で並べ替える
    records = BlogPost.objects.filter(category='science'
                                     ).order_by('-posted_at')
    # Paginator(レコード, 1ページあたりのレコード数)でページに分割する
    paginator = Paginator(records, 2)
    # GETリクエストのURLにpageパラメーターがある場合はその値を取得する
    # pageパラメーターがない場合はデフォルトで1を返すようにする
    page_number  = request.GET.get('page', 1)
    # page()メソッドの引数にページ番号を設定し、該当ページのレコードを取得する
    pages = paginator.page(page_number)

    # render():
    # 第1引数: HTTPRequestオブジェクト
    # 第2引数: レンダリングするテンプレート
    # 第3引数: テンプレートに引き渡すdict型のデータ
    #          {キーは'orderby_records':リクエストされたページのレコードのリスト}
    return render(
        request, 'science_list.html', {'orderby_records': pages})

def dailylife_view(request):
    ''' dailylifeカテゴリのビュー
    dailylife_list.htmlをレンダリングして戻り値として返す

    Parameters:
      request(HTTPRequest):
          クライアントからのリクエスト情報を格納したHTTPRequestオブジェクト

    Returns(HTTPResponse):
        render()でテンプレートをレンダリングした結果
    '''
```

```
    # モデルBlogPostのオブジェクトにfilter()を適用してdailylifeカテゴリを抽出
    # order_by()を適用してレコードを投稿日時の降順で並べ替える
    records = BlogPost.objects.filter(category='dailylife'
                                      ).order_by('-posted_at')
    # Paginator(レコード, 1ページあたりのレコード数)でページに分割する
    paginator = Paginator(records, 2)
    # GETリクエストのURLにpageパラメーターがある場合はその値を取得する
    # pageパラメーターがない場合はデフォルトで1を返すようにする
    page_number  = request.GET.get('page', 1)
    # page()メソッドの引数にページ番号を設定し、該当ページのレコードを取得する
    pages = paginator.page(page_number)

    # render():
    # 第1引数: HTTPRequestオブジェクト
    # 第2引数: レンダリングするテンプレート
    # 第3引数: テンプレートに引き渡すdict型のデータ
    #          {キーは'orderby_records':リクエストされたページのレコードのリスト}
    return render(
        request, 'dailylife_list.html', {'orderby_records': pages})

def music_view(request):
    ''' musicカテゴリのビュー
    music_list.htmlをレンダリングして戻り値として返す

    Parameters:
      request(HTTPRequest):
          クライアントからのリクエスト情報を格納したHTTPRequestオブジェクト

    Returns(HTTPResponse):
        render()でテンプレートをレンダリングした結果
    '''
    # モデルBlogPostのオブジェクトにfilter()を適用してmusicカテゴリを抽出
    # order_by()を適用してレコードを投稿日時の降順で並べ替える
    records = BlogPost.objects.filter(category='music'
                                      ).order_by('-posted_at')
```

```
    # Paginator(レコード, 1ページあたりのレコード数)でページに分割する
    paginator = Paginator(records, 2)
    # GETリクエストのURLにpageパラメーターがある場合はその値を取得する
    # pageパラメーターがない場合はデフォルトで1を返すようにする
    page_number  = request.GET.get('page', 1)
    # page()メソッドの引数にページ番号を設定し、該当ページのレコードを取得する
    pages = paginator.page(page_number)

    # render():
    # 第1引数: HTTPRequestオブジェクト
    # 第2引数: レンダリングするテンプレート
    # 第3引数: テンプレートに引き渡すdict型のデータ
    #         {キーは'orderby_records':リクエストされたページのレコードのリスト}
    return render(
        request, 'music_list.html', {'orderby_records': pages})
```

●ベーステンプレートにカテゴリ一覧のリンクを設定する

ベーステンプレートのリンクの設定はクラスベースビューのときと同じですので、「ベーステンプレートにカテゴリ一覧のリンクを設定しよう(作業の④)」を参照して、ソースコードを書き換えてください。

第6章

メール送信用のページを作ろう

6.1

問い合わせページを作ろう

blogappアプリに、問い合わせ用のページを用意することにしましょう。

問い合わせページのURLパターンを作ろう(blogapp/urls.pyの編集)

blogappアプリのURLconf (blogapp/urls.py) を開いて、問い合わせページのURLパターンを設定しましょう。

▼問い合わせページのURLパターンを設定する (blogapp/urls.py)

```
from django.urls import path
from . import views

# URLconfのURLパターンを逆引きできるようにアプリ名を登録
app_name = 'blogapp'

# URLパターンを登録するためのリスト
urlpatterns = [
    # http(s)://ホスト名/以下のパスが''(無し)の場合
    # viewsモジュールのIndexViewを実行
    # URLパターン名は'index'
    path('', views.IndexView.as_view(), name='index'),
    ......詳細ページ、science、dailylife、musicのURLパターン省略......

    # 問い合わせページのURLパターン
    path(
        # 問い合わせページのURLは「contact/」
        'contact/',
        # viewsモジュールのContactViewを実行
        views.ContactView.as_view(),
        # URLパターンの名前を'contact'にする
        name='contact'
        ),
```

```
]
```

入力が済んだら、ツールバーの[ファイルを保存]ボタンをクリックしてモジュールを保存しましょう。

問い合わせページのビューを作ろう（ContactViewの作成）

問い合わせページのURLパターンでは、ビューContactViewを実行するように設定しました。ContactViewクラスでは、問い合わせページのレンダリングに加えて、問い合わせページで入力されたデータを取得して、メール送信を行う処理を行います。

[ファイル]ペインで「blogapp」以下の「views.py」をダブルクリックして[エディタ]ペインで開きましょう。次のようにインポート文とContactViewクラスの定義コードを追加します。

▼ビュークラスContactViewの定義（blogapp/views.py）

```
from django.shortcuts import render
# django.views.genericからListView、DetailViewをインポート
from django.views.generic import ListView, DetailView
# モデルBlogPostをインポート
from .models import BlogPost
# django.views.genericからFormViewをインポート
from django.views.generic import FormView
# django.urlsからreverse_lazyをインポート
from django.urls import reverse_lazy
# formsモジュールからContactFormをインポート
from .forms import ContactForm
# django.contribからmesseagesをインポート
from django.contrib import messages
# django.core.mailモジュールからEmailMessageをインポート
from django.core.mail import EmailMessage

......IndexView、BlogDetail、ScienceView、DailylifeView、MusicView省略......
```

```
class ContactView(FormView):
    '''問い合わせページを表示するビュー

    フォームで入力されたデータを取得し、メールの作成と送信を行う
    '''
    # contact.htmlをレンダリングする
    template_name ='contact.html'
    # クラス変数form_classにforms.pyで定義したContactFormを設定
    form_class = ContactForm
    # 送信完了後にリダイレクトするページ
    success_url = reverse_lazy('blogapp:contact')

    def form_valid(self, form):
        '''FormViewクラスのform_valid()をオーバーライド

        フォームのバリデーションを通過したデータがPOSTされたときに呼ばれる
        メール送信を行う

        parameters:
          form(object): ContactFormのオブジェクト
        Return:
          HttpResponseRedirectのオブジェクト
          オブジェクトをインスタンス化するとsuccess_urlで
          設定されているURLにリダイレクトされる
        '''
        # フォームに入力されたデータをフィールド名を指定して取得
        name = form.cleaned_data['name']
        email = form.cleaned_data['email']
        title = form.cleaned_data['title']
        message = form.cleaned_data['message']
        # メールのタイトルの書式を設定
        subject = 'お問い合わせ: {}'.format(title)
        # フォームの入力データの書式を設定
        message = \
          '送信者名: {0}\nメールアドレス: {1}\n タイトル:{2}\n メッセージ:\n{3}' \
          .format(name, email, title, message)
```

```
        # メールの送信元のアドレス
        from_email = 'admin@example.com'
        # 送信先のメールアドレス
        to_list = ['admin@example.com']
        # EmailMessageオブジェクトを生成
        message = EmailMessage(subject=subject,
                               body=message,
                               from_email=from_email,
                               to=to_list,
                               )
        # EmailMessageクラスのsend()でメールサーバーからメールを送信
        message.send()
        # 送信完了後に表示するメッセージ
        messages.success(
            self.request, 'お問い合わせは正常に送信されました。')
        # 戻り値はスーパークラスのform_valid()の戻り値(HttpResponseRedirect)
        return super().form_valid(form)
```


では、ContactViewクラスの1行目から見ていくことにしましょう。ContactViewが継承しているのは、

```
django.views.generic.edit.FormViewクラス
```

です。FormViewにはフォームの処理を行うためのひととおりの機能が搭載されています。

2行目のtemplate_nameは、レンダリングするテンプレートを指定するためのクラス変数です。

- **template_name**

FormViewのスーパークラスdjango.views.generic.base.TemplateResponseMixinで定義されているクラス変数です。定義されたテンプレートのフルネームを文字列で指定します。

3行目のform_classは、Formクラスを指定するためのクラス変数です。

- **form_class**

FormViewのスーパークラスdjango.views.generic.edit.FormMixinで定義されているクラス変数です。フォームクラス「django.forms.Form」のサブクラスを指定します。Formクラスは、HTMLのフォームとDjangoの橋渡しを行います。

4行目のsuccess_urlは、フォームが正常に処理されたときのリダイレクト先を指定するためのクラス変数です。

- **success_url**

FormViewのスーパークラスdjango.views.generic.edit.FormMixinのクラス変数です。フォームが正常に処理されたとき、変数に登録されたURLにリダイレクトされます。

success_urlにはURLが直接、登録されるのではなく、

```
success_url = reverse_lazy('blogapp:contact')
```

となっていますが、これはどういうことでしょうか。

- **reverse_lazy()**

django.urls.reverse_lazy()関数は、URLを逆引き形式にします。reverse()の遅延評価版です。

URLのハードコーディングを避け、逆引き形式でURLを生成するためにreverse_lazy()関数を使いました。遅延評価というのは、プロジェクトのURLconfがロードされる前にURL反転を使用することを意味します。ビューのクラス変数に逆引き形式のURLをデフォルト値として指定する場合は、reverse_lazy()を使うのですね。

URLを逆引き形式にするreverse()をここで使うとエラーになるので要注意です。モジュールが読み込まれたとき、URLconfはまだ読み込まれていないからです。

末尾に書かれているform_valid()は、フォームに入力されたデータがPOSTされたときに呼ばれるメソッドです。

・form_valid()

FormViewのスーパークラスdjango.views.generic.edit.FormMixinで定義されているメソッドで、ページ上のフォームデータがPOST（サーバーに送信）されたときに実行されます。フォームのページに最初にアクセスしたときは、HTTPリクエストがGETなので、このメソッドは実行されません。ユーザーがフォームに入力して送信ボタンを押したとき、HTTPリクエストがPOSTになるので、このときにはじめて実行されます。

FormMixinでは、次のように定義されています。

▼form_valid()の定義コード

```
def form_valid(self, form):
    """If the form is valid, redirect to the supplied URL."""
    return HttpResponseRedirect(self.get_success_url())
```

Formオブジェクトをパラメーターformで取得し、HttpResponseRedirectオブジェクトを返すようになっていますね。引数に指定されているget_success_url()は、クラス変数success_urlの値（フォームの処理が完了したときにリダイレクトするURL）を取得するので、このメソッドにはたんに、リダイレクトを行うことだけが書かれています。

ですが、フォームデータがPOSTされたときは、データベースに登録する、今回のようにメールに転記して指定されたアドレスに送信する、などの処理が必要です。そういうときは、このメソッドをオーバーライドして必要な処理を書き加えます。

▼ContactViewでオーバーライドしたform_valid()

```
def form_valid(self, form):
    # フォームに入力されたデータをフィールド名を指定して取得
    name = form.cleaned_data['name']
    email = form.cleaned_data['email']
    title = form.cleaned_data['title']
    message = form.cleaned_data['message']
    # メールのタイトルの書式を設定
    subject = 'お問い合わせ: {}'.format(title)
    # フォームの入力データの書式を設定
```

```
message = \
  '送信者名: {0}\nメールアドレス: {1}\n タイトル:{2}\n メッセージ:\n{3}' \
  .format(name, email, title, message)
# メールの送信元のアドレス
from_email = 'admin@example.com'
# 送信先のメールアドレス
to_list = ['admin@example.com']
# EmailMessageオブジェクトを生成
message = EmailMessage(subject=subject,
                       body=message,
                       from_email=from_email,
                       to=to_list,
                       )
# EmailMessageクラスのsend()でメールサーバーからメールを送信
message.send()
# 送信完了後に表示するメッセージ
messages.success(
  self.request, 'お問い合わせは正常に送信されました。')
# 戻り値はスーパークラスのform_valid()の戻り値(HttpResponseRedirect)
return super().form_valid(form)
```

戻り値は、スーパークラスのform_valid()を呼び出すことで、HttpResponseRedirectオブジェクトを返すようにしています。

●メールの送信処理

メールの送信処理は、ContactViewのform_valid()メソッドが実行されたタイミングで実行されます。問い合わせページへのアクセスがあった場合はページのレンダリングのみが行われますが、問い合わせページの[SEND]ボタンがクリックされてPOSTリクエストがサーバーに送信され、再びContactViewが実行されたときは、form_vaild()が呼ばれます。

form_vaild()の最初の処理は、問い合わせページに入力されたデータの収集です。「cleaned_data」は、フォームがバリデーション(検証)をパスした場合、すべてのフィールドのデータを読み込みます。

その実体は、フィールド名をキーとした辞書(dict)です。したがって、

```
name = form.cleaned_data['name']
email = form.cleaned_data['email']
title = form.cleaned_data['title']
message = form.cleaned_data['message']
```

というようにキー名を指定することで、すべてのフィールドのデータを取得できます。

次に、取得したデータを送信メールに転記するのですが、Djangoにはメール関連の処理を行う

django.core.mail.EmailMessageクラス

が用意されているので、それを利用することにしましょう。EmailMessageは、送信メールの作成から実際のメール送信まで、メール関連のすべての処理を行います。インスタンス化のとき、次のオプションが指定できます。

▼EmailMessageのコンストラクターに用意されているオプション(名前付きのパラメーター)

オプション	説明
subject	メールの件名。
body	本文。これはプレーンテキストメッセージである必要があります。
from_email	メールの送信元のアドレス。省略した場合、環境変数DEFAULT_FROM_EMAILの値が用いられます。
to	メールの送信先のアドレス。リストまたはタプルで指定します。
bcc	電子メールの送信時にBcc(ブラインドカーボンコピー)で送信するメールアドレスをリストまたはタプルで指定します。
cc	電子メールの送信時にCc(カーボンコピー)で送信するメールアドレスをリストまたはタプルで指定します。
attachments	メッセージに添付する添付ファイルのリスト。
headers	メッセージに追加する追加ヘッダーの辞書。キーはヘッダー名、値はヘッダー値です。
reply_to	電子メールの送信時に「Reply-To」ヘッダーで使用される受信者アドレスのリストまたはタプル。

form_valid()メソッドでは、EmailMessageのインスタンスを次のようにして生成します。

```
message = EmailMessage(subject=subject,
                       body=message,
                       from_email=from_email,
                       to=to_list,)
```

subject、body、from_email、toの各オプションを指定しました。subjectに設定したsubjectは、

```
subject = 'お問い合わせ: {}'.format(title)
```

のように書式設定されたテキストです。

bodyに設定したmessageについても、

```
message = \
  '送信者名: {0}\nメールアドレス: {1}\n タイトル:{2}\n メッセージ:\n{3}' \
  .format(name, email, title, message)
```

※行末の\は行継続文字です。

のように書式設定されたテキストです。

このようにして生成したEmailMessageオブジェクトは、EmailMessage.send()を実行するだけで、送信メールの作成からメールの送信サーバーを経由した送信処理までが行われます。

●Djangoのメッセージフレームワークの仕組み

フォームデータの送信が完了したら、それを知らせるメッセージを画面上に表示するようにしましょう。メッセージを通知する処理には、django.contrib.messagesを利用します。settings.pyで定義されている環境変数INSTALLED_APPSには、messagesをプロジェクトに組み込むための記述がすでに書き込まれています。

▼settings.pyのINSTALLED_APPS

```
INSTALLED_APPS = [
    'django.contrib.admin',
```

```
        'django.contrib.auth',
        'django.contrib.contenttypes',
        'django.contrib.sessions',
        'django.contrib.messages',
        'django.contrib.staticfiles',
        'blogapp.apps.BlogappConfig',
    ]
```

django.contrib.messagesには、メッセージを画面に表示するメソッドが用意されています。

▼メッセージを表示するメソッド

メソッド	対応するレベル定数
messages.debug()	DEBUG
messages.info()	INFO
messages.success()	SUCCESS
messages.warning()	WARNING
messages.error()	ERROR

それぞれのメソッドは、メッセージのレベルに応じてメッセージを出力するようになっています。今回は、フォームの送信処理が成功したときのメッセージなので、

```
messages.success(self.request, 'お問い合わせは正常に送信されました。')
```

のようにしましょう。

第1引数はrequest (HttpRequest) オブジェクト、第2引数がメッセージのテキストです。これで、SUCCESSレベルのメッセージを設定できます。messagesクラスのオブジェクトがrequest (HttpRequest) オブジェクトに追加され、テンプレート (contact.html) をレンダリングする際にメッセージが出力されるようになります。

SUCCESSレベルといいましたが、この実体は定数で、messages.success()が実行されたときに、メッセージの文字列と一緒にmessagesオブジェクトに格納されます。

なぜこんなことをするのかというと、メッセージとして出力する文字列にスタイルを適用できるようにするためなのです。

settings.pyには、これらのレベル定数を指定するための環境変数MESSAGE_TAGSに

```
MESSAGE_TAGS = {
  messages.SUCCESS: 'alert alert-success',
  }
```

のように設定することで、alertとalert-successを紐付けることができます。この2つはBootstrapで定義されているCSSのクラスです。レンダリングするテンプレート側で、

```
{% for message in messages %}
  {{ message }}
  {{ message.tags }}
{% endfor %}
```

とすると、messagesオブジェクトに格納されたメッセージと、環境変数MESSAGE_TAGSで設定されているCSSのクラス名が取り出せる仕組みです。「message.tags」の実体は環境変数MESSAGE_TAGSのキーmessages.SUCCESSなので、その値のCSSクラス名が参照できるというわけです。

●環境変数MESSAGE_TAGSを設定しよう

「blogproject」フォルダー以下の「settings.py」を［エディタ］ペインで開いて、モジュールの末尾に、環境変数MESSAGE_TAGSを定義するコードを追加しましょう。

▼レベル定数を指定するための環境変数MESSAGE_TAGS (blogproject/settings.py)

```
# constantsをインポート
from django.contrib.messages import constants
# レベル定数を指定するための環境変数MESSAGE_TAGS
MESSAGE_TAGS = {
  constants.SUCCESS: 'alert alert-success',
  }
```

 フォームのフィールドを定義しよう(フォームモジュールの作成)

HTMLのフォームと連携して処理を行うContactFormクラスは、専用のモジュールで定義することにしましょう。

❶ Spyderの[ファイル]ペインで「blogproject」以下の「blogapp」フォルダーを右クリックして[新規]➡[Pythonファイル...]を選択します。

■図6.1 [ファイル]ペイン

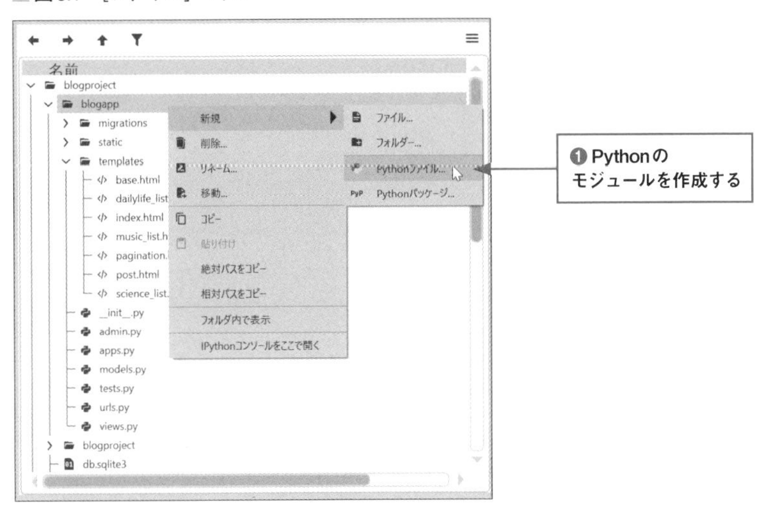

❷ [新規モジュール]ダイアログの[ファイル名]に「forms」と入力して[保存]ボタンをクリックしましょう。

■図6.2 [新規モジュール]ダイアログ

❸作成した「forms.py」が[エディタ]ペインで開きます。もし開いていなかったら、[ファイル]ペインで「forms.py」をダブルクリックしてください。次は、フォームのデータを扱うContactFormクラスです。

▼ContactFormクラスの定義(blogapp/forms.py)

```
# django.formsをインポート
from django import forms

class ContactForm(forms.Form):
    # フォームのフィールドをクラス変数として定義
    name = forms.CharField(label='お名前')
    email = forms.EmailField(label='メールアドレス')
    title = forms.CharField(label='件名')
    message = forms.CharField(label='メッセージ', widget=forms.Textarea)

    def __init__(self, *args, **kwargs):
        '''ContactFormのコンストラクター

        フィールドの初期化を行う
```

```
        '''
        super().__init__(*args, **kwargs)
        # nameフィールドのplaceholderにメッセージを登録
        self.fields['name'].widget.attrs['placeholder'] = \
          'お名前を入力してください'
        # nameフィールドを出力する<input>タグのclass属性を設定
        self.fields['name'].widget.attrs['class'] = 'form-control'

        # emailフィールドのplaceholderにメッセージを登録
        self.fields['email'].widget.attrs['placeholder'] = \
          'メールアドレスを入力してください'
        # emailフィールドを出力する<input>タグのclass属性を設定
        self.fields['email'].widget.attrs['class'] = 'form-control'

        # titleフィールドのplaceholderにメッセージを登録
        self.fields['title'].widget.attrs['placeholder'] = \
          'タイトルを入力してください'
        # titleフィールドを出力する<input>タグのclass属性を設定
        self.fields['title'].widget.attrs['class'] = 'form-control'

        # messageフィールドのplaceholderにメッセージを登録
        self.fields['message'].widget.attrs['placeholder'] = \
          'メッセージを入力してください'
        # messageフィールドを出力する<input>タグのclass属性を設定
        self.fields['message'].widget.attrs['class'] = 'form-control'
```

django.forms.Form

Djangoに用意されているフォームのスーパークラスです。このクラスを継承したサブクラスを作成すれば、Formの機能を使いつつ、クラス変数やメソッドをオーバーライドして独自の処理ができるようになります。

django.forms.Fieldのサブクラス

ContactFormクラスでは、Fieldのサブクラスのオブジェクトを次のようにクラス変数に格納しています。

▼Fieldオブジェクトをクラス変数に格納

```
name = forms.CharField(label='お名前')
email = forms.EmailField(label='メールアドレス')
title = forms.CharField(label='件名')
message = forms.CharField(label='メッセージ', widget=forms.Textarea)
```

Formクラスは、基本的にモデルのフィールドに対応したフィールドを持ちますが、モデルと切り離した独自のフィールドを定義することもできます。この場合は、django.forms.Fieldクラスのサブクラスを使って定義できます。

▼django.forms.Fieldの主なサブクラス

クラス名	扱う値	ウィジェット(Widgets)
BooleanField	TrueまたはFalse	CheckboxInput
CharField	文字列	TextInput
ChoiceField	リストに格納された文字列	Select
DateField	datetime.dateオブジェクト	DateInput
DateTimeField	datetime.dateオブジェクト	DateTimeInput
EmailField	文字列	EmailInput
FloatField	float型の値	NumberInputまたはTextInput
IntegerField	int型の整数値	NumberInputまたはTextInput
ImageField	ファイルコンテンツとファイル名を1つのオブジェクトにラッピングしたUploadedFileオブジェクト	ClearableFileInput
FileField	ファイルコンテンツとファイル名を1つのオブジェクトにラッピングしたUploadedFileオブジェクト	ClearableFileInput

フィールドのベースクラスFieldのコンストラクターには、名前付きのパラメーターが用意されていて、インスタンス化の際のオプションとして指定できるようになっています。少なくとも次の2つのオプションを使うことになるでしょう。

▼Fieldをインスタンス化するときのオプション

オプション	説明
label	フィールドに対応したフォーム部品（<input>など）をレンダリングする際に、<label>テキスト</label>を出力します。
widget	Fieldに紐付けられるWidgets（後述）を指定します。

ウィジェットはHTML部品を表すオブジェクト

前ページの表の中にウィジェット（Widgets）という項目がありますね。これは、フィールドに対応するタグをレンダリングするために用意されたクラスで、Fieldオブジェクトを生成したとき、それに対応するWidgetsオブジェクトが内部にセットされます。

CharFieldの場合はデフォルトでTextInputクラスのオブジェクトがセットされ、レンダリングの際に

```
<input type="text" ...>
```

というタグが書き出されます。EmailFieldの場合はEmailInputがセットされ、

```
<input type="url" ...>
```

というタグが書き出されます。あとで詳しく触れますが、type以外のHTML属性は、Widgetsのクラス変数を使って個別に設定できます。

もちろん、デフォルトのWidgetsを別のものにすることもできます。この場合はwidgetオプションを使って、

```
message = forms.CharField(label='メッセージ', widget=forms.Textarea)
```

のようにします。

CharFieldのデフォルトのウィジェットはTextInputですが、widgetオプションを使って、<textarea>タグを出力するTextareaに変更しています。

●Fieldオブジェクトのオプション

メッセージのフィールドを定義する

```
message = forms.CharField(label='メッセージ', widget=forms.Textarea)
```

には、引数に指定されたもう1つのオプションlabelがあります。これは何のためのものでしょう？

labelオプションは、<label>タグを配置して任意のテキストを表示します。先の例だと、

```
<tr>
<th><label for="id_message">メッセージ:</label></th>
<td><textarea name="message" cols="40" rows="10" required id="id_message">
</textarea></td></tr>
```

のように、<textarea>の前に<label >～</label>が配置され、labelオプションのテキストが出力されます。

●ウィジェットのplaceholder属性とclass属性を設定する

スーパークラスのコンストラクター__init__()をオーバーライドした初期化処理が気になったのではないでしょうか。これは、ウィジェットのHTML属性を設定するためのものです。フォームで入力された名前を扱うフィールドnameの場合は

```
self.fields['name'].widget.attrs['placeholder'] = 'お名前を入力してください'
self.fields['name'].widget.attrs['class'] = 'form-control'
```

となっていますね。

Formで定義したFieldオブジェクトは、内部で次のような辞書(dict)データとして管理されています。キーはFieldオブジェクトを格納したクラス変数名で、その値がFieldオブジェクトです。

▼Formで定義したFieldオブジェクトを管理する辞書の中身

```
{'name': <django.forms.fields.CharField object at 0x0000028B9D25A940>,
 'email': <django.forms.fields.EmailField object at
```

```
0x0000028B9D25A9D0>,
 'title': <django.forms.fields.CharField object at 0x0000028B9D25AA30>,
 'message': <django.forms.fields.CharField object at 0x0000028B9D25A9A0>}
```

辞書データそのものは、fieldsという変数に格納されているので、

```
self.fields['name']
```

でnameキーの値、CharFieldを参照できます。さらに、

```
self.fields['name'].widget.attrs
```

とすると、widgetはフィールドnameのウィジェットCharFieldを参照し、さらにクラス変数attrsを参照します。

ウィジェットのベースクラスWidgetsには、ウィジェットのHTML属性を設定するための辞書(dict)型のクラス変数「attrs」が定義されていて、デフォルトで空の辞書({ })になっています。これを

```
{'placeholder': 'お名前を入力してください', 'class': 'form-control'}
```

のようにすると、タグをレンダリングする際にキーが属性名、キーの値が属性の値として、デフォルトで書き出される属性と一緒に、

```
<input type="text" name="name"
        placeholder="お名前を入力してください"
        class="form-control"
        required id="id_name">
```

のように書き出されるようになります。

ワンポイント

form-control

form-controlは、Bootstrapで定義されているCSSのクラス名です。

問い合わせページのテンプレートを作ろう

問い合わせページのテンプレートは、「Clean Blog」の「contact.html」を土台にして作成しましょう。

❶Bootstrapからダウンロードした「startbootstrap-clean-blog-gh-pages」フォルダーを開いて、「contact.html」を右クリックし、[コピー]を選択します。

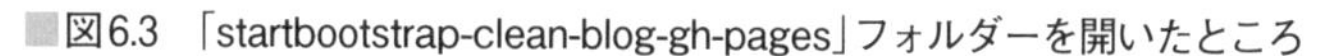

■図6.3 「startbootstrap-clean-blog-gh-pages」フォルダーを開いたところ

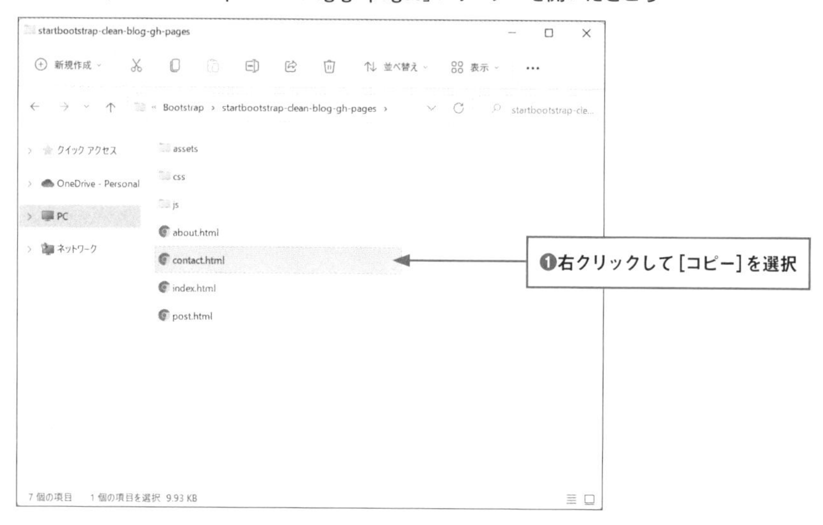

❷Spyderの[ファイル]ペインで「blogapp」フォルダー以下の「templates」フォルダーを右クリックして[貼り付け]を選択します。

■図6.4 [ファイル]ペイン

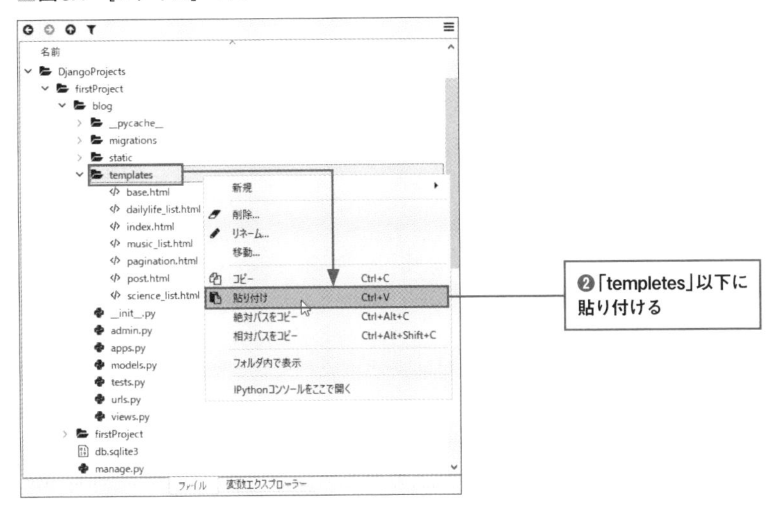

[ファイル]ペインに表示された「contact.html」をダブルクリックして、[エディタ]ペインで開きましょう。問い合わせページにもベーステンプレートを適用し、ナビゲーションバー、ページのヘッダーとフッターに、他のページと同じものを表示します。メインコンテンツは<form>タグを使ってフォームを表示するようにします。

▼問い合わせページのテンプレート(templates/contact.html)

```
<!-- <!DOCTYPE html> <html lang="en"> <head>~</head>まで削除-->
<!-- <body>とNavigation以下のブロック<nav>~</nav>まで削除-->

<!-- ベーステンプレートを適用する -->
{% extends 'base.html' %}
<!--
静的ファイルのURLを生成するstaticは
個々のページで読み込むことが必要
-->
{% load static %}
<!-- ヘッダー情報のページタイトルは
ベーステンプレートを利用するページで設定する-->
```

```
{% block title %}Django's Blog - Contact{% endblock %}

  <!-- Page Header -->
  <!-- ページのヘッダーはベーステンプレートを利用するページで設定する -->
  {% block header %}
  <!-- ヘッダーの背景イメージのリンク先url()の引数をstaticタグに書き換え -->
  <header class="masthead"
          style="background-image: url({% static 'assets/img/contact-bg.jpg' %})">
    <div class="container position-relative px-4 px-lg-5">
      <div class="row gx-4 gx-lg-5 justify-content-center">
        <div class="col-md-10 col-lg-8 col-xl-7">
          <div class="page-heading">
            <!-- ヘッダーの大見出し(タイトル)を変更 -->
            <h1>Contact Me</h1>
            <!-- サブタイトルを変更 -->
            <span class="subheading">Have questions? I have answers.</span>
          </div>
        </div>
      </div>
    </div>
  </header>
  {% endblock %}

  <!-- Main Content-->
  <!-- ページのコンテンツはベーステンプレートを使用するページで設定する -->
  {% block contents %}
  <main class="mb-4">
    <div class="container px-4 px-lg-5">
      <div class="row gx-4 gx-lg-5 justify-content-center">
        <div class="col-md-10 col-lg-8 col-xl-7">
          <!-- 本文を変更 -->
          <strong>連絡を取りたいですか?
                以下のフォームに記入してメッセージを送信してください。
                できるだけ早くご連絡します。</strong>
```

```
<!-- フォームの送信が成功したときのメッセージを表示するためのコード -->
<!-- requestにmessagesオブジェクトが存在している場合 -->
{% if messages %}
<!-- 箇条書きのスタイルを無効にした<ul>タグでメッセージを出力 -->
<ul class="list-unstyled" style="list-style: none;">
  <!-- forでmessagesを取り出す -->
  {% for message in messages %}
  <!-- message.tagsが存在する場合はclass属性にCSSのクラスを設定 -->
  <li {%if message.tags %} class="{{ message.tags }}" {% endif %}>
    <!-- messageに格納されているメッセージを出力 -->
    {{ message }}
  </li>
  {% endfor %}
</ul>
{% endif %}

<!-- 以下、フォームを表示するためのコード -->
<div class="my-5">
  <!-- method="post"を追加 -->
  <form method="post" >
    <!-- CSRF対策のためのテンプレートタグ -->
    {% csrf_token %}
    <!-- formで定義されているフィールドの値を取り出す -->
    {% for field in form %}
      <div class="form-floating">
        <div class="form-group floating-label-form-group controls">
          <!-- <label>タグを生成 -->
          {{ field.label_tag}}
          <!-- フィールドの設定値を<input>タグで出力 -->
          {{ field }}
          <!-- <p>を追加 -->
          <p class="help-block text-danger"></p>
          <!-- <input>タグを削除 -->
          <!-- <label>～</label>タグを削除 -->
        </div>
```

```
                    </div>
                    <!-- forループここまで -->
                    {% endfor %}

                    <!-- <div class="control-group">～</div>までの3ブロックを削除 -->

                    <br>
                    <!-- 送信用のボタン -->
                    <button type="submit"
                            class="btn btn-primary"
                            id="sendMessageButton">Send</button>
                  </form>
                </div>
              </div>
            </div>
          </div>

          <hr>
        </main>
        {% endblock %}

        <!-- Footer以下を削除 -->
```

フォームを配置する<form>タグの上の行には、フォームの送信が成功したときのメッセージを表示するためのコードとして、以下の記述があります。

▼フォームの送信の成功を知らせるためのコード

```
{% if messages %}
<ul class="list-unstyled" style="list-style: none;">
  {% for message in messages %}
  <li {%if message.tags %} class="{{ message.tags }}" {% endif %}>
    {{ message }}
  </li>
  {% endfor %}
```

```
</ul>
{% endif %}
```

ビューContactViewでは、フォームからPOSTリクエストが送信されたとき、メール送信処理が成功すると再びcontact.htmlをレンダリングします。そのとき、ContactViewのform_valid()に記述された

```
messages.success(self.request, 'お問い合わせは正常に送信されました。')
```

によって、メッセージを表示するための情報がrequest（HttpRequest）オブジェクトに追加されています。messagesという名前で参照できるので、

```
{% if messages %}
```

で存在を確認し、存在するのであれば、

```
{% for message in messages %}
```

でリストに格納されているメッセージを取り出し、

```
{{ message }}
```

でメッセージのテキストをHTMLドキュメント上に書き出します。

```
<li {%if message.tags %} class="{{ message.tags }}" {% endif %}>
```

となっているのは、メッセージを出力する<ul>タグの<li>に対して、CSSのクラスを設定するためのものです。{{ message.tags }}で、メッセージに紐付けられているCSSのクラス名が出力されるので、<li>タグは

```
<li class="alert alert-success">
```

のようになります。メッセージについてもCSSのクラスについても「書き出す」という表現をしていますが、問い合わせページのテンプレート（contact.html）は、最初にアクセスがあったときに加えて、フォームからの送信処理が成功したときにも再度呼ばれます。そのため、テンプレートタグの{% if … %}を使って、どちらの場合にも対応できるようにしています。

コラム

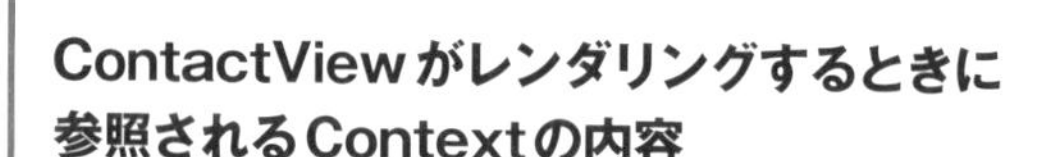

ContactViewがレンダリングするときに参照されるContextの内容

ContactViewがレンダリングするときに参照されるContextは、ContactViewの定義コードの中に

```
    def get_context_data(self, **kwargs):
        context = super().get_context_data(**kwargs)
        print(context)
        return context
```

のように、def get_context_data()をオーバーライドするコードを加えることで確認できます。ブラウザーのアドレス欄に「http://127.0.0.1:8000/contact/」と入力してアクセスすると、開発用サーバーを実行中のターミナルにContextの内容が出力されます。

▼ターミナルに出力されたContextの辞書データ

```
{'form': <ContactForm bound=False, valid=Unknown,
        fields=(name;email;title;message)>,
 'view': <blog.views.ContactView object at 0x000001E919126A60>}
```

formキーにContactFormのオブジェクトが格納されています。
def get_context_data()のreturn文の前に

```
print(context['form'])
```

を加えて、もう一度「http://127.0.0.1:8000/contact/」にアクセスすると、

```
<tr><th><label for="id_name">お名前:</label></th><td><input
type="text" name="name" placeholder="お名前を入力してください"
class="form-control" required id="id_name"></td></tr>
<tr><th><label for="id_email">メールアドレス:</label></th><td><input
type="email" name="email" placeholder="メールアドレスを入力してください"
class="form-control" required id="id_email"></td></tr>
<tr><th><label for="id_title">件名:</label></th><td><input
type="text" name="title" placeholder="タイトルを入力してください"
class="form-control" required id="id_title"></td></tr>
```

```
<tr><th><label for="id_message">メッセージ:</label></th><td><textarea
name="message" cols="40" rows="10" placeholder="メッセージを入力してくだ
さい" class="form-control" required id="id_message">
</textarea></td></tr>
```

のように、HTMLのフォームを配置するためのコードが格納されていることが確認できます。

コラム

<form>のmethod属性はデータの送信方法を指定する

method属性は、データの送信方法（HTTPメソッド）を指定する際に指定します。method属性の値として指定できるのは次の2種類です。

get ……送信内容がURLとして渡される（初期値）
post ……本文（本体）として送信される

初期値はmethod="get"です。method="get"を指定すると、送信内容がURLとして渡されます。フォームに入力された内容は、action属性で指定したURLの後ろにクエスチョンマーク（?）を付けて、それ以降に続くクエリとして送信先ページに渡されるので、入力内容はブラウザーのアドレスバーにそのまま表示されます。短めのキーワードや番号などを送信するのに適した送信方法ですが、一般的なブラウザーではURLの長さに制限があるため、長すぎるデータは途中で切れてしまうので注意が必要です。

長い文章などを送信するのに適しているのはpostです。method="post"を指定すると、URLの後ろに付くクエリとしてではなく、送信内容自体がHTTPリクエストの本文（本体）として送信されるので、入力内容がアドレスバーに表示されることもなく、かなり長い文章も送信することができます。

ベーステンプレートに問い合わせページのリンクを設定しよう

ベーステンプレート(base.html)のナビゲーションメニューに、問い合わせページへのリンクを追加します。

▼ベーステンプレートのナビゲーションメニューに問い合わせページへのリンクを追加(templates/base.html)

```
......冒頭から<head>～</head>まで省略......
  <body>
      <!-- Navigation-->
      <nav class="navbar navbar-expand-lg navbar-light"
           id="mainNav">
          <div class="container px-4 px-lg-5">
              <!--
              ナビゲーションバー左上のアンカーテキストとhref属性の値を設定
              -->
              <a class="navbar-brand"
                 href={% url 'blogapp:index' %}>Django's Blog</a>
              <button class="navbar-toggler"
                      type="button"
                      data-bs-toggle="collapse"
                      data-bs-target="#navbarResponsive"
                      aria-controls="navbarResponsive"
                      aria-expanded="false"
                      aria-label="Toggle navigation">
                  Menu
                  <i class="fas fa-bars"></i>
              </button>
              <div class="collapse navbar-collapse"
                   id="navbarResponsive">
                  <ul class="navbar-nav ms-auto py-4 py-lg-0">
                      <li class="nav-item">
                          <!--
                          ナビゲーションメニュー「HOME」のhrefの値を設定
```

```
            -->
            <a class="nav-link px-lg-3 py-3 py-lg-4"
                href="{% url 'blogapp:index' %}">Home</a>
        </li>
        <li class="nav-item">
            <!--
            ナビゲーションメニューの「SCIENCE」のリンク先を
            名前付きURLパターンscience_listに設定する
            -->
            <a class="nav-link px-lg-3 py-3 py-lg-4"
                href="{% url 'blogapp:science_list' %}">
                SCIENCE</a>
        </li>
        <li class="nav-item">
            <!--
            ナビゲーションメニューの「DAILYLIFFE」のリンク先を
            名前付きURLパターンdailylife_listに設定する
            -->
            <a class="nav-link px-lg-3 py-3 py-lg-4"
                href="{% url 'blogapp:dailylife_list' %}">
                DAILYLIFFE</a>
        </li>
        <li class="nav-item">
            <!--
            ナビゲーションメニューの「MUSIC」のリンク先を
            名前付きURLパターンmusic_listに設定する
            -->
            <a class="nav-link px-lg-3 py-3 py-lg-4"
                href="{% url 'blogapp:music_list' %}">
                MUSIC</a>
        </li>
        <li class="nav-item">
            <!--
            ナビゲーションメニューの「CONTACT」のリンク先を
            名前付きURLパターンcontactに設定する
```

```
                        -->
                        <a class="nav-link px-lg-3 py-3 py-lg-4"
                           href="{% url 'blogapp:contact' %}">
                            CONTACT</a>
                    </li>
                </ul>
            </div>
        </div>
    </nav>
    <!-- Page Header-->
    .........以下省略.........
```

入力が済んだら、ツールバーの[ファイルを保存]ボタンをクリックしてテンプレートを保存しましょう。これで、各ページに表示されるナビゲーションメニューで「CONTACT」をクリックしたときに問い合わせページが表示されるようになるので、確認してみましょう。

図6.5　問い合わせページを表示

メール送信のテストをしよう

Djangoには、メールの送信処理をテストするための仕組みが備わっていて、メールサーバーに接続していなくても、メールで送信される内容を見ることができます。環境変数EMAIL_BACKENDは、メールの送信に必要な情報を登録するためのものですが、

```
django.core.mail.backends.console.EmailBackend
```

を登録しておくと、フォームから送信されたデータをターミナル上で確認できます。

「settings.py」を［エディタ］ペインで開いて、モジュールの末尾に次のように入力しましょう。

▼環境変数EMAIL_BACKENDの設定（settings.py）

```
# フォームの送信データをターミナルに出力
EMAIL_BACKEND = 'django.core.mail.backends.console.EmailBackend'
```

■図6.6　フォームに入力して送信

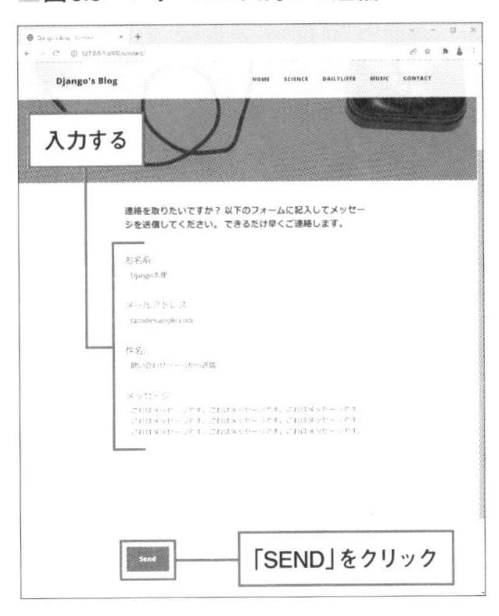

■図6.7　送信完了後の画面

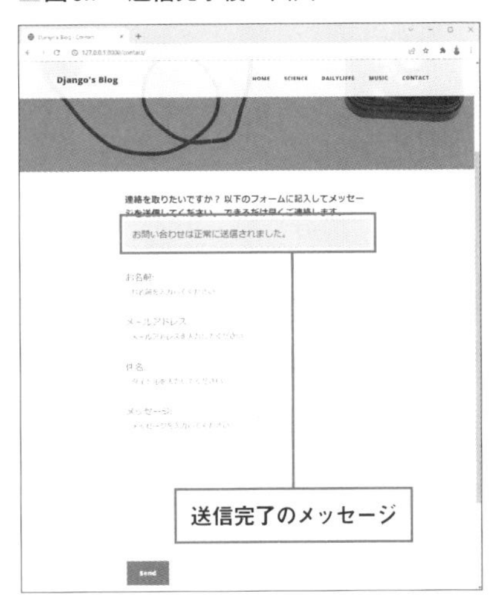

▼ターミナルへの出力例

```
[12/Feb/2022 23:14:48] "GET / HTTP/1.1" 200 20687
[12/Feb/2022 23:14:50] "GET /contact/ HTTP/1.1" 200 13508
Content-Type: text/plain; charset="utf-8"
MIME-Version: 1.0
Content-Transfer-Encoding: 8bit
Subject:
 =?utf-8?b?44GK5ZWP44GE5ZCI44KP44GbOiDllY/jgYTlkIjjgo/jgZvjg5rjg7zjgrjjgYs=?=
 =?utf-8?b?44KJ6YCB5L+h?=
From: admin@example.com
To: admin@example.com
Date: Sat, 12 Feb 2022 14:20:47 -0000
Message-ID: <164467564776.17812.5981578844880974605@DESKTOP-FU4KV0B>

送信者名: Django太郎
メールアドレス: taro@example.com
 タイトル:問い合わせページから送信
 メッセージ:
これはメッセージです。これはメッセージです。これはメッセージです。これはメッセージです。こ
れはメッセージです。これはメッセージです。これはメッセージです。これはメッセージです。これ
はメッセージです。
```

 関数ベースビューを用いる場合

関数ベースビューを用いる場合、

- **フォームモジュール(forms.py)**
- **問い合わせページのテンプレート(contact.html)**
- **ベーステンプレートでの問い合わせページへのリンク設定**

は、クラスベースビューのときと同じです。

関数ベースビューでは、

- **問い合わせページのURLパターン**
- **問い合わせページのビュー**

が独自のものとなります。

問い合わせページのURLパターンの作成

blogappアプリのURLconf (blogapp/urls.py) を開いて、問い合わせページのURLパターンを作成しましょう。

▼問い合わせページのURLパターンを作成する (blogapp/urls.py)

```
from django.urls import path
from . import views

# URLconfのURLパターンを逆引きできるようにアプリ名を登録
app_name = 'blogapp'

# URLパターンを登録するためのリスト
urlpatterns = [
    # http(s)://ホスト名/以下のパスが''(無し)の場合
    # viewsモジュールのindex_view()関数を実行
    # URLパターン名は'index'
    path('', views.index_view, name='index'),
    ......途中省略......

    # 問い合わせページのURLパターン
    path(
        # 問い合わせページのURLは「contact/」
        'contact/',
        # viewsモジュールのcontact_view()関数を実行
        views.contact_view,
        # URLパターンの名前を'contact'にする
        name='contact'
        ),
]
```

●問い合わせページのビューを関数ベースで実装する

関数ベースのビューcontact_view()を定義します。

▼問い合わせページの関数ベースビュー(blogapp/views.py)

```
# redirectを追加
from django.shortcuts import render, redirect
# Paginatorをインポート
from django.core.paginator import Paginator
# モデルBlogPostをインポート
from .models import BlogPost
# formsモジュールからContactFormをインポート
from .forms import ContactForm
# django.contribからmessagesをインポート
from django.contrib import messages
# django.core.mailモジュールからEmailMessageをインポート
from django.core.mail import EmailMessage

...index_view、blog_detail、sciencee_view、dailylife_view、music_view省略...

def contact_view(request):
    '''Contactページのビュー
    contact.htmlをレンダリングして戻り値として返す

    Parameters:
      request(HTTPRequest):
          クライアントからのリクエスト情報を格納したHTTPRequestオブジェクト

    Returns(HTTPResponse):
        Contactページへのアクセス時:
            render()でテンプレートをレンダリングした結果
        Sendボタンがクリックされた場合
            メールの送信処理完了後、Contactページにリダイレクトする
    '''
    # Contactページへのアクセスがあった場合(リクエストがGETの場合)
```

```
# render()でテンプレートをレンダリングする
if request.method == 'GET':
    # ContactFormオブジェクトを生成
    form = ContactForm()
    # render():
    # 第1引数: HTTPRequestオブジェクト
    # 第2引数: レンダリングするテンプレート
    # 第3引数: テンプレートに引き渡すdict型のデータ
    #          {キーは'form': ContactFormオブジェクト}
    return render(request, "contact.html", {'form': form})
# 送信ボタン(Send)がクリックされた場合(リクエストがPOSTの場合)
else:
    # ContactFormオブジェクトを生成(引数はPOSTされたフォームデータ)
    form = ContactForm(request.POST)
    # POSTされたフォームのデータがバリデーションを通過しているかを確認
    if form.is_valid():
        # フォームに入力されたデータをフィールド名を指定して取得
        name = form.cleaned_data['name']
        email = form.cleaned_data['email']
        title = form.cleaned_data['title']
        message = form.cleaned_data['message']
        # メールのタイトルの書式を設定
        subject = 'お問い合わせ: {}'.format(title)
        # フォームの入力データの書式を設定
        message = \
          '送信者名: {0}\nメールアドレス: {1}\n タイトル:{2}\n メッセージ:\n{3}' \
          .format(name, email, title, message)
        # メールの送信元のアドレス(Gmail)
        from_email = 'xxxxxxxx@gmail.com'
        # 送信先のメールアドレス(Gmail)
        to_list = ['xxxxxxxx@gmail.com']
        # EmailMessageオブジェクトを生成
        message = EmailMessage(subject=subject,
                               body=message,
                               from_email=from_email,
```

```
                                to=to_list,
                                )
        # EmailMessageクラスのsend()でメールサーバーからメールを送信
        message.send()
        # 送信完了後に表示するメッセージ
        messages.success(
            request, 'お問い合わせは正常に送信されました。')
        # Contactページにリダイレクトする
        return redirect('blogapp:contact')
```

関数ベースビューの場合は、次の2つの処理をif...elseで分けて行います。

- **問い合わせページへのアクセスがあった場合（GETリクエスト）は、テンプレートをレンダリングする**
- **問い合わせページでの入力が完了して[Send]ボタンがクリックされた場合（POSTリクエスト）は、メールの送信処理を行う**

送信ボタン（Send）がクリックされた場合（リクエストがPOSTの場合）は、

```
form = ContactForm(request.POST)
```

で、POSTされたフォームデータを引数にしてContactFormオブジェクトを生成します。

```
if form.is_valid():
```

で、POSTされたフォームデータがバリデーションを通過したものであるかを確認し、各フィールドのデータを取得します。以降のメールの送信処理はクラスベースビューのときと同じです。異なるのは、メールの送信処理が完了したら

```
return redirect('blogapp:contact')
```

のように、問い合わせページにリダイレクトするところです。

6.2

送信メールサーバーを登録してメール送信を実現しよう

問い合わせページに入力されたデータをメールで送れるようにしましょう。ここでは、Gmailのアカウントを作成してメールを送信する方法について紹介します。Gmailには、Webアプリから安全にメールサーバーを利用できる「2段階認証」という仕組みが用意されています。

 メール送信の流れ

メールの送信は、Djangoのアプリケーションサーバーから送信メールサーバーに依頼することで行われます。

▼メール送信の流れ

Djangoサーバー ➡ 送信メールサーバー ➡ メール受信者

 Gmailのアカウントを作成して2段階認証を登録しよう

Gmailは、次のページでGoogleアカウントを作成することで利用できるようになります。

```
https://www.google.com/intl/ja/gmail/about/
```

図6.8　Gmail

Googleアカウントを登録したら、「Googleアカウント」(https://myaccount.google.com/)にアクセスしましょう。

❶サイドバーの[セキュリティ]をクリックすると、「セキュリティ」のページが表示されます。[2段階認証プロセス]という項目があるので、これをクリックしましょう。

■図6.9 「Googleアカウント」の「セキュリティ」

❷[使ってみる]をクリックします。

■図6.10 「2段階認証プロセス」

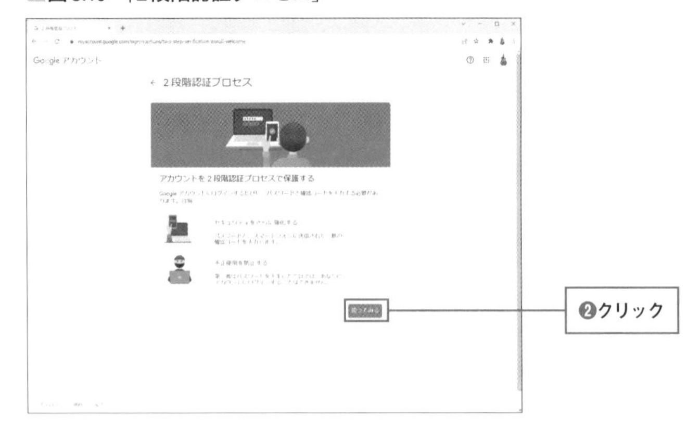

❸ユーザー認証のあと、ログインの手順やバックアップ方法を尋ねられるので画面の指示に従って操作を進めると、[2段階認証プロセスを有効にしますか?]と表示されるので、[有効にする]をクリックします。

■図6.11　2段階認証プロセスを有効にする

❹再びGoogleアカウントの「セキュリティ」を開きましょう。[2段階認証プロセス]が[オン]になっていることを確認し、[アプリパスワード]をクリックしましょう。

■図6.12　Googleアカウントの「セキュリティ」

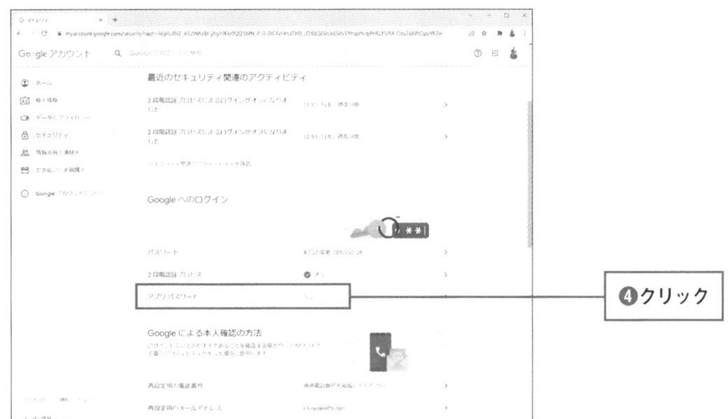

❺ユーザー認証のあと、[アプリパスワード]の画面が表示されます。[アプリを選択]で[メール]を選択し、[デバイスを選択]で使用しているデバイスを選択します。

■図6.13 「アプリパスワード」

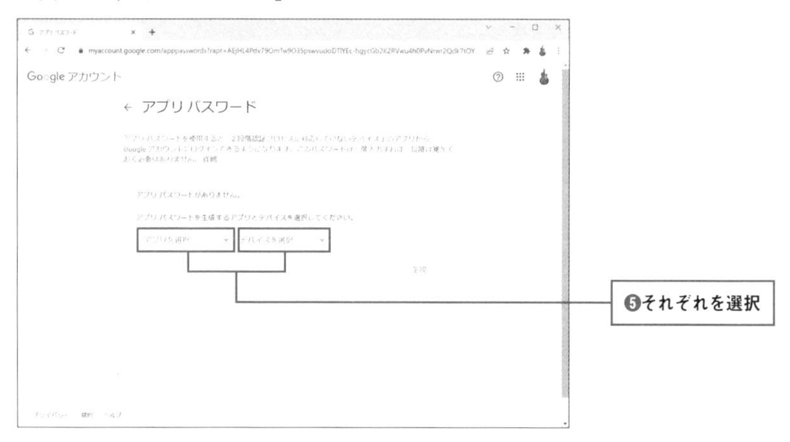

❻[生成]ボタンをクリックします。

■図6.14 アプリパスワードの生成

❼アプリパスワードが生成され、画面に表示されます。このパスワードはメールサーバーを設定するときに必要になるので、任意の方法で記録しておきましょう。最後に[完了]ボタンをクリックして画面を閉じましょう。

図6.15 生成されたパスワード

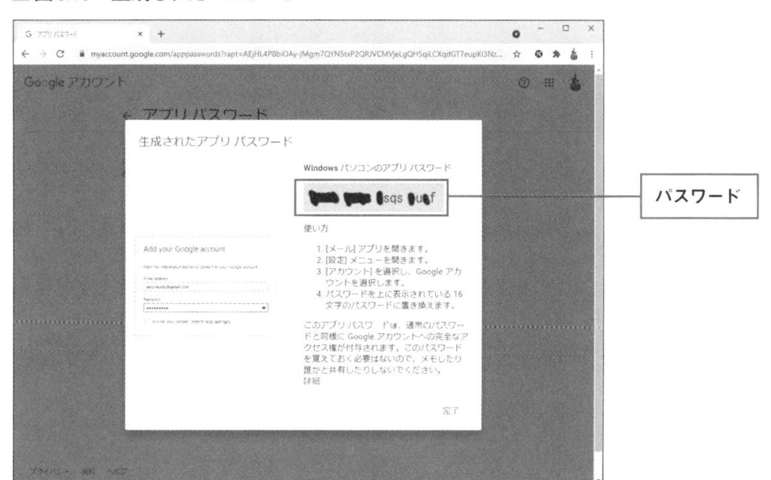

 環境変数にメールサーバーの接続情報を登録しよう

「settings.py」で登録した環境変数EMAIL_BACKENDには、メールの内容をターミナルで確認するための設定がなされています。これを削除して、Gmailの送信メールサーバーから送信するように設定しましょう。

「settings.py」を[エディタ]ペインで開き、

```
EMAIL_BACKEND = 'django.core.mail.backends.console.EmailBackend'
```

の記述を削除し、送信メールサーバーを利用するための記述を追加しましょう。

▼Gmailの送信メールサーバーからメールを送信するための環境変数を定義

```
DEFAULT_FROM_EMAIL = 'xxxxxx@gmail.com'        # メールの送信元のアドレス
EMAIL_HOST = 'smtp.gmail.com'                   # GmailのSMTPサーバー
EMAIL_PORT = 587                                # SMTPサーバーのポート番号
EMAIL_HOST_USER = 'xxxxxxxxxxxx@gmail.com'      # Gmailのアドレス
EMAIL_HOST_PASSWORD = 'xxxxxxxxxxxxxxxx'        # Gmailのアプリ用パスワード
EMAIL_USE_TLS = True    # SMTPサーバーと通信する際にTLS(セキュア)接続を使う
```

メールの送信元のアドレスを設定するDEFAULT_FROM_EMAILは、EMAIL_HOST_USERと同じアドレスになるでしょう。Gmailの送信メールサーバー(SMTPサーバー)のホスト名は「smtp.gmail.com」、ポート番号は「587」です。

EMAIL_HOST_PASSWORDには、Gmailの2段階認証プロセスで生成したアプリパスワードを登録しましょう。

「blogapp/views.py」を[エディタ]ペインで開いて、ContactViewクラスのform_valid()の内容を、Gmailを利用するものに書き換えましょう。

▼ContactViewのform_valid()の内容を書き換える(blogapp/views.py)

```
class ContactView(FormView):
    '''問い合わせページを表示するビュー

    フォームで入力されたデータを取得し、メールの作成と送信を行う
    '''
    # contact.htmlをレンダリングする
    template_name ='contact.html'
    # クラス変数form_classにforms.pyで定義したContactFormを設定
    form_class = ContactForm
    # 送信完了後にリダイレクトするページ
    success_url = reverse_lazy('blogapp:contact')

    def form_valid(self, form):
        '''FormViewクラスのform_valid()をオーバーライド
```

```
        フォームのバリデーションを通過したデータがPOSTされたときに呼ばれる
        メール送信を行う

        parameters:
          form(object): ContactFormのオブジェクト
        Return:
          HttpResponseRedirectのオブジェクト
          オブジェクトをインスタンス化するとsuccess_urlで
          設定されているURLにリダイレクトされる
        '''
        # フォームに入力されたデータをフィールド名を指定して取得
        name = form.cleaned_data['name']
        email = form.cleaned_data['email']
        title = form.cleaned_data['title']
        message = form.cleaned_data['message']
        # メールのタイトルの書式を設定
        subject = 'お問い合わせ: {}'.format(title)
        # フォームの入力データの書式を設定
        message = \
          '送信者名: {0}\nメールアドレス: {1}\n タイトル:{2}\n メッセージ:\n{3}' \
           .format(name, email, title, message)
        # メールの送信元のアドレス(Gmail)
        from_email = 'xxxxxxxxx@gmail. com'
        # 送信先のメールアドレス(Gmail)
        to_list = ['xxxxxxxxx@gmail.com']
        # EmailMessageオブジェクトを生成
        message = EmailMessage(subject=subject,
                               body=message,
                               from_email=from_email,
                               to=to_list,
                               )
        # EmailMessageクラスのsend()でメールサーバーからメールを送信
        message.send()
        # 送信完了後に表示するメッセージ
        messages.success(
```

```
            self.request, 'お問い合わせは正常に送信されました。')
        # 戻り値はスーパークラスのform_valid()の戻り値(HttpResponseRedirect)
        return super().form_valid(form)
```

from_emailには、送信元のGmailのアドレスを設定します。to_listには、送信先のメールアドレス、言い換えるとメールを受信するアドレスを登録します。Gmailのアドレスで受け取る場合は、Gmailのアドレスを設定します。所有している別のメールアカウントで受け取る場合は、対象のメールアドレスを登録しましょう。リスト形式で登録するので、カンマで区切って複数のアドレスを設定することも可能です。

 フォームを送信してメールを受け取ってみよう

問い合わせページ(CONTACT)で入力して[SEND]ボタンをクリックし、実際に送信してみましょう。指定したメールアドレス宛に次のようなメールが届きます。

▼問い合わせページから送信されたメールの内容

```
お問い合わせ: Contactページからの送信

xxxxxxxx@gmail.com
13:24 (0 分前)
To 自分

送信者名: Django太郎
メールアドレス: django@example.com
 タイトル:Contactページからの送信
 メッセージ:
これはメッセージです。これはメッセージです。これはメッセージです。これはメッセージです。
これはメッセージです。これはメッセージです。
```

6.3

blogアプリの全体像

問い合わせページが出来上がりましたので、blogアプリは完成です。どのようなアプリなのか、全体像をまとめておきます。

 blogアプリのページ

トップページにはすべてのカテゴリの投稿記事を表示します。記事をクリックすると詳細ページが表示されます。

図6.16　トップページ

図6.17　詳細ページ

3つのカテゴリ用ページには、それぞれのカテゴリの投稿記事が表示されます。

■図6.18　Scienceカテゴリのページ

■図6.19　Dailylifeカテゴリのページ

■図6.20　Musicカテゴリのページ

■図6.21　Contact Me（問い合わせページ）

問い合わせページでは、入力した内容がメールサーバー経由で指定のアドレスへ送信されます。

第7章

「会員制フォトギャラリー」アプリの開発

7.1

photoアプリを作ろう

これから作成する「会員制フォトギャラリー」アプリは、投稿された写真を表示する「photo」アプリと、ユーザー管理を行う「accounts」アプリの2つのアプリが連携して動作します。

 プロジェクトを作成し、「photo」アプリを構築しよう

「Anaconda Navigator」の[Environments]タブで仮想環境名の右横の▶をクリックして[Open Terminal]を選択してターミナルを起動しましょう。

ターミナルのプロンプトに表示されているディレクトリを、cdコマンドで移動します。移動先は、Djangoのプロジェクトを格納するフォルダーです。ここでは、Cドライブ直下に作成した「djangoprojects」フォルダーとします。プロンプトに続けて、

```
cd C:¥djangoprojects
```

と入力しましょう(移動先のディレクトリは、お使いのコンピューターの状況に応じて適宜、変更してください)。

では、startprojectコマンドを実行して「photoproject」という名前のプロジェクトを作成しましょう。プロンプトの直後に次のように入力します。

▼photoprojectを作成する

```
django-admin startproject photoproject
```

cdコマンドで「photoproject」フォルダー(manage.pyが格納されているフォルダーです)に移動し、次のように入力してstartappコマンドを実行します。このとき、startappのあとに半角スペースを入れて、Webアプリの名前を指定してください。今回はフォトギャラリーアプリを作成しますので、「photo」という名前にしましょう。

▼cdコマンドで「photoproject」フォルダーに移動してstartappコマンドを実行

```
cd C:¥djangoprojects¥photoproject
python manage.py startapp photo
```

Spyderの[ファイル]ペインでプロジェクトのフォルダー「photoproject」を展開し、次のような状態になっていることを確認しましょう。

■図7.1 [ファイル]ペインでプロジェクトのフォルダー「photoproject」を展開したところ

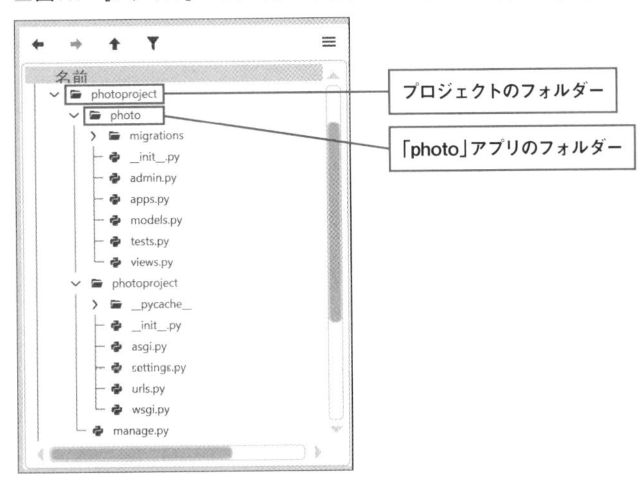

photoアプリをプロジェクトに登録しよう(環境変数INSTALLED_APPS)

作成したphotoアプリをプロジェクトに登録しましょう。Spyderの[ファイル]ペインでプロジェクトのフォルダー「photoproject」を展開した状態で、さらに内部の「photoproject」を展開し、「settings.py」をダブルクリックして開きましょう。

環境変数INSTALLED_APPSの要素の最後に

```
'photo.apps.PhotoConfig',
```

を追加します。「photo/apps.py」で定義されているPhotoConfigクラスの名前空間名です。

▼環境変数INSTALLED_APPSにphotoアプリを追加する(settings.py)

```
INSTALLED_APPS = [
    'django.contrib.admin',
```

```
    'django.contrib.auth',
    'django.contrib.contenttypes',
    'django.contrib.sessions',
    'django.contrib.messages',
    'django.contrib.staticfiles',
    # photoアプリを追加する
    'photo.apps.PhotoConfig',
]
```

使用言語とタイムゾーンを日本仕様に設定する

プロジェクトの使用言語とタイムゾーンを日本仕様に変更しましょう。settings.pyの環境変数LANGUAGE_CODE、TIME_ZONEの値を次のように書き換えます。

▼使用言語とタイムゾーンを日本仕様にする

```
LANGUAGE_CODE = 'ja'
TIME_ZONE = 'Asia/Tokyo'
```

ベーステンプレートとトップページのテンプレートの外観

photoアプリのベースになるテンプレートとして、Bootstrapでサンプルとして提供されている「Album」を使って制作します。

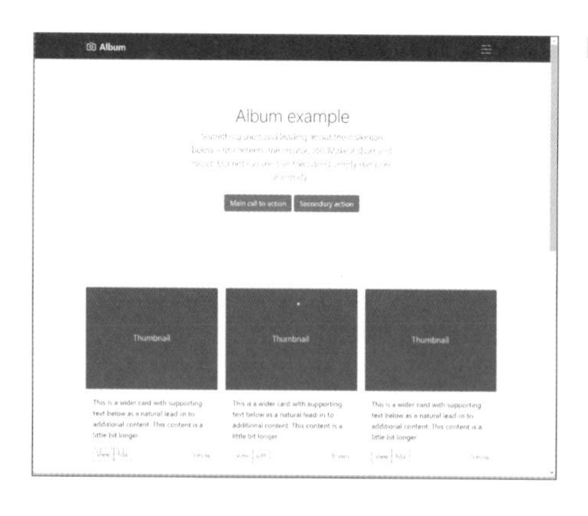

図7.2 Bootstrapのサンプル「Album」

photoアプリのテンプレートとして、次のものを作ります。

- **ベーステンプレート（base.html）**
  ページのヘッダー（ナビゲーションバー）とフッターを定義
- **タイトルのテンプレート（photos_title.html）**
  メインコンテンツのタイトル部分を定義
- **投稿一覧テンプレート（photos_list.html）**
  投稿された写真を含むデータを一覧表示
- **トップページのテンプレート（index.html）**
  ベーステンプレートとタイトルのテンプレート、投稿一覧テンプレートを読み込んで、それぞれの内容をブラウザーに出力

■図7.3 「Album」を改造してトップページのテンプレートを作成（index.html）

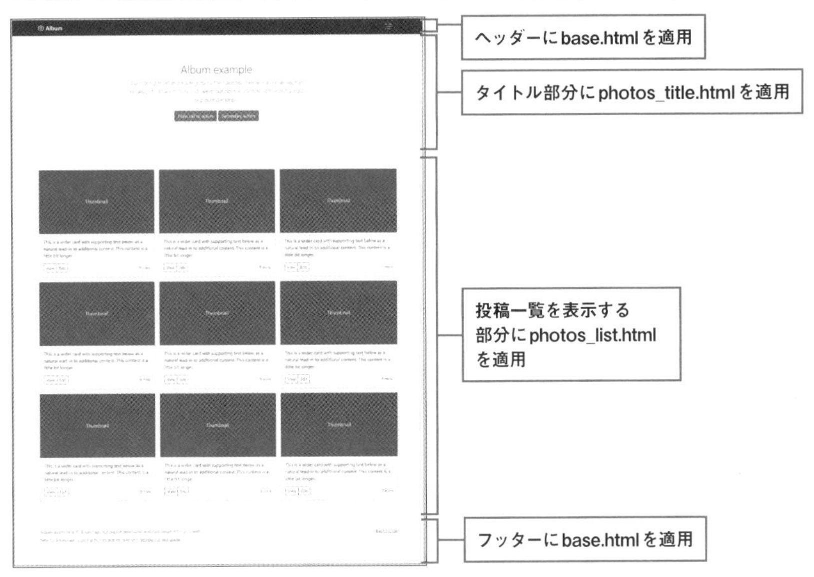
Album
Album example
Main call to action
Secondary action
Thumbnail
ヘッダーにbase.htmlを適用
タイトル部分にphotos_title.htmlを適用
投稿一覧を表示する部分にphotos_list.htmlを適用
フッターにbase.htmlを適用

■図7.4　photoアプリのトップページでナビゲーションメニューを展開したところ

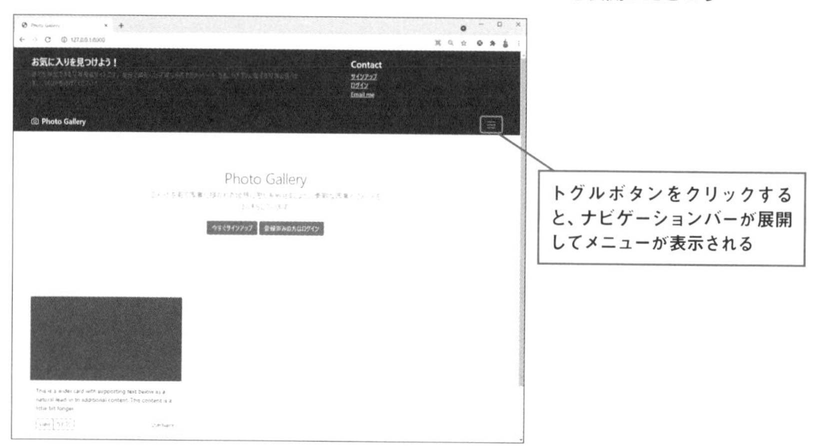

 Bootstrapのサンプルをダウンロードしよう

❶Bootstrapのトップページ（https://getbootstrap.jp/）の［ダウンロード］ボタンをクリックします。

■図7.5　Bootstrapのトップページ

❷［サンプル］の［Download Examples］ボタンをクリックします。

■図7.6　ダウンロードのページ

❸ダウンロードが済んだら、ダウンロードされた圧縮ファイルを解凍しておきましょう。

各ページで共通利用するテンプレート、トップページのテンプレートを作ろう

各ページで共通して使用するベーステンプレート（base.html）、ページのタイトルを表示するテンプレート、投稿写真の一覧を表示するテンプレートを用意し、トップページのテンプレートも用意します。

- **ベーステンプレート**
  ページのヘッダー／フッターを表示
- **タイトルを表示するテンプレート**
  ページのタイトルを表示
- **投稿一覧テンプレート**
  投稿写真の一覧を表示
- **トップページのテンプレート**
  トップページを表示

●「templates」フォルダーの作成

「photo」フォルダー以下に、テンプレート用のフォルダー「templates」を作成しましょう。

❶Spyderの[ファイル]ペインで「photoproject」以下の「photo」フォルダーを右クリックして[新規]➡[フォルダー]を選択し、[新規フォルダー]ダイアログで「templates」と入力して[OK]ボタンをクリックします。

●「static」フォルダーの作成

静的ファイルを保存する「static」フォルダーをプロジェクト直下に作成します。photoアプリでは静的ファイルを使用する場面はないのですが、プロジェクト直下の「static」フォルダーを作成しておくことは(特に本番運用の際に)必要です。このあとで作成するaccountsアプリでは静的ファイルを使用するので、ここで作成しておくことにしましょう。

❶「photoproject」(manage.pyが保存されているフォルダー)を右クリックして[新規]➡[フォルダー]を選択し、[新規フォルダー]ダイアログで「static」と入力して[OK]ボタンをクリックします。

■図7.7 「templates」「static」作成後の[ファイル]ペイン

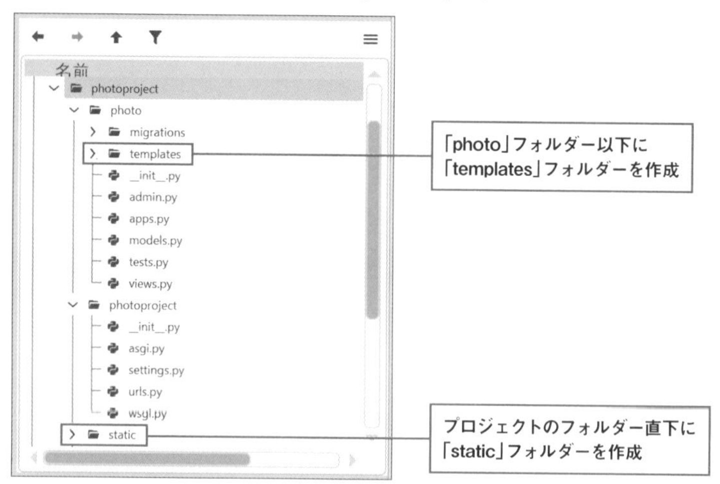

「static」フォルダーのディレクトリを設定しよう（settings.py）

「static」フォルダーのディレクトリを設定しておきましょう。テンプレートタグ{% load static %}でパスを読み込めるようにするためです。

［ファイル］ペインで「photoproject」以下の「settings.py」をダブルクリックして開き、冒頭にosモジュールをインポートするコードを入力します。

▼osモジュールのインポート（settings.py）

```
import os
```

続いて、

```
STATIC_URL = 'static/'
```

の記述の次行に、以下のように入力します。

▼環境変数STATICFILES_DIRSにstaticフォルダーのフルパスを設定

```
STATICFILES_DIRS = (os.path.join(BASE_DIR, 'static'),)
```

ベーステンプレート「base.html」の作成

Bootstrapからダウンロードしたサンプルの中に「album」というフォルダーがあります。フォルダーの中に「index.html」があるので、これをコピーしてベーステンプレートとして利用できるようにしましょう。

❶Bootstrapからダウンロードしたサンプルの「album」フォルダー内、「index.html」を右クリックして［コピー］を選択します。
❷Spyderの［ファイル］ペインで「photo」以下の「templates」フォルダーを右クリックして［貼り付け］を選択します。
❸「index.html」を右クリックして［リネーム］を選択します。
❹「base.html」と入力して［OK］ボタンをクリックします。

● タイトルを表示するテンプレート「photos_title.html」の作成

ページのタイトルを表示するためのテンプレート、「photos_title.html」を作成しましょう。このテンプレートもBootstrapのダウンロードサンプル「album」フォルダーの「index.html」を利用します。

❶ Bootstrapのダウンロードサンプルの「album」内、「index.html」を右クリックして[コピー]を選択します。
❷ Spyderの[ファイル]ペインで「photo」以下の「templates」フォルダーを右クリックして[貼り付け]を選択します。
❸「index.html」を右クリックして[リネーム]を選択します。
❹「photos_title.html」と入力して[OK]ボタンをクリックします。

● 投稿一覧を表示するテンプレート「photos_list.html」の作成

投稿された写真を一覧表示するためのテンプレート、「photos_list.html」を作成しましょう。このテンプレートもBootstrapのダウンロードサンプル「album」フォルダーの「index.html」を利用します。

❶ Bootstrapのダウンロードサンプルの「album」内、「index.html」を右クリックして[コピー]を選択します。
❷ Spyderの[ファイル]ペインで「photo」以下の「templates」フォルダーを右クリックして[貼り付け]を選択します。
❸「index.html」を右クリックして[リネーム]を選択します。
❹「photos_list.html」と入力して[OK]ボタンをクリックします。

● トップページのテンプレート「index.html」の作成

トップページのテンプレート、「index.html」を作成しましょう。

❶ Spyderの[ファイル]ペインで「photo」以下の「templates」フォルダーを右クリックして[新規]➡[ファイル]を選択します。
❷[ファイル名]に「index.html」と入力して[保存]ボタンをクリックします。

図7.8 「base.html」「photos_list.html」「photos_title.html」「index.html」を作成

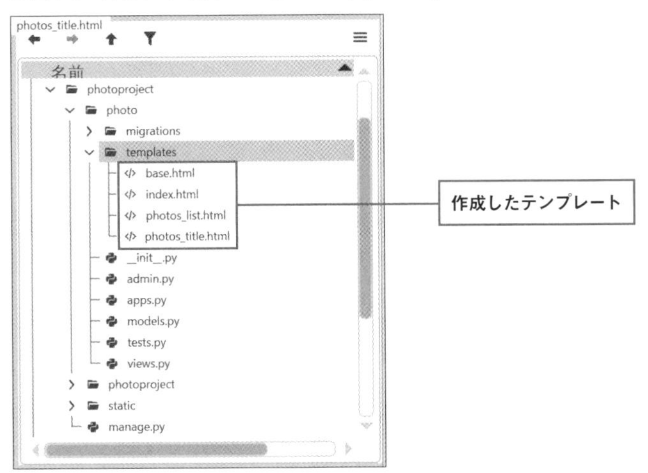

ベーステンプレートを編集しよう(base.html)

以下、ベーステンプレートを編集する際のポイントです。

・<header>～</header>内で、ページタイトルを設定する<title>のテキスト部分を各ページのテンプレートで埋め込めるようにします。

```
<title>{% block title %}{% endblock %}</title>
```

・投稿データを出力する部分を各ページのテンプレートで埋め込めるようにします。

```
<body>
  <main>
  .........
  {% block contents %}{% endblock %}
  </main>
  .........
```

［ファイル］ペインで「base.html」をダブルクリックして［エディタ］ペインで開きましょう。以下、347ページからのリストも併せてご覧ください。

①ドキュメントの冒頭のテンプレートタグload

staticフォルダーを参照するためのテンプレートタグloadを

```
{% load static %}
```

のように記述します。ベーステンプレートで静的ファイルを使用することはありませんが、今後の拡張に備えて記述しておくことにします。

②<html>タグのlang属性

<html lang="ja">のように、lang属性の値を日本語の"ja"に書き換えます。

③<head>～</head>内の<title>～</title>

```
<title>{% block title %}{% endblock %}</title>
```

に書き換えます。

④<head>～</head>内の<link rel="canonical"...>

<link rel="canonical" href="https://getbootstrap.com/docs/5.0/examples/album/">の記述を削除します。

⑤<!-- Bootstrap core CSS -->のコメント以下の<link href="...>タグ

BootstrapからCSSを読み込むコードをコピーして貼り付けます。

- Bootstrapのトップページ（https://getbootstrap.jp/）で［はじめる］ボタンをクリックすると、ソースコードをコピーできるページが表示されます。
- 「CSS」の［Copy］ボタンをクリックします。
- base.htmlの<head>～</head>にコメントの<!-- Bootstrap core CSS -->があります。その次の行に入力されている<link href="../assets/dist/css/bootstrap.min.css" rel="stylesheet">の記述を削除します。
- 削除した箇所を右クリックして［貼り付け］を選択し、先ほどコピーしたコードを貼り付けます。

■図7.9 Bootstrapの[はじめる]をクリックすると表示されるページ

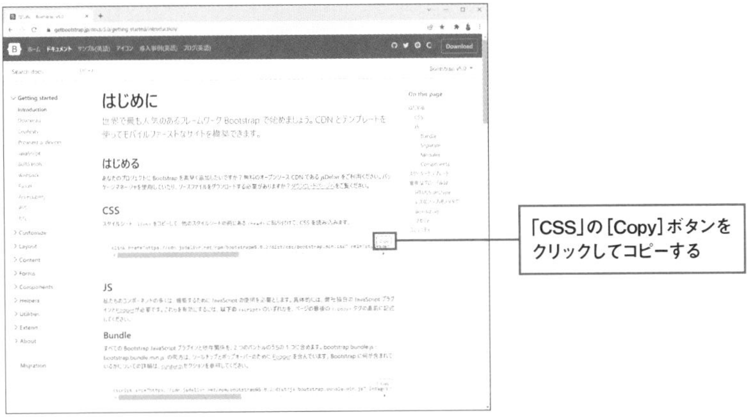
はじめに
はじめる
CSS
JS
Bundle
Download
「CSS」の[Copy]ボタンを
クリックしてコピーする

⑥ページヘッダーのタイトルと本文

<h4>のタイトルと<p>の本文を書き換えます。

⑦ナビゲーションメニュー

3カ所ある<li>のうち、1つ目と2つ目の<li>のテキストを「サインアップ」「ログイン」に書き換えます。3つ目の<li>の<a>タグのhref属性を管理者のメールアドレスへのリンクに書き換えます。

⑧ナビゲーションバーのトップページへのリンク

ナビゲーションバーのトップページへのリンク先を「href="{% url 'photo:index' %}"」に書き換えます。

⑨ページヘッダーのリンクテキスト

トップページへのリンクテキストを設定する<strong>の要素を「Photo Gallery」に書き換えます。

⑩<main>～</main>の内側の要素をすべて削除

<main>～</main>の内側の要素をすべて削除します。<main>タグと終了タグの</main>は削除しないよう注意してください。

⑪テンプレートタグを追加

<main>の次の行に

{% block contents %}{% endblock %}

を追加します。メインコンテンツの本体部分を各ページのテンプレートで埋め込むためのコードです。

⑫フッターのテキスト

2つ目の<p>のテキストを任意のものに書き換えます。3つ目の<p class="mb-0">は末尾の</p>まで削除します。

⑬<script>～</script>

BootstrapからJavaScriptを読み込むコードをコピーして貼り付けます。

・Bootstrapのトップページで[はじめる]ボタンをクリックすると、ソースコードをコピーできるページが表示されます。
・「Bundle」の[Copy]ボタンをクリックします。

■図7.10　Bootstrapの[はじめる]をクリックすると表示されるページ

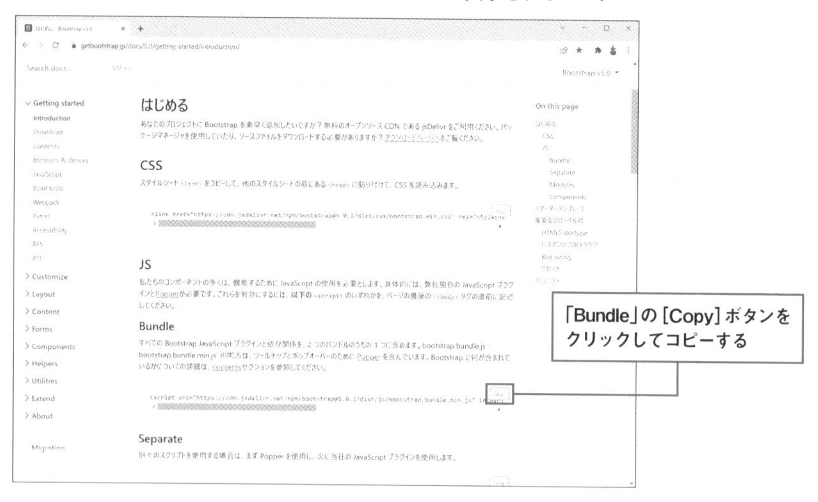

・base.htmlの</footer>以下に<script>～</script>の記述があるので、これを削除します。
・削除した箇所を右クリックして[貼り付け]を選択し、先ほどコピーしたコードを貼り付けます。

▼書き換え後のベーステンプレート (photo/templates/base.html)

```
<!-- 静的ファイルのURLを生成するstaticタグをロードする -->   ①
{% load static %}
<!doctype html>
<!-- 言語指定をenからjaに変更 -->   ②
<html lang="ja">
  <head>
    <meta charset="utf-8">
    <meta name="viewport" content="width=device-width, initial-scale=1">
    <meta name="description" content="">
    <meta name="author"
          content="Mark Otto, Jacob Thornton, and Bootstrap contributors">
    <meta name="generator" content="Hugo 0.84.0">
    <!-- ヘッダー情報のタイトルを個別に設定できるようにする -->   ③
    <title>{% block title %}{% endblock %}</title>

    <!-- <link rel="canonical" href="https://"～>の記述を削除 -->   ④

    <!-- Bootstrap core CSS -->
    <!-- Bootstrap core CSSを読み込むコードをBootstrapからコピー -->
    <link href="https://cdn.jsdelivr.net/npm/bootstrap@5.0.2/dist/css/bootstrap.min.css"
          rel="stylesheet"
          integrity="sha384-EVSTQN3/azprG1Anm3QDgpJLIm9Nao0Yz1ztcQTwFspd3yD65VohhpuuCOmLASjC"
          crossorigin="anonymous">   ⑤

    <style>
      .bd-placeholder-img {
        font-size: 1.125rem;
        text-anchor: middle;
```

```
      -webkit-user-select: none;
      -moz-user-select: none;
      user-select: none;
    }

    @media (min-width: 768px) {
      .bd-placeholder-img-lg {
        font-size: 3.5rem;
      }
    }
  </style>
</head>

<body>
  <!-- ページのヘッダー -->
  <header>
    <!-- ナビゲーションバーのヘッダー -->
    <div class="collapse bg-dark" id="navbarHeader">
      <div class="container">
        <div class="row">
          <div class="col-sm-8 col-md-7 py-4">
            <!-- ヘッダーのタイトルと本文 -->
            <h4 class="text-white">お気に入りを見つけよう！</h4>
            <p class="text-muted">
              誰でも参加できる写真投稿サイトです。
              自分で撮影した写真なら何でもオッケー！                ⑥
              でも、カテゴリに属する写真に限ります。
              コメントも付けてください！
            </p>
          </div>
          <div class="col-sm-4 offset-md-1 py-4">
            <h4 class="text-white">Contact</h4>
            <ul class="list-unstyled">
              <!-- ナビゲーションメニュー -->
              <li><a href="#"                                  ⑦
```

```
            class="text-white">サインアップ</a></li>
    <li><a href="#"
            class="text-white">ログイン</a></li>
    <li><a href="mailto:admin@example.com"
            class="text-white">Email me</a></li>
        </ul>
      </div>
    </div>
  </div>
</div>
<!-- ナビゲーションバー -->
<div class="navbar navbar-dark bg-dark shadow-sm">
  <div class="container">
    <!-- トップページへのリンク -->
    <a href="{% url 'photo:index' %}"                           ⑧
      class="navbar-brand d-flex align-items-center">
      <svg xmlns="http://www.w3.org/2000/svg"
           width="20" height="20" fill="none"
           stroke="currentColor"
           stroke-linecap="round"
           stroke-linejoin="round"
           stroke-width="2"
           aria-hidden="true"
           class="me-2"
           viewBox="0 0 24 24">
           <path d="M23 19a2 2 0 0 1-2 2H3a2 2 0 0 1-2-2V8a..."/>
           <circle cx="12" cy="13" r="4"/></svg>
      <!-- リンクテキスト -->                                   ⑨
      <strong>Photo Gallery</strong>
    </a>
    <!-- トグルボタン -->
    <button class="navbar-toggler"
            type="button"
            data-bs-toggle="collapse"
            data-bs-target="#navbarHeader"
```

```
                    aria-controls="navbarHeader"
                    aria-expanded="false"
                    aria-label="Toggle navigation">
              <span class="navbar-toggler-icon"></span>
            </button>
          </div>
        </div>
      </header>

      <!-- メインコンテンツ -->
      <main>
        <!-- <main>タグの要素をすべて削除して以下に書き換え -->       ⑩
        <!-- メインコンテンツの本体部分は各ページのテンプレートで埋め込む -->   ⑪
        {% block contents %}{% endblock %}
      </main>

      <!-- フッター -->
      <footer class="text-muted py-5">
        <div class="container">
          <p class="float-end mb-1">
            <a href="#">Back to top</a>
          </p>
          <!-- フッターのテキストを任意のものに書き換え -->
          <p class="mb-1">
            Photo Gallery is &copy; Bootstrap, but please post a lot!</p>
          <!-- <p class="mb-0">は末尾の</p>まで削除 -->
        </div>
      </footer>                                                        ⑫

      <!-- BootstrapからJavaScriptを読み込むコードをコピーして貼り付け -->
      <script src="https://cdn.jsdelivr.net/npm/bootstrap@5.0.2/dist/js/bootstrap.bundle.min.js"
              integrity="sha384-MrcW6ZMFYlzcLA8Nl+NtUVF0sA7MsXsP1UyJoMp4YLEuNSfAP+JcXn/tWtIaxVXM"
              crossorigin="anonymous"></script>
    </body>
  </html>                                                              ⑬
```

タイトル用のテンプレートを編集しよう(photos_title.html)

タイトル用のテンプレート(photos_title.html)は、Bootstrapのダウンロードサンプル「album/index.html」をそのままコピーした状態になっています。タイトル用のテンプレートに必要なのは、タイトルと2個のナビゲーションボタンを表示することです。photos_title.htmlを[エディタ]ペインで開いて編集しましょう。

タイトルと2個のナビゲーションボタンを表示するブロックを残して、次の要領でそれ以外のコードをすべて削除します。

①ドキュメントの冒頭から<main>までを削除

ドキュメントの冒頭から以下のコードを削除します。

- **<!doctype html>と<html lang="en">**
- **<head>～</head>**
- **<body>**
- **<header>～</header>**
- **<main>**

②<section class="py-5 text-center container">～</section>のブロックを残す

タイトルとボタンを出力する<section>～</section>のブロックを残します。

③<div class="album py-5 bg-light">以下をすべて削除

②で残したブロックより下(メインコンテンツの残りの部分、フッター以降ドキュメントの末尾まで)のコードをすべて削除します。

<section class="py-5 text-center container">～</section>の要素を次のように編集します。

①タイトルと本文

<h1>のテキストを「Photo Gallery」に書き換え、<p>の本文を任意のものに書き換えます。

②ナビゲーションボタン

2つ配置されている<a>タグのテキストを「今すぐサインアップ」「登録済みの方はログイン」に書き換えます。

▼編集後のタイトル用テンプレート (photo/templates/photos_title.html)

```
<!-- ここまでのコードをすべて削除 -->

<!-- タイトルとナビゲーションボタン -->
<section class="py-5 text-center container">
  <div class="row py-lg-5">
    <div class="col-lg-6 col-md-8 mx-auto">
      <!-- タイトルと本文 -->
      <h1 class="fw-light">Photo Gallery</h1>
      <p class="lead text-muted">                          ―①
        コメントを見て写真に描かれた世界に思いを馳せましょう。
        素敵な写真とコメントをお待ちしています!</p>
      <p>
        <!-- ナビゲーションボタン -->
        <a href="#" class="btn btn-primary my-2">今すぐサインアップ</a>
        <a href="#" class="btn btn-secondary my-2">登録済みの方はログイン</a>
      </p>                                                  ―②
    </div>
  </div>
</section>

<!-- 以下のコードをすべて削除 -->
```

投稿一覧テンプレートを編集しよう (photos_list.html)

投稿一覧テンプレート(photos_list.html)についても、Bootstrapのダウンロードサンプル「album/index.html」をそのままコピーした状態になっています。投稿一覧テンプレートに必要なのは、投稿された写真を一覧表示することです。そこで、投稿一覧テンプレートでは不要なコードをすべて削除して写真を表示するブロックだけを残し、残した部分を編集します。

photos_list.htmlを[エディタ]ペインで開いて、不要なコードを削除しましょう。

①ドキュメントの冒頭から</section>までを削除

ドキュメントの冒頭から以下のコードを削除します。

- <!doctype html>と<html lang="en">
- <head>～</head>
- <body>
- <header>～</header>
- <main>
- <section class="py-5 text-center container">～</section>
  (タイトルとボタンを出力するブロック)

②<div class="album py-5 bg-light">～4個連続の</div>を残す

③<div class="col">～</div>の計8ブロックのコードを削除

②の</small>の次の</div>4個のあとに、<div class="col">～</div>のブロックが合計8ブロックあるので、これを削除します。

④3個連続の</div>を残して、ドキュメントの末尾までのコードを削除

③の削除を行うと後続に3個の</div>があるので、これを残し、3個目の</div>の次行、</main>以下のコードをすべて削除します。

▼不要なコードを削除した状態(photo/templates/photos_list.html)

```
<!-- ここまで削除 -->  ①
```

```
<!-- <div class="album py-5 bg-light">から4個連続の</div>までを残す --> ②
<div class="album py-5 bg-light">
  <div class="container">

    <div class="row row-cols-1 row-cols-sm-2 row-cols-md-3 g-3">
      <div class="col">
        <div class="card shadow-sm">
          <svg class="bd-placeholder-img card-img-top"
               width="100%" height="225"
               xmlns="http://www.w3.org/2000/svg"
               role="img" aria-label="Placeholder: Thumbnail"
               preserveAspectRatio="xMidYMid slice"
               focusable="false">
               <title>Placeholder</title>
               <rect width="100%" height="100%" fill="#55595c"/>
               <text x="50%" y="50%" fill="#eceeef" dy=".3em">
                 Thumbnail</text></svg>

          <div class="card-body">
            <p class="card-text">This is a wider card with supporting...</p>
            <div class="d-flex justify-content-between align-items-center">
              <div class="btn-group">
                <button type="button"
                        class="btn btn-sm btn-outline-secondary">
                        View</button>
                <button type="button"
                        class="btn btn-sm btn-outline-secondary">
                        Edit</button>
              </div>
              <small class="text-muted">9 mins</small>
            </div>
          </div>
```

```
        </div>
      </div>

      <!-- 8個の<div class="col">～</div>のブロックを削除 -->  ③

      <!-- 3個連続の</div>を残してドキュメントの末尾まで削除 -->
      </div>
    </div>                                                   ④
  </div>
```

不要なコードの削除が済んだら、次の要領で編集しましょう。

①<div class="col">以下、<svg>～</svg>内の<text>～</text>を削除

②<small class="text-muted">～</small>のテキストを変更

次は、上記①～②の編集後のテンプレートです。

▼編集後の投稿一覧テンプレート (photo/templates/photos_list.html)

```
<div class="album py-5 bg-light">
  <!-- Bootstrapのグリッドシステムを適用 -->
  <div class="container">
    <!-- 行要素を配置 -->
    <div class="row row-cols-1 row-cols-sm-2 row-cols-md-3 g-3">
      <!-- 列要素を配置 -->
      <div class="col">
        <div class="card shadow-sm">
          <svg class="bd-placeholder-img card-img-top"
               width="100%" height="225"
               xmlns="http://www.w3.org/2000/svg"
               role="img" aria-label="Placeholder: Thumbnail"
               preserveAspectRatio="xMidYMid slice"
               focusable="false">
               <title>Placeholder</title>
```

```
                <rect width="100%" height="100%" fill="#55595c"/>
                <!-- <text>～</text>を削除 -->  ①
            </svg>
            <!-- タイトルとボタンを出力するブロック -->
            <div class="card-body">
              <p class="card-text">This is a wider card with supporting...</p>
              <div class="d-flex justify-content-between align-items-center">
                <div class="btn-group">
                  <button type="button"
                          class="btn btn-sm btn-outline-secondary">
                          View</button>
                  <!-- テキストを変更 -->
                  <button type="button"
                          class="btn btn-sm btn-outline-secondary">
                          Edit</button>
                </div>
                <!-- <small>タグのテキストを変更-->
                <small class="text-muted">UserName</small>  ②
              </div>
            </div>
          </div>
        <!-- 列要素ここまで -->
        </div>
      <!-- 行要素ここまで -->
      </div>
    <!-- グリッドシステムここまで -->
    </div>
  </div>
```

 トップページのテンプレートを編集しよう(index.html)

トップページのテンプレートを編集しましょう。現在、ドキュメントは空の状態ですので、ベーステンプレートbase.htmlを適用し、ヘッダー情報のタイトルを設定し、タイトルのテンプレート、投稿一覧テンプレートをincludeタグを使って組み込みましょう。

▼トップページのテンプレート(index.html)

```
<!-- ベーステンプレートを適用する -->
{% extends 'base.html' %}
<!-- ヘッダー情報のページタイトルを設定する -->
{% block title %}Photo Gallery{% endblock %}

        {% block contents %}

        <!-- タイトルテンプレートの組み込み -->
        {% include "photos_title.html" %}

        <!-- 投稿一覧テンプレートの組み込み -->
        {% include "photos_list.html" %}

        {% endblock %}
```

 プロジェクトとアプリのURLconfを編集しよう

プロジェクトのURLconf(photoproject/urls.py)にphotoアプリのURLconfへのリダイレクトを設定し、photoアプリのURLconf(photo/urls.py)にトップページのビューを呼び出す設定をしましょう。

●プロジェクトのURLconfにphotoアプリのURLconfへのリダイレクトを追加

Spyderの[ファイル]ペインで、プロジェクトのフォルダー「photoproject」以下の「urls.py」をダブルクリックして開きましょう。2行目のインポート文にincludeを追加し、リストurlpatternsの要素として、photoアプリのurls.pyにリダイレクトするURLパターンを追加します。

▼プロジェクトのURLconf(photoproject/urls.py)

```
from django.contrib import admin
from django.urls import path, include # include追加

urlpatterns = [
    path('admin/', admin.site.urls),

    # photo.urlsへのURLパターン
    path('', include('photo.urls')),
]
```

●photoアプリのURLconfにトップページのビューへのリダイレクトを追加

photoアプリ専用のルーティングを行うURLconf(urls.py)を「photo」フォルダー以下に作成しましょう。

❶[ファイル]ペインで「photo」フォルダーを右クリックして、[新規]➡[Python ファイル...]を選択して「urls.py」を作成します。
❷作成された「urls.py」をダブルクリックして[エディタ]ペインで開き、次のように入力します。

▼photoアプリのURLconf (photo/urls.py)

```
from django.urls import path
from . import views

# URLパターンを逆引きできるように名前を付ける
app_name = 'photo'

# URLパターンを登録する変数
urlpatterns = [
    # photoアプリへのアクセスはviewsモジュールのIndexViewを実行
    path('', views.IndexView.as_view(), name='index'),
]
```


トップページのビューを作ろう (IndexViewの作成)

トップページのビューを、TemplateViewクラスを継承したIndexViewクラスとして定義します。[ファイル]ペインで、「photo」フォルダー以下の「views.py」をダブルクリックして開いて、次のように入力しましょう。

▼トップページのビューとしてIndexViewクラスを定義 (photo/views.py)

```
from django.shortcuts import render
# django.views.genericからTemplateViewをインポート
from django.views.generic import TemplateView

class IndexView(TemplateView):
    '''トップページのビュー
    '''
    # index.htmlをレンダリングする
    template_name ='index.html'
```

開発用サーバーを起動してトップページにアクセスしてみよう

開発用サーバーを起動して、トップページを表示してみましょう。

❶プロジェクトのフォルダー「photoproject」に移動した状態のターミナルに「python manage.py runserver」と入力します。
❷続いてブラウザーのアドレス欄に「http://127.0.0.1:8000/」と入力しましょう。

■図7.11　photoアプリのトップページ

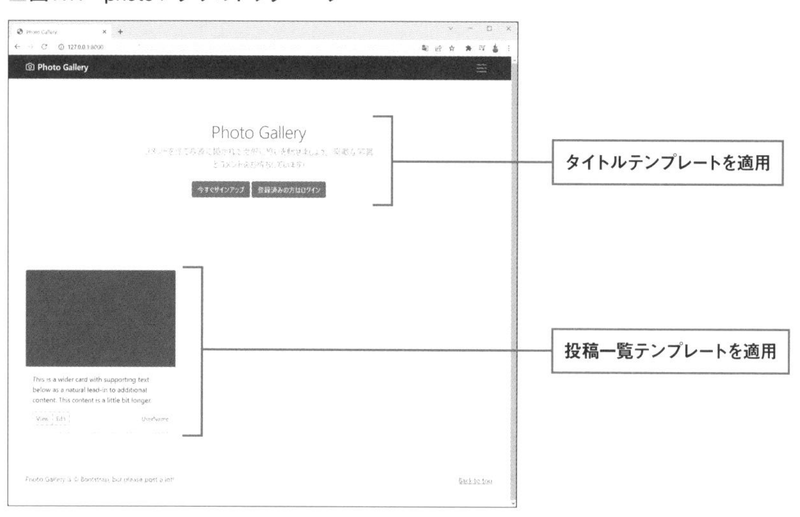

ひとまずphotoアプリの開発はここまでにして、次節ではユーザー認証の仕組みを作っていきます。

7.2

認証用のaccountsアプリを作ろう

photoアプリでは、ユーザーが投稿した写真を誰でも見ることができますが、投稿できるのはユーザー登録(サインアップ)したユーザーに限定することにしましょう。また、登録済みのユーザーには、投稿済みの写真(タイトルやコメントも含む)を削除できる権限も持たせたいと思います。このようなユーザー管理の機能を集約した、専用のアプリを作成します。

「accounts」アプリを構築して初期設定しよう

ユーザー管理機能を持つ「accounts」アプリをプロジェクト内に作成します。このアプリには、

- **ユーザー登録(サインアップ)**
- **ログイン/ログアウト**
- **パスワードのリセット**

の機能を実装し、ユーザー管理を一元的に行うようにします。

●「accounts」アプリを構築しよう

cdコマンドで「photoproject」フォルダー(manage.pyが格納されているフォルダーです)に移動し、次のように入力してstartappコマンドを実行しましょう。このとき、startappのあとに半角スペースを入れて、Webアプリの名前を指定してください。今回はユーザー認証用のアプリを作成するので、「accounts」という名前にしました。

▼cdコマンドで「photoproject」フォルダーに移動してstartappコマンドを実行

```
cd C:/djangoprojects/photoproject
python manage.py startapp accounts
```

Spyderの[ファイル]ペインでプロジェクトのフォルダー「photoproject」を展開し、次のような状態になっていることを確認しましょう。

■図7.12 ［ファイル］ペインでプロジェクトのフォルダー「photoproject」を展開したところ

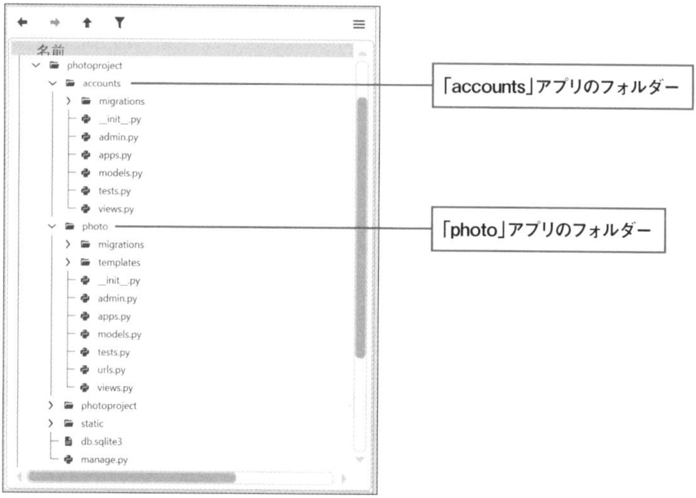

●accountsアプリをプロジェクトに登録し、使用言語とタイムゾーンを設定しよう

作成したaccountsアプリをプロジェクトに登録しましょう。Spyderの［ファイル］ペインでプロジェクトのフォルダー「photoproject」を展開した状態で、さらに内部の「photoproject」を展開し、「settings.py」をダブルクリックして開きましょう。

環境変数INSTALLED_APPSの要素の最後に

```
'accounts.apps.AccountsConfig',
```

を追加します。「accounts/apps.py」で定義されているAccountsConfigクラスの名前空間です。

▼環境変数INSTALLED_APPSにaccountsアプリを追加する（photoproject/settings.py）

```
INSTALLED_APPS = [
    'django.contrib.admin',
    'django.contrib.auth',
    'django.contrib.contenttypes',
    'django.contrib.sessions',
    'django.contrib.messages',
    'django.contrib.staticfiles',
```

```
    # photoアプリを追加する
    'photo.apps.PhotoConfig',
    # accountsアプリを追加する
    'accounts.apps.AccountsConfig',
]
```

カスタムUserモデルを作ろう

Djangoには、ユーザー管理を行うための機能が搭載されたUserモデルが用意されています。ただし、これをそのまま利用するのではなく、継承したサブクラスを作成することで間接的に利用することが、Djangoの公式サイトで推奨されています。Userモデルをそのまま使うと、あとでモデルのフィールドを変更するのが困難ですが、サブクラス化することで仕様変更にも柔軟に対応できるためです。

Userモデルには、継承専用の抽象クラスAbstractUserが用意されているので、このクラスを継承したCustomUserモデルを作成することにしましょう。

▼抽象クラスAbstractUserで定義されているフィールド（テーブルのカラムに対応）

id	password	last_login	is_superuser	username	first_name	last_name
email	is_staff	is_active	date_joined	groups	user_permissions	–

［ファイル］ペインで「accounts」フォルダー以下の「models.py」をダブルクリックして［エディタ］ペインで開き、次のように入力しましょう。

▼モデルクラスCustomUserの作成（accounts/models.py）

```
from django.db import models
# AbstractUserクラスをインポート
from django.contrib.auth.models import AbstractUser


class CustomUser(AbstractUser):
    '''
    Userモデルを継承したカスタムユーザーモデル
    '''
    pass
```

カスタムUserモデルをデフォルトのUserモデルとして登録しよう(settings.py)

Djangoのプロジェクトでは、デフォルトでUserモデルを使用するようになっているので、今回作成したカスタムUserモデル(CustomUserクラス)を使用するようにDjangoに伝えましょう。

Userモデル以外をプロジェクトで使用する場合は、settings.pyの環境変数AUTH_USER_MODELで指定できます。

▼環境変数AUTH_USER_MODELにCustomUserを登録(photoproject/settings.py)

```
# Userモデルの代わりにCustomUserモデルを使用する
AUTH_USER_MODEL = 'accounts.CustomUser'
```

マイグレーションを行う(makemigrationsとmigrate)

マイグレーションを行って、CustomUserモデルをデータベースに反映させましょう。

マイグレーションファイルの作成

ターミナルでcdコマンドを実行して、プロジェクトのフォルダー(manage.pyが格納されているフォルダー)に移動し、makemigrationsコマンドでマイグレーションファイルを作成します。

ワンポイント

AUTH_USER_MODEL

AUTH_USER_MODELの値は名前空間名で指定します。CustomUserクラスを指定する場合は'accounts.CustomUser'になります。

▼makemigrationsコマンドを実行

```
python manage.py makemigrations accounts
Migrations for 'accounts':
  accounts¥migrations¥0001_initial.py
    - Create model CustomUser
```

makemigrationsコマンド実行後、「account」フォルダー以下の「migrations」フォルダーにマイグレーションファイル「0001_initial.py」が作成されます。

マイグレーションの実行

「accounts」➡「migrations」フォルダーにマイグレーションファイルが作成されるので、migrateコマンドでデータベースに反映させましょう。

▼migrateコマンドを実行

```
python manage.py migrate
```

▼コマンド実行後の出力

```
Operations to perform:
  Apply all migrations: accounts, admin, auth, contenttypes,
sessions
Running migrations:
  Applying contenttypes.0001_initial... OK
  Applying contenttypes.0002_remove_content_type_name... OK
  Applying auth.0001_initial... OK
  Applying auth.0002_alter_permission_name_max_length... OK
  Applying auth.0003_alter_user_email_max_length... OK
  Applying auth.0004_alter_user_username_opts... OK
  Applying auth.0005_alter_user_last_login_null... OK
  Applying auth.0006_require_contenttypes_0002... OK
  Applying auth.0007_alter_validators_add_error_messages... OK
  Applying auth.0008_alter_user_username_max_length... OK
  Applying auth.0009_alter_user_last_name_max_length... OK
  Applying auth.0010_alter_group_name_max_length... OK
  Applying auth.0011_update_proxy_permissions... OK
```

```
  Applying auth.0012_alter_user_first_name_max_length... OK
  Applying accounts.0001_initial... OK
  Applying admin.0001_initial... OK
  Applying admin.0002_logentry_remove_auto_add... OK
  Applying admin.0003_logentry_add_action_flag_choices... OK
  Applying sessions.0001_initial... OK
```

上記のように出力されたら成功です。accountsアプリのほかにも、環境変数INSTALLED_APPSに登録されているアプリのマイグレーションが行われています。

CustomUserモデルをDjango管理サイトに登録しよう（accounts/admin.py）

CustomUserモデルをDjango管理サイトで扱えるように、「accounts」フォルダーの「admin.py」を開いて、次のように入力しましょう。

▼Django管理サイトにCustomUserモデルを登録（accounts/admin.py）

```
from django.contrib import admin
# CustomUserをインポート
from .models import CustomUser

class CustomUserAdmin(admin.ModelAdmin):
    '''管理ページのレコード一覧に表示するカラムを設定するクラス

    '''
    # レコード一覧にidとusernameを表示
    list_display = ('id', 'username')
    # 表示するカラムにリンクを設定
    list_display_links = ('id', 'username')

# Django管理サイトにCustomUser、CustomUserAdminを登録する
admin.site.register(CustomUser, CustomUserAdmin)
```

 accountsアプリの管理サイトのスーパーユーザーを登録しよう

プロジェクトの最上位のフォルダー(manage.pyが格納されているフォルダー)に移動した状態のターミナルに、次のように入力して、createsuperuserコマンドを実行しましょう。

▼createsuperuserコマンドの実行

```
python manage.py createsuperuser
```

createsuperuserコマンドが実行されると、プロジェクトのsettings.pyが読み込まれたあと、ユーザー名、メールアドレス、パスワードの入力が求められるので、すべてを入力します。

▼スーパーユーザーの登録

(プロジェクトの最上位のフォルダーに移動した状態のターミナル)

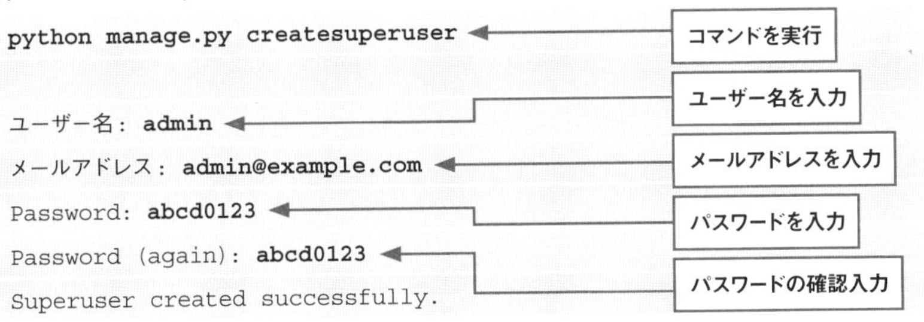

```
python manage.py createsuperuser

ユーザー名: admin
メールアドレス: admin@example.com
Password: abcd0123
Password (again): abcd0123
Superuser created successfully.
```


登録したアカウントで、Django管理サイトにログインしましょう。プロジェクトの最上位のフォルダー(manage.pyが格納されているフォルダー)に移動した状態のターミナルでrunserverコマンドを実行し、開発用サーバーを起動します。

▼開発用サーバーの起動

```
python manage.py runserver
```

ブラウザーのアクセス欄に

```
http://127.0.0.1:8000/admin
```

と入力して、Django管理サイトのログイン画面を表示し、ユーザー名とパスワードを入力して[ログイン]ボタンをクリックしましょう。

Django管理サイトのトップページが表示されたら、「ACCOUNTS」の[ユーザー]をクリックしましょう。

■図7.13　Django管理サイトのトップページ

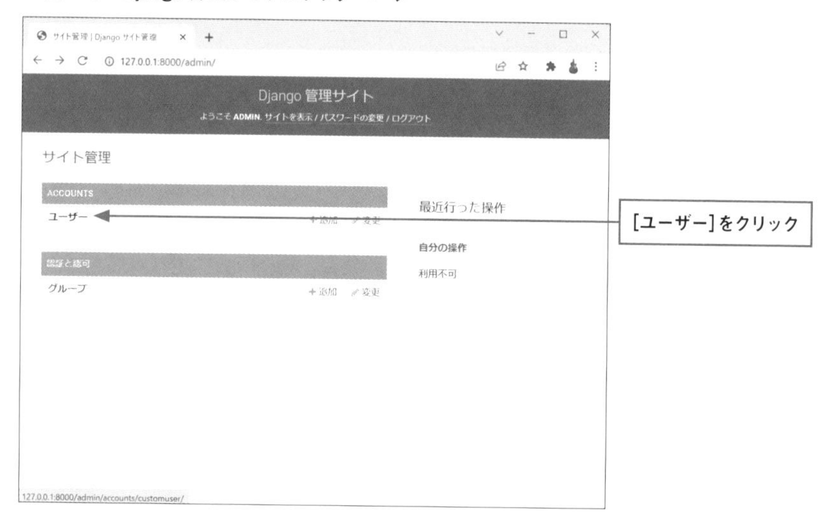

ユーザーのレコードの一覧が表示されます。先ほど登録したスーパーユーザーが確認できますね。[ユーザー]の右横にある[+追加]をクリックして新規ユーザーを登録することもできますが、ここでは登録は行わずに[ログアウト]をクリックしましょう。

■図7.14　登録ユーザーの一覧

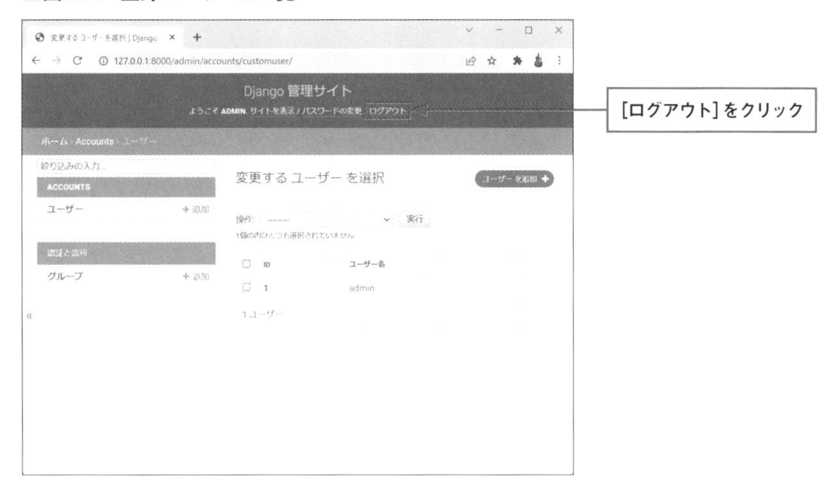

サインアップの仕組みを作ろう

　ユーザー登録を行うための「サインアップ」ページを作成しましょう。サインアップページの完成形は次のようになります。

■図7.15　サインアップページの完成形(http://127.0.0.1:8000/signup/)

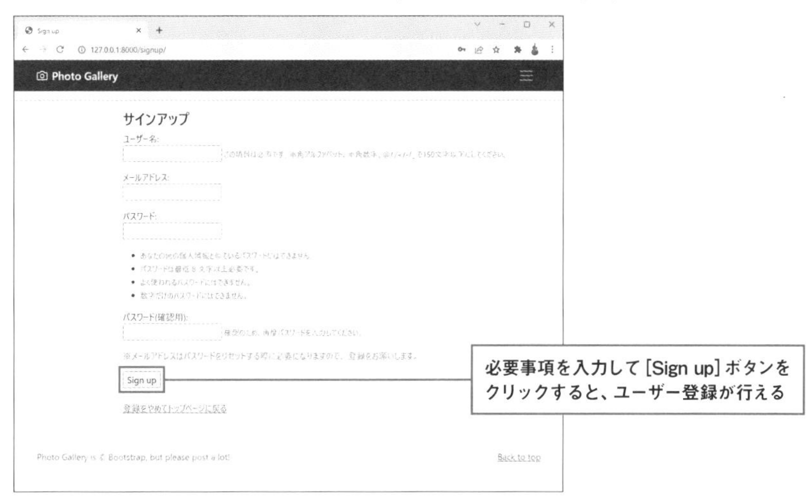

● サインアップページのフォームクラスを作成(accounts/forms.py)

サインアップページでは、フォームを使用してデータの登録を行います。Djangoには、ユーザー登録のためのビルトインクラス「django.contrib.auth.forms.UserCreationForm」が用意されています。

○django.contrib.auth.forms.UserCreationForm

・ユーザー登録に必要なフォーム要素を自動生成する。
・Userモデルと連動させることで、フォームのインプットボックスのデータをデータベースに直接登録できる。

ユーザー登録を行う機能に特化したクラスです。インスタンス化すると、フォームに出力するインプットボックス(<input>)やラベル、ヘルプテキストを格納したオブジェクト(form)が返されるので、テンプレート側でこれを読み込んでフォームページをレンダリングすることができます。このクラスを継承したサブクラスを作成すると、連携するモデルとフォームで使用するフィールドが指定できるようになります。

UserCreationFormのサブクラスを定義するモジュール「forms.py」を作成しましょう。

❶[ファイル]ペインで「accounts」フォルダーを右クリックし、[新規]➡[Python ファイル...]を選択して「forms.py」を作成します。

■図7.16 「accounts」フォルダー以下に「forms.py」を作成

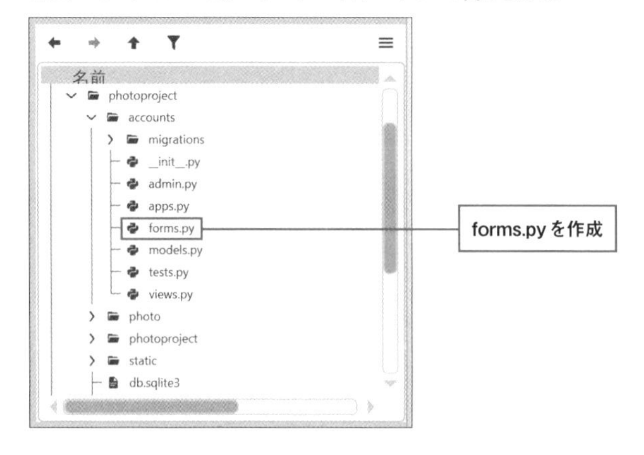

❷「forms.py」を［エディタ］ペインで開いて、UserCreationFormを継承したサブクラス「CustomUserCreationForm」を作成します。

サブクラス化の目的は、連携するUserモデルを独自のカスタムUserモデルにすることと、フォームで使用するフィールドとして「ユーザー名」「メールアドレス」「パスワード」「パスワード(確認用)」の4つを指定することです。継承元のUserCreationFormクラスでは、入れ子になったインナークラスMetaで、連携するモデルとフィールドが次のように設定されています。

▼UserCreationFormのインナークラスの定義部

```
class UserCreationForm(forms.ModelForm):
    ......クラス変数の定義部省略......
    class Meta:
        model = User
        fields = ("username",)
    ......以下省略......
```

CustomUserCreationFormクラスでは、インナークラスMetaのクラス変数model、fieldsをオーバーライドして、カスタムUserモデルとの連携、4つのフィールドの指定を行います。

▼サインアップページのフォームクラスCustomUserCreationFormを定義 (accounts/forms.py)

```
# UserCreationFormクラスをインポート
from django.contrib.auth.forms import UserCreationForm
# models.pyで定義したカスタムUserモデルをインポート
from .models import CustomUser

class CustomUserCreationForm(UserCreationForm):
    '''UserCreationFormのサブクラス
    '''
    class Meta:
        '''UserCreationFormのインナークラス
```

```
        Attributes:
          model:連携するUserモデル
          fields:フォームで使用するフィールド
        '''
        # 連携するUserモデルを設定
        model = CustomUser
        # フォームで使用するフィールドを設定
        # ユーザー名、メールアドレス、パスワード、パスワード(確認用)
        fields = ('username', 'email', 'password1', 'password2')
```

サインアップページのテンプレートを作成 (templates/signup.html)

❶［ファイル］ペインで「accounts」フォルダーを右クリックし、［新規］➡［フォルダー］を選択して「templates」フォルダーを作成しましょう。

❷続いて「templates」フォルダーを右クリックし、［新規］➡［ファイル］を選択して、「signup.html」を作成します。

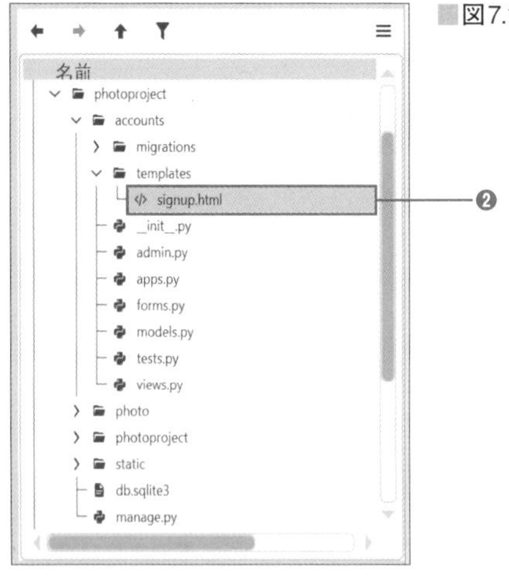

図7.17 「accounts」フォルダー以下に「templates」フォルダー、「signup.html」を作成

サインアップページには、ベーステンプレートを適用してページのヘッダー／フッターを表示するようにします。

このページには、「forms.py」からフォームのオブジェクト(form)が渡されるので、

{% for field in form %}

でフィールドを取り出し、

- **{{ field.label_tag }}**（ラベルを出力）
- **{{ field }}**（入力用の<input>タグを出力
- **{{ field.help_text }}**（注意書きを出力）

のように、ラベルや注意書きのテキスト、入力用の<input>タグを出力するようにします。

フォームのバリデーションチェック時に出力されるメッセージはerrorsで参照できるので、

```
{% for error in field.errors %}
  <p style="color: red">{{ error }}</p>
{% endfor %}
```

のようにして出力するようにします。メッセージは、ユーザー名がすでに登録されている場合や、パスワードと確認用のパスワードが一致しない場合に、HTMLドキュメントに直接、書き出されるようになっています。

「signup.html」を［エディタ］ペインで開いて、次のように入力しましょう。

▼サインアップページのテンプレート（templates/signup.html）

```
<!-- ベーステンプレートを適用する -->
{% extends 'base.html' %}
<!-- ヘッダー情報のページタイトルを設定する -->
{% block title %}Sign up{% endblock %}

      {% block contents %}
      <!-- Bootstrapのグリッドシステム -->
      <hr>
      <div class="container">
        <!-- 行を配置 -->
        <div class="row">
          <!-- 列の左右に余白offset-2を入れる -->
```

```
<div class="col offset-2">
  <h3>サインアップ</h3>
  <!-- サインアップのフォームを配置 -->
  <form method = "post">
    {% csrf_token %}
    <!-- formからフィールドを取り出す -->
    {% for field in form %}
     <p>
      <!-- ラベルを出力 -->
      {{ field.label_tag }}<br>
      <!-- <input>タグを出力 -->
      {{ field }}
      <!-- help_textを出力 -->
      {% if field.help_text %}
        <small style="color: grey">{{ field.help_text }}</small>
      {% endif %}
      <!-- エラー発生時のテキストerrorsを出力 -->
      {% for error in field.errors %}
        <p style="color: red">{{ error }}</p>
      {% endfor %}
     </p>
    {% endfor %}
    <p style="color:red">
      ※メールアドレスはパスワードをリセットする際に必要になりますので、
      登録をお願いします。
    </p>
    <!-- Sign upボタンを出力 -->
    <input type="submit" value="Sign up">
  </form>
  <!-- トップページのリンクテキスト -->
  <br>
  <p><a href="{% url 'photo:index' %}">
    登録をやめてトップページに戻る</a>
  </p>
</div>
```

```
    </div>
  </div>
  {% endblock %}
```

サインアップ完了ページのテンプレートを作成（templates/signup_success.html）

サインアップが完了したことを通知するページのテンプレートを作成しましょう。

❶［ファイル］ペインで「templates」フォルダーを右クリックし、［新規］➡［ファイル］を選択して、「signup_success.html」を作成します。

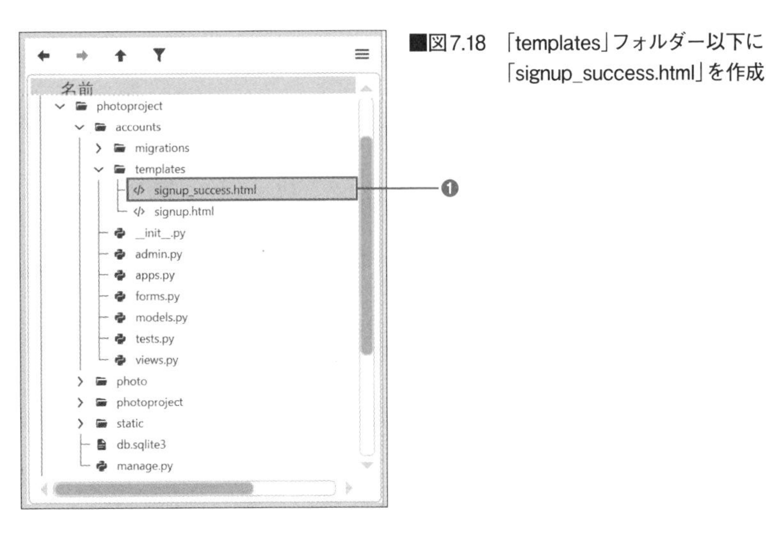

■図7.18　「templates」フォルダー以下に「signup_success.html」を作成

このページも、ベーステンプレートのヘッダー／フッターを読み込んで表示するようにします。

▼サインアップ完了ページのテンプレート（templates/signup_success.html）

```
<!-- ベーステンプレートを適用する -->
{% extends 'base.html' %}
<!-- ヘッダー情報のページタイトルを設定する -->
{% block title %}Registration Complete{% endblock %}
```

```
{% block contents %}
<!-- Bootstrapのグリッドシステム -->
<div class="container">
  <!-- 行を配置 -->
  <div class="row">
    <!-- 列の左右に余白offset-4を入れる
         列の上下パディングはpy-4 -->
    <div class="col offset-4 py-4">
      <h3>登録が完了しました</h3>
      <!-- ログインページのリンクテキスト -->
      <p><a href="#">ログインはこちら</a><p>
    </div>
  </div>
</div>
{% endblock %}
```

ログインの仕組みはまだ作っていないので、リンク先はhref="#"にしておく

プロジェクトのルーティングとaccountsアプリのルーティングを設定しよう(urls.py)

photoprojectのURLconfにaccountsアプリのURLconfへのルーティングを設定しましょう。

▼photoprojectのURLconf (photoproject/urls.py)

```
from django.contrib import admin
from django.urls import path, include # include追加

urlpatterns = [
    path('admin/', admin.site.urls),

    # photo.urlsへのURLパターン
    path('', include('photo.urls')),

    # accounts.urlsへのURLパターン
    path('', include('accounts.urls')),
]
```

「accounts」フォルダーを右クリックし、[新規]➡[Pythonファイル...]を選択して「urls.py」を作成しましょう。

■図7.19 「accounts」フォルダー以下に「urls.py」を作成

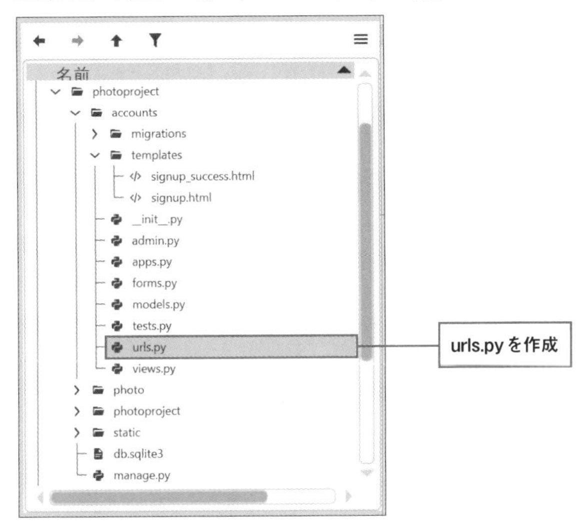

「accounts」以下に作成した「urls.py」を[エディタ]ペインで開き、

```
http(s)://<ホスト名>/signup/
```

へのアクセスに対してSignUpViewを呼び出すURLパターンと、サインアップ成功時の

```
http(s)://<ホスト名>/signup_success/
```

へのアクセスに対してSignUpSuccessViewを呼び出すURLパターンを設定しましょう。

▼accountsアプリのURLconf (accounts/urls.py)

```
from django.urls import path
# viewsモジュールをインポート
from . import views
```

```
# URLパターンを逆引きできるように名前を付ける
app_name = 'accounts'

# URLパターンを登録するための変数
urlpatterns = [
    # サインアップページのビューの呼び出し
    # 「http(s)://<ホスト名>/signup/」へのアクセスに対して、
    # viewsモジュールのSignUpViewをインスタンス化する
    path('signup/',
         views.SignUpView.as_view(),
         name='signup'),

    # サインアップ完了ページのビューの呼び出し
    # 「http(s)://<ホスト名>/signup_success/」へのアクセスに対して、
    # viewsモジュールのSignUpSuccessViewをインスタンス化する
    path('signup_success/',
         views.SignUpSuccessView.as_view(),
         name='signup_success'),
]
```

●サインアップビューとサインアップ完了ビューを作成（accounts/views.py）

サインアップページのビューSignUpViewと、サインアップ完了ページのビューSignUpSuccessViewを作成しましょう。

○SignUpView

サインアップページのビューSignUpViewは、django.views.generic.CreateViewクラスを継承したサブクラスSignUpViewとして定義します。SignUpViewクラスの処理のポイントは次のようになります。

・form_class = CustomUserCreationForm

SignUpViewが呼ばれたときにインスタンス化するフォームクラスを指定します。CustomUserCreationFormでは、「usename」「email」「password1」「password2」の4

つのフィールドが設定されているので、CustomUserCreationFormのインスタンス化によって、それぞれのフィールドのためのインプットボックスやラベル、ヘルプテキストを格納したformオブジェクトが生成され、後述のtemplate_nameで指定した"signup.html"テンプレートに渡される仕組みです。

また、"signup.html"で入力されたフォームデータはformオブジェクトのフィールドに格納されるので、後述のform_valid()メソッド内部のform.save()によってデータベースへの登録が行われます。登録先のデータベースは、CustomUserCreationFormクラスでカスタムUserモデルと連携するように設定しているので、カスタムUserモデルのデータベースになります。

- **template_name = "signup.html"**

レンダリングするテンプレートとして、signup.htmlを設定します。form_classのところで述べたように、signup.htmlとはCustomUserCreationFormクラスのオブジェクトを介してやり取りが行われます。

- **success_url = reverse_lazy('accounts:signup_success')**

サインアップ完了後のリダイレクト先として、accountsアプリのURLパターンを

'accounts:signup_success'

のように設定します。

- **form_valid()**

django.views.generic.CreateViewクラスのform_valid()メソッドをオーバーライドし、

form.save()

を実行して、フォームの入力データを、models.pyで定義したCustomUserモデルのデータベースに登録します。

○SignUpSuccessView

django.views.generic.TemplateViewクラスのサブクラスとして定義します。このビューは、SignUpViewのsuccess_urlに設定されたURLパターンから呼ばれます。

つまり、サインアップが完了した直後に呼ばれて、次のサインアップ完了ページをレンダリングします。

- **template_name**

レンダリングするテンプレートとして、signup_success.htmlを設定します。

では、「accounts」フォルダーの「views.py」を開いて、SignUpViewクラスとSignUpSuccessViewを定義しましょう。

▼ビューの作成(accounts/views.py)

```
from django.shortcuts import render
from django.views.generic import CreateView, TemplateView
from .forms import CustomUserCreationForm
from django.urls import reverse_lazy

class SignUpView(CreateView):
    '''サインアップページのビュー

    '''
    # forms.pyで定義したフォームのクラス
    form_class = CustomUserCreationForm
    # レンダリングするテンプレート
    template_name = "signup.html"
    # サインアップ完了後のリダイレクト先のURLパターン
    success_url = reverse_lazy('accounts:signup_success')

    def form_valid(self, form):
        '''CreateViewクラスのform_valid()をオーバーライド

        フォームのバリデーションを通過したときに呼ばれる
        フォームデータの登録を行う

        parameters:
          form(django.forms.Form):
```

```
            form_classに格納されているCustomUserCreationFormオブジェクト
        Return:
          HttpResponseRedirectオブジェクト:
            スーパークラスのform_valid()の戻り値を返すことで、
            success_urlで設定されているURLにリダイレクトさせる
        '''
        # formオブジェクトのフィールドの値をデータベースに保存
        user = form.save()
        self.object = user
        # 戻り値はスーパークラスのform_valid()の戻り値(HttpResponseRedirect)
        return super().form_valid(form)

class SignUpSuccessView(TemplateView):
    '''サインアップ完了ページのビュー


    '''
    # レンダリングするテンプレート
    template_name = "signup_success.html"
```


サインアップページへのリンクを設定しよう(base.html)

サインアップ完了ページは、サインアップの完了後に自動的に呼ばれるのでリンクの設定は不要ですが、サインアップページについては、これを表示するためのリンクの設定が必要です。

photoアプリのベーステンプレート「base.html」には、ナビゲーションメニューが配置されていますので、メニューアイテムの「サインアップ」のhref属性に、サインアップページへのリンクを設定しましょう。それと、photos_title.htmlに記述されたメインコンテンツのナビゲーションボタン「今すぐサインアップ」のhref属性にも、サインアップページへのリンクを設定しましょう。

▼ベーステンプレートのナビゲーションメニューにサインアップページへのリンクを設定(photo/templates/base.html)

```
.........冒頭から</head></head>まで省略.........
  <body>
```

```
<!-- ページのヘッダー -->
<header>
  <!-- ナビゲーションバーのヘッダー -->
  <div class="collapse bg-dark" id="navbarHeader">
    <div class="container">
      <div class="row">
        <div class="col-sm-8 col-md-7 py-4">
          <!-- ヘッダーのタイトルと本文 -->
          <h4 class="text-white">お気に入りを見つけよう！</h4>
          <p class="text-muted">
            誰でも参加できる写真投稿サイトです。
            自分で撮影した写真なら何でもオッケー！
            でも、カテゴリに属する写真に限ります。
            コメントも付けてください！
          </p>
        </div>
        <div class="col-sm-4 offset-md-1 py-4">
          <h4 class="text-white">Contact</h4>
          <ul class="list-unstyled">
            <!-- ナビゲーションメニュー -->
            <li><a href="{% url 'accounts:signup' %}"
                   class="text-white">サインアップ</a></li>
            <li><a href="#"
                   class="text-white">ログイン</a></li>
            <li><a href="mailto:admin@example.com"
                   class="text-white">Email me</a></li>
          </ul>
        </div>
      </div>
    </div>
  </div>
  <!-- ナビゲーションバー -->
.........以下省略.........
```

▼ナビゲーションボタンにサインアップページへのリンクを設定
(photo/templates/photos_title.html)

```
<!-- タイトルとナビゲーションボタン -->
<section class="py-5 text-center container">
  <div class="row py-lg-5">
    <div class="col-lg-6 col-md-8 mx-auto">
      <!-- タイトルと本文 -->
      <h1 class="fw-light">Photo Gallery</h1>
      <p class="lead text-muted">
        コメントを見て写真に描かれた世界に思いを馳せましょう。
        素敵な写真とコメントをお待ちしています！</p>
      <p>
        <!-- ナビゲーションボタン -->
        <a href="{% url 'accounts:signup' %}"
           class="btn btn-primary my-2">今すぐサインアップ</a>
        <a href="#"
           class="btn btn-secondary my-2">登録済みの方はログイン</a>
      </p>
    </div>
  </div>
</section>
```


●サインアップページを使ってユーザー登録をしてみよう

トップページからサインアップページを表示して、実際にサインアップしてみましょう。

開発用サーバーを起動して、ブラウザーで「http://127.0.0.1:8000」にアクセスします。

❶ナビゲーションメニューの[サインアップ]を選択するか、[今すぐサインアップ]ボタンをクリックしましょう。

■図7.20 フォトギャラリーアプリのトップページ

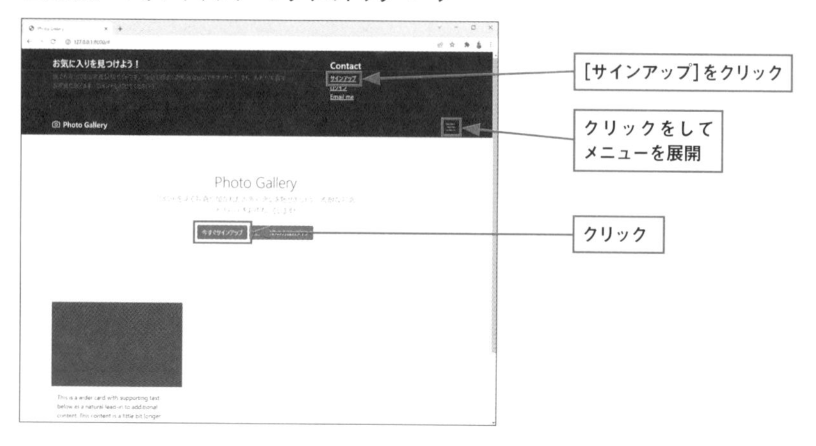

❷サインアップページが表示されたら、ユーザー名、メールアドレス、パスワード、パスワード（確認用）をそれぞれ入力して［Sign up］ボタンをクリックしましょう。

■図7.21 サインアップページ

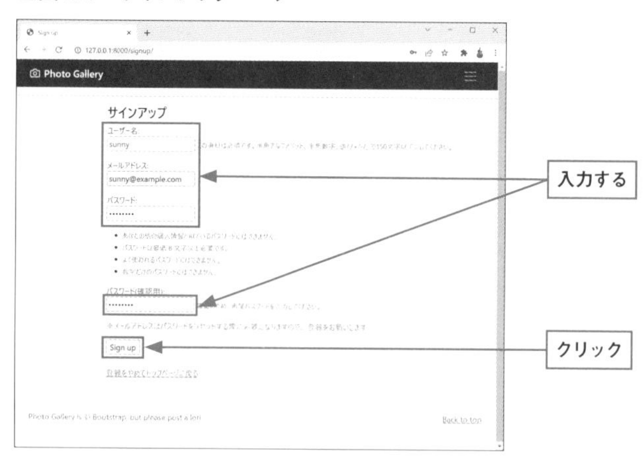

サインアップ完了ページが表示されましたね！

■図7.22　サインアップ完了ページ（http://127.0.0.1:8000/signup_success/）

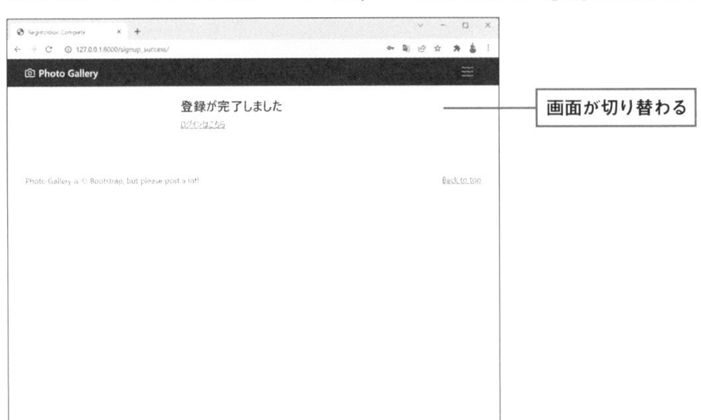

実際に登録されたか、Django管理サイトで確認してみることにしましょう。

❸ブラウザーのアドレス欄に「http://127.0.0.1:8000/admin」と入力し、登録済みのスーパーユーザーのアカウントでログインします。

❹ログインすると［ユーザー］というリンクテキストがあるので、これをクリックしましょう。

■図7.23　ログイン直後のDjango管理サイト

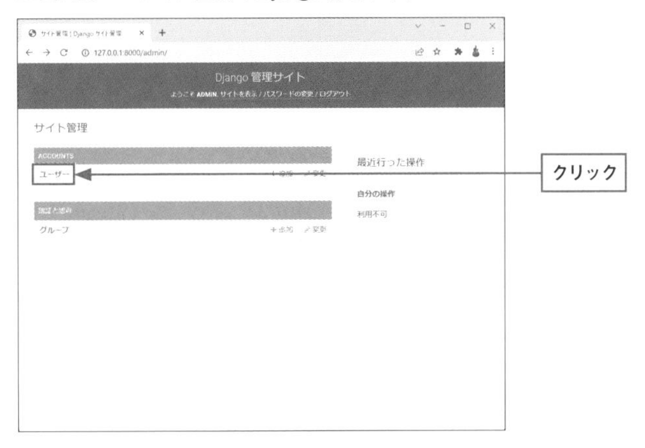

❺登録済みのユーザーの一覧が表示されました。先ほど登録したユーザー「sunny」も表示されているので、これをクリックしてみます。

■図7.24　Django管理サイト

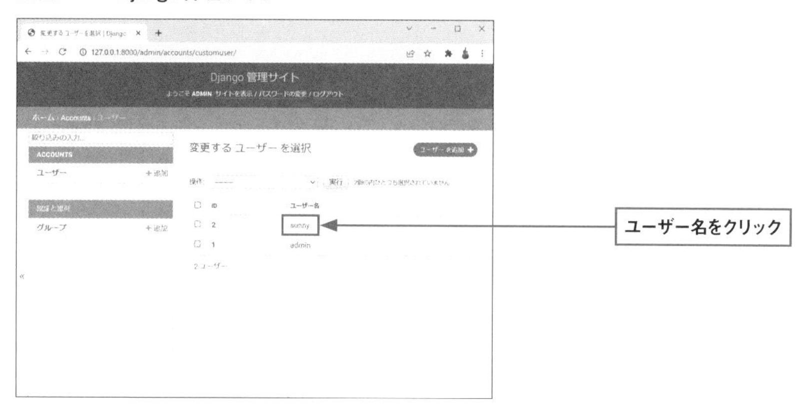

ユーザーの登録内容を編集する画面が表示されました。暗号化されたパスワードやログインの情報（空欄）が見えますね。

■図7.25　Django管理サイトの「ユーザーを変更」ページ

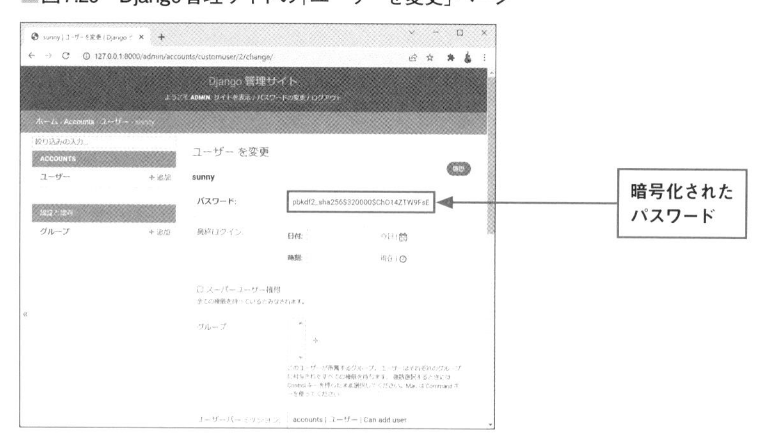

❻下にスクロールすると、登録済みのメールアドレスが確認できます。
このままページ上端の[ログアウト]をクリックしてログアウトしましょう。

■図7.26　Django管理サイトの「ユーザーを変更」ページ

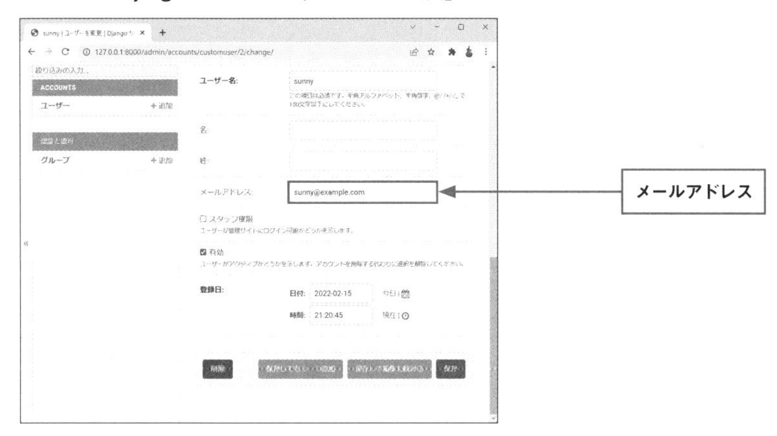

ログインページを作成しよう

Bootstrapのサンプルに「sign-in」がありますので、これをログインページのテンプレートとして利用することにしましょう。

■図7.27　Bootstrapのサンプル「sign-in」

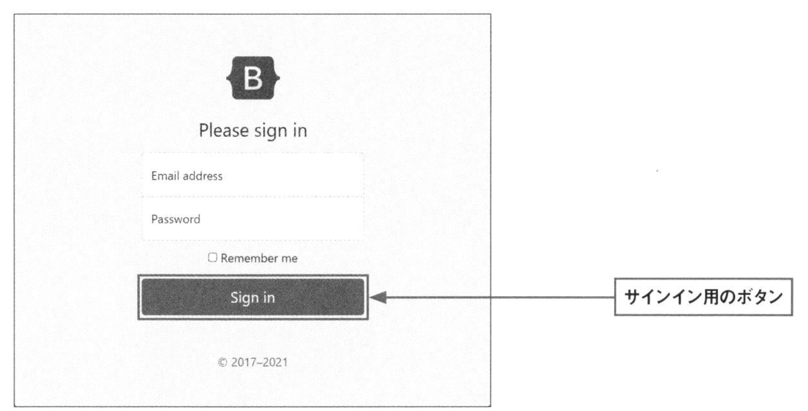

Bootstrapからダウンロードしたサンプルの中に「sign-in」フォルダーがあるので、これを開きましょう。

●「login.html」の作成

❶Bootstrapのサンプル、「sign-in」フォルダーに「index.html」というファイルがあるので、これを右クリックして［コピー］を選択します。

❷Spyderの［ファイル］ペインで「accounts」以下の「templates」フォルダーを右クリックして［貼り付け］を選択します。

❸貼り付けた「index.html」を右クリックして［リネーム］を選択します。

❹［新しい名前］に「login.html」と入力して［OK］ボタンをクリックします。

●「css」フォルダーを作成して「signin.css」をコピー＆ペースト

❶Spyderの［ファイル］ペインでプロジェクトフォルダー「photoproject」直下の「static」フォルダーを右クリックして［新規］➡［フォルダー］を選択します。

❷［フォルダ名］に「css」と入力して［OK］ボタンをクリックします。

❸Bootstrapのサンプル、「sign-in」フォルダーに「signin.css」というCSSファイルがあるので、これを右クリックして［コピー］を選択します。

❹Spyderの［ファイル］ペインで、❷で作成した「css」フォルダーを右クリックして［貼り付け］を選択します。

●「img」フォルダーを作成してBootstrapのロゴマークをコピー＆ペースト

❶Spyderの［ファイル］ペインで「static」フォルダーを右クリックして［新規］➡［フォルダー］を選択します。

❷［フォルダ名］に「img」と入力して［OK］ボタンをクリックします。

❸Bootstrapのサンプル、「assets」フォルダー以下の「brand」フォルダーに「bootstrap-logo.svg」があるので、これを右クリックして［コピー］を選択します。

❹Spyderの［ファイル］ペインで、❷で作成した「img」フォルダーを右クリックして［貼り付け］を選択します。

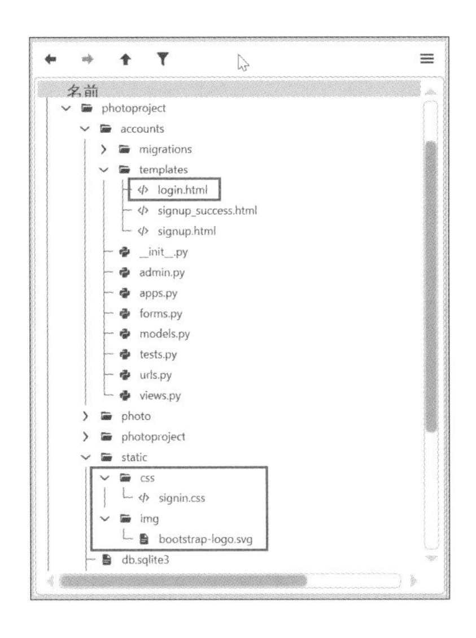

図7.28 作業完了後の[ファイル]ペイン

●ログインページのテンプレートを編集しよう(templates/login.html)

login.htmlを[エディタ]ペインで開いて編集しましょう。以下、編集するときのポイントです。

①コメントの<!-- Bootstrap core CSS -->以下の<link>タグ

コメントの<!-- Bootstrap core CSS -->以下、<link>タグについては、Bootstrapのサイトから CSSファイルを読み込むコードをコピーして貼り付けます。やり方は、7.1の「ベーステンプレートを編集しよう(base.html)」の手順⑤を参照してください。

②フォームを表示する<form>~</form>

<body>以下のフォームを表示する<form>~</form>については、書き換える箇所が多くなっています。特に、<input>タグのname属性の値は、ビューとして使用する

CustomUserCreationFormクラス

で定義済みのフィールド名を設定しておくことに注意してください。これは重要なポイントです!

ユーザー名を入力する<input>タグのname属性の値は、

```
name="username"
```

として、パスワードを入力する<input>タグのname属性の値は、

```
name="password"
```

としてください。

③CSSの設定

CSSの設定を行うclass属性については、オリジナルの設定のままにしているので、書き換えは不要です。

▼ログインページのテンプレート（templates/login.html）

```
<!-- 静的ファイルのURLを生成するstaticタグをロードする -->
{% load static %}
<!doctype html>
<!-- 言語指定をenからjaに変更 -->
<html lang="ja">
  <head>
    <meta charset="utf-8">
    <meta name="viewport" content="width=device-width, initial-scale=1">
    <meta name="description" content="">
    <meta name="author" content="Mark Otto, Jacob Thornton, and Bootstrap...">
    <meta name="generator" content="Hugo 0.84.0">
    <!-- タイトル変更 -->
    <title>Log in</title>

    <!-- <link rel="canonical"...>を削除 -->
    <!-- staticでfavicon.icoのURLを生成する -->
    <link rel="icon" type="image/x-icon"
          href={% static 'assets/favicon.ico' %} />
    <!-- Bootstrap core CSS -->
    <!--
    Bootstrap core CSSを読み込むコードをBootstrapからコピーして
```

```
  <link>タグを書き換え -->
  <link href="https://cdn.jsdelivr.net/npm/bootstrap@5.0.2/dist/css/bootstrap.min.css"
        rel="stylesheet"
        integrity="sha384-EVSTQN3/azprG1Anm3QDgpJLIm9Nao0Yz1ztcQTwFspd3yD65VohhpuuCOmLASjC"
        crossorigin="anonymous">

  <style>
    .bd-placeholder-img {
      font-size: 1.125rem;
      text-anchor: middle;
      -webkit-user-select: none;
      -moz-user-select: none;
      user-select: none;
    }

    @media (min-width: 768px) {
      .bd-placeholder-img-lg {
        font-size: 3.5rem;
      }
    }
  </style>


  <!-- Custom styles for this template -->
  <!-- 「static/css/signin.css」の読み込み -->
  <link href={% static "css/signin.css" %}
        rel="stylesheet">
</head>
<body class="text-center">
  <main class="form-signin">
    <!-- ユーザー名とパスワードが一致しない場合のメッセージ -->
    {% if form.errors %}
      <p style="color: red">ユーザー名とパスワードが一致しません。</p>
    {% endif %}
    <!-- ログインのフォームを配置 -->
```

```
<form method="post">
  {% csrf_token %}
  <!-- Bootstrapのロゴを表示 -->
  <!-- 「static/img/bootstrap-logo.svg」の読み込み -->
  <img class="mb-4"
       src={% static "img/bootstrap-logo.svg" %}
       alt="" width="72"
       height="57">
  <h1 class="h3 mb-3 fw-normal">Please sign in</h1>
  <!--
  <div class="form-floating">～</div>の2つのブロックを削除して
  以下に書き換え
  -->
  <!-- Usernameのラベル（非表示） -->
  <label for="Username" class="visually-hidden">
    User name</label>
  <!-- usernameの<input>タグを出力-->
  <!-- name属性の値はLoginViewで定義されているフィールド名username -->
  <input type="text"
         name="username"
         id="id_username"
         maxlength="150"
         autocapitalize="none"
         autocomplete="username"
         class="form-control"
         placeholder="ユーザー名"
         required autofocus>
  <!-- Passwordのラベル（非表示） -->
  <label for="Password" class="visually-hidden">
    Password</label>
  <!-- passwordの<input>タグを出力-->
  <!-- name属性の値はLoginViewで定義されているフィールド名password -->
  <input type="password"
         name="password"
         id="id_password"
```

```
            autocomplete="current-password"
            class="form-control"
            placeholder="パスワード"
            required autofocus>

      <!-- <div class="checkbox mb-3">～</div>を削除 -->

      <!-- <button>～</button>を書き換えてログインボタンを配置 -->
          <input class="w-100 btn btn-lg btn-primary"
                type="submit"
                value="ログイン">

      <!-- <p>～</p>をパスワードリセットページのリンクテキストに書き換え -->
      <br><br>
      <p><a href="#">パスワードを忘れましたか?</a><p>
      <!-- ログイン直後のリダイレクト先(トップページ)のURLパターンを設定 -->
      <input type="hidden"
             name="next"
             value="{% url 'photo:index' %}">
    </form>
  </main>
 </body>
</html>
```


ワンポイント

インプットボックスに入力されたユーザー名とパスワードはどうなる?

2個のインプットボックスに入力されたユーザー名とパスワードは

```
<input class="w-100 btn btn-lg btn-primary" type="submit"
       value="ログイン">
```

で表示する[ログイン]ボタンがクリックされたとき、ビュークラスLoginView(のオブジェクト)に渡されて認証チェックが行われる仕組みです。

●ログアウトページのテンプレートを作ろう

ログアウトしたことをユーザーに知らせるためのページ(テンプレート)を作成しましょう。

❶[ファイル]ペインで「accounts」➡「templates」フォルダーを右クリックして、[新規]➡[ファイル...]を選択します。
❷[ファイル名]に「logout.html」と入力して[保存]ボタンをクリックします。

■図7.29 「logout.html」を作成

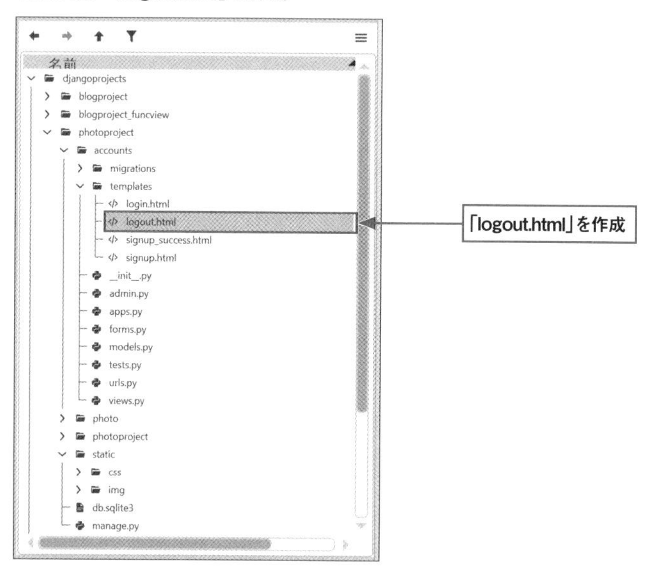

❸「logout.html」を[エディタ]ペインで開いて、次のように入力しましょう。このテンプレートは、ログアウトの処理を行うビュークラスLogoutViewがレンダリングします。

▼ログアウトページのテンプレート(accounts/templates/logout.html)

```
<!-- ベーステンプレートを適用する -->
{% extends 'base.html' %}
<!-- ヘッダー情報のページタイトルを設定する -->
```

```
{% block title %}Log out{% endblock %}

      {% block contents %}
      <!-- Bootstrapのグリッドシステム -->
      <div class="container">
        <!-- 行を配置 -->
        <div class="row">
          <!-- 列の左右に余白offset-4を入れる
               列の上下パディングはpy-4 -->
          <div class="col offset-4 py-4">

          <h3>ログアウトしました</h3>
          <!-- トップページのリンクテキスト -->
          <p><a href="{% url 'photo:index' %}">トップページへ</a><p>
      {% endblock %}
```

●ログインページのURLパターンとビューを設定しよう

Djangoには、ログインの処理を専門に行うビューとして、django.contrib.auth.LoginViewクラスが用意されています。また、ログアウトの処理を専門に行うビューとして、django.contrib.auth.LogoutViewクラスが用意されています。URLパターンでこれらのクラスをインスタンス化すれば、ログインとログアウトの処理が簡単に実装できます。では、accountsアプリのURLconf（accounts/urls.py）を開いて、次のように入力しましょう。

▼accountsアプリのURLconf（accounts/urls.py）

```
from django.urls import path
# viewsモジュールをインポート
from . import views
# viewsをインポートしてauth_viewという名前で利用する
from django.contrib.auth import views as auth_views

# URLパターンを逆引きできるように名前を付ける
app_name = 'accounts'
```

```
# URLパターンを登録するための変数
urlpatterns = [
    # サインアップページのビューの呼び出し
    # 「http(s)://<ホスト名>/signup/」へのアクセスに対して、
    # viewsモジュールのSignUpViewをインスタンス化する
    path('signup/',
         views.SignUpView.as_view(),
         name='signup'),

    # サインアップ完了ページのビューの呼び出し
    # 「http(s)://<ホスト名>/signup_success/」へのアクセスに対して、
    # viewsモジュールのSignUpSuccessViewをインスタンス化する
    path('signup_success/',
         views.SignUpSuccessView.as_view(),
         name='signup_success'),

    # ログインページの表示
    # 「http(s)://<ホスト名>/signup/」へのアクセスに対して、
    # django.contrib.auth.views.LoginViewをインスタンス化して
    # ログインページを表示する
    path('login/',
         # ログイン用のテンプレート(フォーム)をレンダリング
         auth_views.LoginView.as_view(template_name='login.html'),
         name='login'
         ),

    # ログアウトを実行
    # 「http(s)://<ホスト名>/logout/」へのアクセスに対して、
    # django.contrib.auth.views.logoutViewをインスタンス化して
    # ログアウトさせる
    path('logout/',
         auth_views.LogoutView.as_view(template_name='logout.html'),
         name='logout'
         ),
]
```

- **ログインページのURLパターン**

ログインページのURLパターンは、

```
path('login/',
     auth_views.LoginView.as_view(template_name='login.html'),
     name='login')
```

としました。LoginViewをインスタンス化するas_view()の引数として

```
template_name='login.html'
```

としているので、ログインページのテンプレートlogin.htmlがレンダリングされます。同時に、ユーザーの情報を格納するuserオブジェクトが生成されてlogin.htmlに渡されます。login.htmlのインプットボックスに入力されたユーザー名とパスワードで認証チェックが行われたあと、認証が成功するとユーザーの情報がuserオブジェクトに格納される、という流れになります。

- **ログアウトページのURLパターン**

ログアウトページのURLパターンは、

```
path('logout/',
     auth_views.LogoutView.as_view(template_name='logout.html'),
     name='logout')
```

としました。

LogoutViewをインスタンス化するas_view()の引数として

```
template_name='logout.html'
```

としているので、ログアウトページのテンプレートlogout.htmlがレンダリングされます。同時に、ユーザーの情報を格納するuserオブジェクトに、ユーザーがログアウトしたことが登録されます。

●ログイン／非ログインでナビメニューの表示を切り替えよう

フォトギャラリーアプリにログインしたら何ができるのでしょう。もちろん、写真の投稿はできるのですが、そのほかにも「マイページ」を表示して投稿済みの写真を削除するなど、登録済みユーザー専用の機能が利用できます。そこで、ベーステンプレートのナビゲーションメニュー

- **サインアップ**
- **ログイン**
- **Email me**

を、ログイン後には

- **マイページ**
- **ログアウト**
- **パスワードのリセット**

に切り替えるようにしましょう。また、ページのタイトル部分に配置しているボタン

- **今すぐサインアップ**
- **登録済みの方はログイン**

を、ログイン後には

- **投稿する**
- **ログアウト**

に切り替えるようにもしましょう。

ユーザーがログインしているかどうかは、DjangoのUserモデル（django.contrib.auth.models.User）のis_authenticatedプロパティで調べることができます。テンプレートに

```
{% if user.is_authenticated %}
```

の記述をすることで、is_authenticatedプロパティの存在を確認し、ログイン状態のユーザーに対する処理を行うことができます。

▼ベーステンプレートのナビゲーションメニューをログイン/非ログインで切り替える(photo/templates/base.html)

```
......冒頭から<head>～</head>まで省略......

<body>
  <!-- ページのヘッダー -->
  <header>
    <!-- ナビゲーションバーのヘッダー -->
    <div class="collapse bg-dark" id="navbarHeader">
      <div class="container">
        <div class="row">
          <div class="col-sm-8 col-md-7 py-4">
            <!-- ヘッダーのタイトルと本文-->
            <h4 class="text-white">お気に入りを見つけよう！</h4>
            <p class="text-muted">
              誰でも参加できる写真投稿サイトです。
```


コラム

is_authenticatedプロパティでログイン状態を確認する仕組み

is_authenticatedプロパティは、常にTrueの読み取り専用属性です。Djangoのビュー(ビュークラスのオブジェクト)は、必ずHttpRequestクラスのオブジェクトを受け取るようになっています。HttpRequest.userプロパティの値は、ユーザーがログインしていない場合、django.contrib.auth.models.AnonymousUserのインスタンスになります。一方、ユーザーがログインした場合は、HttpRequest.userプロパティの値が

```
django.contrib.auth.models.User
```

のインスタンスになります。

is_authenticatedプロパティはUserオブジェクトのプロパティなので、Userオブジェクトが存在すればプロパティ値のTrueが返ってきます。一方、未ログインの状態であればHttpRequest.userプロパティの値はAnonymousUserオブジェクトになり、is_authenticatedプロパティ自体が存在しないのでFalseが返されます。

```
                自分で撮影した写真なら何でもオッケー！
                でも、カテゴリに属する写真に限ります。
                コメントも付けてください！
              </p>
            </div>
            <div class="col-sm-4 offset-md-1 py-4">
              <h4 class="text-white">Contact</h4>
              <ul class="list-unstyled">
                <!-- ナビゲーションメニュー -->
                {% if user.is_authenticated %}
                <!-- ログイン中のメニュー -->
                <li><a href="#"
                       class="text-white">マイページ</a></li>
                <li><a href="{% url 'accounts:logout' %}"
                       class="text-white">ログアウト</a></li>
                <li><a href="#"
                       class="text-white">パスワードのリセット</a></li>
                <li><a href="mailto:admin@example.com"
                       class="text-white">Email me</a></li>
                {% else %}
                <!-- ログイン状態ではない場合のメニュー -->
                <li><a href="{% url 'accounts:signup' %}"
                       class="text-white">サインアップ</a></li>
                <li><a href="{% url 'accounts:login' %}"
                       class="text-white">ログイン</a></li>
                <li><a href="mailto:admin@example.com"
                       class="text-white">Email me</a></li>
                {% endif %}
              </ul>
            </div>
          </div>
        </div>
      </div>
      <!-- ナビゲーションバー -->
      ......以下省略......
```

▼ナビゲーションボタンの表示をログイン/非ログインで切り替える

(photo/templates/photos_title.html)

```
<!-- タイトルとナビゲーションボタン -->
<section class="py-5 text-center container">
  <div class="row py-lg-5">
    <div class="col-lg-6 col-md-8 mx-auto">
      <!-- タイトルと本文 -->
      <h1 class="fw-light">Photo Gallery</h1>
      <p class="lead text-muted">
        コメントを見て写真に描かれた世界に思いを馳せましょう。
        素敵な写真とコメントをお待ちしています！</p>
      <p>
        <!-- ナビゲーションボタン -->
        {% if user.is_authenticated %}
        <!-- ログイン中のボタン -->
        <a href="#"
           class="btn btn-primary my-2">投稿する</a>
        <a href="{% url 'accounts:logout' %}"
           class="btn btn-secondary my-2">ログアウト</a>
        {% else %}
        <!-- ログイン状態ではない場合のボタン -->
        <a href="{% url 'accounts:signup' %}"
           class="btn btn-primary my-2">今すぐサインアップ</a>
        <a href="{% url 'accounts:login' %}"
           class="btn btn-secondary my-2">登録済みの方はログイン</a>
        {% endif %}
      </p>
    </div>
  </div>
</section>
```

●サインアップ完了ページにログインページのリンクを設定しよう

サインアップ完了ページのテンプレート(signup_success.html)にログインページのリンクがありますが、リンクの設定がまだですのでリンク先を設定しておきましょう。

▼サインアップ完了ページにログインページのリンクを設定する
(accounts/templates/signup_success.html)

```
<!-- ベーステンプレートを適用する -->
{% extends 'base.html' %}
<!-- ヘッダー情報のページタイトルを設定する -->
{% block title %}Registration Complete{% endblock %}

      {% block contents %}
      <!-- Bootstrapのグリッドシステム -->
      <div class="container">
        <!-- 行を配置 -->
        <div class="row">
          <!-- 列の左右に余白offset-4を入れる
                 列の上下パディングはpy-4 -->
          <div class="col offset-4 py-4">
            <h3>登録が完了しました</h3>
            <!-- ログインページのリンクテキスト -->
            <p><a href="{% url 'accounts:login' %}">ログインはこちら</a><p>
          </div>
        </div>
      </div>
      {% endblock %}
```

●ログイン／ログアウトしてみよう

開発用サーバーを起動し、ブラウザーで「http://127.0.0.1:8000/」にアクセスしましょう。

❶トップページのナビゲーションメニューの[ログイン]をクリック、または[登録済みの方はログイン]ボタンをクリックします。

■図7.30　フォトギャラリーアプリのトップページ

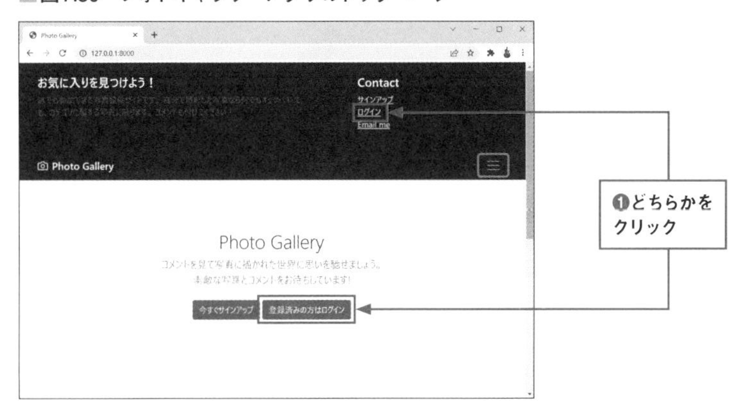

❷ログインページが表示されるので、登録済みのユーザー名とパスワードを入力して[ログイン]ボタンをクリックしましょう。

■図7.31　ログインページ

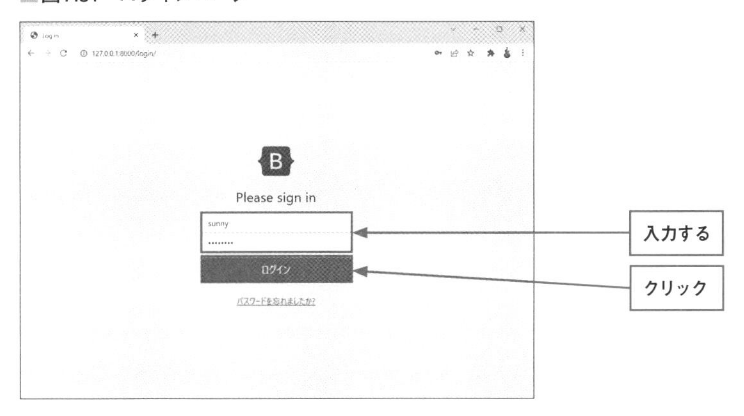

ログインが完了するとトップページにリダイレクトされます。ログイン済みなので、ナビゲーションメニューとナビゲーションボタンが、ログイン状態のものになっていることが確認できます。

■図7.32　ログイン状態のトップページのナビゲーションメニューとナビゲーションボタン

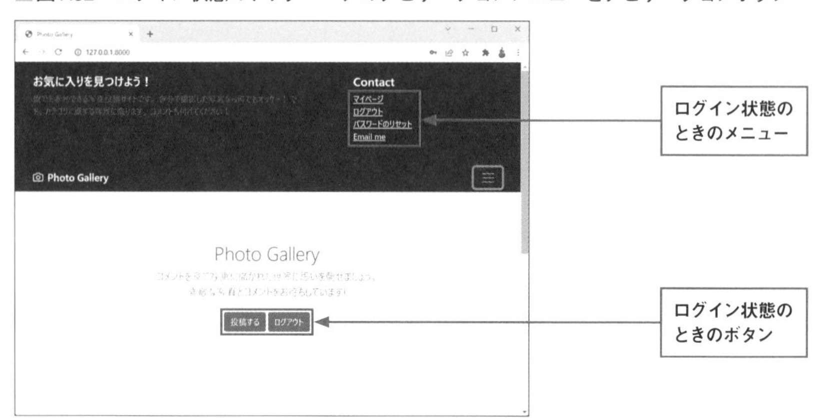

❸［ログアウト］ボタンをクリックするか、ナビゲーションメニューの［ログアウト］を選択すると、ログアウトページが表示されます。

■図7.33　ログアウトページ

 パスワードリセットの仕組みを作ろう

登録したユーザーが、パスワードを作り替えるための仕組みを作りましょう。

●Djangoのビルトイン型パスワードリセットの仕組み

Djangoには、ログイン、ログアウト、パスワード管理のための機能がビルトインで含まれています。パスワードの作り替え（リセット）の処理の流れは次のとおり。

▼Djangoのパスワードリセットの手順

①パスワードリセットのリンクからメールアドレス入力ページを表示

②登録メールアドレスに、パスワードリセットページのリンクが記載されたメールを送信

③リンクがクリックされたらパスワードリセットページを表示

④パスワードのリセットを行い、リセット完了ページを表示

これらの一連の処理は、プロジェクトのURLconf（urls.py）に、次のURLパターンを含めるだけで実装できます。

```
urlpatterns = [
    path('accounts/', include('django.contrib.auth.urls')),
]
```

django.contrib.auth.urlsには、以下のURLパターンが記載されています。

▼django.contrib.auth.urls
（https://github.com/django/django/blob/main/django/contrib/auth/urls.py）

```
from django.contrib.auth import views
from django.urls import path

urlpatterns = [
    path("login/", views.LoginView.as_view(), name="login"),
    path("logout/", views.LogoutView.as_view(), name="logout"),
    path(
        "password_change/", views.PasswordChangeView.as_view(), name="password_change"
    ),
```

```
    path(
        "password_change/done/",
        views.PasswordChangeDoneView.as_view(),
        name="password_change_done",
    ),
    path("password_reset/", views.PasswordResetView.as_view(), name="password_reset"),
    path(
        "password_reset/done/",
        views.PasswordResetDoneView.as_view(),
        name="password_reset_done",
    ),
    path(
        "reset/<uidb64>/<token>/",
        views.PasswordResetConfirmView.as_view(),
        name="password_reset_confirm",
    ),
    path(
        "reset/done/",
        views.PasswordResetCompleteView.as_view(),
        name="password_reset_complete",
    ),
]
```

独自のURLパターンをプロジェクトのURLconfに記述しよう

それぞれのURLパターンにマッチすると、ビルトインのビューが呼ばれ、対応するテンプレートがレンダリングされる仕組みです。

ただし、使用するテンプレートはDjango管理サイトのテンプレートなので、管理サイトのトップページへのリンクなどが表示されます。これではあまりよろしくないので、独自のテンプレートを用意したいと思います。

そのためには、django.contrib.auth.urlsを使用せず、独自のURLパターンを作成します。accountsアプリのURLconfではなく、プロジェクトのURLconfであることに注意してください。

▼プロジェクトのURLconfにパスワードリセット関連のURLパターンを追加する
(photoproject/urls.py)

```
from django.contrib import admin
from django.urls import path, include # include追加
# auth.viewsをインポートしてauth_viewという名前で利用する
from django.contrib.auth import views as auth_views

urlpatterns = [
    path('admin/', admin.site.urls),

    # photo.urlsへのURLパターン
    path('', include('photo.urls')),

    # accounts.urlsへのURLパターン
    path('', include('accounts.urls')),

    # パスワードリセットのためのURLパターン
    # PasswordResetConfirmViewがプロジェクトのurls.pyを参照するのでここに記載
    # パスワードリセット申し込みページ
    path('password_reset/',
         auth_views.PasswordResetView.as_view(
           template_name = "password_reset.html"),
         name ='password_reset'),

    # メール送信完了ページ
    path('password_reset/done/',
         auth_views.PasswordResetDoneView.as_view(
           template_name = "password_reset_sent.html"),
         name ='password_reset_done'),

    # パスワードリセットページ
    path('reset/<uidb64>/<token>',
         auth_views.PasswordResetConfirmView.as_view(
           template_name = "password_reset_form.html"),
         name ='password_reset_confirm'),
```

```
    # パスワードリセット完了ページ
    path('reset/done/',
         auth_views.PasswordResetCompleteView.as_view(
           template_name = "password_reset_done.html"),
         name ='password_reset_complete'),
]
```

冒頭では、

```
from django.contrib.auth import views as auth_views
```

でauth.viewsをインポートしています。

- **クラス変数template_nam**

  PasswordResetView
  PasswordResetDoneView
  PasswordResetConfirmView
  PasswordResetCompleteView

をインスタンス化する際に、template_nameオプションで、レンダリングするテンプレートを指定しています。

- **path()のnameオプション**

  path()のnameオプションに設定する名前としては、それぞれ定義済みの名前を使用することが必要です。名前はプロジェクトのURLconfのURLパターンに記載されています。

▼URLパターンのnameの値

URL	URLパターンのnameの値
password_reset/	password_reset
password_reset/done/	password_reset_done
reset/<uidb64>/<token>	password_reset_confirm
reset/done/	password_reset_complete

パスワードリセット申し込みページのテンプレートを作成しよう

パスワードリセットの手順に従って、パスワードリセットの申し込みページのテンプレートから作成していきましょう。

❶[ファイル]ペインで「accounts」以下の「templates」フォルダーを右クリックして[新規]➡[ファイル...]を選択します。
❷[ファイル名]に「password_reset.html」と入力して[保存]ボタンをクリックします。

■図7.34 [ファイル]ペイン

パスワードリセット申し込みページのテンプレートでは、ベーステンプレートを適用し、{% block contents %}～{% endblock %}の中にメールアドレス入力用のフォームを配置します。送信ボタンは自前で配置し、メールアドレス入力用のインプットボックスとラベルはPasswordResetViewのformの内容をそのまま書き出すようにします。

▼パスワードリセット申し込みページのテンプレート
（accounts/templates/password_reset.html）

```
<!-- ベーステンプレートを適用する -->
{% extends 'base.html' %}
<!-- ヘッダー情報のページタイトルを設定する -->
{% block title %}Reset password{% endblock %}

      {% block contents %}
      <!-- Bootstrapのグリッドシステム -->
      <div class="container">
        <!-- 行を配置 -->
        <div class="row">
          <!-- 列の上下パディングはpy-4 -->
          <div class="col py-4">
            <hr>
            <h3>パスワードをリセットしますか?</h3>
            <p>
              登録済みのメールアドレスを入力してください。
              パスワードリセットのリンクを記載したメールをすぐにお届けします。
            </p>
            <br>
            <!-- メール送信のためのフォームを配置 -->
            <form action="" method="POST" class="text-center">
              {% csrf_token %}
              <!-- formに格納されているインプットボックスとラベルを出力 -->
              {{form}}
              <!-- 送信ボタン -->
              <input type="submit" value="メールを受け取る" /><br>
            </form>
            <br>
            <!-- トップページへのリンク -->
            <a href="{% url 'photo:index' %}">Photo Gallery</a>
            <hr>
          </div>
        </div>
```

```
    </div>
    {% endblock %}
```

なぜプロジェクトのURLconfに記載するの？

　ビルトインのビュークラスの一部（PasswordResetConfirmView）が、プロジェクトのURLconfを参照するようになっているためです。このため、PasswordResetConfirmViewを呼び出すURLパターンはプロジェクトのURLconfに書いておかないと、エラー（URLパターンが見つからないエラー）が発生してしまいます。他のビュークラスのURLパターンはアプリのURLconfに記載しても問題は発生しませんが、ここではパスワードリセット関連のURLパターンはプロジェクトのURLconfにまとめて記載することにしました。

Bootstrapのグリッドシステム

　フォームを配置する際に、Bootstrapのグリッドシステムを適用して上下の余白（パディング）を設定するようにしています。<div class="container">でグリッドシステムを適用し、<div class="row">で行要素を設定、<div class="col py-4">で列要素に対して上下のパディングを設定しています。

- **Bootstrapの「Grid system（グリッドシステム）」のページ**
  https://getbootstrap.jp/docs/5.0/layout/grid/

ワンポイント

PasswordResetViewの機能

　パスワードをリセットするために使われる1回限り有効なリンクを生成し、ユーザーがパスワードをリセットできるようにします。そのリンクは、ユーザーが登録したメールアドレスに送信されます。

　ただし、入力されたメールアドレスがデータベースに存在しない場合、メールは送信されず、またエラーメッセージも表示されません。潜在的な攻撃者への情報漏洩（ろうえい）を防ぐための措置です。

パスワードリセットメールを送信するための設定をしよう(settings.py)

「パスワードリセットページのリンクを記載したメール」を送信するための設定を行いましょう。Gmailの2段階認証システムを設定し、アプリ用のパスワードを取得します。Gmailの2段階認証システムについては、本書の「6.2　送信メールサーバーを登録してメール送信を実現しよう」をご参照ください。

「settings.py」を[エディタ]ペインで開いて、メールを送信するための記述をモジュールの末尾に追加しましょう。

▼Gmailでメール送信するための設定(photoproject/settings.py)

```
# メール送信のためのクラスを設定
EMAIL_BACKEND = 'django.core.mail.backends.smtp.EmailBackend'

#メールサーバーへの接続設定
DEFAULT_FROM_EMAIL = 'xxxxxxx@gmail.com'        # メールの送信元のアドレス
EMAIL_HOST = 'smtp.gmail.com'                   # GmailのSMTPサーバー
EMAIL_PORT = 587                                # Gmailのポート番号
EMAIL_HOST_USER = 'xxxx@gmail.com'              # Gmailのアドレス
EMAIL_HOST_PASSWORD = 'xxxxxxxxxxxxxxxx'        # Gmailのアプリ用パスワード
EMAIL_USE_TLS = True     # SMTPサーバーと通信する際にTLS(セキュア)接続を使う
```

以上の設定で、パスワードリセット申し込みページで入力されたメールアドレス宛に、Gmailの送信メールサーバーからパスワードリセットのためのメールが送信されるようになります。

メール送信完了ページのテンプレートを作成しよう

このテンプレートは、「photoproject」以下の「urls.py」で設定されているURLパターン：

```
# メール送信完了ページ
path('password_reset/done/',
     auth_views.PasswordResetDoneView.as_view(
       template_name = "password_reset_sent.html"),
     name ='password_reset_done'),
```

において、ビューPasswordResetDoneViewによってレンダリングされます。

パスワードリセットのためのメール送信が完了したことを通知するテンプレートを作成しましょう。

❶[ファイル]ペインで「accounts」以下の「templates」フォルダーを右クリックして[新規]➡[ファイル...]を選択します。
❷[ファイル名]に「password_reset_sent.html」と入力して[保存]ボタンをクリックします。

メール送信完了ページのテンプレートにおいても、ベーステンプレートを適用し、{% block contents %}～{% endblock %}の中に送信完了を伝えるテキストを配置します。

▼メール送信完了ページのテンプレート(accounts/templates/password_reset_sent.html)

```
<!-- ベーステンプレートを適用する -->
{% extends 'base.html' %}
<!-- ヘッダー情報のページタイトルを設定する -->
{% block title %}Send password reset{% endblock %}

      {% block contents %}
      <!-- 水平線 -->
      <hr>
      <!-- Bootstrapのグリッドシステム -->
      <div class="container">
        <!-- 行を配置 -->
        <div class="row">
          <!-- 列の左右に余白offset-2を入れる
               列の上下パディングはpy-4 -->
          <div class="col offset-2 py-4">
              <h5>パスワードのリセット手順をメールで送信しました。
                  メールはすぐに届きます。</h5>
              <br>
              <h6>
                メールが届かない場合は、登録済みのメールアドレスであるかを
```

```
                確認し、迷惑メールフォルダーも確認してみてください。</h6>
            <br>
            <!-- トップページへのリンク -->
            <a href="{% url 'photo:index' %}">Photo Gallery</a>
        </div>
    </div>
</div>
{% endblock %}
```

●パスワードリセットページのテンプレートを作成しよう

パスワードリセットのためのメールに記載されたリンクをクリックすると表示される、パスワードリセットページのテンプレートを作成しましょう。このテンプレートは、

```
path('reset/<uidb64>/<token>',
     auth_views.PasswordResetConfirmView.as_view(
         template_name = "password_reset_form.html"),
     name ='password_reset_confirm'),
```

のURLパターンでPasswordResetConfirmViewをインスタンス化したときにレンダリングされるテンプレートです。URLの

```
reset/<uidb64>/<token>
```

の<token>の部分に、PasswordResetConfirmViewが自動生成した1回限り有効なリンクが当てはめられます。

❶[ファイル]ペインで「accounts」以下の「templates」フォルダーを右クリックして[新規]➡[ファイル...]を選択します。
❷[ファイル名]に「password_reset_form.html」と入力して[保存]ボタンをクリックします。

パスワードリセットページのテンプレートは、<form>タグでフォームを配置し、PasswordResetConfirmViewのformに格納されている内容をそのまま書き出すようにします。[パスワードリセット]ボタンについては、<input>タグを記述して配置し

ます。

▼パスワードリセットページのテンプレート
(accounts/templates/password_reset_form.html)

```
<!doctype html>
<html lang="ja">
  <head>
    <!-- マージン、パディング、背景色を設定するCSSを定義 -->
    <style>
      .pad{
        background-color: lavender;
        border: solid 2px;
        padding-top: 30px;
        padding-bottom: 50px;
        padding-left: 100px;
        margin-top: 50px;
        margin-right: 70px;
        margin-left: 70px;
      }
    </style>
  </head>

  <body>
    <div class="pad">
      <h2>Photo Gallery</h2>
      <h4>
        新しいパスワードを2回入力してください。これにより、
        正しく入力できたことが確認されます。
      </h4>
      <br />
      <!-- フォームを配置 -->
      <form action="" method="POST">
        {% csrf_token %}
        <!-- formに格納されている要素をすべて出力 -->
        {{form}}
```

```
            <!-- パスワードリセットボタン -->
            <input type="submit" value="パスワードリセット"/>
          </form>
        </div>
      </body>
    </html>
```

テンプレートが実際にどのように表示されるかは、のちほど掲載する操作例で確認してもらえればと思います。

パスワードリセット完了ページのテンプレートを作成しよう

パスワードリセットの完了を通知するテンプレートを作成しましょう。

このテンプレートは、「photoproject」以下の「urls.py」で設定されているURLパターン：

```
# パスワードリセット完了ページ
path('reset/done/',
     auth_views.PasswordResetCompleteView.as_view(
       template_name = "password_reset_done.html"),
     name ='password_reset_complete'),
```

において、ビューPasswordResetCompleteViewによってレンダリングされます。

❶［ファイル］ペインで「accounts」以下の「templates」フォルダーを右クリックして［新規］➡［ファイル...］を選択し、［ファイル名］に「password_reset_done.html」と入力して［保存］ボタンをクリックします。

パスワードリセット完了ページのテンプレートにおいても、独自のCSSを定義して見栄えをコントロールします。リセット完了を伝えるテキストと、トップページへのリンクテキストを配置します。

▼パスワードリセット完了ページのテンプレート（accounts/templates/password_reset_done.html）

```
<!doctype html>
```

```
<html lang="ja">
  <head>
    <style>
      .pad{
        background-color: lavender;
        border: solid 2px;
        padding-top: 30px;
        padding-bottom: 50px;
        padding-left: 100px;
        margin-top: 50px;
        margin-right: 70px;
        margin-left: 70px;
      }
    </style>
  </head>

  <body>
    <div class="pad">
      <h2>パスワードがリセットされました。</h2>
      <p>
        Your Password has been set. You may go ahead and login
      </p>
      <br>
      <!-- トップページへのリンク -->
      <a href="{% url 'photo:index' %}">Photo Galleryのトップページへ</a>
    </div>
  </body>
</html>
```


●ログイン画面とナビゲーションメニューにパスワードリセットのリンクを設定しよう

ログイン画面とナビゲーションメニュー(ログイン時)に、パスワードリセットページへのリンクを設定しましょう。

ログイン画面のテンプレート「login.html」を[エディタ]ペインで開いて、ドキュメントの末尾近くにあるリンクテキスト「パスワードを忘れましたか?」のリンク先を設

定するhref属性の値を

```
href="{% url 'password_reset' %}"
```

に書き換えます。

▼パスワードリセットページのリンク先を設定（accounts/templates/login.html）

```
......冒頭からここまでのコード省略......
        <!-- パスワードリセットページのリンクテキスト -->
        <br><br>
        <p><a href="{% url 'password_reset' %}">パスワードを忘れましたか?</a><p>
        <!-- ログイン直後のリダイレクト先（トップページ）のURLパターンを設定 -->
        <input type="hidden"
               name="next"
               value="{% url 'photo:index' %}">
      </form>
    </main>
  </body>
</html>
```

「photo」アプリのベーステンプレート「base.html」を開いて、ナビゲーションメニューの「パスワードのリセット」のリンク先を設定するhref属性の値を

```
href="{% url 'password_reset' %}
```

に書き換えましょう。

▼（photo/templates/base.html）

```
......冒頭からここまでのコード省略......
      <!-- ナビゲーションバーのヘッダー -->
      <div class="collapse bg-dark" id="navbarHeader">
        <div class="container">
          <div class="row">
            <div class="col-sm-8 col-md-7 py-4">
              <!-- ヘッダーのタイトルと本文 -->
              <h4 class="text-white">お気に入りを見つけよう！</h4>
```

```
          <p class="text-muted">
            誰でも参加できる写真投稿サイトです。
            自分で撮影した写真なら何でもオッケー！
            でも、カテゴリに属する写真に限ります。
            コメントも付けてください！
          </p>
        </div>
        <div class="col-sm-4 offset-md-1 py-4">
          <h4 class="text-white">Contact</h4>
          <ul class="list-unstyled">
            <!-- ナビゲーションメニュー-->
            {% if user.is_authenticated %}
            <!-- ログイン中のメニュー-->
            <li><a href="#"
                   class="text-white">マイページ</a></li>
            <li><a href="{% url 'accounts:logout' %}"
                   class="text-white">ログアウト</a></li>
            <li><a href="{% url 'password_reset' %}"
                   class="text-white">パスワードのリセット</a></li>
            <li><a href="mailto:admin@example.com"
                   class="text-white">Email me</a></li>
            {% else %}
            <!-- ログイン状態ではない場合のメニュー-->
            <li><a href="{% url 'accounts:signup' %}"
                   class="text-white">サインアップ</a></li>
            <li><a href="{% url 'accounts:login' %}"
                   class="text-white">ログイン</a></li>
            <li><a href="mailto:admin@example.com"
                   class="text-white">Email me</a></li>
            {% endif %}
          </ul>
        </div>
      </div>
    </div>
  </div>
......以下省略......
```

●パスワードをリセットしてみよう

これでパスワードリセットの機能が実装できました。

❶開発用サーバーを起動した状態で「http://127.0.0.1:8000/」にアクセスし、[登録済みの方はログイン]ボタンをクリックするか、ナビゲーションメニューの[ログイン]をクリックしましょう。

❷ログイン画面が表示されたら、「パスワードを忘れましたか？」のリンクテキストをクリックします。

■図7.35　ログイン画面

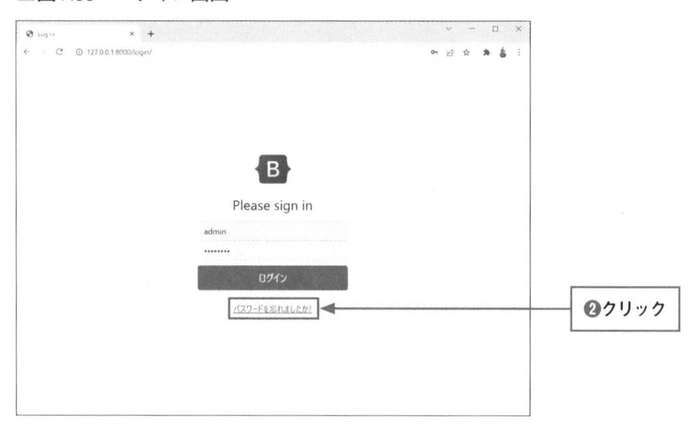

❸パスワードリセット申し込みページが表示されるので、登録済みのメールアドレスを入力して[メールを受け取る]ボタンをクリックします。

■図7.36　パスワードリセット申し込みページ

入力したメールアドレスが登録済みのユーザーのものであるかチェックされたのち、メールが送信されます。

■図7.37　メール送信完了ページ

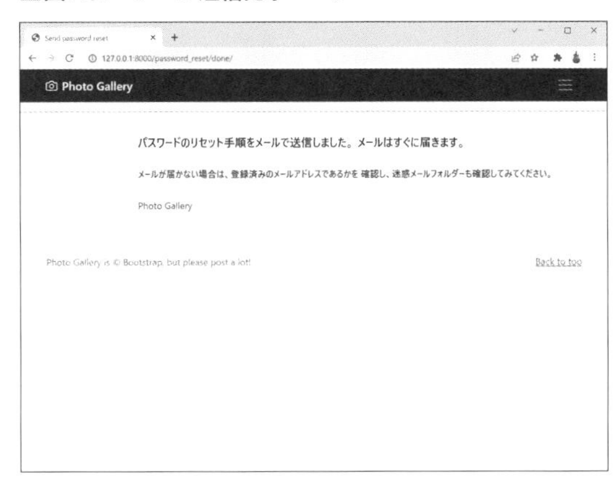

メールボックスに「127.0.0.1:8000 のパスワードリセット」という件名のメールが届きます。メールを開くとパスワードリセットページのリンクが記載されています。

▼届いたメールを開いたところ

```
このメールは 127.0.0.1:8000 で、あなたのアカウントのパスワードリセットが要求されたため、送信されました。

次のページで新しいパスワードを選んでください：

http://127.0.0.1:8000/reset/Mg/b0zwws-90b99ebaf3f6d9b14f6ad553fbb28feb

あなたのユーザー名 (もし忘れていたら): sunny

ご利用ありがとうございました！

 127.0.0.1:8000 チーム
```

リンク先を開くと、パスワードリセットページが表示されます。画面の指示に従って新しいパスワードを2回入力して、[パスワードリセット]ボタンをクリックします。

■図7.38 パスワードリセットページ

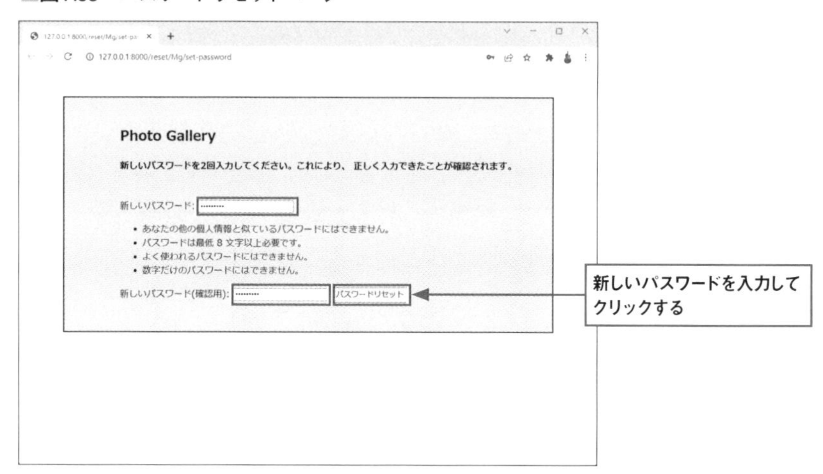

パスワードの更新が行われ、次のように表示されます。

■図7.39 パスワードリセット完了ページ

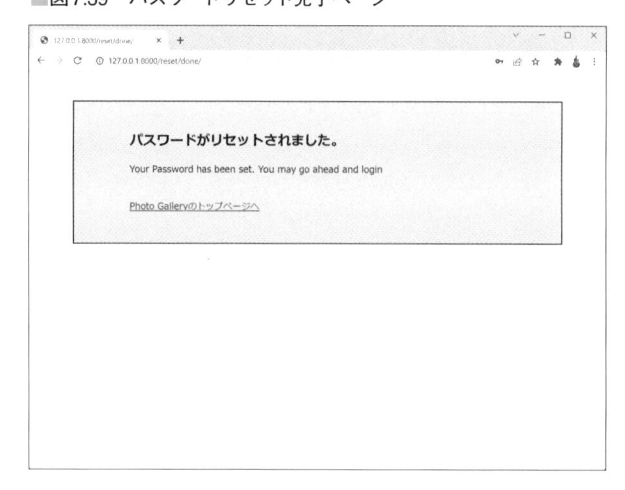

7.3

データベースを用意しよう

photoアプリとaccountsアプリのそれぞれのモデルを作成し、Djangoのデータベースに反映させましょう。

 Pillowを仮想環境にインストールしよう

photoアプリのデータベースでは、画像データを扱うためのフィールドImageFieldを使用します。ImageFieldは内部で画像処理ライブラリの「Pillow（ピロー）」を使用するので、あらかじめインストールしておくことにしましょう。

❶ Anaconda Navigatorを起動して、[Environments]タブで仮想環境名を選択します。
❷ メニューで[Not installed]を選択し、検索欄に「pillow」と入力します。
❸ 検索された「pillow」のチェックボックスをクリックして[Apply]ボタンをクリックします。

■ 図7.40　Anaconda Navigatorの[Environments]タブ

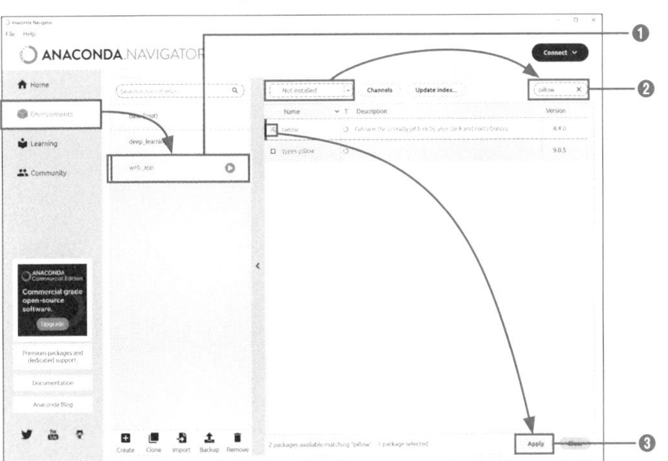

❹［Install Packages］ダイアログの［Apply］ボタンをクリックします。

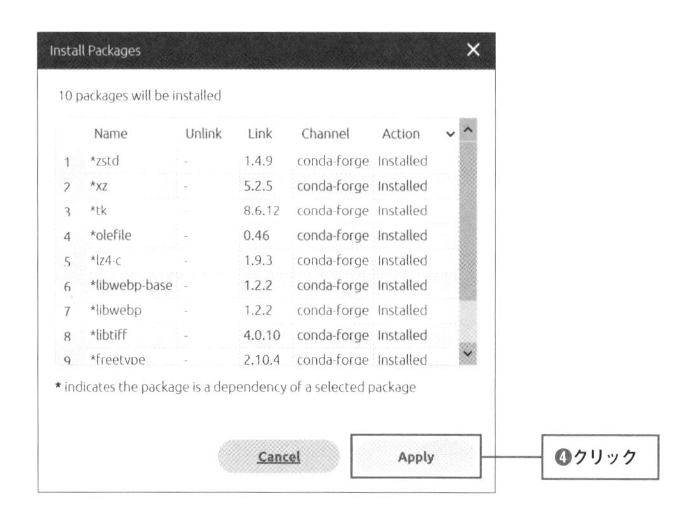

データベースを操作する「モデル」を作成しよう

投稿されたデータを管理するためのモデル「PhotoPost」、投稿する写真のカテゴリを管理するためのモデル「Category」を作成します。

❶Spyderの［ファイル］ペインで「photo」フォルダーを展開し、「models.py」をダブルクリックして［エディタ］ペインで開き、次のように入力しましょう。

▼モデルとしてPhotoPostおよびCategoryクラスを定義する（photo/models.py）

```
from django.db import models
# accountsアプリのmodelsモジュールからCustomUserをインポート
from accounts.models import CustomUser

class Category(models.Model):
    '''投稿する写真のカテゴリを管理するモデル
    '''
    # カテゴリ名のフィールド
    title = models.CharField(
```

```
        verbose_name='カテゴリ', # フィールドのタイトル
        max_length=20)

    def __str__(self):
        '''オブジェクトを文字列に変換して返す

        Returns(str):カテゴリ名
        '''
        return self.title

class PhotoPost(models.Model):
    '''投稿されたデータを管理するモデル
    '''
    # CustomUserモデル(のuser_id)とPhotoPostモデルを
    # 1対多の関係で結び付ける
    # CustomUserが親でPhotoPostが子の関係となる
    user = models.ForeignKey(
        CustomUser,
        # フィールドのタイトル
        verbose_name='ユーザー',
        # ユーザーを削除する場合はそのユーザーの投稿データもすべて削除する
        on_delete=models.CASCADE
        )
    # Categoryモデル(のtitle)とPhotoPostモデルを
    # 1対多の関係で結び付ける
    # Categoryが親でPhotoPostが子の関係となる
    category = models.ForeignKey(
        Category,
        # フィールドのタイトル
        verbose_name='カテゴリ',
        # カテゴリに関連付けられた投稿データが存在する場合は
        # そのカテゴリを削除できないようにする
        on_delete=models.PROTECT
        )
    # タイトル用のフィールド
```

```
    title = models.CharField(
        verbose_name='タイトル', # フィールドのタイトル
        max_length=200           # 最大文字数は200
        )
    # コメント用のフィールド
    comment = models.TextField(
        verbose_name='コメント',  # フィールドのタイトル
        )
    # イメージのフィールド1
    image1 = models.ImageField(
        verbose_name='イメージ1', # フィールドのタイトル
        upload_to = 'photos'     # MEDIA_ROOT以下のphotosにファイルを保存
        )
    # イメージのフィールド2
    image2 = models.ImageField(
        verbose_name='イメージ2',# フィールドのタイトル
        upload_to = 'photos',   # MEDIA_ROOT以下のphotosにファイルを保存
        blank=True,             # フィールド値の設定は必須でない
        null=True               # データベースにnullが保存されることを許容
        )
    # 投稿日時のフィールド
    posted_at = models.DateTimeField(
        verbose_name='投稿日時', # フィールドのタイトル
        auto_now_add=True       # 日時を自動追加
        )

    def __str__(self):
        '''オブジェクトを文字列に変換して返す

        Returns(str):投稿記事のタイトル
        '''
        return self.title
```

on_deleteの設定は以下6種類の中から選択します。

- **CASCADE**

削除するフィールドに紐付いたフィールドの値もすべて削除します。

- **PROTECT**

関連付けられているフィールドがあると、削除しません。

- **SET_NULL**

フィールドの値が削除されると、代わりにNULLをセットします。

- **SET_DEFAULT**

削除されたフィールド値の代わりに、デフォルト値が入るようになります。

- **SET()**

削除したときの処理を独自に設定することができます。

- **DO_NOTHING**

何の処理もしません。

 画像の保存先を設定しよう（MEDIA_URL）

Djangoでは、ImageFieldでアップロードされるファイルを「mediaファイル」と呼び、プロジェクト内の「media」フォルダーで一元管理する仕組みになっています。このため、モデルにImageFieldを設定した場合は、プロジェクト直下に「media」フォルダーを作成して、環境変数MEDIA_ROOTで「media」フォルダーの位置（フルパス）を設定することが必要になります。

プロジェクト直下に「media」フォルダーを作成しよう

❶ ［ファイル］ペインでプロジェクト最上位の［photoproject］フォルダーを右クリックして［新規］➡［フォルダー］を選択し、［フォルダ名］に「media」と入力して［OK］ボタンをクリックします。

図7.41　プロジェクト直下に「media」フォルダーを作成（photoproject/media）

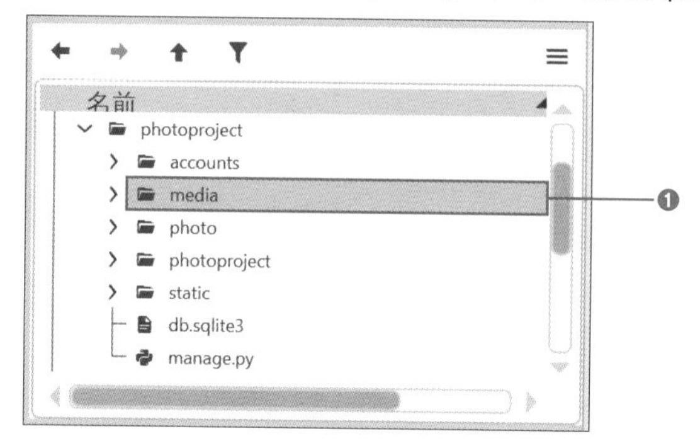

環境変数MEDIA_ROOT、MEDIA_URLを設定しよう（settings.py）

❶［ファイル］ペインで「photoproject」フォルダー以下の「settings.py」をダブルクリックして［エディタ］ペインで開き、モジュールの末尾にMEDIA_ROOTとMEDIA_URLを設定するコードを追加しましょう。

▼環境変数MEDIA_ROOTに「media」フォルダーのフルパスとMEDIA_URLを登録（photoproject/settings.py）

```
# mediaフォルダーの場所（BASE_DIR以下のmedia）を登録
MEDIA_ROOT = os.path.join(BASE_DIR, 'media')
# mediaのURLを登録
MEDIA_URL = '/media/'
```

環境変数MEDIA_ROOTは、イメージなど、メディア関連の静的ファイルの保存先を示すための環境変数です。ここでは、プロジェクト用フォルダー直下の「media」フォルダーを指定しました。環境変数MEDIA_URLでは、メディア用フォルダー「media」の相対パスを'/media/'のように設定しました。

モデルクラスPhotoPostでは、イメージの2つのフィールドを

```
# イメージのフィールド1
image1 = models.ImageField(
    verbose_name='イメージ1',  # フィールドのタイトル
    upload_to = 'photos'       # MEDIA_ROOT以下のphotosにファイルを保存
    )
```

```
# イメージのフィールド2
image2 = models.ImageField(
    verbose_name='イメージ2',    # フィールドのタイトル
    upload_to = 'photos',       # MEDIA_ROOT以下のphotosにファイルを保存
    blank=True,                 # フィールド値の設定は必須でない
    null=True                   # データベースにnullが保存されることを許容
    )
```

のように設定しているので、環境変数MEDIA_ROOTの設定に従って、イメージの保存先はプロジェクトの最上位のフォルダー「photoproject」以下の「media」➡「photos」以下になります。

マイグレーションしよう(makemigrationsとmigrate)

プロジェクトの最上位のフォルダー(manage.pyが格納されているフォルダー)に移動した状態のターミナルで、makemigrationsコマンドを実行してマイグレーションファイルを作成します。アプリ名のところは「photo」になります。

▼ターミナルでmakemigrationsコマンドを実行

```
python manage.py makemigrations photo
```

▼コマンド実行後の出力

```
Migrations for 'photo':
  photo¥migrations¥0001_initial.py
    - Create model Category
    - Create model PhotoPost
```

「migrations」フォルダーにマイグレーションファイル「0001_initial.py」が生成されるので、migrateコマンドを実行してデータベースに適用しましょう。ターミナルに次のように入力します。

▼migrateコマンドを実行

```
python manage.py migrate
```

▼コマンド実行後の出力

```
Operations to perform:
  Apply all migrations: accounts, admin, auth, contenttypes, photo, sessions
Running migrations:
  Applying photo.0001_initial... OK
```

 Django管理サイトにPhotoPostとCategoryを登録しよう(admin.pyの編集)

Django管理サイトに、モデルクラスPhotoPostとCategoryを登録しましょう。このとき、管理サイトでレコードの一覧を表示する際に、どのカラムを表示するのかを指定するPhotoPostAdmin、CategoryAdminクラスも一緒に定義します。これらのクラスは、

django.contrib.admin.ModelAdminクラス

を継承したサブクラスで、

- **クラス変数list_displayで、管理サイトのレコード一覧に表示するカラム(フィールド)**
- **クラス変数list_display_linksで、レコード一覧に表示されたカラム名のテキストのリンク先**

をそれぞれ指定できます。管理ページのレコード一覧には、デフォルトでmodels.pyで定義したモデルクラス(PhotoPost、Category)の__str__()メソッドが返すフィールドのみが表示されるようになっていますが、これらの2つのクラス変数を使って、表示するフィールドやフィールドのタイトルのリンクをコントロールできます。

❶[ファイル]ペインで「photoproject」➡「photo」フォルダー以下の「admin.py」をダブルクリックして開き、1行目のadminのインポート文だけを残して次のように入力しましょう。

▼admin.pyの2行目以下を入力 (photo/admin.py)

```
from django.contrib import admin
# CustomUserをインポート
from .models import Category, PhotoPost

class CategoryAdmin(admin.ModelAdmin):
    '''管理ページのレコード一覧に表示するカラムを設定するクラス

    '''
    # レコード一覧にidとtitleを表示
    list_display = ('id', 'title')
    # 表示するカラムにリンクを設定
    list_display_links = ('id', 'title')

class PhotoPostAdmin(admin.ModelAdmin):
    '''管理ページのレコード一覧に表示するカラムを設定するクラス

    '''
    # レコード一覧にidとtitleを表示
    list_display = ('id', 'title')
    # 表示するカラムにリンクを設定
    list_display_links = ('id', 'title')

# Django管理サイトにCategory、CategoryAdminを登録する
admin.site.register(Category, CategoryAdmin)

# Django管理サイトにPhotoPost、PhotoPostAdminを登録する
admin.site.register(PhotoPost, PhotoPostAdmin)
```

これで、Django管理サイトでモデルPhotoPost、Categoryのテーブルが使えるようになり、それぞれのレコード一覧には、idとtitleが表示されるようになります。

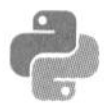

Categorysテーブルと Photo postsテーブルにデータを追加しよう

Django管理サイトにアクセスして、データベースのテーブルを確認してみましょう。開発用サーバーを起動した状態で、ブラウザーのアクセス欄に

http://127.0.0.1:8000/admin

と入力して、Django管理サイトのログイン画面を表示し、ユーザー名とパスワードを入力して[ログイン]ボタンをクリックしましょう。

Django管理サイトのトップページに「Photo posts」と「Categorys」が表示されています。モデルPhotoPostから作成された「Photo posts」テーブル、モデルCategoryから作成された「Categorys」テーブルです。

●Categorysテーブルのレコード(カテゴリ名)を追加しよう

「Categorys」テーブルにはまだレコードを登録していないので、ここでいくつか登録しておくことにしましょう。

❶Django管理サイトのトップページで、「Categorys」の右側にある[+追加]をクリックしましょう。

図7.42 Django管理サイトのトップページ

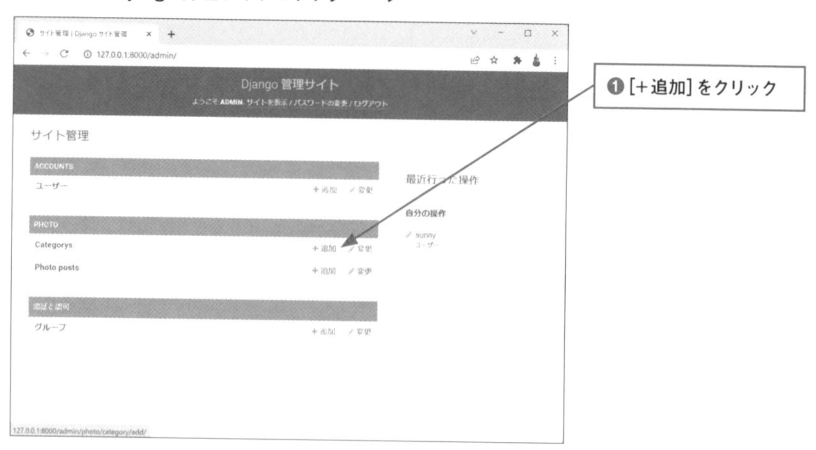

❷Categorysテーブルの登録ページが表示されます。［カテゴリ］の入力欄にカテゴリ名を入力して［保存］ボタンをクリックしましょう。

■図7.43　Categorysテーブルの登録ページ

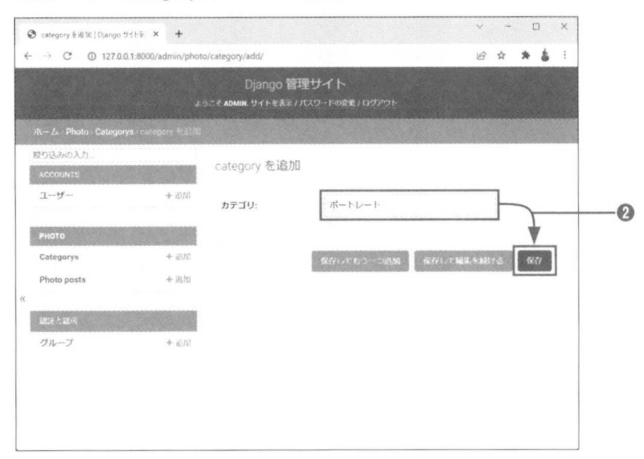

同じように操作して、いくつかのカテゴリ名を登録しましょう。ここでは次のように6カテゴリを登録しました。

■図7.44　Categorysテーブルにカテゴリ名を登録

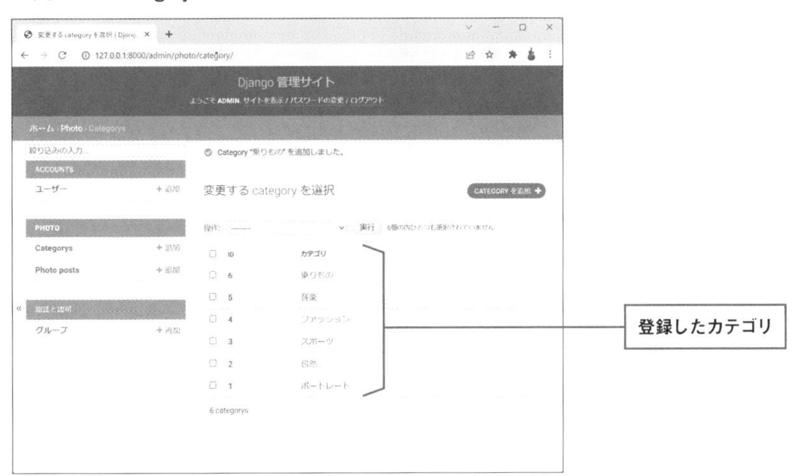

●Photo postsテーブルのレコードを追加しよう

「Photo posts」テーブルにレコードを登録しましょう。

❶Django管理サイトのトップページで、「Photo posts」の右側にある[+追加]をクリックしましょう。

■図7.45　Django管理サイトのトップページ

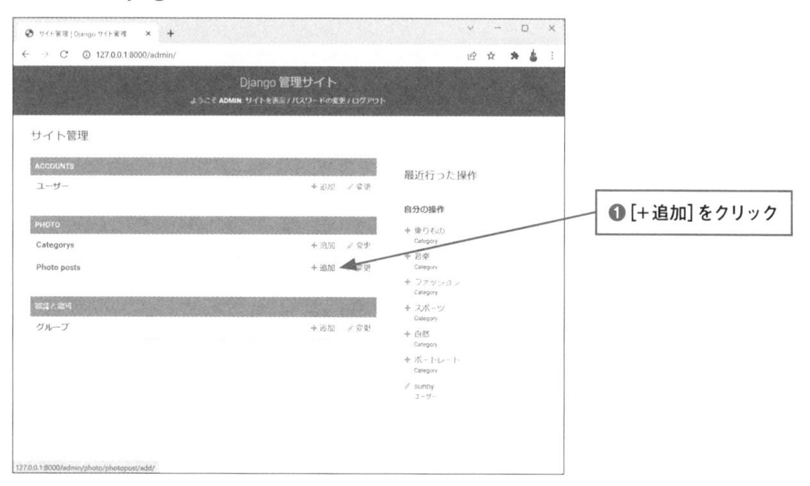

写真を投稿するページが表示されます。「Photo posts」テーブルは「Categorys」テーブルおよび「ユーザー」テーブル(CustomUserモデル)と連携しているので、ユーザーとカテゴリが選択できるようになっています。

❷[ユーザー:]と[カテゴリ:]を選択して、[タイトル:]と[コメント:]に任意のテキストを入力し、[イメージ1:]の[ファイルを選択]ボタンをクリックします。
❸[開く]ダイアログが表示されるので、登録するイメージを選択して[開く]ボタンをクリックしましょう。

■図7.46　レコードの入力

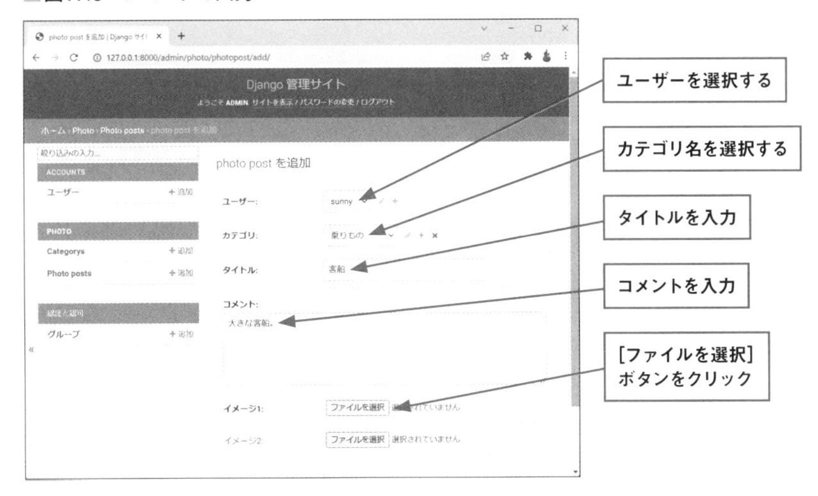

■図7.47　[開く]ダイアログ

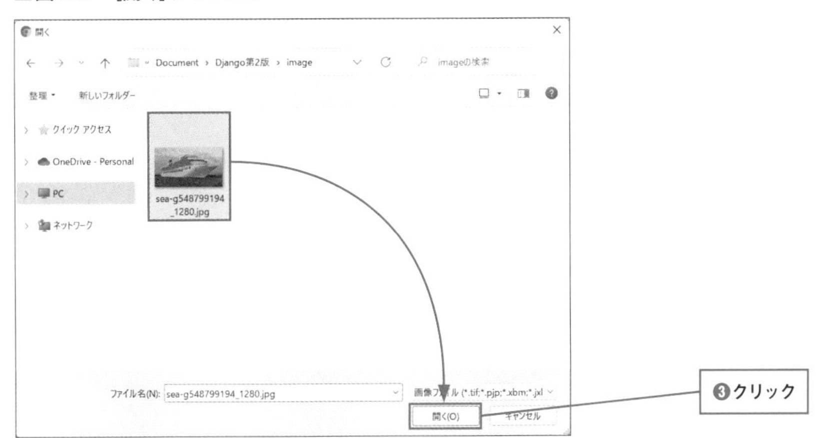

❹[ファイルを選択]ボタンの右横にイメージのファイル名が表示されていますね。[保存]ボタンをクリックしてレコードを保存しましょう。

■図7.48　レコードの保存

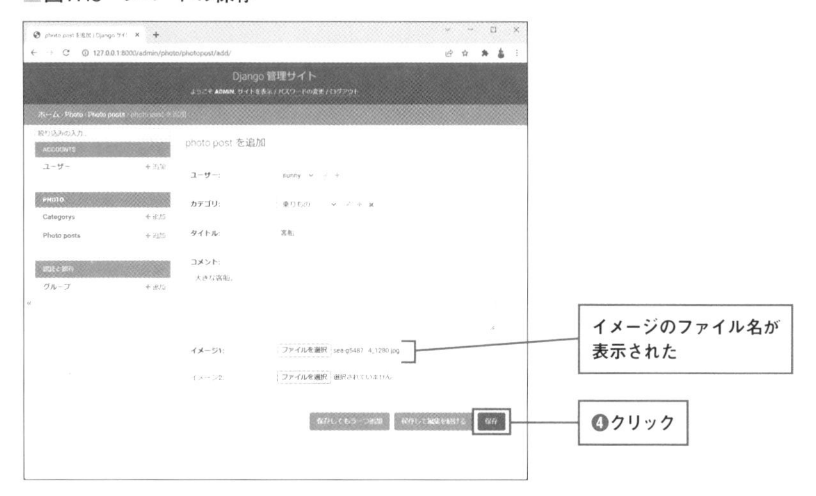

●イメージが保存されているか確認してみよう

イメージが保存されているか［ファイル］ペインで確認してみましょう。

■図7.49　1件目のレコードを登録した直後の［ファイル］ペイン

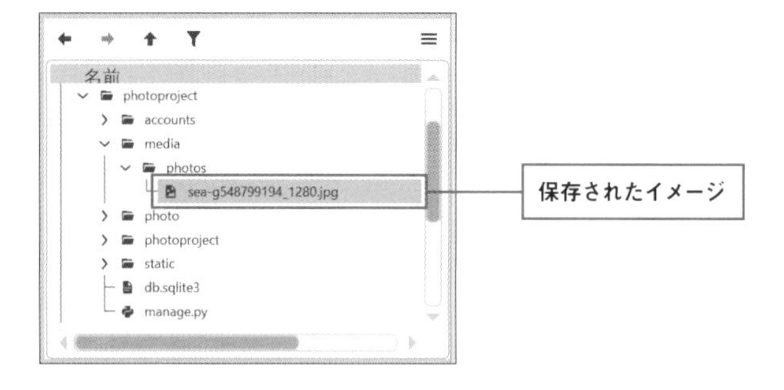

最上位のプロジェクトフォルダー「photoproject」直下の「media」フォルダーに「photos」フォルダーが作成され、この中にイメージが保存されているのが確認できますね。

shellコマンドを使ってイメージのURLとパスを確認する

　shellコマンドを使って、イメージのURLとパスがどうなっているか見てみましょう。プロジェクトの最上位のフォルダー(manage.pyが格納されているフォルダー)に移動した状態のターミナルでshellコマンドを実行し、PhotoPostオブジェクトを参照してみましょう。

▼shellコマンドでURLとパスを確認する

```
python manage.py shell  ← 入力

In [1]: from photo.models import PhotoPost  ← 入力

In [2]: photo = PhotoPost.objects.all()[0]  ← 入力

In [3]: photo.image1.url  ← 入力
Out[3]: '/media/photos/sea-g548799194_1280.jpg'

In [4]: photo.image1.path  ← 入力
Out[4]: 'C:¥¥djangoprojects¥¥photoproject¥¥media¥¥photos¥¥
sea-g548799194_1280.jpg'
```

※shellコマンドを終了するには[Ctrl]+[Break]キーを押します。

　photo.image1.urlで、ModelクラスのURLを参照した結果、

```
'/media/photos/sea-g548799194_1280.jpg'
```

のように出力されました。URLの冒頭に、環境変数MEDIA_URLで指定した「/media/」が付いていて、これがイメージのURLになっています。

レコードを削除したときのイメージの取り扱い

Django管理サイトでは、レコードの追加のほかに、編集や削除が行えます。ここで、先ほど登録したレコードを削除してみることにします。

❶Django管理サイトの左側のメニューで[Photo posts]をクリックし、削除するレコードのチェックボックスにチェックを入れます。

❷[操作:]で[選択されたphoto postsの削除]を選択して[実行]ボタンをクリックします。

■図7.50　Django管理サイト

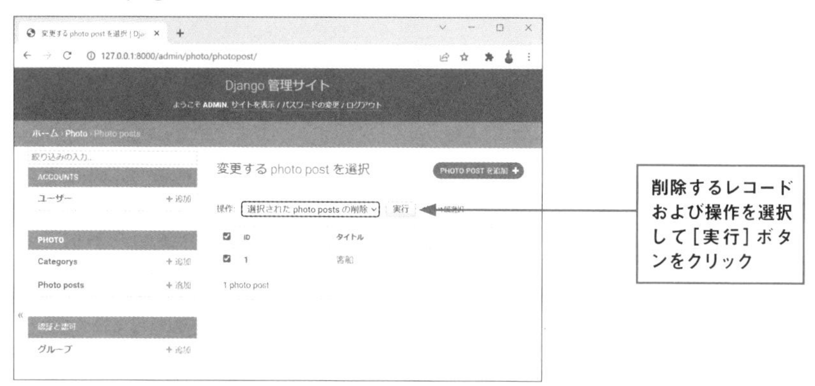

❸確認のページが表示されるので、[はい、大丈夫です]ボタンをクリックします。

■図7.51　削除の確認

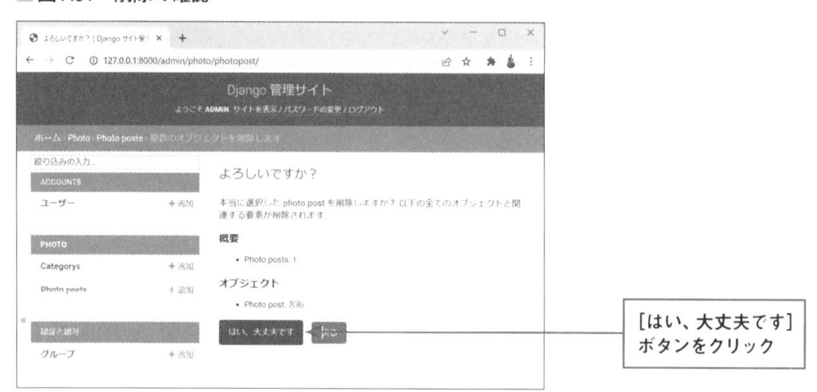

これで、選択したレコードが削除されました。はたしてイメージも削除されたでしょうか？　Spyderの［ファイル］ペインで確認してみましょう。

■図7.52　［ファイル］ペイン

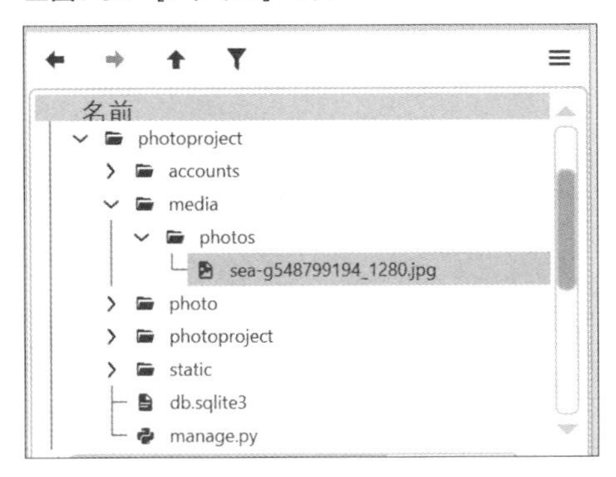

登録したイメージは残ったままです。Photo postsテーブルから対象のレコードは削除されましたが、imageカラム（フィールド）に登録されていたのはイメージのファイル名なので、レコードが削除されてもイメージのファイル本体までは削除されません。もちろん、レコード自体を削除したので、photoアプリの投稿を表示するページ（このあと作成します）に表示されることはいっさいありませんが、気になるようなら管理者自身が手動で削除することになります。

コラム

django-cleanup

Djangoで作成したデータベースからイメージを含むレコードを削除した場合に、レコードの削除と同時に該当するイメージのファイルを削除する「django-cleanup」というライブラリがあります。

Anaconda Navigatorで「CONDA-FORGE」というチャネルを追加していれば、仮想環境にインストールできます。「CONDA-FORGE」をチャネルに追加する方法は2章の「『CONDA-FORGE』をチャネルに追加しよう」で紹介しています。本書で作成しているWebアプリでは「django-cleanup」を使用しませんが、使い方についてのみ、ここで紹介しておきたいと思います。

●「django-cleanup」のインストール

❶ [Environments] タブで仮想環境名をクリックし、メニューの [Not installed] を選択して検索欄に「django-cleanup」と入力します。

❷「django-cleanup」がリストアップされるので、チェックボックスにチェックを入れて [Apply] ボタンをクリックしましょう。

図7.56 Anaconda Navigatorの [Environments] タブ

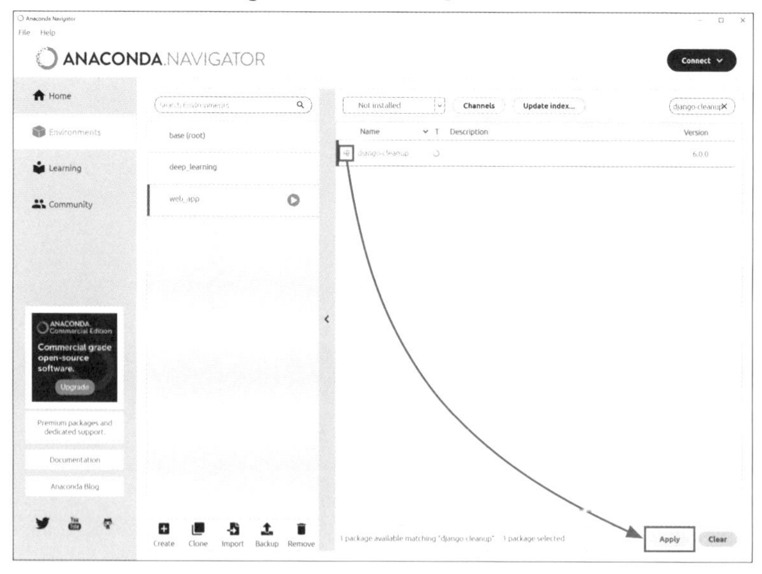

❸ [Install Packages] ダイアログの [Apply] ボタンをクリックすると、インストールが開始されます。

■図7.57 [Install Packages] ダイアログ

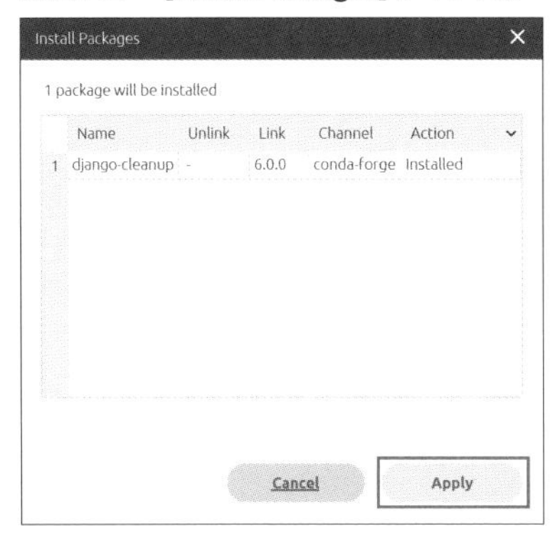

インストールが完了したら、Spyderの [ファイル] ペインで「settings.py」をダブルクリックして [エディタ] ペインで開きましょう。

環境変数INSTALLED_APPSに「django_cleanup」を追加します。

このとき、djangoとcleanupの間はアンダーバーになるので注意してください。ライブラリ名は「django-cleanup」ですが、プログラムで読み込むときは「django_cleanup」という名前になります。

▼環境変数INSTALLED_APPSに「django_cleanup」を追加 (settings.py)

```
INSTALLED_APPS = [
    'django.contrib.admin',
    'django.contrib.auth',
    'django.contrib.contenttypes',
    'django.contrib.sessions',
    'django.contrib.messages',
    'django.contrib.staticfiles',
    # django-cleanupを追加する
    'django_cleanup',
]
```

※初期状態のsettings.pyのINSTALLED_APPSに追加する例です。

これで「django-cleanup」の設定は完了です。レコードの削除と同時に、削除対象のイメージ (ファイル) が削除されるようになります。

7.4

写真投稿ページを作ろう

サインアップを済ませたユーザーが写真を投稿するためのページを作成しましょう。

 フォームクラスを作成しよう(forms.PhotoPostFormクラス)

写真投稿ページは、photoアプリのモデルPhotoPostと連携してデータベースへの登録を行うようにします。そこで、データベースとの連携に特化したdjango.forms.ModelFormクラスを継承したサブクラスを作成し、連携するモデルとフィールドを登録しましょう。

❶ Spyderの[ファイル]ペインで[photo]フォルダーを右クリックして[新規]➡[Pythonファイル...]を選択し、[ファイル名]に「forms.py」と入力して[保存]ボタンをクリックします。

■図7.58 [photo]フォルダー以下に「forms.py」を作成

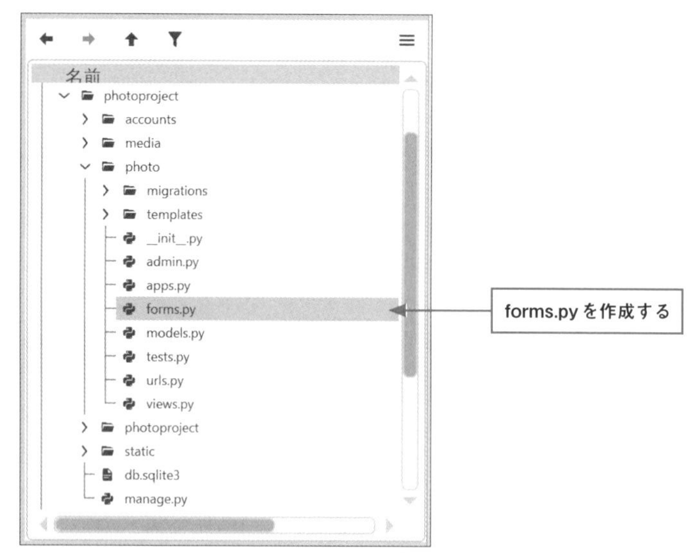

作成したモジュールを［エディタ］ペインで開いて、モデルとフィールドを登録するためのクラスを定義しましょう。

▼フォームクラスPhotoPostForm (photo/forms.py)

```
from django.forms import ModelForm
from .models import PhotoPost

class PhotoPostForm(ModelForm):
    '''ModelFormのサブクラス
    '''
    class Meta:
        '''ModelFormのインナークラス

        Attributes:
          model: モデルのクラス
          fields: フォームで使用するモデルのフィールドを指定
        '''
        model = PhotoPost
        fields = ['category', 'title', 'comment', 'image1', 'image2']
```

継承元のスーパークラスModelFormは、インナークラスMetaでモデルとフィールドを指定するようになっているので、これをオーバーライドして、モデルPhotoPostとそのフィールドを指定しました。

これから作成するビューでこのクラスを読み込めば、写真登録ページのテンプレート（フォーム）で入力されたデータをデータベースに反映できるようになります。

写真投稿ページのビューを作成してルーティングを設定しよう

写真投稿ページのビューCreatePhotoViewを作成しましょう。

写真投稿ページのビューCreatePhotoViewの作成

photoアプリの「views.py」を［エディタ］ペインで開きましょう。

新しいインポート文を追加し、定義済みのIndexViewクラスの下の行にCreatePhotoViewクラスの定義コードを入力します。

▼写真投稿ページのビューCreatePhotoView (photo/views.py)

```
from django.shortcuts import render
# django.views.genericからTemplateViewをインポート
from django.views.generic import TemplateView
# django.views.genericからCreateViewをインポート
from django.views.generic import CreateView
# django.urlsからreverse_lazyをインポート
from django.urls import reverse_lazy
# formsモジュールからPhotoPostFormをインポート
from .forms import PhotoPostForm
# method_decoratorをインポート
from django.utils.decorators import method_decorator
# login_requiredをインポート
from django.contrib.auth.decorators import login_required

class IndexView(TemplateView):
    '''トップページのビュー
    '''
    # index.htmlをレンダリングする
    template_name ='index.html'

# デコレーターにより、CreatePhotoViewへのアクセスはログインユーザーに限定される
# ログイン状態でなければsettings.pyのLOGIN_URLにリダイレクトされる
@method_decorator(login_required, name='dispatch')
class CreatePhotoView(CreateView):
```

```
    '''写真投稿ページのビュー

    PhotoPostFormで定義されているモデルとフィールドと連携して
    投稿データをデータベースに登録する

    Attributes:
      form_class: モデルとフィールドが登録されたフォームクラス
      template_name: レンダリングするテンプレート
      success_url: データベースへの登録完了後のリダイレクト先
    '''
    # forms.pyのPhotoPostFormをフォームクラスとして登録
    form_class = PhotoPostForm
    # レンダリングするテンプレート
    template_name = "post_photo.html"
    # フォームデータ登録完了後のリダイレクト先
    success_url = reverse_lazy('photo:post_done')

    def form_valid(self, form):
        '''CreateViewクラスのform_valid()をオーバーライド

        フォームのバリデーションを通過したときに呼ばれる
        フォームデータの登録をここで行う

        parameters:
          form(django.forms.Form):
            form_classに格納されているPhotoPostFormオブジェクト
        Return:
          HttpResponseRedirectオブジェクト:
            スーパークラスのform_valid()の戻り値を返すことで、
            success_urlで設定されているURLにリダイレクトさせる
        '''
        # commit=FalseにしてPOSTされたデータを取得
        postdata = form.save(commit=False)
        # 投稿ユーザーのidを取得してモデルのuserフィールドに格納
        postdata.user = self.request.user
```

```
        # 投稿データをデータベースに登録
        postdata.save()
        # 戻り値はスーパークラスのform_valid()の戻り値(HttpResponseRedirect)
        return super().form_valid(form)
```

写真投稿ページのURLパターンを登録する

photoアプリのURLconf(urls.py)を[エディタ]ペインで開いて、写真投稿ページのURLパターンを登録しましょう。

▼写真投稿ページのURLパターンを登録(photo/urls.py)

```
from django.urls import path
from . import views

# URLパターンを逆引きできるように名前を付ける
app_name = 'photo'

# URLパターンを登録する変数
urlpatterns = [
    # photoアプリへのアクセスはviewsモジュールのIndexViewを実行
    path('', views.IndexView.as_view(), name='index'),

    # 写真投稿ページへのアクセスはviewsモジュールのCreatePhotoViewを実行
    path('post/', views.CreatePhotoView.as_view(), name='post'),
]
```

写真投稿ページと投稿完了ページのテンプレートを作成しよう

❶[ファイル]ペインでphotoアプリの「templates」フォルダーを右クリックして[新規]➡[ファイル...]を選択します。

❷[ファイル名]に「post_photo.html」と入力して[保存]ボタンをクリックします。

❸同じように操作して「post_success.html」を作成します。

▼写真投稿ページのテンプレート（templates/post_photo.html）

```
<!-- ベーステンプレートを適用する -->
{% extends 'base.html' %}
<!-- ヘッダー情報のページタイトルを設定する -->
{% block title %}Post{% endblock %}

      {% block contents %}
      <!-- Bootstrapのグリッドシステム -->
      <br>
      <div class="container">
        <!-- 行を配置 -->
        <div class="row">
          <!-- 列の左右に余白offset-2を入れる -->
          <div class="col offset-2">
            <!-- ファイルをアップロードする場合は
                 enctype="multipart/form-data"が必要 -->
            <form method="POST"
                  enctype="multipart/form-data">
              {% csrf_token %}
              <table>
                <tr>
                  <th>カテゴリ</th>
                  <td>{{ form.category }}</td>
                </tr>
                <tr>
                  <th>タイトル</th>
                  <td>{{ form.title }}</td>
                </tr>
                <tr>
                  <th>コメント</th>
                  <td>{{ form.comment }}</td>
                </tr>
                <tr>
                  <th>画像1</th>
                  <td>{{ form.image1 }}</td>
```

```
                </tr>
                <tr>
                    <th>画像2</th>
                    <td>{{ form.image2 }}</td>
                </tr>
            </table>
            <hr>
            <button type="submit">投稿する</button>
        </form>
    </dv>
  </dv>
</dv>
{% endblock %}
```

▼投稿完了ページのテンプレート (post_success.html)

```
<!-- ベーステンプレートを適用する -->
{% extends 'base.html' %}

<!-- ヘッダー情報のページタイトルを設定する -->
{% block title %}Post Success{% endblock %}

    {% block contents %}
    <!-- Bootstrapのグリッドシステム -->
    <br><br>
    <div class="container">
      <!-- 行を配置 -->
      <div class="row">
        <!-- 列の左右に余白offset-2を入れる -->
        <div class="col offset-2">
          <h4>投稿が完了しました!</h4>
        </dv>
      </dv>
    </dv>
    {% endblock %}
```

投稿完了ページのビューを作成してルーティングを設定しよう

写真投稿ページのビューCreatePhotoViewでは、フォームデータの登録完了後のリダイレクト先として「photo:post_done」を指定しました。このURLで呼び出される投稿完了ページのビューを作成し、URLパターンを登録します。

投稿完了ページのビューPostSuccessViewの作成

投稿完了ページはメッセージを表示するだけなので、テンプレートのレンダリングに特化したdjango.views.generic.TemplateViewを継承したサブクラスPostSuccessViewとして定義しましょう。

▼投稿完了ページのビューPostSuccessView (photo/views.py)

```
.........インポート文省略.........

class IndexView(TemplateView):
    '''トップページのビュー
    '''
    .........内容省略.........

@method_decorator(login_required, name='dispatch')
class CreatePhotoView(CreateView):
    '''写真投稿ページのビュー
    '''
        .........内容省略.........

class PostSuccessView(TemplateView):
    '''投稿完了ページのビュー

    Attributes:
      template_name: レンダリングするテンプレート
    '''
    # index.htmlをレンダリングする
    template_name = 'post_success.html'
```

●投稿完了ページのURLパターンを登録する

投稿完了ページのURLパターンをphotoアプリのURLconf(urls.py)に登録しましょう。

▼投稿完了ページのURLパターンを登録(photo/urls.py)

```
from django.urls import path
from . import views

# URLパターンを逆引きできるように名前を付ける
app_name = 'photo'

# URLパターンを登録する変数
urlpatterns = [
    # photoアプリへのアクセスはviewsモジュールのIndexViewを実行
    path('', views.IndexView.as_view(), name='index'),

    # 写真投稿ページへのアクセスはviewsモジュールのCreatePhotoViewを実行
    path('post/', views.CreatePhotoView.as_view(), name='post'),

    # 投稿完了ページへのアクセスはviewsモジュールのPostSuccessViewを実行
    path('post_done/',
        views.PostSuccessView.as_view(),
        name='post_done'),
]
```

ナビゲーションボタンに写真投稿ページのリンクを追加しよう

ページのタイトル部分を表示するテンプレート「photos_title.html」では、写真投稿ページを表示するためのナビゲーションボタンを配置しています。現在、リンク先は設定されていないので、写真投稿ページへのリンクを設定しましょう。

▼ナビゲーションボタンのリンク先（写真投稿ページ）を設定
（photo/templates/photos_title.html）

```
<!-- タイトルとナビゲーションボタン -->
<section class="py-5 text-center container">
  <div class="row py-lg-5">
    <div class="col-lg-6 col-md-8 mx-auto">
      <!-- タイトルと本文 -->
      <h1 class="fw-light">Photo Gallery</h1>
      <p class="lead text-muted">
        コメントを見て写真に描かれた世界に思いを馳せましょう。
        素敵な写真とコメントをお待ちしています！
      </p>
      <p>
        <!-- ナビゲーションボタン -->
        {% if user.is_authenticated %}
          <!-- ログイン中のボタン -->
          <a href="{% url 'photo:post' %}"
             class="btn btn-primary my-2">投稿する</a>
          <a href="{% url 'accounts:logout' %}"
             class="btn btn-secondary my-2">ログアウト</a>
        {% else %}
          <!-- ログイン状態ではない場合のボタン -->
          <a href="{% url 'accounts:signup' %}"
             class="btn btn-primary my-2">今すぐサインアップ</a>
          <a href="{% url 'accounts:login' %}"
             class="btn btn-secondary my-2">登録済みの方はログイン</a>
        {% endif %}
      </p>
    </div>
  </div>
</section>
```

写真投稿ページから投稿してみよう

開発用サーバーを起動し、ブラウザーで「http://127.0.0.1:8000/」にアクセスし、任意のユーザー名でログインしましょう。

❶トップページに[投稿する]ボタンが現れるので、これをクリックします。

■図7.59　ログイン後のトップページ

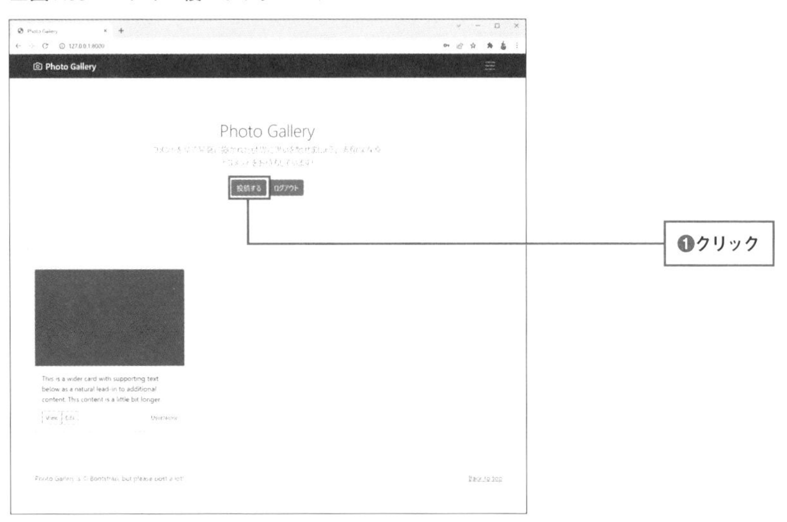

❷写真投稿ページが表示されるので、[カテゴリ]を選択し、[タイトル]と[コメント]の欄に入力します。

ワンポイント

ログインしないで投稿ページを表示しようとすると…

ブラウザーのアドレス欄には、写真投稿ページのURL(http://127.0.0.1:8000/post/)が表示されています。このURLを直接入力して写真投稿ページを表示することもできますが、ログインしている状態でないと、「Page not found (404)」(存在しないページへのアクセス時に表示されるHTTPステータスコード)が表示されます。

❸1つだけでもよいのですが、[画像1]と[画像2]のそれぞれの[ファイルを選択]ボタンをクリックして任意のイメージを選択しましょう。
❹操作が済んだら[投稿する]ボタンをクリックします。

■図7.60　写真投稿ページ (http://127.0.0.1:8000/post/)

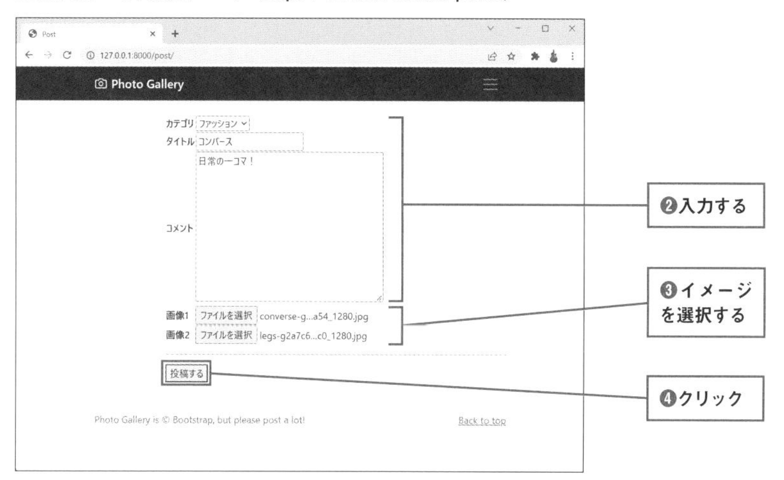

投稿が完了すると、次のように投稿完了ページが表示されました！　同じように操作して、何件か投稿しておきましょう。

■図7.61　投稿完了ページ

7.5

トップページに投稿写真を一覧表示しよう

トップページに投稿写真を一覧表示するため、
・トップページのビュー（IndexView）
・投稿記事一覧を表示するテンプレート（photos_list.html）
を編集しましょう。

IndexViewでモデルから投稿記事のすべてのレコードを取得してトップページをレンダリングします。

■図7.62　トップページに投稿写真を一覧で表示

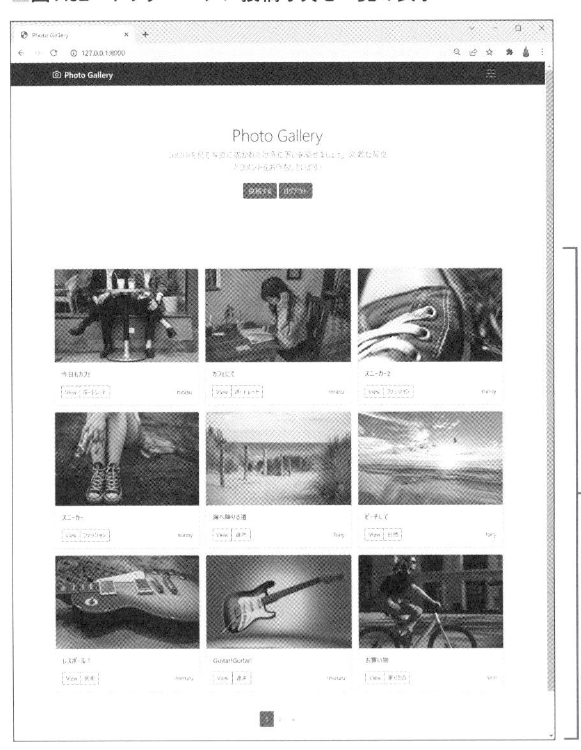

テンプレート（photos_list.html）を編集して、投稿写真を一覧表示するようにする

 トップページのビューで投稿写真の全データを取得しよう (IndexView)

現在、トップページのビュー(IndexView)は、TemplateViewクラスを継承していますが、Djangoにはデータベーステーブルのレコードを一覧表示する機能を備えた

django.views.generic.ListViewクラス

が用意されているので、これを継承するように変更しましょう。Photo postsテーブルのすべてのレコードはListViewクラス内部の処理で抽出されますが、投稿日時の降順で並べ替えたいので、次のようにクラス変数querysetにクエリを登録することにします。

▼モデルPhotoPostにobjects.order_by()を実行して投稿日時の降順で並べ替え

```
queryset = PhotoPost.objects.order_by('-posted_at')
```

objects.order_by()はレコードの並べ替えを行うだけですが、レコードを取得するall()はListViewクラス内部の処理で実行されるので記述は不要です。

▼IndexView (photo/views.py)

```
from django.shortcuts import render
# django.views.genericからTemplateView、ListViewをインポート
from django.views.generic import TemplateView, ListView
# django.views.genericからCreateViewをインポート
from django.views.generic import CreateView
# django.urlsからreverse_lazyをインポート
from django.urls import reverse_lazy
# formsモジュールからPhotoPostFormをインポート
from .forms import PhotoPostForm
# method_decoratorをインポート
from django.utils.decorators import method_decorator
# login_requiredをインポート
from django.contrib.auth.decorators import login_required
# modelsモジュールからモデルPhotoPostをインポート
from .models import PhotoPost
```

```
class IndexView(ListView):
    '''トップページのビュー
    '''
    # index.htmlをレンダリングする
    template_name ='index.html'
    # モデルBlogPostのオブジェクトにorder_by()を適用して
    # 投稿日時の降順で並べ替える
    queryset = PhotoPost.objects.order_by('-posted_at')

......... 以降、CreatePhotoView、PostSuccessView省略 .........
```

トップページのテンプレートの編集

［ファイル］ペインで投稿写真を一覧表示するテンプレート「photos_list.html」をダブルクリックして［エディタ］ペインで開きましょう。

①{% for record in object_list %}の埋め込み

IndexViewで取得したPhoto postsテーブルのすべてのレコードは、Contextの辞書(dict)に格納されていて、キーobject_listで参照できます。forループでレコードを1件ずつ取り出します。

②<svg>～</svg>タグを画像表示用の<img>～</img>タグに変更

③<img>タグにsrc属性を追加

②の<img>タグにsrc属性を

```
<img src="{{ record.image1.url }}" ...
```

のように追加して、イメージのURLを設定します。イメージのURLは、

```
"{{ record.<フィールド名>.url }}"
```

でドキュメント上に書き出せます。フィールドimage1を指定して、2枚登録できるイメージのうち1枚目のイメージを出力するようにします。

④投稿のタイトルを出力する{{record.title}}の埋め込み

投稿写真のタイトルを出力する<p class="card-text">タグの要素を

```
{{record.title}}
```

に書き換えて、titleフィールドを出力するようにします。

⑤{{record.category.title}}で投稿写真のカテゴリを出力

投稿写真のカテゴリを表示する<button>～</button>の要素を

```
{{record.category.title}}
```

に書き換えて、カテゴリを出力するようにします。

⑥{{record.user.username}}で投稿したユーザー名を出力

<small>～</small>タグの要素を

```
{{record.user.username}}
```

に書き換えて、投稿したユーザー名を出力するようにします。

⑦{% endfor %}の埋め込み

①のforループの終了タグ

```
{% endfor %}
```

を埋め込みます。

▼編集後のphotos_list.html (photo/templates/photos_list.html)

```
<div class="album py-5 bg-light">
  <!-- Bootstrapのグリッドシステムを適用 -->
  <div class="container">
    <!-- 行要素を配置 -->
    <div class="row row-cols-1 row-cols-sm-2 row-cols-md-3 g-3">
      <!-- レコードが格納されたobject_listから
           レコードを1行ずつrecordに取り出す -->          ―①
      {% for record in object_list %}
```

```
<!-- 列要素を配置 -->
<div class="col">
  <div class="card shadow-sm">
    <!-- svgタグをimgに変更
         src属性を追加して1枚目のイメージのURLを設定 -->
    <img src="{{ record.image1.url }}"
         class="bd-placeholder-img card-img-top"
         width="100%" height="225"
         xmlns="http://www.w3.org/2000/svg"
         role="img" aria-label="Placeholder: Thumbnail"
         preserveAspectRatio="xMidYMid slice"
         focusable="false">
         <title>Placeholder</title>
         <rect width="100%" height="100%" fill="#55595c"/>
         <!-- <text>～</text>を削除-->
    </img>                                              ②～③
    <!-- タイトルとボタンを出力するブロック -->
    <div class="card-body">
      <p class="card-text">
        <!-- titleフィールドを出力 -->
        {{record.title}}                          ④
      </p>
      <div class="d-flex justify-content-between align-items-center">
        <div class="btn-group">
          <!-- 詳細ページを表示するボタン -->
          <button type="button"
                  class="btn btn-sm btn-outline-secondary">
                  View</button>
          <!-- カテゴリを表示するボタン -->
          <button type="button"
                  class="btn btn-sm btn-outline-secondary">
                  {{record.category.title}}</button>
        </div>                                          ⑤
        <!-- 投稿したユーザー名を出力-->
        <small class="text-muted">                ⑥
```

```
                        {{record.user.username}}</small>
                      </div>
                    </div>
                  </div>
                <!-- 列要素ここまで -->
                </div>
                <!-- forブロック終了 -->
                {% endfor %}                          ⑦
              <!-- 行要素ここまで -->
              </div>
            <!-- グリッドシステムここまで -->
            </div>
          </div>
```

{{record.user.username}}で、投稿したユーザー名を出力するようにしました。キーobject_listから取り出した1件のレコードは、record.titleやrecord.commentで参照できますが、record.userとするとCustomUserモデルのフィールドを参照することができます。Djangoのshellで確認してみましょう。

❶[Anaconda Navigator]の[Environments]タブで仮想環境名の▶をクリックし、[Open Terminal]を選択してターミナルを起動します。
❷cdコマンドでプロジェクトのフォルダー(manage.pyが格納されているフォルダー)に移動し、

```
python manage.py shell
```

と入力してshellを起動しましょう。

▼DjangoのshellでCustomUserモデルのフィールドを参照してみる

```
(web_app) C:¥djangoprojects¥photoproject>python manage.py shell

In [1]: from accounts.models import CustomUser

In [2]: from photo.models import PhotoPost
```

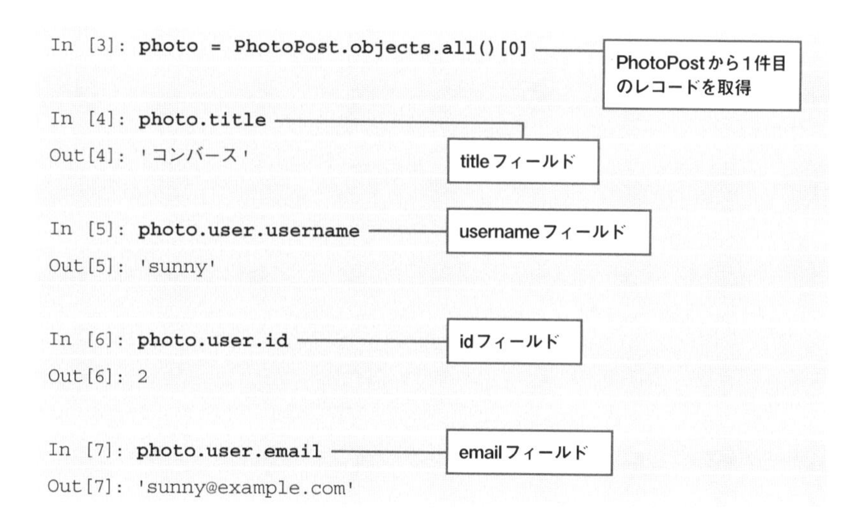

In [3]: photo = PhotoPost.objects.all()[0]
PhotoPostから1件目のレコードを取得
In [4]: photo.title
Out[4]: 'コンバース'
titleフィールド
In [5]: photo.user.username
Out[5]: 'sunny'
usernameフィールド
In [6]: photo.user.id
Out[6]: 2
idフィールド
In [7]: photo.user.email
Out[7]: 'sunny@example.com'
emailフィールド

PhotoPostモデルのuserフィールドは、CustomUserモデルと連携する主キーですので、userを通じてCustomUserのフィールドを参照できます。

CustomUserには、

id
email
username
is_superuser

などのフィールドがあるので、それぞれのフィールドに登録されたデータを参照できます。

カテゴリについても、PhotoPostモデルのcategoryフィールドは、Categoryモデルと連携する主キーですので、record.category.titleでCategoryモデルのtitleフィールドを参照できます。

ページネーションのテンプレートを作成してトップページに組み込もう

投稿写真が多くなったときのために、ページネーションを組み込むようにしましょう。

「photo」➡「templates」フォルダー以下にページネーション用のテンプレート「pagination.html」を作成しましょう。

■図7.63　テンプレート「pagination.html」を作成

作成した「pagination.html」を［エディタ］ペインで開いて、次のように入力しましょう。ソースコードは「blogアプリ」のときとまったく同じです。

▼ページネーションのテンプレート（photo/templates/pagenation.html）

```
<!-- ページネーションのアイコンを左右中央に配置 -->
<ul class="pagination"
    style="justify-content:center">
    <!--
    前ページを表示するアイコンとリンクの設定
    ページネーションされたPageオブジェクトをorderby_recordsで取得
```

```
Page.has_previous: 直前にページがある場合にTrueを返す
-->
{% if page_obj.has_previous %}
<!--
前のページが存在する場合はそのページへのリンクが設定されたアイコン[<<]を表示
Page.previous_page_number: 直前のページ番号を返す
-->
<li class="page-item">
    <a class="page-link"
        href="?page={{ page_obj.previous_page_number }}"
        aria-label="Previous">
      <span aria-hidden="true">&laquo;</span>
    </a>
</li>
{% endif %}
<!--
すべてのページについてページ番号のアイコンを表示
paginator.page_range: [1, 2, 3, 4] のように1から始まるページ番号を返す
page_obj.paginator.page_rangeとして取得
ブロックパラメーターnumに順次取り出される
-->
{% for num in page_obj.paginator.page_range %}
    <!--
    各ページのアイコンを出力
    Page.number: 引き渡されたページのページ番号を返す
    -->
    {% if page_obj.number == num %}
    <!--
    処理中のページ番号が引き渡されたページのページ番号と一致する場合は
    ページ番号のアイコン(アクティブ状態)を表示(リンクは設定しない)
    -->
    <li class="page-item active">
        <span class="page-link">{{ num }}</span>
    </li>
    <!--
```

```
        ページ番号が引き渡されたページのページ番号と一致しない場合
        -->
        {% else %}
        <!--
        ページ番号のアイコン(アクティブ状態ではない)にリンクを設定して表示
        -->
        <li class="page-item">
            <a class="page-link" href="?page={{ num }}">{{ num }}</a>
        </li>
        {% endif %}
    {% endfor %}
    <!--
    次ページへのリンクを示すアイコンの表示
    Page.has_next: 次のページがある場合にTrueを返す
    -->
    {% if page_obj.has_next %}
    <!--
    次ページが存在する場合はリンクを設定したアイコン[>>]を表示
    Page.next_page_number: 次のページ番号を返す
    -->
    <li class="page-item">
        <a class="page-link"
           href="?page={{ page_obj.next_page_number }}"
           aria-label="Next">
            <span aria-hidden="true">&raquo;</span>
        </a>
    </li>
    {% endif %}
</ul>
```

トップページのテンプレートにページネーションを組み込む

トップページのテンプレートに、ページネーションのテンプレート「pagination.html」を組み込みましょう。

「index.html」を[エディタ]ペインで開いて、以下のように記述します。

▼トップページのテンプレートにページネーションを組み込む (templates/index.html)

```
<!-- ベーステンプレートを適用する -->
{% extends 'base.html' %}
<!-- ヘッダー情報のページタイトルを設定する -->
{% block title %}Photo Gallery{% endblock %}

    {% block contents %}

    <!-- タイトルテンプレートの組み込み -->
    {% include "photos_title.html" %}
    <!-- 投稿一覧テンプレートの組み込み -->
    {% include "photos_list.html" %}
    <!-- ページネーションの組み込み -->
    {% include "pagination.html" %}

    {% endblock %}
```

●IndexViewに1ページあたりの表示件数を設定しよう

「photo」アプリの「views.py」を［エディタ］ペインで開いて、トップページのビューIndexViewに、1ページあたりの表示件数を設定しましょう。

▼1ページあたりの表示件数を設定 (photo/views.py)

```
.........冒頭のインポート文省略.........
class IndexView(ListView):
    '''トップページのビュー
    '''
    # index.htmlをレンダリングする
    template_name ='index.html'
    # モデルBlogPostのオブジェクトにorder_by()を適用して
    # 投稿日時の降順で並べ替える
    queryset = PhotoPost.objects.order_by('-posted_at')
    # 1ページに表示するレコードの件数
    paginate_by = 9
.........以下省略.........
```

 「media」フォルダーのURLパターンを設定しよう

開発用サーバーを起動してトップページを表示してみましょう。ブラウザーのアドレス欄に「http://127.0.0.1:8000/」と入力してアクセスしてみます。

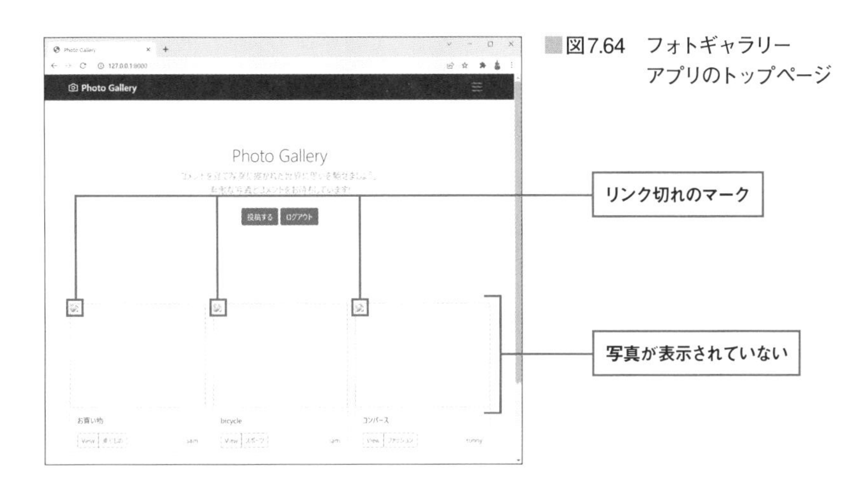

図7.64 フォトギャラリーアプリのトップページ

投稿写真の一覧が表示されるはずですが、期待とは裏腹に、楽しみにしていた写真が表示されていません。どうしたことでしょう。写真をサムネイルとして表示する部分をよく見ると、リンク切れを示すのマークが表示されています。

試しに、写真が表示されるはずだった領域を右クリックして[新しいタブで画像を開く]を選択してみましょう。

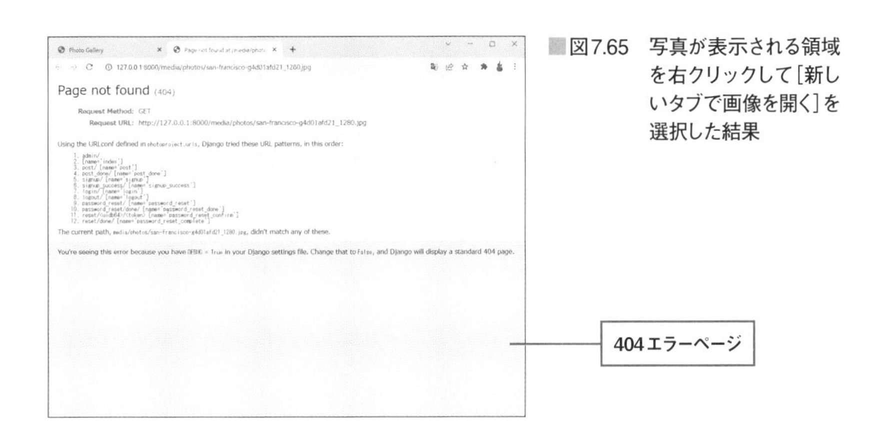

図7.65 写真が表示される領域を右クリックして[新しいタブで画像を開く]を選択した結果

「404エラーページ」が表示されてしまいました。404エラーページは、Webサーバーの中に指定されたURLに対応するデータがない場合に「404 Not Found」というメッセージを返すページです。アドレス欄を見てみると、

```
http://127.0.0.1:8000/media/photos/image.jpg
```

と表示されています(image.jpgの部分は、実際には投稿した画像ファイル名)。FQDN(完全修飾ドメイン名)以下が「media」➡「photos」➡「image.jpg」となっていて、イメージのURLが正しく設定されています。

そういえば、「http://127.0.0.1:8000/media」にアクセスがあったときのURLパターンの設定がまだでした。プロジェクトのURLconf(photoProject/urls.py)を開いて、次のように「media」フォルダーのためのURLパターンを追加しましょう。

▼プロジェクトのURLconf(photoProject/urls.py)

```
from django.contrib import admin
# include追加
from django.urls import path, include
# auth.viewsをインポートしてauth_viewという名前で利用する
from django.contrib.auth import views as auth_views
# settingsを追加
from django.conf import settings
# staticを追加
from django.conf.urls.static import static

# URLパターンを登録するための変数
urlpatterns = [
    path('admin/', admin.site.urls),

    # photo.urlsへのURLパターン
    path('', include('photo.urls')),

    # accounts.urlsへのURLパターン
    path('', include('accounts.urls')),

    .........途中省略.........
```

```
]

# urlpatternsにmediaフォルダーのURLパターンを追加
urlpatterns += static(
    # MEDIA_URL = 'media/'
    settings.MEDIA_URL,
    # MEDIA_ROOTにリダイレクト
    document_root=settings.MEDIA_ROOT
    )
```


ワンポイント

media/へのアクセスは「media」フォルダーにリダイレクト

この設定は開発用サーバーでの運用向けの設定です。本番運用ではこのURLパターンの代わりにWebサーバー側で「media」フォルダーへの振り分けを行うように設定します。

ワンポイント

本書で使用している写真

本書では、フリー素材サイト「Pixabay」で配布されている写真を利用しました。

ワンポイント

写真が表示されない場合

表示されない場合は、ブラウザーのキャッシュデータが影響しているかもしれないので、リロードボタンをクリックしてみましょう。

static()は、静的ファイルのURLパターンを設定します。第1引数の

```
settings.MEDIA_URL
```

は、settings.pyで設定されている「MEDIA_URL = '/media/'」です。第2引数の

```
document_root=settings.MEDIA_ROOT
```

は、「MEDIA_ROOT = os.path.join(BASE_DIR, 'media')」を示しています。これで、/media/へのアクセスは「media」フォルダーにリダイレクトされることになります。

もう一度、「http://127.0.0.1:8000」にアクセスしてみましょう。

■図7.66 mediaフォルダーのURLパターンを追加したあとのトップページ

ちゃんと写真が表示されていますね。ページネーションもうまく動作しているようです。

ファビコンの設定

コラム

「ファビコン」とは、Webページを表示したときに、サイト名の左側に表示されるアイコンのことです。本章の本文で作成しているWebアプリは、Bootstrapの「Album」をベースにして作成していますが、ファビコンの設定は行われていません。そこで、次の手順でファビコンを設定しておくことにしましょう。

❶プロジェクトのフォルダー直下の「static」フォルダー以下に「assets」フォルダーを作成します。
❷4～6章のWebアプリで使用したBootstrapの「Clean Blog」のフォルダー「startbootstrap-clean-blog-gh-pages」（137ページ参照）を開くと、「assets」フォルダー内に「favicon.ico」というアイコンファイルがあるので、これをコピーします。
❸❶で作成した「static」➡「assets」フォルダー内に貼り付けます。

▼「static」以下に「「assets」フォルダーを作成して「favicon.ico」をコピー＆ペースト

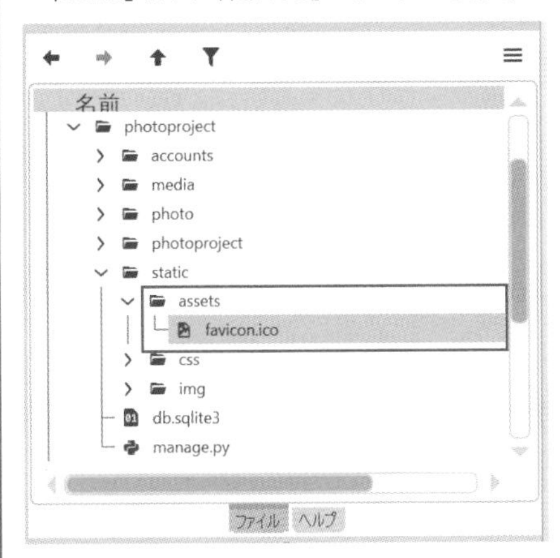

❹「photo」➡「templates」フォルダー内の「base.html」を［エディタ］ペインで開いて、次のようにファビコンを設定するコードを追加します。

▼ファビコンを設定するコードを追加する（photo/templates/base.html）

```
<!-- 静的ファイルのURLを生成するstaticタグをロードする -->
{% load static %}
<!doctype html>
```

```
<!-- 言語指定をenからjaに変更 -->
<html lang="ja">
  <head>
    <meta charset="utf-8">
    <meta name="viewport" content="width=device-width, initial-scale=1">
    <meta name="description" content="">
    <meta name="author"
          content="Mark Otto, Jacob Thornton, and Bootstrap contributors">
    <meta name="generator" content="Hugo 0.84.0">
    <!-- ヘッダー情報のタイトルを個別に設定できるようにする -->
    <title>{% block title %}{% endblock %}</title>

    <!-- staticでfavicon.icoのURLを生成する -->
    <link rel="icon" type="image/x-icon"
          href={% static 'assets/favicon.ico' %} />

    <!-- Bootstrap core CSS -->
    .........以下省略.........
```

以上で、Webサイト名の左横に「favicon.ico」が表示されるようになります。

▼Webサイト名の左横に「favicon.ico」が表示される

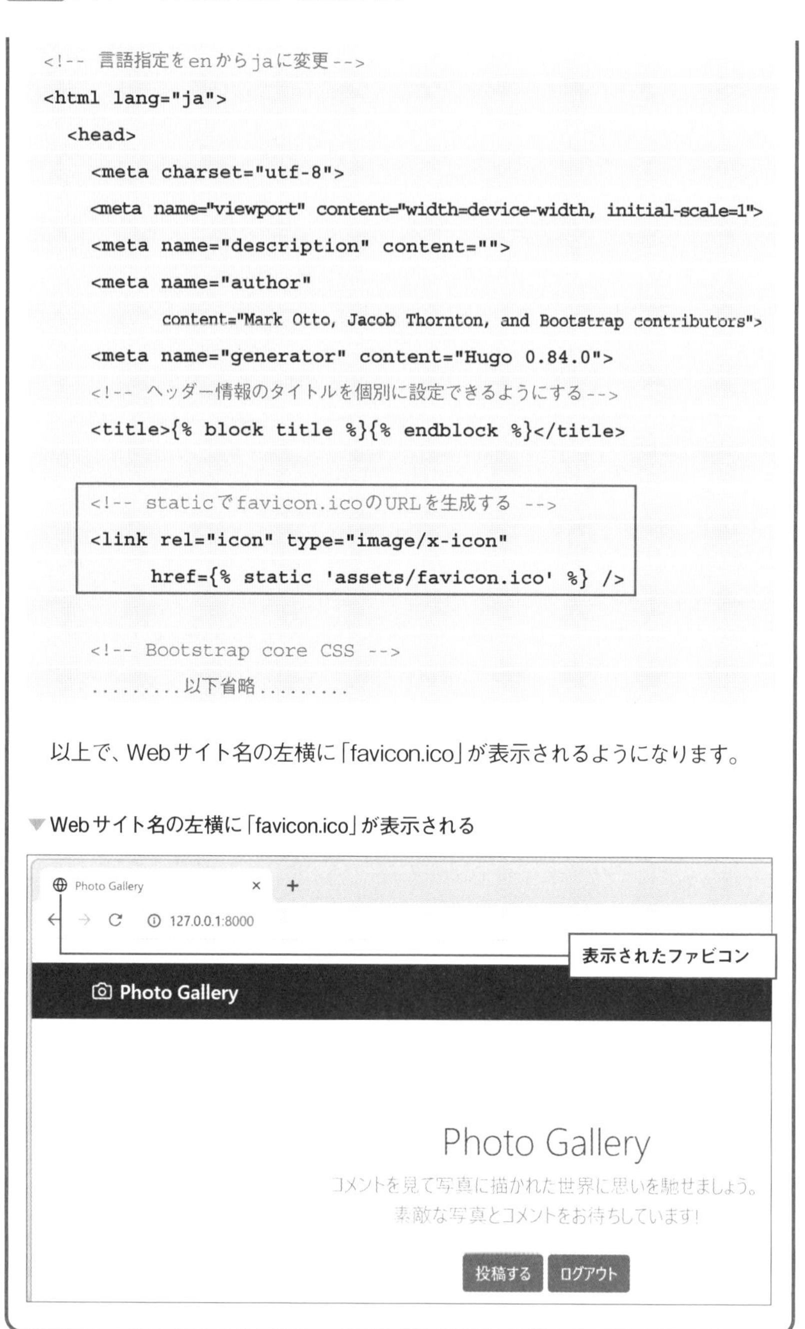

7.6

カテゴリページを用意しよう

投稿写真の一覧には、それぞれの写真ごとにカテゴリが表示されるボタンが配置されています。このボタンをクリックすると、該当のカテゴリの投稿写真が一覧で表示されるようにしましょう。

■図7.67　カテゴリのボタンをクリックする（トップページ）

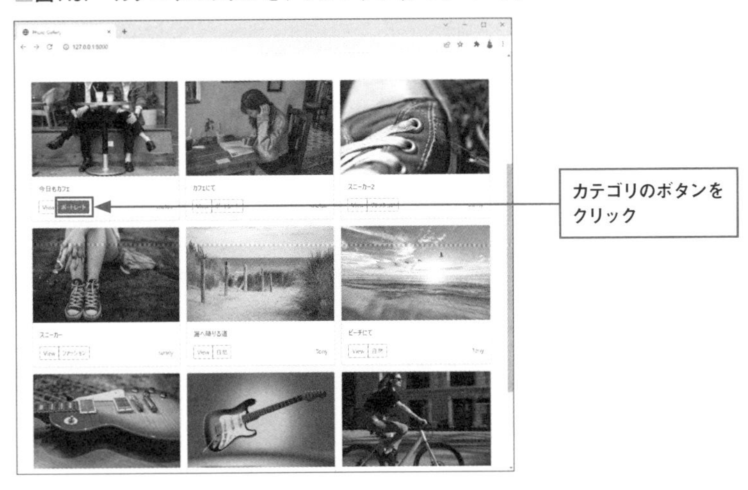
カテゴリのボタンを
クリック

■図7.68　カテゴリの投稿写真が一覧表示される（カテゴリのページ）

Photo Gallery
Photo Gallery
「ポートレート」カテゴリの
投稿写真が表示された

カテゴリ一覧ページを表示する流れは、次のようになります。

❶投稿写真の一覧で、それぞれの写真に表示されるカテゴリのボタンがクリックされたタイミングで、カテゴリ一覧ページのURLを生成します。対象のレコードからカテゴリのid（Categorysテーブルのidの値）を取得して、URLの中に組み入れます。
❷❶のURLにマッチングしたURLパターンを実行して、指定のビューにカテゴリのidを渡します。
❸URLパターンから呼び出されたビューは、そのid値を使ってデータベースへのクエリを実行し、カテゴリに属する投稿写真を集めたカテゴリ一覧ページをレンダリングします。

投稿写真のボタンにカテゴリ一覧ページのリンクを埋め込む

投稿写真の一覧を表示するテンプレート（photos_list.html）には、各写真ごとに2個のボタンが配置されていて、そのうちの1個のボタンにはカテゴリ名が表示されるようになっています。カテゴリの一覧は、このボタンをクリックしたタイミングで表示することにしましょう。

「photos_list.html」を［エディタ］ペインで開いて、2つの<button type="button">タグのうち、カテゴリを表示するボタンにonclick属性を追加して、リンク先のURLを設定します。

▼カテゴリボタンのリンク先を設定（templates/photos_list.html）

```
            ......冒頭から<img>～</img>まで省略......

            <!-- タイトルとボタンを出力するブロック -->
            <div class="card-body">
              <p class="card-text">
                <!-- titleフィールドを出力 -->
                {{record.title}}
              </p>
              <div class="d-flex justify-content-between align-items-center">
```

```
                <div class="btn-group">
                  <!-- 詳細ページを表示するボタン -->
                  <button type="button"
                          class="btn btn-sm btn-outline-secondary">
                          View</button>
                  <!-- カテゴリを表示するボタン -->
                  <button type="button"
                          class="btn btn-sm btn-outline-secondary"
onclick="location.href='{% url 'photo:photos_cat' category=record.category.id %}'">
                          {{record.category.title}}</button>
                </div>
                <!-- 投稿したユーザー名を出力-->
                <small class="text-muted">
                  {{record.user.username}}</small>
              </div>
            </div>
          </div>
        <!-- 列要素ここまで -->
        </div>
        <!-- forブロック終了 -->
        {% endfor %}
      <!-- 行要素ここまで -->
      </div>
    <!-- グリッドシステムここまで -->
    </div>
  </div>
```

```
"location.href='{% url 'photo:photos_cat' category=record.category.id %}'"
```

では、テンプレートタグurlを使ってリンク先のURLを生成しています。

```
photo:photos_cat
```

は、urls.pyのphotoで定義されているURLパターンphotos_catを参照します。このあとで定義するphotos_catのURLは

```
photos/<int:category>
```

のようになります。

```
category=record.category.id
```

これは、クリックされたレコードのカテゴリのidを取得するためのものです。record.category.idで、PhotoPostモデルのcategoryフィールドに紐付けられている、Categoryモデルのid（Categorysテーブルのidカラム）の値が参照されます。この結果、

```
/photos/5
```

のようなURL（5はCategoryモデルのid値）が生成されます。

カテゴリ一覧ページのURLパターンを作成しよう

カテゴリ一覧ページのURLパターンを作成します。photoアプリの「urls.py」を［エディタ］ペインで開いて、次のようにURLパターンを追加しましょう。

▼カテゴリ一覧ページのURLパターンを作成（photo/urls.py）

```
from django.urls import path
from . import views

# URLパターンを逆引きできるように名前を付ける
app_name = 'photo'

# URLパターンを登録する変数
urlpatterns = [
    # photoアプリへのアクセスはviewsモジュールのIndexViewを実行
    path('', views.IndexView.as_view(), name='index'),

    # 写真投稿ページへのアクセスはviewsモジュールのCreatePhotoViewを実行
    path('post/', views.CreatePhotoView.as_view(), name='post'),

    # 投稿完了ページへのアクセスはviewsモジュールのPostSuccessViewを実行
```

```
    path('post_done/',
         views.PostSuccessView.as_view(),
         name='post_done'),

    # カテゴリ一覧ページ
    # photos/<Categorysテーブルのid値>にマッチング
    # <int:category>は辞書{category: id値(int)}としてCategoryViewに渡される
    path('photos/<int:category>',
         views.CategoryView.as_view(),
         name = 'photos_cat'
         ),
]
```


マッチングさせるURLは、

```
'photos/<int:category>'
```

のようにしています。<int:category>の部分は、リクエストされたURLが/photos/5の場合、5にマッチングします。同時にこの部分は、

```
{'category': 5}
```

のような辞書(dict)を生成し、呼び出し先のビューCategoryViewに引き渡す処理までを行います。categoryキーにCategoryモデルのid値が格納されているので、ビューCategoryViewでは、このid値を使ってデータベースへのクエリを実行し、対象のカテゴリのレコードを抽出することになります。

カテゴリ一覧のビューCategoryViewを作成しよう

カテゴリ一覧ページをレンダリングするビューCategoryViewを作成しましょう。photoアプリの「views.py」を［エディタ］ペインで開いて、次のようにCategoryViewの定義コードを追加します。

▼カテゴリ一覧のビューCategoryViewを定義 (photo/views.py)

```
.........インポート文省略.........
```

.........IndexView、CreatePhotoView、PostSuccessView省略.........

```
class CategoryView(ListView):
    '''カテゴリページのビュー

    Attributes:
      template_name: レンダリングするテンプレート
      paginate_by: 1ページに表示するレコードの件数
    '''
    # index.htmlをレンダリングする
    template_name ='index.html'
    # 1ページに表示するレコードの件数
    paginate_by = 9

    def get_queryset(self):
      '''クエリを実行する

      self.kwargsの取得が必要なため、クラス変数querysetではなく、
      get_queryset()のオーバーライドによりクエリを実行する

      Returns:
        クエリによって取得されたレコード
      '''
      # self.kwargsでキーワードの辞書を取得し、
      # categoryキーの値(Categorysテーブルのid)を取得
      category_id = self.kwargs['category']
      # filter(フィールド名=id)で絞り込む
      categories = PhotoPost.objects.filter(
        category=category_id).order_by('-posted_at')
      # クエリによって取得されたレコードを返す
      return categories
```

テンプレートは、トップページのテンプレート「index.html」がそのまま使えるので、これを流用することにしました。1ページあたりの表示件数は、

```
paginate_by = 9
```

としました。ポイントは、get_queryset()メソッドです。このメソッドは、ListViewクラスの内部で実行され、クラス変数querysetに登録されたクエリを実行します。なので、通常はオーバーライドする必要がないメソッドですが、今回は、クラス変数querysetにクエリを登録する方法では対処できないので、オーバーライドすることにしました。

get_queryset()メソッドは、インスタンスメソッドなので

```
def get_queryset(self):
```

のようにselfパラメーターで自分自身のオブジェクトを取得します。CategoryViewでオーバーライドしたときは、CategoryViewオブジェクトが取得されます。このとき、

```
self.kwargs
```

のようにインスタンス変数kwargs（スーパークラスのdjango.views.generic.base.Viewクラスで定義されています）を指定すると、URLパターンで実行したas_view()メソッドから

```
{category: id値(int)}
```

の辞書（dict）が取得できます。そこで、

```
category_id = self.kwargs['category']
```

とすることで、categoryキーのid値を直接、取り出して、

```
categories = PhotoPost.objects.filter(
        category=category_id).order_by('-posted_at')
```

のようにクエリを実行します。filter(category=category_id)で、categoryフィールドがcategory_idのレコードだけが抽出されるので、最後にorder_by('-posted_at')を実行して並べ替えを行い、これを結果として返します。

レコードはContextオブジェクトのobject_listキーの値として格納されるので、投稿写真の一覧を表示するテンプレート「photos_list.html」においてobject_listキーから順次、レコードを取り出してタイトルやイメージを出力できます。

7.7

ユーザーの投稿一覧ページを用意しよう

特定のユーザーが投稿した写真を一覧で表示するページを用意しましょう。投稿写真の一覧には、それぞれの写真ごとに投稿したユーザーの名前が表示されます。ユーザー名のテキストにリンクを設定し、該当のユーザーの投稿一覧を表示するようにします。

■図7.69　ユーザー名のリンクテキストをクリックする（トップページ）

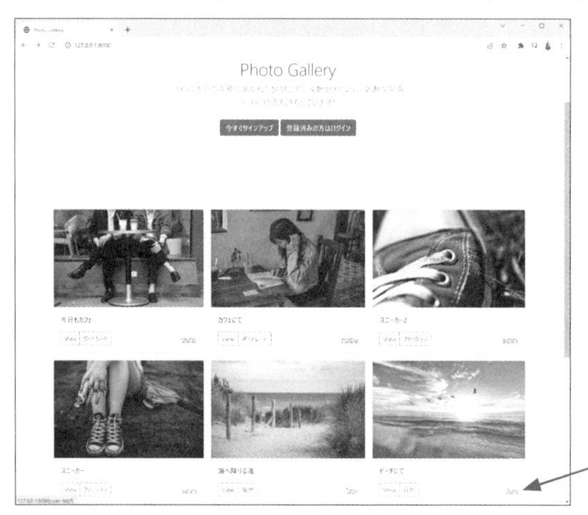
Photo Gallery
ユーザー名のリンクテキストをクリック

■図7.70　ユーザーの投稿写真が一覧表示される（ユーザーの投稿一覧ページ）

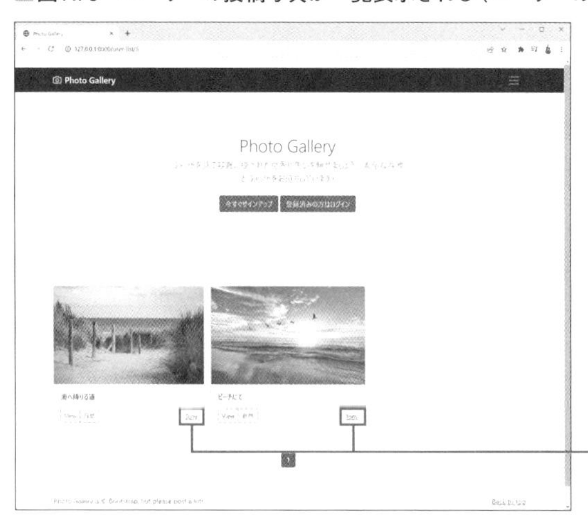
Photo Gallery
Photo Gallery
クリックしたユーザーの投稿だけが表示される

ユーザーの投稿一覧ページを表示する流れは、前節のカテゴリページと同じです。

❶投稿写真の一覧で、それぞれの写真に表示されるユーザー名がクリックされたタイミングで、ユーザーの投稿一覧ページのURLを生成します。対象のレコードからユーザーのid(「ユーザー」テーブルのid値)を取得して、URLの中に組み入れます。
❷❶のURLにマッチングしたURLパターンを実行して、指定のビューにユーザーのidを渡します。
❸URLパターンから呼び出されたビューは、そのid値を使ってデータベースへのクエリを実行し、対象のユーザーの投稿写真を集めた一覧ページをレンダリングします。

投稿写真のユーザー名に、ユーザーの投稿一覧ページのリンクを埋め込む

投稿写真の一覧を表示するテンプレート(photos_list.html)では、各写真ごとに投稿したユーザー名を表示するようになっています。ユーザーの投稿一覧は、このテキストをクリックしたタイミングで表示することにしましょう。

「photos_list.html」を[エディタ]ペインで開き、ユーザー名を出力する<small>〜</small>タグを<a>タグで囲んで、リンク先のURLを設定します。

▼ユーザー名のリンク先を設定(templates/photos_list.html)

```
      ......冒頭から<img>〜</img>まで省略......

      <!-- タイトルとボタンを出力するブロック -->
      <div class="card-body">
        <p class="card-text">
          <!-- titleフィールドを出力 -->
          {{record.title}}
        </p>
        <div class="d-flex justify-content-between align-items-center">
          <div class="btn-group">
            <!-- 詳細ページを表示するボタン -->
```

```
                <button type="button"
                        class="btn btn-sm btn-outline-secondary">
                        View</button>
                <!-- カテゴリを表示するボタン -->
                <button type="button"
                        class="btn btn-sm btn-outline-secondary"
onclick="location.href='{% url 'photo:photos_cat' category=record.category.id %}'">
                        {{record.category.title}}</button>
              </div>
              <!-- 投稿したユーザー名を出力-->
              <a href="{% url 'photo:user_list' user=record.user.id %}">
                <small class="text-muted">
                  {{record.user.username}}</small>
              </a>
            </div>
          </div>
        </div>
      <!-- 列要素ここまで -->
      </div>
      <!-- forブロック終了 -->
      {% endfor %}
    <!-- 行要素ここまで -->
    </div>
  <!-- グリッドシステムここまで -->
  </div>
</div>
```

```
<a href="{% url 'photo:user_list' user=record.user.id %}">
```

では、テンプレートタグurlを使ってリンク先のURLを生成しています。

```
photo:user_list
```

は、urls.pyのphotoで定義されているURLパターンuser_listを参照します。このあとで定義するuser_listのURLは

```
user-list/<int:user>
```

のようになります。

```
user=record.user.id
```

これは、クリックされたレコードからユーザーのidを取得するためのものです。record.user.idで、PhotoPostモデルのuserフィールドに紐付けられている、CustomUserモデルのid(「ユーザー」テーブルのidカラム)の値が参照されます。この結果、

```
/user-list/3
```

のようなURL(3はCustomUserモデルのid値)が生成されます。

ユーザーの投稿一覧ページのURLパターンを作成しよう

ユーザーの投稿一覧ページのURLパターンを作成します。photoアプリの「urls.py」を[エディタ]ペインで開いて、次のようにURLパターンを追加しましょう。

▼ユーザーの投稿一覧ページのURLパターンを作成(photo/urls.py)

```
from django.urls import path
from . import views

# URLパターンを逆引きできるように名前を付ける
app_name = 'photo'

# URLパターンを登録する変数
urlpatterns = [
    # photoアプリへのアクセスはviewsモジュールのIndexViewを実行
    path('', views.IndexView.as_view(), name='index'),

    # 写真投稿ページへのアクセスはviewsモジュールのCreatePhotoViewを実行
    path('post/', views.CreatePhotoView.as_view(), name='post'),
```

```
    # 投稿完了ページへのアクセスはviewsモジュールのPostSuccessViewを実行
    path('post_done/',
         views.PostSuccessView.as_view(),
         name='post_done'),

    # カテゴリ一覧ページ
    # photos/<Categorysテーブルのid値>にマッチング
    # <int:category>は辞書{category: id値(int)}としてCategoryViewに渡される
    path('photos/<int:category>',
         views.CategoryView.as_view(),
         name = 'photos_cat'
         ),

    # ユーザーの投稿一覧ページ
    # photos/<ユーザーテーブルのid値>にマッチング
    # <int:user>は辞書{user: id値(int)}としてCategoryViewに渡される
    path('user-list/<int:user>',
         views.UserView.as_view(),
         name = 'user_list'
         ),
]
```

マッチングさせるURLは、

```
'user-list/<int:user>'
```

のようにしています。<int:user>の部分は、リクエストされたURLが/user-list/3の場合、3にマッチングします。同時にこの部分は、

```
{'user': 3}
```

のような辞書(dict)を生成し、呼び出し先のビューUserViewに引き渡す処理までを行います。userキーにCustomUserモデルのid値が格納されているので、ビューUserViewでは、このid値を使ってデータベースへのクエリを実行し、対象のカテゴリのレコードを抽出することになります。

 ユーザーの投稿一覧のビューUserViewを作成しよう

ユーザーの投稿一覧ページをレンダリングするビューUserViewを作成しましょう。photoアプリの「views.py」を［エディタ］ペインで開いて、次のようにUserViewの定義コードを追加します。

▼ユーザーの投稿一覧のビューUserViewを定義 (photo/views.py)

```
.........インポート文省略.........
........IndexView、CreatePhotoView、PostSuccessView、CategoryView省略........
class UserView(ListView):
    '''ユーザーの投稿一覧ページのビュー
    Attributes:
      template_name: レンダリングするテンプレート
      paginate_by: 1ページに表示するレコードの件数
    '''
    # index.htmlをレンダリングする
    template_name ='index.html'
    # 1ページに表示するレコードの件数
    paginate_by = 9

    def get_queryset(self):
      '''クエリを実行する
      self.kwargsの取得が必要なため、クラス変数querysetではなく、
      get_queryset()のオーバーライドによりクエリを実行する

      Returns:クエリによって取得されたレコード
      '''
      # self.kwargsでキーワードの辞書を取得し、
      # userキーの値(ユーザーテーブルのid)を取得
      user_id = self.kwargs['user']
      # filter(フィールド名=id)で絞り込む
      user_list = PhotoPost.objects.filter(
        user=user_id).order_by('-posted_at')
      # クエリによって取得されたレコードを返す
      return user_list
```

ユーザーの投稿一覧においても、トップページのテンプレート「index.html」を使うことにしました。ページネーションが組み込まれているので、

```
paginate_by = 9
```

としています。前節のカテゴリページと同じように、ポイントは、get_queryset()メソッドです。通常はオーバーライドする必要がないメソッドですが、ユーザーのid値を取得する必要があるので、次のようにオーバーライドしています。

get_queryset()メソッドは、

```
def get_queryset(self):
```

のようにselfパラメーターで自分自身のオブジェクト(UserViewオブジェクト)を取得します。このとき、

```
self.kwargs
```

のようにインスタンス変数kwargsを指定すると、URLパターンで実行したas_view()メソッドから

```
{user: id値(int)}
```

の辞書(dict)が取得できます。そこで、

```
user_id = self.kwargs['user']
```

としてuserキーのid値を取り出して、

```
user_list = PhotoPost.objects.filter(user=user_id).order_by('-posted_at')
```

のようにクエリを実行します。filter(user=user_id)で、userフィールドがuser_idのレコードだけが抽出されるので、最後にorder_by('-posted_at')を実行して並べ替えを行い、これを結果として返します。

カテゴリページのときと同様に、レコードはContextオブジェクトのobject_listキーの値として格納されるので、投稿写真の一覧を表示するテンプレート「photos_list.html」においてobject_listキーから順次、レコードを取り出してタイトルやイメージを出力できます。

7.8

投稿写真の詳細ページを用意しよう

投稿写真の詳細ページを用意しましょう。投稿写真の一覧には、それぞれの写真ごとに［View］ボタンが表示されます。このボタンに詳細ページへのリンクを設定し、投稿された写真とタイトル、コメント、投稿された日時を表示するようにしましょう。

■図7.71　［View］ボタンをクリックする（トップページ）

■図7.72　詳細ページが表示される

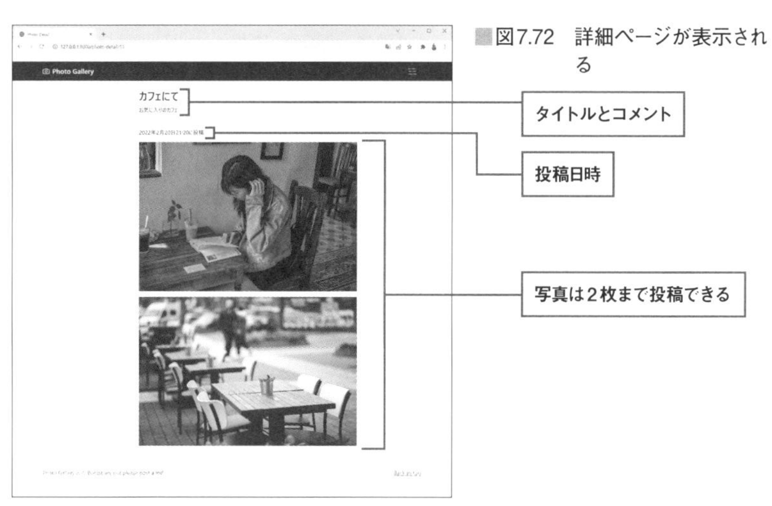

 投稿写真の一覧に表示される[View]ボタンに詳細ページのリンクを埋め込む

投稿写真の一覧を表示するテンプレート(photos_list.html)では、各写真ごとに[View]ボタンを配置しています。詳細ページは、このボタンをクリックしたタイミングで表示することにしましょう。

❶「photos_list.html」を[エディタ]ペインで開いて、詳細ページを表示するボタンにonclick属性を追加して、リンク先のURLを設定します。

▼ユーザー名のリンク先を設定(templates/photos_list.html)

```
            ......冒頭から<img>～</img>まで省略......

            <!-- タイトルとボタンを出力するブロック -->
            <div class="card-body">
              <p class="card-text">
                <!-- titleフィールドを出力 -->
                {{record.title}}
              </p>
              <div class="d-flex justify-content-between align-items-center">
                <div class="btn-group">
                  <!-- 詳細ページを表示するボタン -->
                  <button type="button"
                          class="btn btn-sm btn-outline-secondary"
onclick="location.href='{% url 'photo:photo_detail' record.pk %}'">
                          View</button>
                  <!-- カテゴリを表示するボタン -->
                  <button type="button"
                          class="btn btn-sm btn-outline-secondary"
onclick="location.href='{% url 'photo:photos_cat' category=record.category.id %}'">
                          {{record.category.title}}</button>
                </div>
                <!-- 投稿したユーザー名を出力 -->
                <a href="{% url 'photo:user_list' user=record.user.id %}">
                  <small class="text-muted">
```

```
                    {{record.user.username}}</small>
                  </a>
                </div>
              </div>
            </div>
          <!-- 列要素ここまで -->
          </div>
          <!-- forブロック終了 -->
          {% endfor %}
        <!-- 行要素ここまで -->
        </div>
      <!-- グリッドシステムここまで -->
      </div>
    </div>
```

<button>タグに設定したonclick属性：

```
onclick="location.href='{% url 'photo:photo_detail' record.pk %}'"
```

では、テンプレートタグurlを使ってリンク先のURLを生成しています。

```
photo:photo_detail
```

は、urls.pyのphotoで定義されているURLパターンphoto_detailを参照します。このあとで定義するphoto_detailのURLは

```
photo-detail/<int:pk>
```

のようになります。

```
record.pk
```

は、クリックされたレコードの主キーを取得するためのものです。PhotoPostモデルのidフィールドの値が参照されるので、結果として、

```
/photo-detail/9
```

のようなURL(9はPhotoPostモデルのid値)が生成されます。

 詳細ページのURLパターンを作成しよう

詳細ページのURLパターンを作成します。photoアプリの「urls.py」を［エディタ］ペインで開いて、次のようにURLパターンを追加しましょう。

▼詳細ページのURLパターンを作成（photo/urls.py）

```
from django.urls import path
from . import views

# URLパターンを逆引きできるように名前を付ける
app_name = 'photo'

# URLパターンを登録する変数
urlpatterns = [
    # photoアプリへのアクセスはviewsモジュールのIndexViewを実行
    path('', views.IndexView.as_view(), name='index'),

    # 写真投稿ページへのアクセスはviewsモジュールのCreatePhotoViewを実行
    path('post/', views.CreatePhotoView.as_view(), name='post'),

    # 投稿完了ページへのアクセスはviewsモジュールのPostSuccessViewを実行
    path('post_done/',
         views.PostSuccessView.as_view(),
         name='post_done'),

    # カテゴリ一覧ページ
    # photos/<Categorysテーブルのid値>にマッチング
    # <int:category>は辞書{category: id値(int)}としてCategoryViewに渡される
    path('photos/<int:category>',
         views.CategoryView.as_view(),
         name = 'photos_cat'
         ),

    # ユーザーの投稿一覧ページ
    # photos/<ユーザーテーブルのid値>にマッチング
```

```
    # <int:user>は辞書{user: id値(int)}としてCategoryViewに渡される
    path('user-list/<int:user>',
         views.UserView.as_view(),
         name = 'user_list'
         ),

    # 詳細ページ
    # photo-detail/<Photo postsテーブルのid値>にマッチング
    # <int:pk>は辞書{pk: id値(int)}としてDetailViewに渡される
    path('photo-detail/<int:pk>',
         views.DetailView.as_view(),
         name = 'photo_detail'
         ),
]
```


マッチングさせるURLは、

```
'photo-detail/<int:pk>'
```

のようにしています。<int:pk>の部分は、リクエストされたURLが/photo-detail/9の場合、9にマッチングします。同時にこの部分は、

```
{'pk': 9}
```

のような辞書(dict)を生成し、呼び出し先のビューDetailViewに引き渡す処理までを行います。

詳細ページのビューDetailViewを作成しよう

詳細ページをレンダリングするビューDetailViewを作成しましょう。photoアプリの「views.py」を[エディタ]ペインで開いて、次のようにDetailViewの定義コードを追加します。DetailViewは、django.views.generic.DetailViewのサブクラスなので、冒頭にインポート文を加えることに注意してください。

▼詳細ページのビューDetailViewを定義 (photo/views.py)

```
from django.shortcuts import render
# django.views.genericからTemplateView、ListViewをインポート
from django.views.generic import TemplateView, ListView
# django.views.genericからCreateViewをインポート
from django.views.generic import CreateView
# django.urlsからreverse_lazyをインポート
from django.urls import reverse_lazy
# formsモジュールからPhotoPostFormをインポート
from .forms import PhotoPostForm
# method_decoratorをインポート
from django.utils.decorators import method_decorator
# login_requiredをインポート
from django.contrib.auth.decorators import login_required
# modelsモジュールからモデルPhotoPostをインポート
from .models import PhotoPost
# django.views.genericからDetailViewをインポート
from django.views.generic import DetailView
```

......IndexView、CreatePhotoView、PostSuccessView、CategoryView、UserView省略......

```
class DetailView(DetailView):
    '''詳細ページのビュー

    投稿記事の詳細を表示するのでDetailViewを継承する
    Attributes:
      template_name: レンダリングするテンプレート
      model: モデルのクラス
    '''
    # post.htmlをレンダリングする
    template_name ='detail.html'
    # クラス変数modelにモデルBlogPostを設定
    model = PhotoPost
```

テンプレートは、詳細ページ専用のテンプレート「detail.html」を使用します。django.views.generic.DetailViewは、pkに格納されたid値を使ってクエリ：

```
queryset = queryset.filter(pk=pk)
```

を内部で実行します。このため、DetailViewでクエリ（queryset）を作成する必要はありません。

抽出されたレコードはContextオブジェクトのobjectキーの値として格納されるので、詳細ページのテンプレート「detail.html」では、objectキーを指定してtitleフィールドやimage1フィールドなどのデータを取り出すことができます。

詳細ページのテンプレートを作成しよう

詳細ページのテンプレート「detail.html」を「photo」➡「templates」フォルダー以下に作成しましょう。

■図7.73　「photo」➡「templates」フォルダー以下に「detail.html」を作成

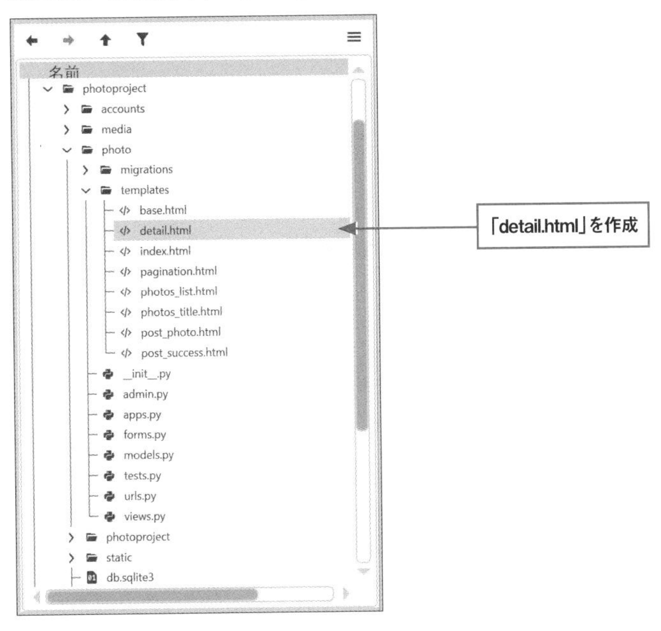

詳細ページのテンプレートには、ベーステンプレートを適用してナビゲーションバーとフッターを表示することにします。「detail.html」を[エディタ]ペインで開いて、次のように入力しましょう。

▼詳細ページのテンプレート (templates/detail.html)

```
<!-- ベーステンプレートを適用する -->
{% extends 'base.html' %}
<!-- ヘッダー情報のページタイトルを設定する -->
{% block title %}Photo Detail{% endblock %}

      {% block contents %}
      <!-- Bootstrapのグリッドシステム -->
      <br>
      <div class="container">
        <!-- 行を配置 -->
        <div class="row">
          <!-- 列の左右に余白offset-3を入れる -->
          <div class="col offset-3">
            <!-- タイトル -->
            <h2>{{object.title}}</h2>
            <!-- コメント -->
            <p>{{object.comment}}</p>
            <br>
            <!-- 投稿日時 -->
            <p>{{object.posted_at}}に投稿</p>
            <!-- 1枚目の写真 -->
            <p><img src="{{ object.image1.url }}"></img></p>
            <!-- 2枚目の写真が投稿されていたら表示する -->
            {% if object.image2 %}
              <p><img src="{{ object.image2.url }}"></img></p>
            {% endif %}

          </div>
        </div>
```

```
    </div>
    {% endblock %}
```

コンテンツがページの真ん中に配置されるように、Bootstrapのグリッドシステムを利用しています。行要素として<div class="row">を配置し、列要素では<div class="col offset-3">のように列の左右に余白を入れるCSSクラスoffset-3を適用しました。

PhotoPostモデルを通じて抽出された各フィールドのデータは、objectを通じて取得できるので、{{ }}で囲むことで、title、comment、posted_atのデータを出力します。

イメージは、<img>タグのsrc属性に"{{ object.image1.url }}"のようにリンクを設定することで、画面に表示します。2枚目のイメージが登録されている場合があるので、

```
{% if object.image2 %}
```

で存在を確認してから、<img>タグで出力するようにしています。

以上で詳細ページの作成は完了です。トップページで任意の写真の［View］ボタンをクリックすると詳細ページにジャンプするので、試してみてくださいね。

ワンポイント

Grid system（グリッドシステム）

Bootstrap5の「Grid system（グリッドシステム）」についての解説がhttps://getbootstrap.jp/docs/5.0/layout/grid/にあります。

7.9

ログイン中のユーザーのための「マイページ」を用意しよう

ログイン中のユーザーのための「マイページ」を用意しましょう。構造的にはユーザーの投稿写真を一覧するページと同じですが、ページタイトルは表示せず、投稿写真の表示領域を大きくして、ログイン中のユーザー名と投稿件数を見せてあげるようにしたいと思います。

■図7.74　ログイン中のナビゲーションメニュー

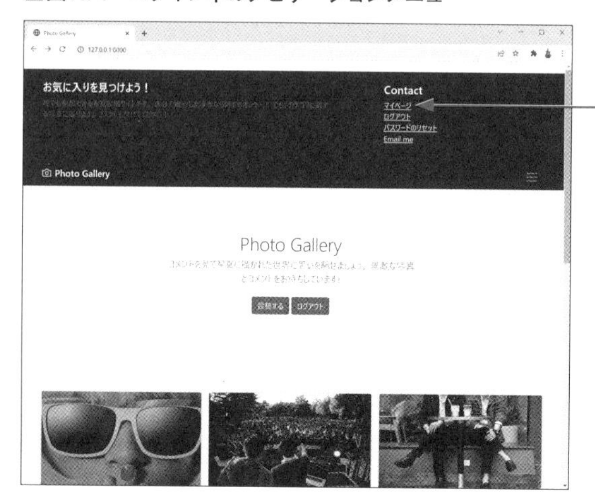

■図7.75　マイページ

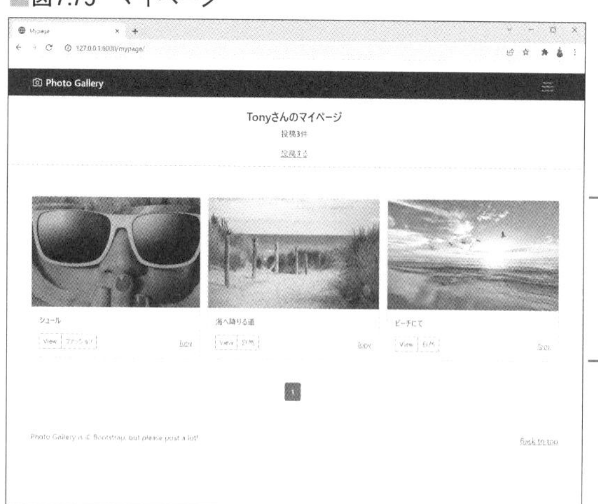

 ナビゲーションメニューにマイページのリンクを埋め込む

ベーステンプレート（base.html）で配置しているナビゲーションメニューでは、ログイン中のユーザーに対して、メニューアイテム「マイページ」を表示するようにしています。このメニューアイテムのリンク先として、マイページのURLを設定しましょう。

❶「photo」➡「templates」以下の「base.html」を［エディタ］ペインで開いて、ログイン中のメニュー「マイページ」のリンク先を設定します。

▼ユーザー名のリンク先を設定（photo/templates/base.html）

```
.........冒頭から<body>直前まで省略.........
<body>
  <!-- ページのヘッダー -->
  <header>
    <!-- ナビゲーションバーのヘッダー -->
    <div class="collapse bg-dark" id="navbarHeader">
      <div class="container">
        <div class="row">
          <div class="col-sm-8 col-md-7 py-4">
            <!-- ヘッダーのタイトルと本文 -->
            <h4 class="text-white">お気に入りを見つけよう！</h4>
            <p class="text-muted">
              誰でも参加できる写真投稿サイトです。
              自分で撮影した写真なら何でもオッケー！
              でも、カテゴリに属する写真に限ります。
              コメントも付けてください！
            </p>
          </div>
          <div class="col-sm-4 offset-md-1 py-4">
            <h4 class="text-white">Contact</h4>
            <ul class="list-unstyled">
              <!-- ナビゲーションメニュー -->
              {% if user.is_authenticated %}
```

```
                    <!-- ログイン中のメニュー -->
                    <li><a href="{% url 'photo:mypage' %}"
                           class="text-white">マイページ</a></li>
                    <li><a href="{% url 'accounts:logout' %}"
                           class="text-white">ログアウト</a></li>
                    <li><a href="{% url 'password_reset' %}"
                           class="text-white">パスワードのリセット</a></li>
                    <li><a href="mailto:admin@example.com"
                           class="text-white">Email me</a></li>
                    {% else %}
                    <!-- ログイン状態ではない場合のメニュー -->
                    <li><a href="{% url 'accounts:signup' %}"
                           class="text-white">サインアップ</a></li>
                    <li><a href="{% url 'accounts:login' %}"
                           class="text-white">ログイン</a></li>
                    <li><a href="mailto:admin@example.com"
                           class="text-white">Email me</a></li>
                    {% endif %}
                  </ul>
                </div>
              </div>
            </div>
          </div>
          .........以下ドキュメント末尾まで省略.........
```

マイページへリンクするURLは、

```
<a href="{% url 'photo:mypage' %}" class="text-white">マイページ</a>
```

のように、photoアプリのURLパターンmypage(このあとで作成します)を設定しています。

マイページのURLパターンを作成しよう

マイページのURLパターンを作成します。photoアプリの「urls.py」を［エディタ］ペインで開いて、次のようにURLパターンを追加しましょう。

▼マイページのURLパターンを作成（photo/urls.py）

```
from django.urls import path
from . import views

# URLパターンを逆引きできるように名前を付ける
app_name = 'photo'

# URLパターンを登録する変数
urlpatterns = [
    # photoアプリへのアクセスはviewsモジュールのIndexViewを実行
    path('', views.IndexView.as_view(), name='index'),

    .........途中省略.........

    # マイページ
    # mypage/へのアクセスはMypageViewを実行
    path('mypage/', views.MypageView.as_view(), name = 'mypage'),
]
```


マイページのビューMypageViewを作成しよう

マイページをレンダリングするビューMypageViewを作成しましょう。photoアプリの「views.py」を［エディタ］ペインで開いて、次のようにMypageViewの定義コードを追加します。

▼マイページのビューMypageViewを定義（photo/views.py）

```
.........インポート文省略.........
.........IndexView、CreatePhotoView、PostSuccessView、
               CategoryView、UserView、DetailView省略.........
```

```
class MypageView(ListView):
    '''マイページのビュー

    Attributes:
      template_name: レンダリングするテンプレート
      paginate_by: 1ページに表示するレコードの件数
    '''
    # mypage.htmlをレンダリングする
    template_name ='mypage.html'
    # 1ページに表示するレコードの件数
    paginate_by = 9

    def get_queryset(self):
      '''クエリを実行する

      self.kwargsの取得が必要なため、クラス変数querysetではなく、
      get_queryset()のオーバーライドによりクエリを実行する

      Returns:
        クエリによって取得されたレコード
      '''
      # 現在ログインしているユーザー名はHttpRequest.userに格納されている
      # filter(userフィールド=userオブジェクト)で絞り込む
      queryset = PhotoPost.objects.filter(
        user=self.request.user).order_by('-posted_at')
      # クエリによって取得されたレコードを返す
      return queryset
```

MypageViewに渡されるHttpRequest(WSGIRequest)では、ユーザーがログインしている場合、HttpRequest.userにユーザー名が格納されています。そこで、get_queryset()メソッドをオーバーライドして、get_queryset(self)で取得した自分自身のMypageViewオブジェクトから

```
self.request.user
```

のようにすると、ログイン中のユーザー名を取得できます。したがって、

```
queryset = PhotoPost.objects.filter(
               user=self.request.user).order_by('-posted_at')
```

とすれば、PhotoPostモデルから「userフィールドがログイン中のユーザー」のレコードを抽出することができます。

抽出されたレコードは、いつものようにContextオブジェクトのobject_listキーの値として格納されるので、マイページのテンプレートにおいてobject_listキーから順次、レコードを取り出してタイトルやイメージを出力するようにします。

マイページのテンプレートを作成しよう

マイページのテンプレートを作成しましょう。まず、[ファイル]ペインを利用して、「photo」➡「templates」フォルダー以下に新規のドキュメント「mypage.html」を作成してください。[エディタ]ペインで開いて、次のように入力しましょう。ベーステンプレートを適用し、コンテンツの部分にユーザー名や投稿件数を表示するブロックを配置し、投稿一覧テンプレートとページネーションのテンプレートを組み込みます。

▼マイページのテンプレート(photo/templates/mypage.html)

```
<!-- ベーステンプレートを適用する -->
{% extends 'base.html' %}
<!-- ヘッダー情報のページタイトルを設定する -->
{% block title %}Mypage{% endblock %}

      {% block contents %}

      <!-- タイトルテンプレートは組み込まない -->

      <!-- ユーザーの投稿件数を表示 -->
      {% if user.is_authenticated %}
        <br>
        <div style="text-align:center">
```

```
        <h4>{{user.username}}さんのマイページ</h4>
        {% if object_list.count == 0 %}
          <p>{{user.username}}さんの投稿はありません</p>
        {% else %}
          <p>投稿<strong>{{object_list.count}}</strong>件</p>
        {% endif %}
        <a href="{% url 'photo:post' %}">投稿する</a>
      </div>
      <hr>
    {% endif %}

    <!-- 投稿一覧テンプレートの組み込み -->
    {% include "photos_list.html" %}

    <!-- ページネーションの組み込み -->
    {% include "pagination.html" %}

    {% endblock %}
```

ユーザーがログイン中かどうかを

```
{% if user.is_authenticated %}
```

でチェックし、ログイン中であれば、{{user.username}}でユーザー名を表示し、投稿件数をobject_list.countで取得して、投稿がない場合とある場合とでそれぞれメッセージを表示します。

以上でマイページの作成は完了です。本節の冒頭でお見せしたような動作をするので、確認してみてくださいね。

7.10

投稿写真の削除機能を用意しよう

写真を投稿したユーザーが、過去の投稿を削除できるようにしましょう。投稿写真を削除する流れは次のようになります。

- ログイン中のユーザーが自分の投稿写真の詳細ページを表示したとき、投稿を削除するためのボタンを表示する。
- 削除用のボタンがクリックされると確認ページを表示し、あらためて削除ボタンがクリックされた場合は、ビューの処理で対象のレコードを削除する。
- 削除完了後は「マイページ」にリダイレクトする。

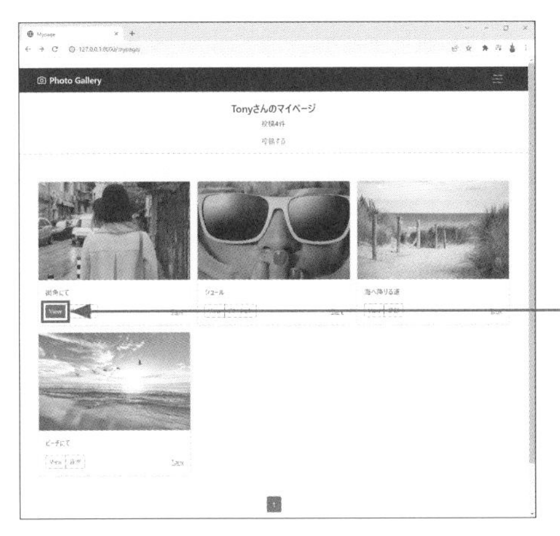

図7.76 マイページ

[View] ボタンをクリック

図7.77 ログイン中のユーザーが自分の投稿写真の詳細ページを表示

ログイン中のユーザー自身の投稿であれば、[削除する] ボタンが表示される

■図7.78　削除確認ページ

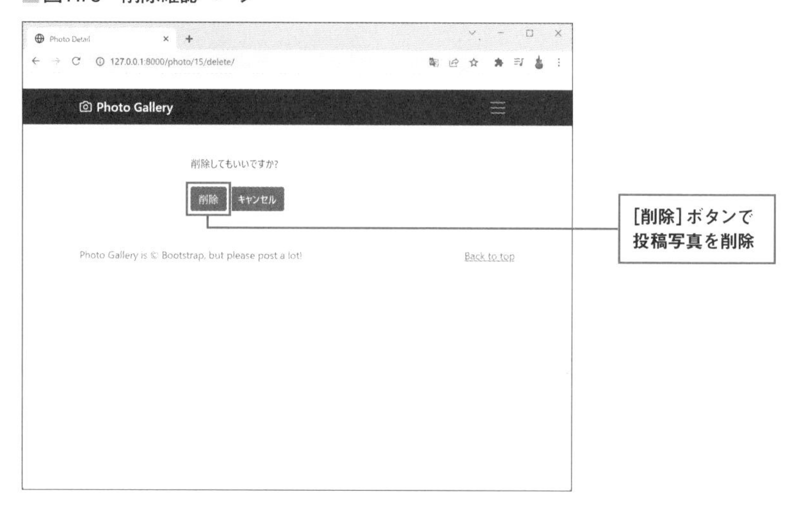

■図7.79　対象のレコードが削除されると「マイページ」にリダイレクト

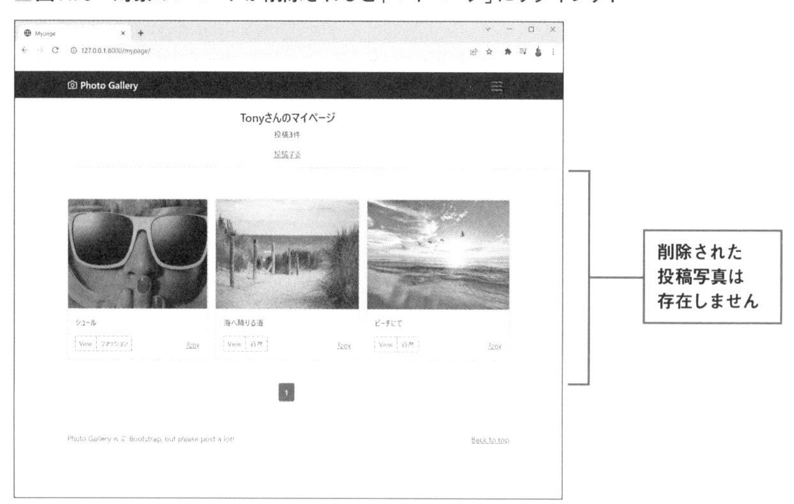

ログイン中のユーザーの詳細ページに［削除する］ボタンを表示しよう

ログイン中のユーザーが、自分自身が投稿した写真の詳細ページを表示したとき、対象の投稿を削除するための［削除する］ボタンが表示されるようにしましょう。

▼詳細ページのテンプレート（templates/detail.html）

```
<!-- ベーステンプレートを適用する -->
{% extends 'base.html' %}
<!-- ヘッダー情報のページタイトルを設定する -->
{% block title %}Photo Detail{% endblock %}

      {% block contents %}
      <!-- Bootstrapのグリッドシステム -->
      <br>
      <div class="container">
        <!-- 行を配置 -->
        <div class="row">
          <!-- 列の左右に余白offset-3を入れる -->
          <div class="col offset-3">
            <!-- タイトル -->
            <h2>{{object.title}}</h2>
            <!-- コメント -->
            <p>{{object.comment}}</p>
            <br>
            <!-- 投稿日時 -->
            <p>{{object.posted_at}}に投稿</p>
            <!-- 1枚目の写真 -->
            <p><img src="{{ object.image1.url }}"></img></p>
            <!-- 2枚目の写真が投稿されていたら表示する -->
            {% if object.image2 %}
              <p><img src="{{ object.image2.url }}"></img></p>
            {% endif %}

            <!-- 投稿写真がログイン中のユーザーのものであれば削除ボタンを表示 -->
            {% if request.user == object.user %}
```

```
<form method="POST">
<!-- リンク先のURL
     photo/<Photo postsテーブルのid値>/delete/-->
<a href="{% url 'photo:photo_delete' object.pk %}"
   class="btn btn-primary my-2">削除する</a>
{% endif %}

        </div>
      </div>
    </div>
    {% endblock %}
```

「現在、ログイン中のユーザー」のユーザー名は、リクエストオブジェクトのuser（HttpRequest.user）に格納されています。

ここで表示しているレコードを登録したユーザー名は、object.userで取得できます。そこで、

```
{% if request.user == object.user %}
```

として、ログイン中のユーザー名とレコードのユーザー名が一致したときに、[削除する]ボタンを表示します。

POSTを実行する<form method="POST">を配置し、<a>タグでボタンを表示します。

```
btn btn-primary my-2
```

はBootstrapのCSSクラス名で、ブルーのボタンが表示されます。リンク先のURLは、

```
href="{% url 'photo:photo_delete' object.pk %}"
```

として、photoアプリのURLパターンphoto_deleteに

```
object.pk
```

でレコードの主キー（id）の値を追加するようにしています。このあと設定するURLパターンphoto_deleteは、

```
photo/<int:pk>/delete/
```

とするので、<int:pk>の部分にobject.pkで取得したid値が入り、

```
photo/10/delete/
```

のようなURLが生成されます。

 削除ページのURLパターンを作成しよう

photoアプリの「urls.py」を［エディタ］ペインで開いて、削除ページのURLパターンを追加しましょう。

▼削除ページのURLパターンを追加 (photo/urls.py)

```
from django.urls import path
from . import views

# URLパターンを逆引きできるように名前を付ける
app_name = 'photo'

# URLパターンを登録する変数
urlpatterns = [
    # photoアプリへのアクセスはviewsモジュールのIndexViewを実行
    path('', views.IndexView.as_view(), name='index'),

    .........途中省略.........

    # 投稿写真の削除
    # photo/<Photo postsテーブルのid値>/delete/にマッチング
    # <int:pk>は辞書{pk: id値(int)}としてDetailViewに渡される
    path('photo/<int:pk>/delete/',
         views.PhotoDeleteView.as_view(),
         name = 'photo_delete'
         ),
]
```

URLは、

```
photo/<int:pk>/delete/
```

としましたので、詳細ページの［削除する］ボタンのリンク先の

```
photo/10/delete/
```

のように、レコードのid値を含んだURLがリクエストされたときにマッチングします。次項では、このときに実行されるビューPhotoDeleteViewを作成します。

削除ページのビューPhotoDeleteViewを作成しよう

Djangoには、データベースのレコードを削除することに特化した

django.views.generic.edit.DeleteViewクラス

が用意されています。このクラスを継承したサブクラスを作成すれば、データベースのレコードを削除する機能を持つビューを作れます。

「views.py」を［エディタ］ペインで開いて、DeleteViewを継承したPhotoDeleteViewクラスを作成しましょう。

▼ビューPhotoDeleteViewを定義（photo/views.py）

```
from django.shortcuts import render
# django.views.genericからTemplateView、ListViewをインポート
from django.views.generic import TemplateView, ListView
# django.views.genericからCreateViewをインポート
from django.views.generic import CreateView
# django.urlsからreverse_lazyをインポート
from django.urls import reverse_lazy
# formsモジュールからPhotoPostFormをインポート
from .forms import PhotoPostForm
# method_decoratorをインポート
from django.utils.decorators import method_decorator
# login_requiredをインポート
```

```
from django.contrib.auth.decorators import login_required
# modelsモジュールからモデルPhotoPostをインポート
from .models import PhotoPost
# django.views.genericからDetailViewをインポート
from django.views.generic import DetailView
# django.views.genericからDeleteViewをインポート
from django.views.generic import DeleteView

.........IndexView、CreatePhotoView、PostSuccessView、
          CategoryView、UserView、DetailView、MypageView省略.........

class PhotoDeleteView(DeleteView):
    '''レコードの削除を行うビュー

    Attributes:
      model: モデル
      template_name: レンダリングするテンプレート
      paginate_by: 1ページに表示するレコードの件数
      success_url: 削除完了後のリダイレクト先のURL
    '''
    # 操作の対象はPhotoPostモデル
    model = PhotoPost
    # photo_delete.htmlをレンダリングする
    template_name ='photo_delete.html'
    # 処理完了後にマイページにリダイレクト
    success_url = reverse_lazy('photo:mypage')

    def delete(self, request, *args, **kwargs):
      '''レコードの削除を行う

      Parameters:
        self: PhotoDeleteViewオブジェクト
        request: WSGIRequest(HttpRequest)オブジェクト
        args: 引数として渡される辞書(dict)
        kwargs: キーワード付きの辞書(dict)
```

```
                    {'pk': 21}のようにレコードのidが渡される

        Returns:
          HttpResponseRedirect(success_url)を返して
          success_urlにリダイレクト
        '''
        # スーパークラスのdelete()を実行
        return super().delete(request, *args, **kwargs)
```

DeleteViewのスーパークラスdjango.views.generic.edit.DeletionMixinのdelete()メソッドは、データベースのレコードを削除します。このメソッドは、django.views.generic.editモジュールのDeletionMixinクラス内で次のように定義されています。

▼django.views.generic.edit.DeletionMixin.delete()メソッドの定義

```
def delete(self, request, *args, **kwargs):
    self.object = self.get_object()
    success_url = self.get_success_url()
    self.object.delete()
    return HttpResponseRedirect(success_url)
```

これをオーバーライドしていますが、

▼delete()メソッドのオーバーライド

```
def delete(self, request, *args, **kwargs):
    # スーパークラスのdelete()を実行
    return super().delete(request, *args, **kwargs)
```

のように、スーパークラスのdelete()をそのまま実行するだけです。

削除ページのテンプレートを作成しよう

「photo」➡「templates」フォルダー以下に投稿写真の削除ページのテンプレート「photo_delete.html」を作成しましょう。このテンプレートは、ログイン中のユーザーの詳細ページにおいて、[削除する]ボタンがクリックされたときに表示するものです。ベーステンプレートを適用し、コンテンツの部分で「削除してもいいですか?」というメッセージの下に、投稿写真の削除を実行する[削除]ボタンと、削除をやめるための[キャンセル]ボタンを配置します。

▼削除ページのテンプレート(photo/templates/photo_delete.html)

```
<!-- ベーステンプレートを適用する -->
{% extends 'base.html' %}
<!-- ヘッダー情報のページタイトルを設定する -->
{% block title %}Photo Detail{% endblock %}

      {% block contents %}
      <!-- Bootstrapのグリッドシステム -->
      <br>
      <div class="container">
        <!-- 行を配置 -->
        <div class="row">
          <!-- 列の左右に余白offset-3を入れる -->
          <div class="col offset-3">
            <form method="POST">
              <br>
              <p>削除してもいいですか?</p>
              {% csrf_token %}
              <button class="btn btn-primary my-2"
                      type="submit">削除</button>
              <a href="{% url 'photo:photo_detail' object.pk %}"
                 class="btn btn-secondary my-2">キャンセル</a>
          </div>
        </div>
      </div>
      {% endblock %}
```

以上で削除ページが作成できました。ログイン中のユーザーは、詳細ページに表示された投稿写真が自分のものである場合に、[削除する]ボタンをクリックして削除することができます。

7.11
完成した会員制フォトギャラリーアプリ

お疲れさまでした！　会員制フォトギャラリーアプリのphotoアプリは、ユーザー管理を行うaccountsアプリと連携して動作するので、結果的に2つのWebアプリを開発しました。最後に、会員制フォトギャラリーアプリの全体像を確認して終わりにしましょう。

 会員制フォトギャラリーアプリの基本画面

会員制フォトギャラリーアプリは、ログイン中かどうかにかかわらず、次のページを見ることができます。

■図7.80　トップページ

ナビゲーションメニューを展開すると、非ログイン時のメニューが表示される

■図7.81　投稿写真をカテゴリで絞り込む

「ファッション」カテゴリ

■図7.82　投稿したユーザーで絞り込む

ユーザーの投稿写真が一覧表示される

■図7.83　投稿写真の詳細ページ

■図7.84　サインアップページ

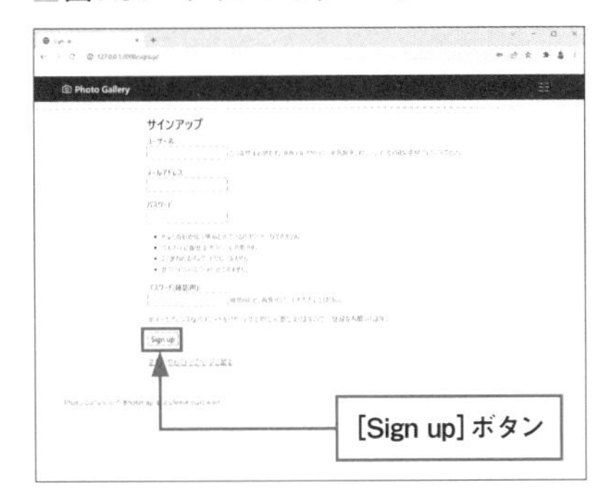

■図7.85　ログインページ

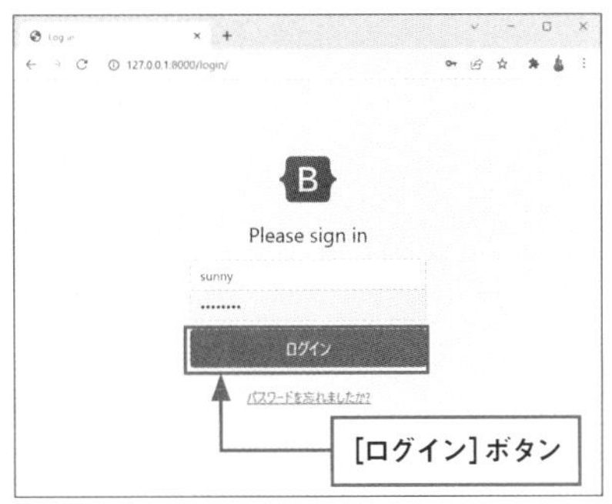

■図7.86　投稿ページ

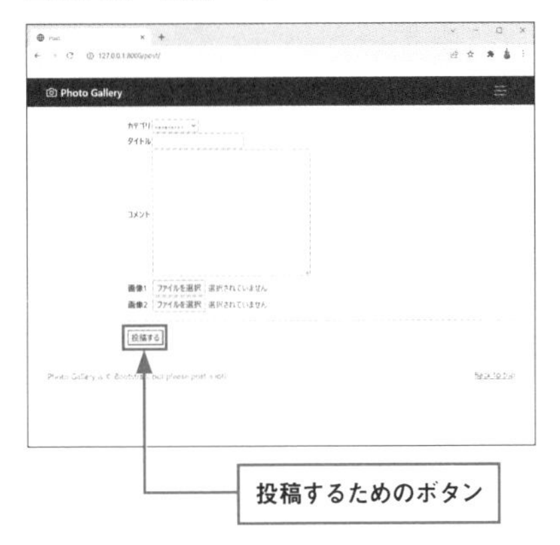

■図7.87　パスワードリセットページ

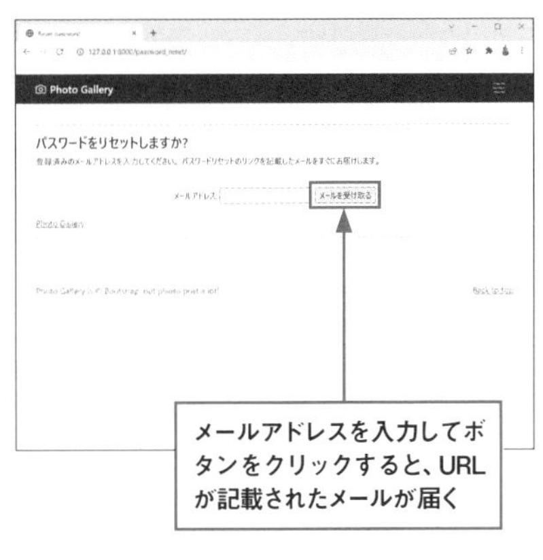

■図7.88　マイページ

■図7.89　詳細ページに [削除する] ボタンが表示される

MEMO

第8章

Webアプリを公開しよう

8.1

Gitのインストール

会員制フォトギャラリーアプリをWeb上で公開するにあたり、「PythonAnywhere」を利用することにしましょう。PythonAnywhereでは、それぞれのアカウント用に用意されたディレクトリにプロジェクトのデータ一式をアップロードすることで公開します。

そこで、データをアップロードするための手段として、GitHub（ギットハブ）のアカウントを取得し、プロジェクトのデータをアップロードすることにします。GitHubにアップロードしたプロジェクトのデータは、PythonAnywhere上でコマンドを実行し、PythonAnywhereのアカウント用のディレクトリにコピーできるためです。

 GitHubのアカウントを作成する

GitHubのアカウントを作成しましょう。

❶「https://github.com/」にアクセスして、トップページの［Sign up］をクリックします。

■図8.1　GitHubのトップページ

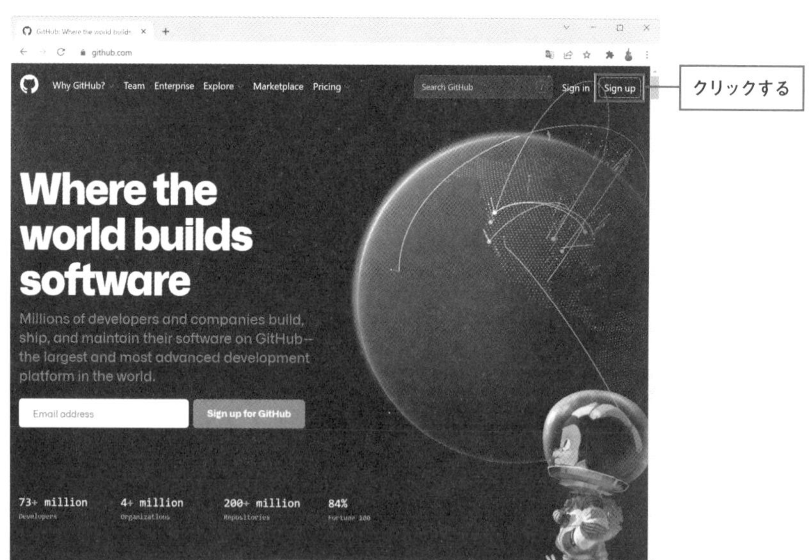

❷ユーザー名、メールアドレス、パスワードを入力し、GitHubからのお知らせメールを受け取るかどうかの質問に「y」(はい)、「n」(いいえ)のいずれかを入力します。

■図8.2 アカウント作成のページ

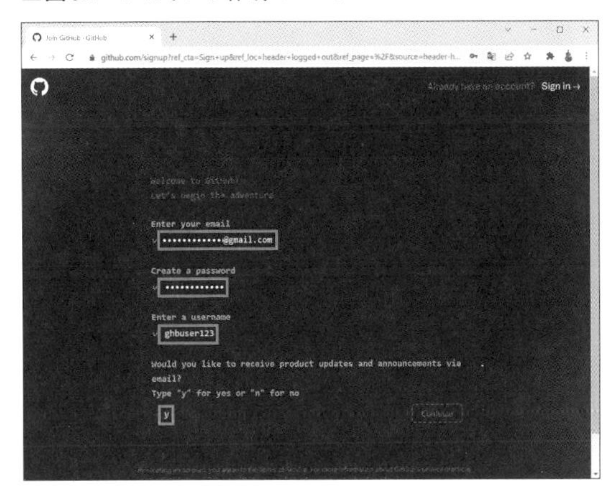

❸質問に答えると、[Create account]ボタンがアクティブになります(この間に画像を選択する画面が数回表示されることがあります)。これをクリックするとアカウントが作成されます。

■図8.3 アカウントの作成

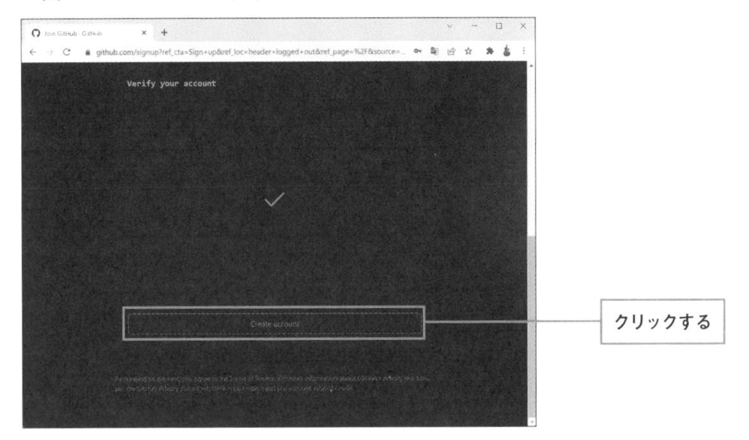

登録したメールアドレスの認証を行うためのメールが送信されます。メールに記載されたコードをWebページ中の入力欄に入力することで、メールアドレスの認証が行われます。以上でアカウントの作成は完了です。

 リポジトリの作成

「リポジトリ」とは、GitHubに用意された、ファイルやディレクトリの状態を記録する場所のことです。

❶GitHubのトップページで[Sign in]をクリックし、登録したユーザー名またはメールアドレスとパスワードを入力してサインインすると、GitHubのマイページが表示されます。
❷[Create repository]ボタンをクリックしましょう。

図8.4　GitHubのマイページ

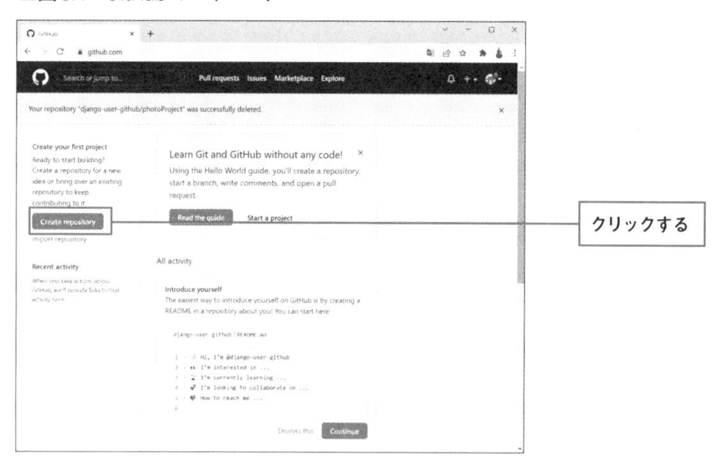

リポジトリの名前

ワンポイント

リポジトリの名前は、プロジェクトとの整合性を保つため、プロジェクトと同名(本書の写真投稿アプリの場合は「photoproject」)にしておくようにしましょう。

❸ [Repository name]に「photoproject」と入力します。リポジトリを公開してもよい場合は[Public]をオンにし、公開しない場合は[Private]をオンにして、[Create repository]をクリックしましょう。

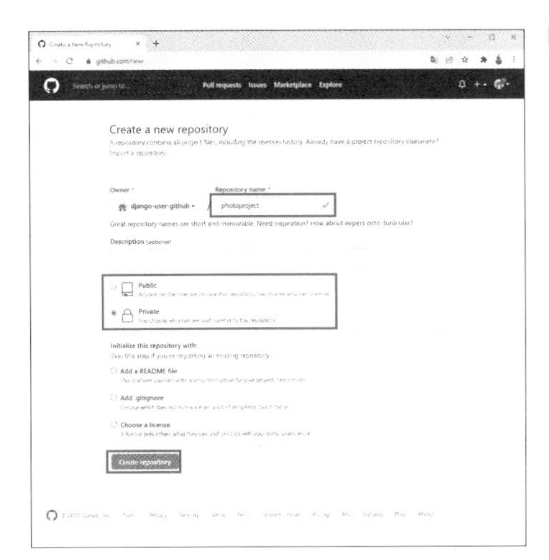

■図8.5　リポジトリの作成

リポジトリ「photoproject」が作成され、次のような画面が表示されます。

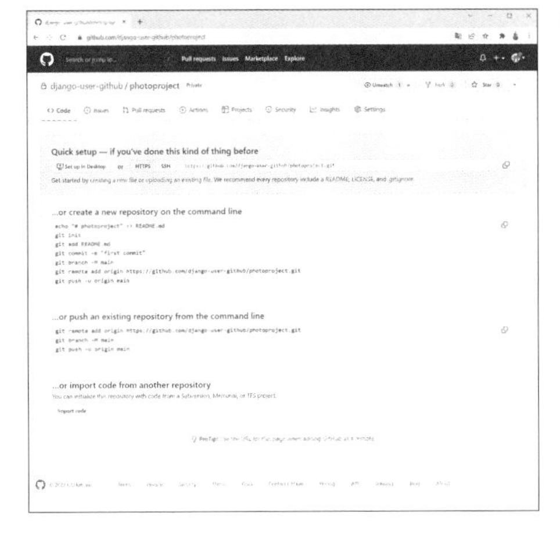

■図8.6　リポジトリ作成後の画面

以上で、GitHubにアプリをアップロードする準備は完了です。

Gitのインストール

❶「Git」(https://git-scm.com/) のページにアクセスし、[Downloads] をクリックします。

■図8.7　Gitのトップページ

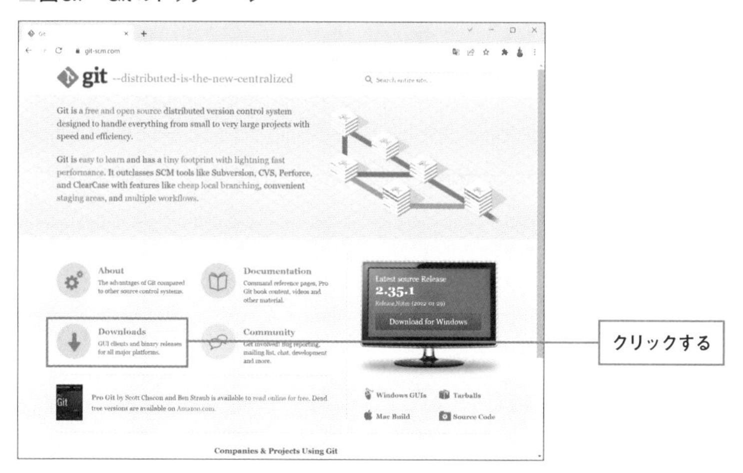

❷ [Downloads] のページで、使用しているOSのリンクをクリックします。

■図8.8　Gitのダウンロードページ

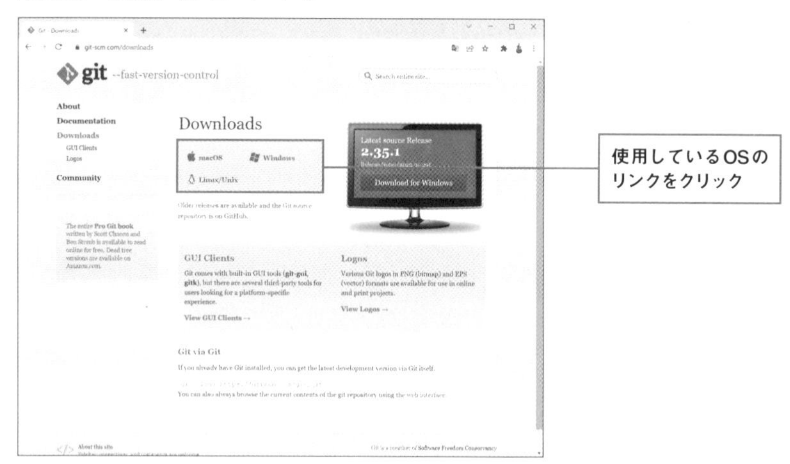

❸選択したOS用のダウンロードページが開くので、自分の環境に合うインストーラーのリンクをクリックします。

❹ダウンロードされたファイルをダブルクリックしてインストーラーを起動し、[Next]ボタンをクリックして、インストールのための操作を進めます。

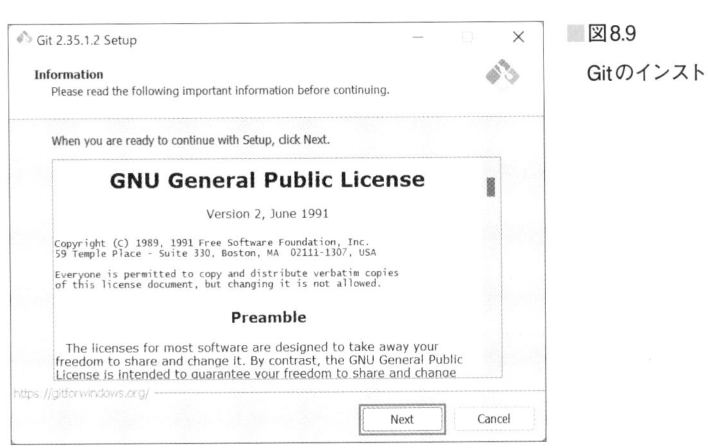

図8.9 Gitのインストーラー

インストールを行うための設定画面が次々に表示されますが、特に問題なければデフォルトの設定のまま進めてください。

❺インストールが終了したら、[Finish]ボタンをクリックしましょう。

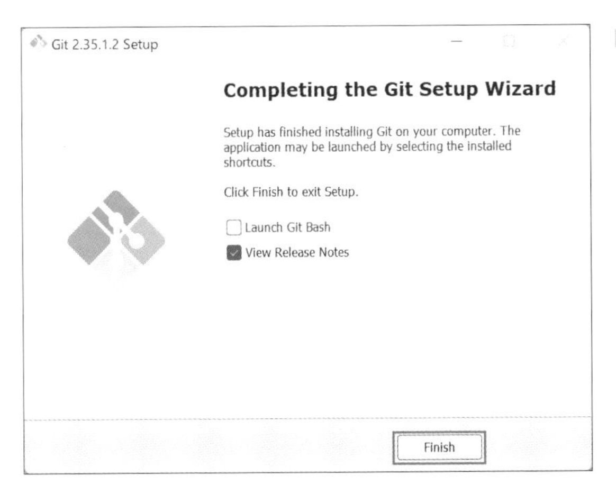

図8.10 インストーラーの終了

8.2

会員制フォトギャラリーアプリをGitHubにアップロードしよう

GitHubに用意したリポジトリ「photoproject」に、ローカルマシン上のDjangoプロジェクト「photoproject」のファイル／フォルダー一式をアップロードしましょう。

Gitの初期設定を行う

インストールした「Git」の初期設定（ユーザー名とメールアドレスの登録）を、仮想環境から起動したターミナルで行います。もし、仮想環境から起動したターミナルで「git」コマンドが認識されない場合は、［スタート］メニューの「Git」→「Git CMD」を選択してGitのコンソールを起動して以下の操作を行ってください。

❶ Anaconda Navigatorを起動し、［Environments］タブで仮想環境名の▶をクリックして［Open Terminal］を選択します。

❷ cdコマンドで、会員制フォトギャラリーアプリのプロジェクトのフォルダー「photoproject」に移動します。初期設定はどの場所からでも行えますが、アップロードに備えて、ここで移動しておくことにします。

▼cdコマンドでプロジェクトのフォルダーに移動する例

```
cd C:/djangoprojects/photoproject
```

❸ユーザー名を登録します。任意のユーザー名（GitHubのユーザー名と同じである必要はありません）を

```
git config --global user.name "ユーザー名"
```

のように登録します。

▼ユーザー名の登録例

```
git config --global user.name "djangouser"
```

❹メールアドレスを登録します。

▼メールアドレスの登録例

```
git config --global user.email "user@wxample.com"
```

以上で「Git」の初期設定は完了です。引き続きGitHubへのアップロードに進みましょう。

 GitHubにアップロードする

会員制フォトギャラリーアプリのプロジェクトのフォルダー「photoproject」に移動した状態のターミナルで、GitHubへのアップロードを行います。

●「git init」でローカルリポジトリを作成

次のように「git init」を実行して、ローカル環境にリポジトリを作成します。

▼ローカルリポジトリの作成

```
git init
```

▼実行後の出力例

```
Initialized empty Git repository in C:/djangoprojects/photoproject/.git/
```

●「git add .」と入力してステージングさせる

「git add .」と入力して、プロジェクトのフォルダーに格納されているすべてのファイルやフォルダーをステージング状態(アップロードの対象)にします。

▼ステージング状態にする

```
git add .
```

●「git commit -m "コミット名"」と入力して保存する

ファイルやディレクトリの追加や変更をリポジトリに記録するには、「コミット」という操作を行います。コミットを実行すると、リポジトリの内では、前回コミットしたときの状態から現在の状態までの差分を記録したコミットが作成されます。コミット名は任意の名前を付けます。

▼コミットする例

```
git commit -m "Commit"
```

▼コミット後の出力(例)

```
[master (root-commit) 8ff6545] Commit
 92 files changed, 1731 insertions(+)
 create mode 100644 accounts/__init__.py
 create mode 100644 accounts/__pycache__/__init__.cpython-38.pyc
 ......途中省略......
 create mode 100644 static/css/signin.css
 create mode 100644 static/img/bootstrap-logo.svg
```

ローカルとリモートのリポジトリを関連付ける

「git remote add origin <URL>.git」を実行して、ローカルのリポジトリとリモート(GitHub)のリポジトリを関連付けます。<URL>のところは、

```
https://github.com/<GitHubのユーザー名>/<リポジトリ名>
```

のようになります。GitHubのユーザー名が「django-user-github」、作成したリポジトリ名が「photoproject」の場合は

```
https://github.com/django-user-github/photoproject
```

のようになります。このURLは、GitHubのページでリポジトリを表示したときのURLです。

▼ローカルとリモートのリポジトリを関連付ける

```
git remote add origin https://github.com/django-user-github/photoproject.git
```

「git push -u origin master」と入力してアップロードする

「git push -u origin master」と入力してアップロードします。これをプッシュと呼びます。

▼ローカルのファイルをアップロードする

```
git push -u origin master
```

コマンド実行後、次のような画面が表示されるので、GitHubのアカウント名とパスワードでサインインします。

▼サインインの画面

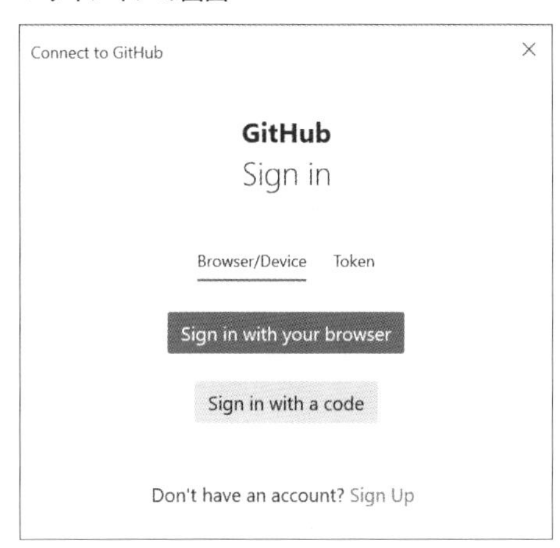

▼実行後の出力(例)

```
info: please complete authentication in your browser...
Enumerating objects: 104, done.
Counting objects: 100% (104/104), done.
Delta compression using up to 16 threads
Compressing objects: 100% (99/99), done.
Writing objects: 100% (104/104), 1.14 MiB | 889.00 KiB/s, done.
Total 104 (delta 12), reused 0 (delta 0), pack-reused 0
remote: Resolving deltas: 100% (12/12), done.
To https://github.com/django-user-github/photoproject.git
 * [new branch]      master -> master
branch 'master' set up to track 'origin/master'.
```

しばらくするとアップロードが完了し、ターミナルがプロンプトの状態になります。

GitHubのトップページを表示して、リポジトリのリンクをクリックしましょう。

■図8.11　GitHubのトップページ

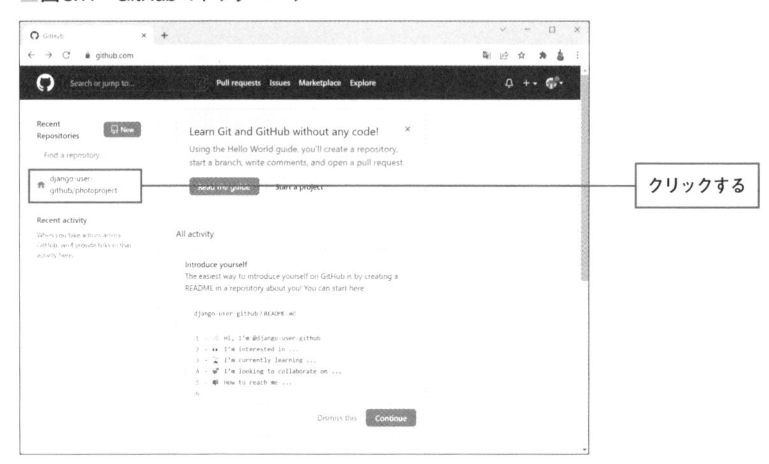

リポジトリに「photoproject」フォルダー内のファイル／フォルダーがアップロードされていることが確認できるでしょう。

■図8.12　リポジトリ

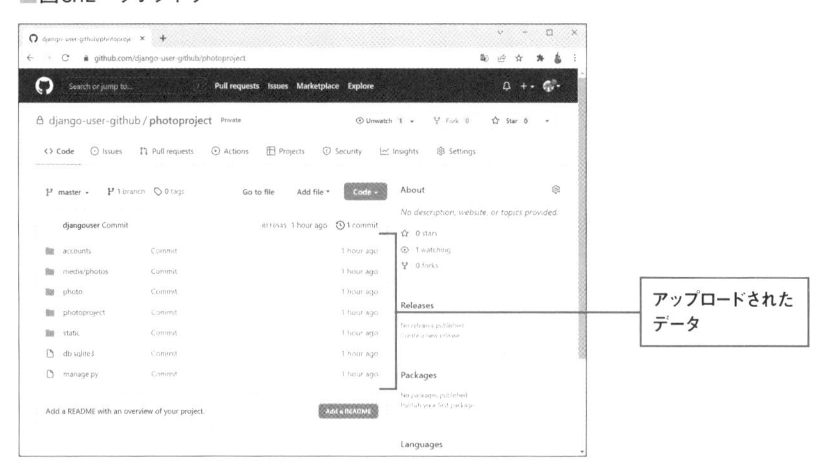

8.3

PythonAnywhereのアカウントを取得してプロジェクトを作成しよう

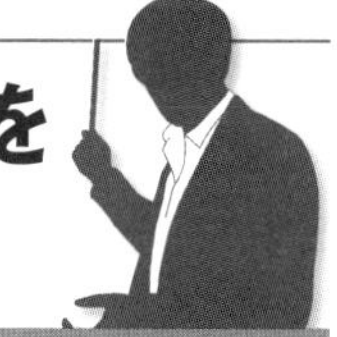

PythonAnywhereのアカウントを取得して、プロジェクトを作成しましょう。

PythonAnywhereのアカウントを取得しよう

❶PythonAnywhereにアクセスし、[Start running Python online in less than a minute!]をクリックしましょう。

■図8.13　PythonAnywhere（https://www.pythonanywhere.com/）

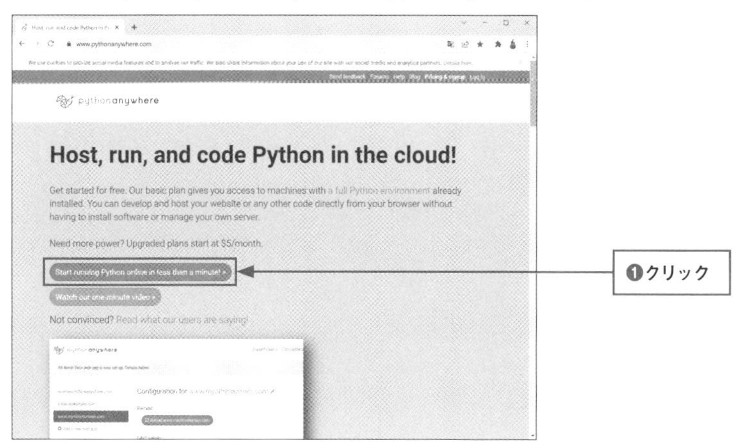

プランを選択します。

❷無料で利用できる「Beginner」のアカウントを取得することにしましょう。[Create a Beginner account]をクリックします。

■図8.14　プランを選択する

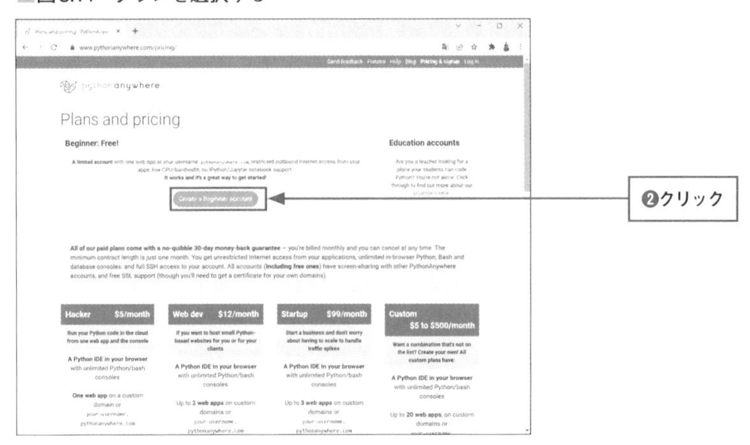

❸アカウントの登録画面が表示されます。ユーザー名、メールアドレス、パスワード（確認含む）を入力し、[I agree to the Terms and ...]にチェックを入れて[Register]ボタンをクリックしましょう。ここではユーザー名を「photosystem」とします。

■図8.15　PythonAnywhereのアカウントを作成

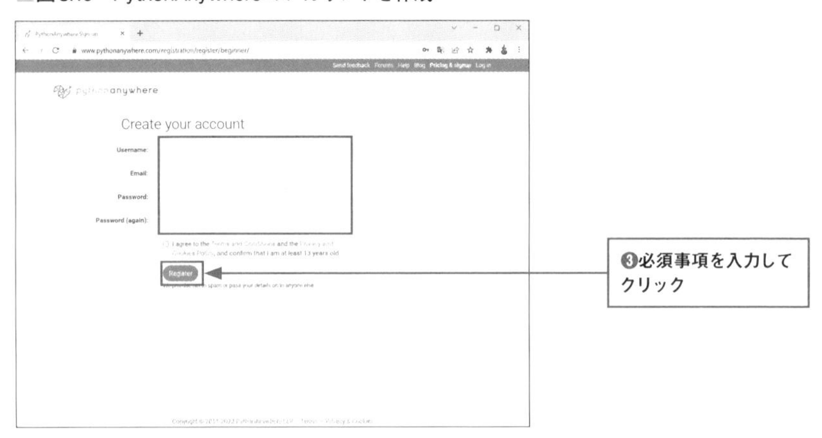

登録したメールアドレス宛に、認証ページのリンクが記載されたメールが届きます。リンク先のページを表示して認証を行えば、アカウントの作成が完了です。

 Djangoを利用するプロジェクトを作成しよう

❶アカウントを取得してPythonAnywhereにログインすると、「Dashboard」が表示されます。画面右上の[Web]をクリックしましょう。

■図8.16 PythonAnywhereのDashboard

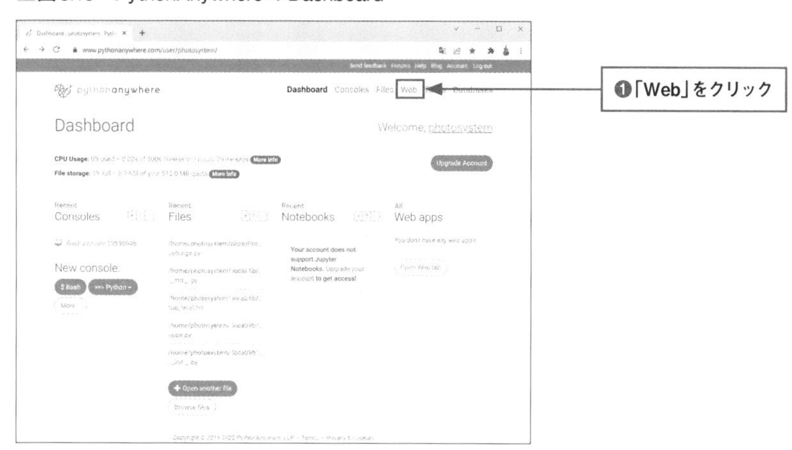

❷[Add a new web app]をクリックしましょう。

■図8.17 Webアプリの作成

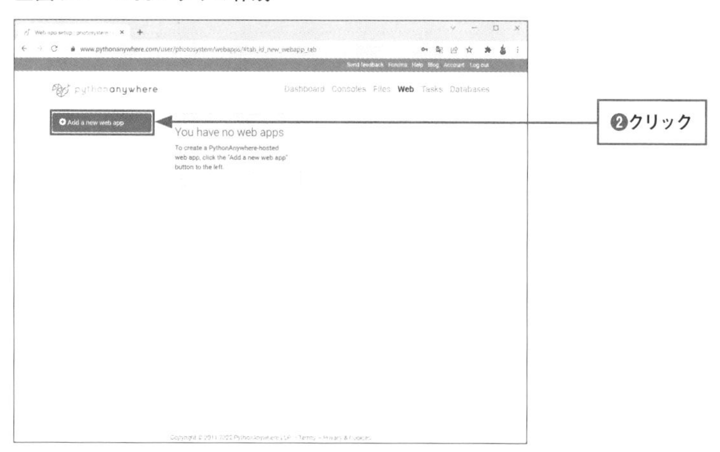

❸[Next]ボタンをクリックします。

■図8.18 Webアプリの作成

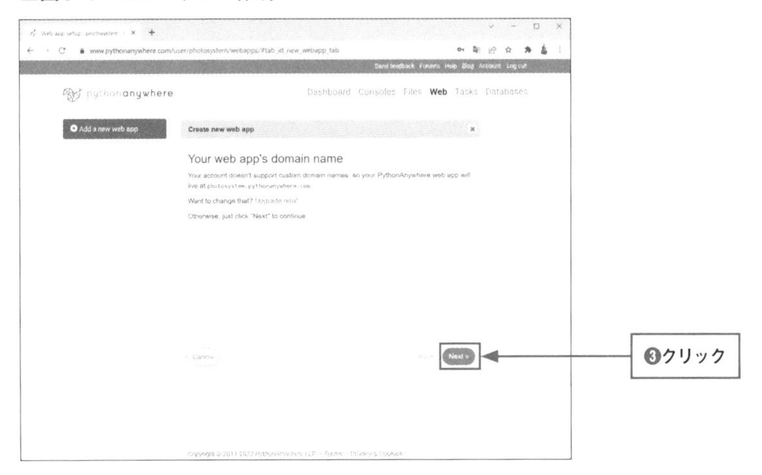

❹[Django]をクリックしましょう。

■図8.19 Webフレームワークの選択

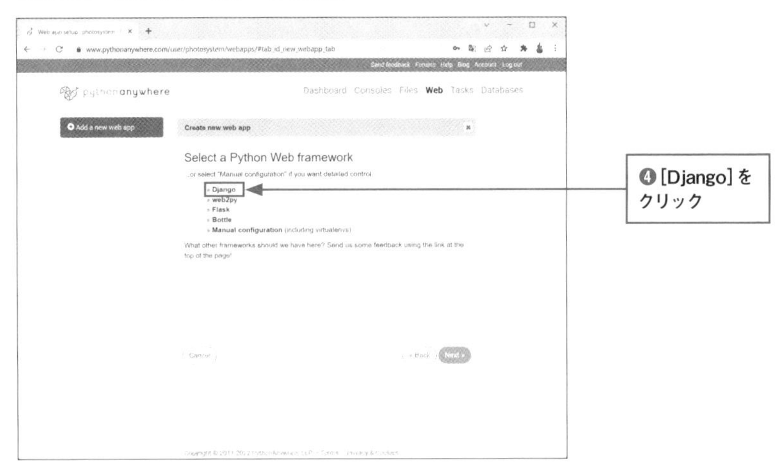

❺ [Python 3.8]をクリックします。

図8.20　Pythonのバージョンを選択

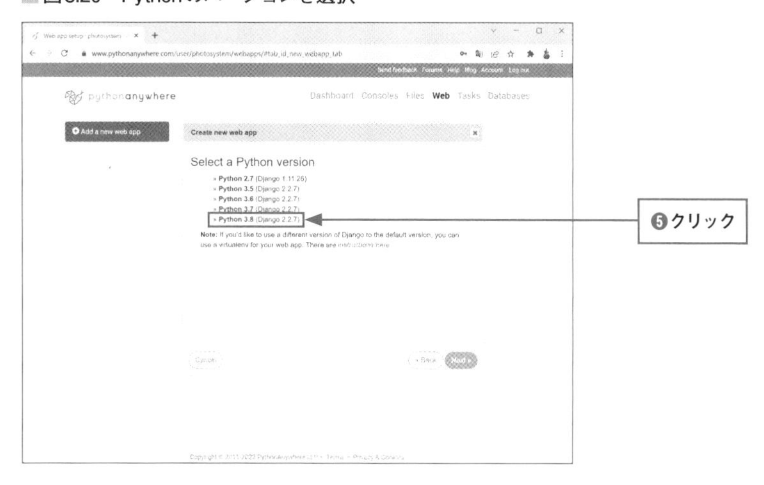

❻ [Project Name]にプロジェクト名として「photoproject」と入力します。
❼ [Directory]にはデフォルトのディレクトリが入力されているので、ここはそのままにして[Next]ボタンをクリックしましょう。

図8.21　プロジェクト名の設定

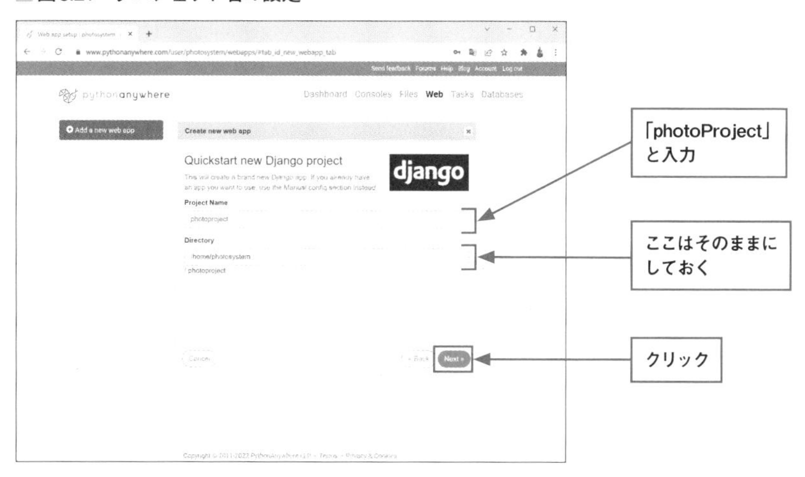

以上でプロジェクトの作成は完了です。プロジェクト作成後に次の画面が表示されます。

❽［Configuration for］に作成したプロジェクトのリンクがあるので、クリックしましょう。

■図8.22 プロジェクトの設定ページ

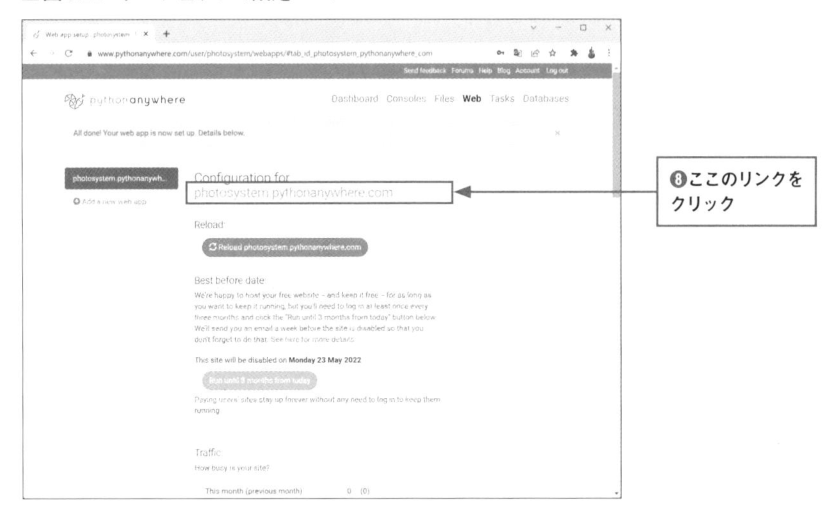

Djangoにデフォルトで用意されているトップページが表示されます。URLは、

http://photosystem.pythonanywhere.com/

のようにドメイン名が

ユーザー名.pythonanywhere.com

となっているのが確認できます。なお、リンクは「http://～」となっていますが「https://～」でもアクセスできます。

8.4

PythonAnywhereで「会員制フォトギャラリーアプリ」を公開しよう

PythonAnywhereには、空のプロジェクト「photoproject」が作成されています。このプロジェクトはDjango対応のプロジェクトとして作成されています。

ここでは、プロジェクト内のファイル／フォルダー一式を、GitHubのリポジトリ「photoproject」のものと入れ替えます。

 GitHubの個人アクセストークンを作成する

GitHubでは、リポジトリのクローンを作成（ファイルやフォルダーのプッシュ）する際のパスワード認証が廃止（2021年8月）され、代わりに個人アクセストークン（Personal Access Tokens）というものが使用されるようになりました。個人アクセストークンは、次の手順で作成します。

❶GitHubにサインインした状態で、ページの右上のプロフィール画像をクリックし、[Settings]を選択します。

▼GitHubのページ

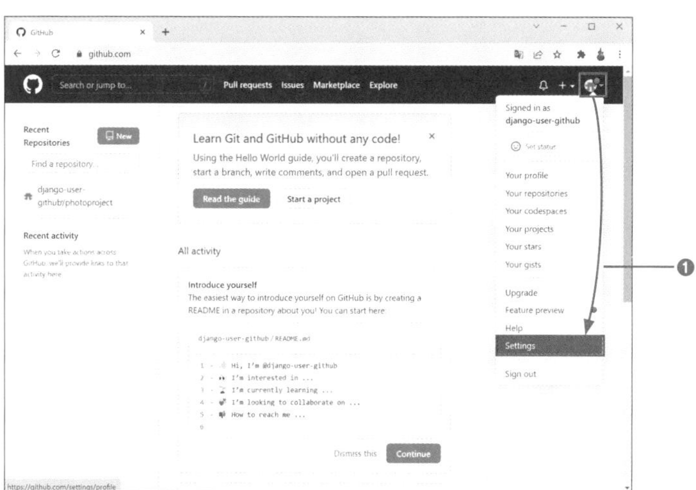

8 Webアプリを公開しよう

❷サイドバーの下にある[<> Developer settings]をクリックします。

▼GitHubの「Your Profile」のページ

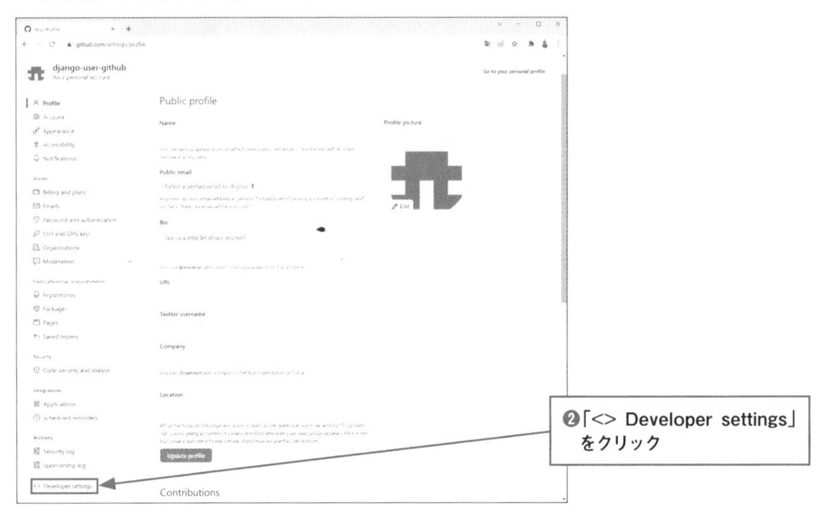

❸サイドバーの[Personal access tokens]をクリックします。

▼「GitHub Apps」のページ

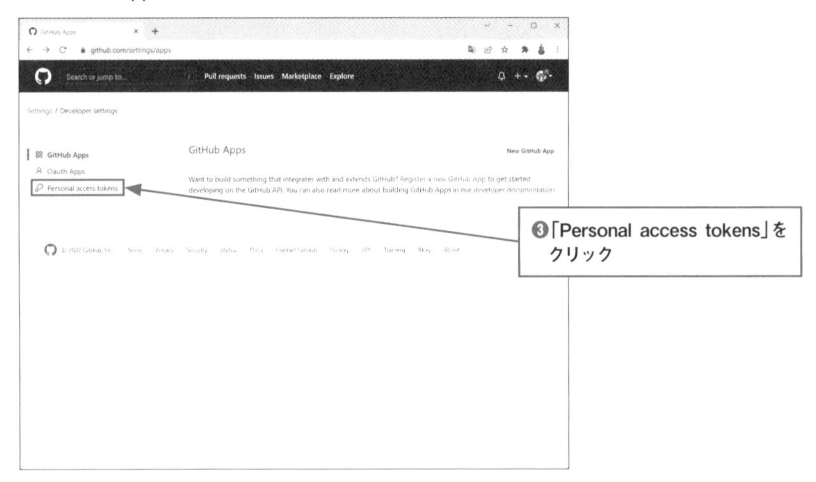

❹ [Generate a personal access token]のリンクをクリックします。

▼「Personal access tokens」のページ

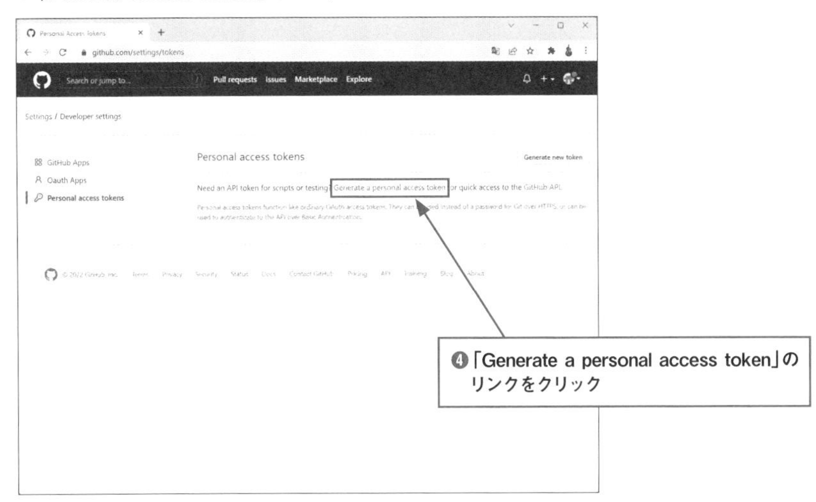

❺ [Note]に任意のトークン名を入力します。

❻ [Expiration]でトークンの有効期限(7日、30日、60日、90日から選択可能)を選択します。

❼ [repo]、[admin:repo_hook]、[delete_repo]にチェックを入れます。

❽ [Generate token]ボタンをクリックします。

▼「New Personal Access Token」のページ

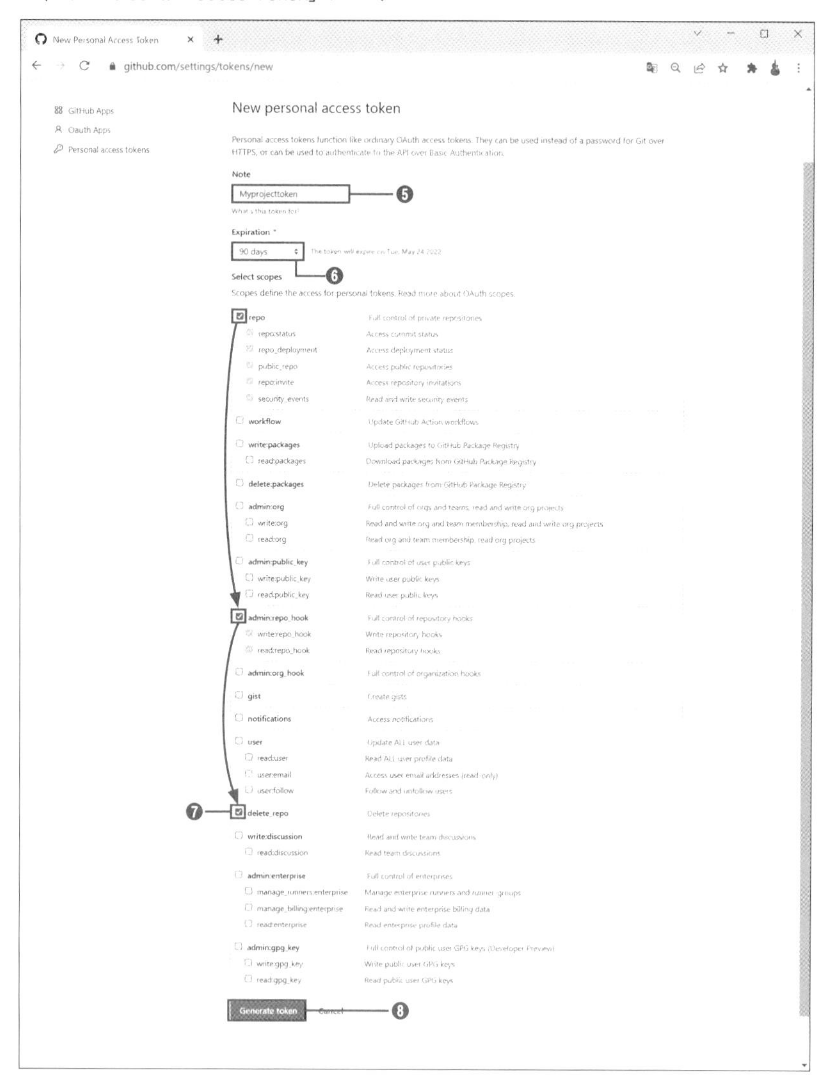

❾個人用アクセストークンが作成されます。これがパスワードの代わりになるので、トークンをメモするか、コピーボタンをクリックして任意のファイルに貼り付けて保存しておきましょう。

▼「Personal Access Tokens」のページ

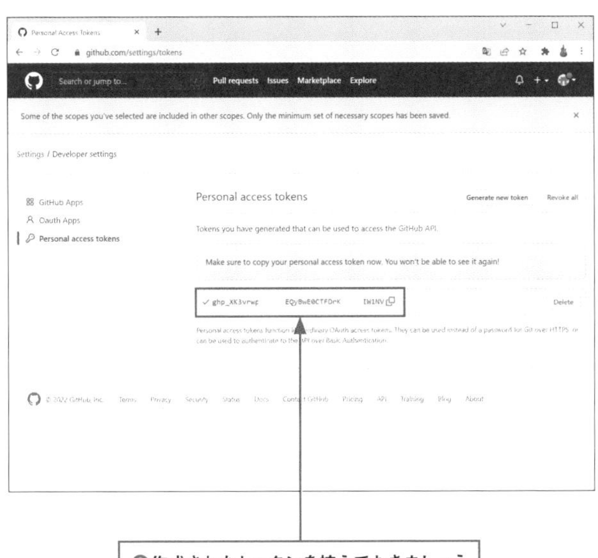

PythonAnywhereのプロジェクトにGitHubのリポジトリのクローンを作成

❶PythonAnywhereのナビゲーションメニューの[Dashboard]をクリックし、[New console]の[$Bash]をクリックします。

図8.24 PythonAnywhereのDashboard

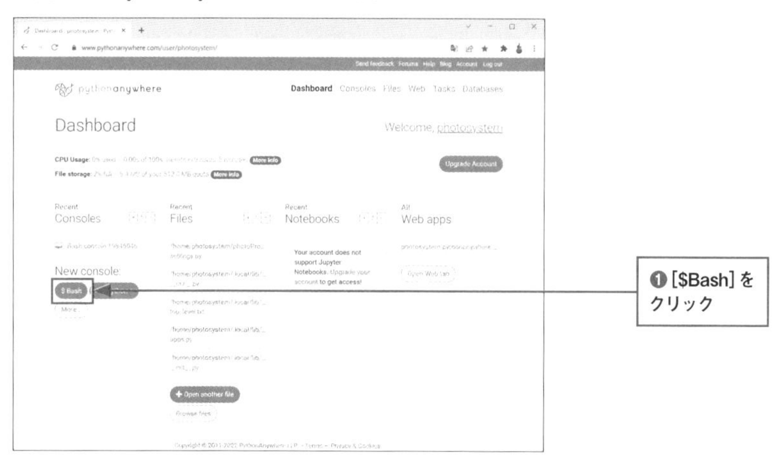

❷「Bash」が起動します。BashはPythonAnywhere上で動作するターミナルです。

```
rm -rf photoproject
```

と入力して、作成したphotoprojectを削除します。

❸GitHubで作成済みのリポジトリ「photoproject」を表示します。

[Code]ボタンをクリックすると、プルダウンメニューに「photoproject」をダウンロードするためのURLが表示されるので、右横にある[コピー]ボタンをクリックしましょう。

■図8.25　photoProjectの削除

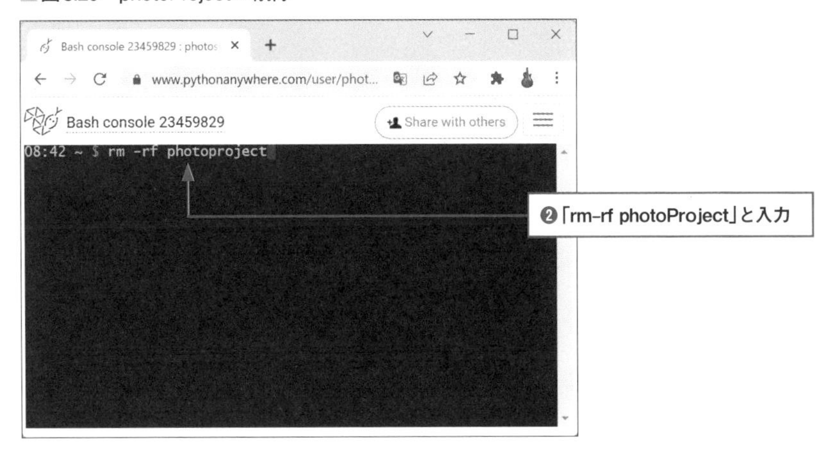

■図8.26　GitHubのリポジトリのページ

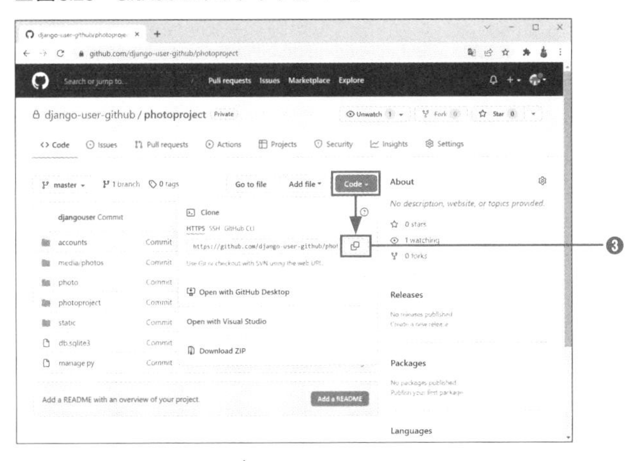

❹再びPythonAnywhereの「Bash」に戻って、git clone［スペース］と入力し、［Ctrl］+［V］キーを押して、リポジトリ「photoproject」のコピー元のURLを貼り付けます。

git clone https://github.com/django-user-github/photoproject.git

この状態で［Enter］キーを押して実行しましょう。

■図8.27　リポジトリのクローン作成

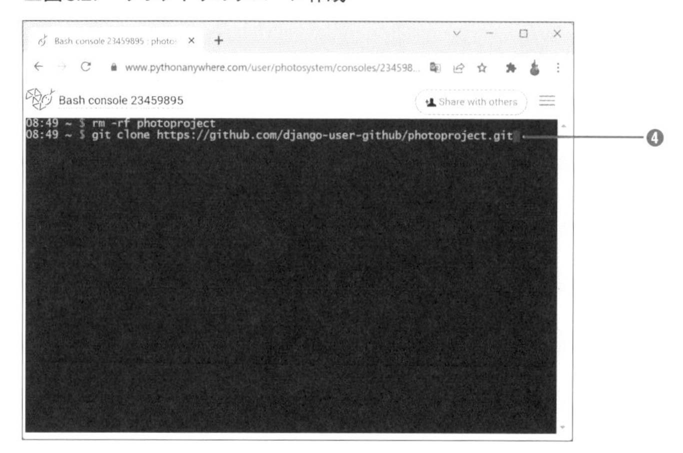

❺[Username for...]のところにGitHubのユーザー名(アカウント名)を入力し、[Password for...]のところに、前項で作成した個人用アクセストークンを入力します。

❻次のように表示されたら、リポジトリのクローン作成は完了です。

■図8.28　リポジトリのクローン作成の完了後

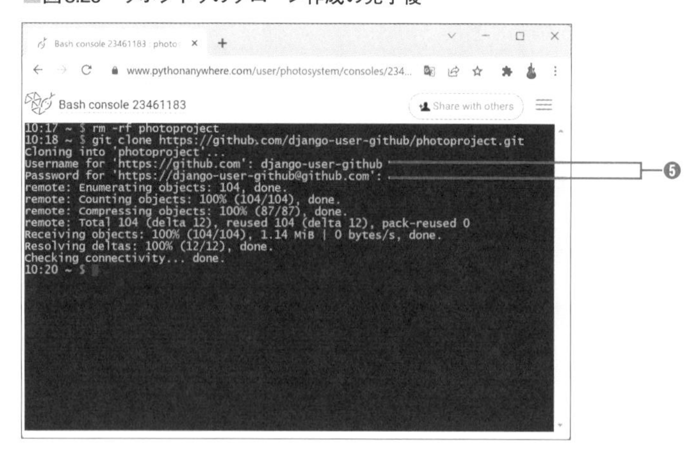

 「settings.py」の内容を修正してWebで公開しよう

PythonAnywhereの[Files]をクリックすると、ユーザーのディレクトリ(画面例ではphotosystem)が表示されます。

❶PythonAnywhereのトップページで[Files]をクリックして、プロジェクトのディレクトリ「photoproject/」をクリックしましょう。

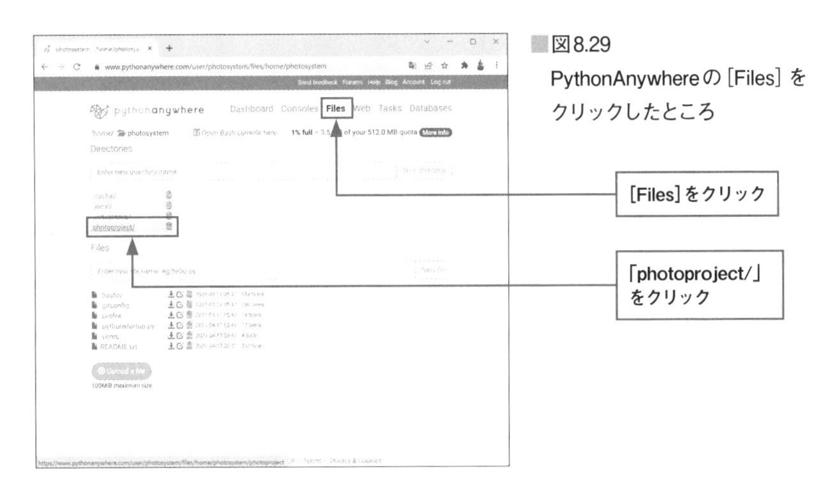

図8.29
PythonAnywhereの[Files]をクリックしたところ

❷さらに「photoproject/」をクリックします。

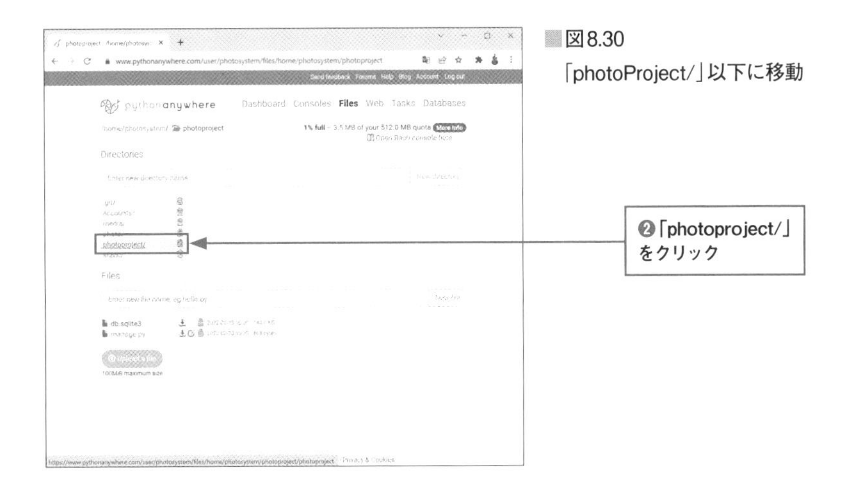

図8.30
「photoProject/」以下に移動

❸「settings.py」をクリックしましょう。

■図8.31 「settings.py」を開く

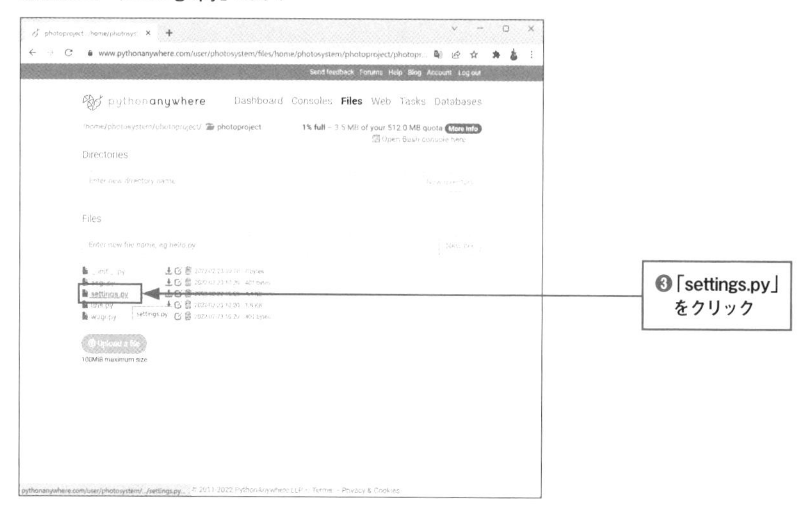

「settings.py」が開いてソースコードが表示されます。

❹次のようにDEBUGの値をFalseに書き換えて、ALLOWED_HOSTSの［ ］内にPythonAnywhereのホスト名（ユーザー名.pythonanywhere.com）を入力します。ユーザー名がphotosystemの場合は次のとおり。

DEBUG = False
ALLOWED_HOSTS = ['photosystem.pythonanywhere.com']

❺STATIC_URLの値'static/'について、

```
STATIC_URL = '/static/'
```

のように先頭に/を追加します。

■図8.32　修正後のsettings.py

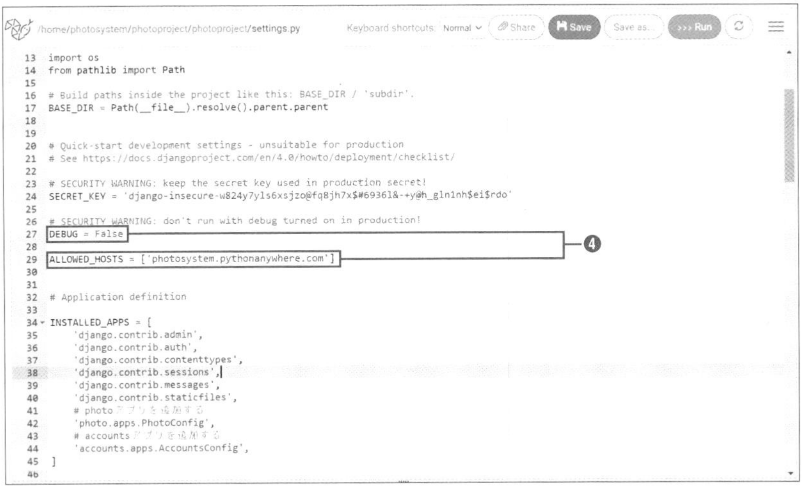

/home/photosystem/photoproject/photoproject/settings.py　Keyboard shortcuts: Normal　Share　Save　Save as...　>>> Run

```
13  import os
14  from pathlib import Path
15
16  # Build paths inside the project like this: BASE_DIR / 'subdir'.
17  BASE_DIR = Path(__file__).resolve().parent.parent
18
19
20  # Quick-start development settings - unsuitable for production
21  # See https://docs.djangoproject.com/en/4.0/howto/deployment/checklist/
22
23  # SECURITY WARNING: keep the secret key used in production secret!
24  SECRET_KEY = 'django-insecure-w824y7yls6xsjzo@fq8jh7x$#69361&-+y@h_gln1nh$ei$rdo'
25
26  # SECURITY WARNING: don't run with debug turned on in production!
27  DEBUG = False                                              ❹
28
29  ALLOWED_HOSTS = ['photosystem.pythonanywhere.com']         ❹
30
31
32  # Application definition
33
34  INSTALLED_APPS = [
35      'django.contrib.admin',
36      'django.contrib.auth',
37      'django.contrib.contenttypes',
38      'django.contrib.sessions',
39      'django.contrib.messages',
40      'django.contrib.staticfiles',
41      # photoアプリを追加する
42      'photo.apps.PhotoConfig',
43      # accountsアプリを追加する
44      'accounts.apps.AccountsConfig',
45  ]
46
```

/home/photosystem/photoproject/photoproject/settings.py　Keyboard shortcuts: Normal　Share　Save　Save as...　>>> Run

```
101     },
102     {
103         'NAME': 'django.contrib.auth.password_validation.NumericPasswordValidator',
104     },
105 ]
106
107
108 # Internationalization
109 # https://docs.djangoproject.com/en/4.0/topics/i18n/
110
111 # 使用言語を日本語に設定
112 LANGUAGE_CODE = 'ja'
113
114 # タイムゾーンを設定
115 TIME_ZONE = 'Asia/Tokyo'
116
117 USE_I18N = True
118
119 USE_TZ = True
120
121
122 # Static files (CSS, JavaScript, Images)
123 # https://docs.djangoproject.com/en/4.0/howto/static-files/
124
125 STATIC_URL = '/static/'                                    ❺
126
127 # staticフォルダーのフルパスを設定
128 STATICFILES_DIRS = (os.path.join(BASE_DIR, 'static'),)
129
130 # Userモデルの代わりにCustomUserモデルを使用する
131 AUTH_USER_MODEL = 'accounts.CustomUser'
```

❻修正が済んだら、[Save]ボタンをクリックして保存します。

❼PythonAnywhereの[Web]をクリックして、[Reload ユーザー名.pythonanywhere.com]をクリックします。Webアプリがリロードされ、settings.pyの変更内容が反映されます。

❽「ユーザー名.pythonanywhere.com」のリンクをクリックしましょう。

■図8.33　PythonAnywhereの「Web」ページ

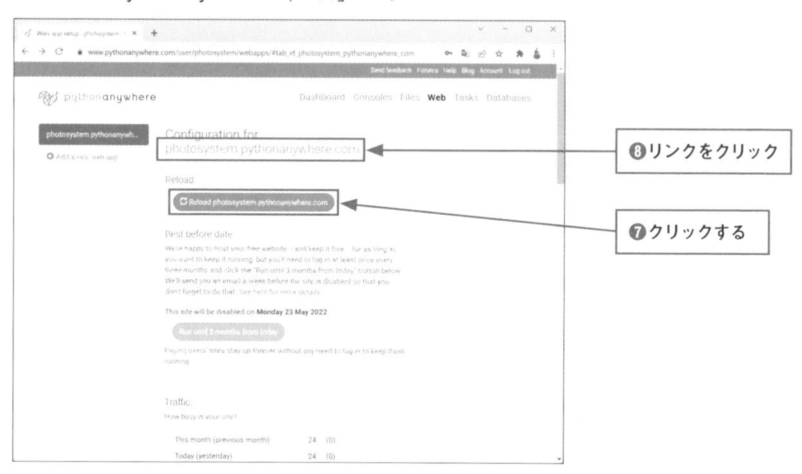

■図8.34　会員制フォトギャラリーのトップページ

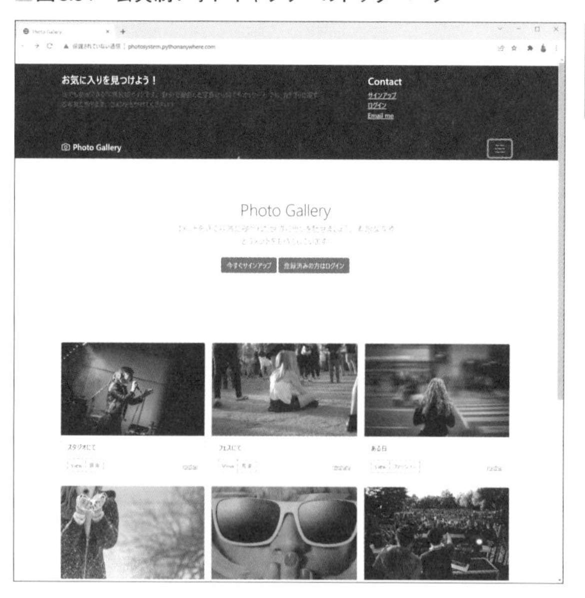

Web上で公開されているので、ユーザー登録を行うと写真の投稿が行えます

いかがでしょうか？　無事、Web上でアプリが表示されました！

コラム

PythonAnywhereにおける静的ファイルの設定

PythonAnywhereの「Web」ページでは、静的ファイルの場所を指定できるようになっています。デフォルトの設定は次表のようになっていて、写真投稿アプリのプロジェクトはそのままの状態で稼働させることができます。

静的ファイルのURL	http(s)://<ドメイン名>以下のパス
/static/	/home/ユーザー名/photoproject/static
/media/	/home/ユーザー名/photoproject/media

▼PythonAnywhereの「Web」ページの「Static files」の項目

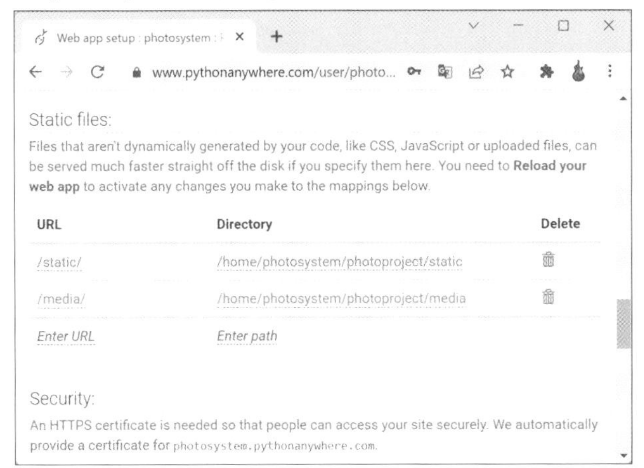

ここで設定したフォルダーへのアクセスは、すべてアプリケーションサーバーには送られずにWebサーバー側で処理されます。「URL」や「Directory」の欄に表示されているパスをクリックすると内容を編集することができ、最下段の「Enter URL」や「Enter path」に入力して、新たな静的ファイルの場所を追加することもできるようになっています。

Django 4.0リリースノート

Django 4.0のリリースノートにおいて、ポイントになる箇所を翻訳しましたのでご参照ください。

「Django 4.0 release notes」(https://docs.djangoproject.com/en/dev/releases/4.0/)

Pythonの互換性

Django 4.0は、Python 3.8、3.9および3.10をサポートしています。

Django 4.0の新機能

UniqueConstraint()の位置引数*expressionsにより、式とデータベース関数に機能的に一意の制約を作成できます。

▼例

```
from django.db import models
from django.db.models import UniqueConstraint
from django.db.models.functions import Lower


class MyModel(models.Model):
    first_name = models.CharField(max_length=255)
    last_name = models.CharField(max_length=255)

    class Meta:
        indexes = [
            UniqueConstraint(
                Lower('first_name'),
                Lower('last_name').desc(),
                name='first_last_name_unique',
            ),
        ]
```

Meta.constraintsオプションを使用して、機能固有の制約がモデルに追加されます。

マイナーな変更

django.contrib.admin

- admin/base.htmlテンプレートには、adminサイトのヘッダーが含まれています。
- 新しいModelAdmin.get_formset_kwargs()メソッドを使用すると、フォームセットのコンストラクターに渡されるキーワード引数をカスタマイズすることができます。
- ナビゲーション用のサイドバーにクイックフィルターツールバーが追加されます。
- modelクラスを含む新しいコンテキスト変数がAdminSite.each_context()メソッドに追加されます。

django.contrib.admindocs

- ROOT_URLCONFは、文字列以外も許可するようになりました。
- admindocsのモデルセクションには、キャッシュされたプロパティが表示されます。

django.contrib.auth

- PBKDF2パスワードハッシャーのデフォルトの反復回数が260,000から320,000に増加しました。
- 新しく追加されるLoginView.next_page属性とget_default_redirect_url()メソッドを使用すると、ログイン後のリダイレクトをカスタマイズできます。

django.contrib.gis

- SpatiaLite 5のサポートが追加されました。
- GDALRasterでは、GDAL仮想ファイルシステムでラスターを作成できるようになりました。

django.contrib.postgres

- PostgreSQLのバックエンドは、サービス名による接続をサポートするようになりました。

django.contrib.staticfiles

- ManifestStaticFilesStorage
  JavaScriptの参照パスを、ハッシュ化されたものに置き換えます。

●CSRF

・CSRFによるプロテクトは、Originヘッダーが存在する場合、これを参照するようになりました。この場合、CSRF_TRUSTED_ORIGINSへの設定にいくつかの変更が必要になります。

●Forms

・ModelChoiceField
invalid_choiceエラーメッセージに対して発生したValidationErrorのパラメーターに、提供された値が含まれるようになりました。このことで、カスタムエラーメッセージにおいてプレースホルダーを使用できるようになります。

●Management Commands

・runserverコマンドをサポートするようになりました。この場合、--skip-checksオプションを指定します。
・PostgreSQLでパスワードファイルの指定をサポートするようになりました。

●Models

・新しいQuerySet.contains(obj)メソッド
クエリセットに指定されたオブジェクトが含まれているかどうかを返すようになります。可能な限り最も単純で最速の方法でクエリを実行するための試みです。
・データベース関数のRound()における新しいprecision引数により、丸め後の小数点以下の桁数を指定できます。
・QuerySet.bulk_create()
SQLite 3.35+を使用するときに、オブジェクトに主キーを設定するようになりました。
・DurationField
SQLiteでスカラー値による乗算と除算をサポートするようになりました。

●Requests and Responses

・SecurityMiddleware
Cross-Origin OpenerPolicyヘッダーが追加されました。「same-origin」の値を使用して、「cross-origin」が同じブラウジングコンテキストを共有しないようにします。

●Signals

・pre_migrate()およびpost_migrate()シグナルの新しいstdout引数により、出力をストリームのようなオブジェクトにリダイレクトできます。

Tests

・新しいserialized_aliases引数は、serialized_rollback機能を使用できるようにするために、テストデータベースの状態をシリアル化します。
・Djangoテストランナーは、--buffer並列テストのオプションをサポートするようになりました。

バージョン4.0における後方互換性のない変更

データベースAPI

以下、サードパーティのデータベースバックエンドの変更です。

・DatabaseOperations.year_lookup_bounds_for_date_field()および、year_lookup_bounds_for_datetime_field()メソッドのiso_yearは、ISO-8601の週暦での週番号・週年をサポートするため、オプションの引数を取るようになりました 。
・django.contrib.gis
PostGIS 2.3のサポートはなくなりました。
GDAL 2.0およびGEOS 3.5のサポートはなくなりました。
・PostgreSQL 9.6のサポート終了
Django 4.0はPostgreSQL 10以降をサポートします。
・Oracle 12.2および18cのサポート終了
Oracle 12.2のアップストリームサポートは2022年3月に終了し、Oracle 18cのサポートも終了。Django 3.2は2024年4月までサポートされます。Django 4.0はOracle 19cを正式にサポートします。

CSRF_TRUSTED_ORIGINSの変更

・CSRF_TRUSTED_ORIGINS設定の値には、ホスト名だけでなく、スキーム('http://'または'https://')を含める必要があります。また、ドットで始まった値には、ドットの前にアスタリスクも含める必要があります。例えば、'.example.com'は、'https://*.example.com'に変更します。
・CSRFによるプロテクトがOriginヘッダーを参照するようになります。

SecurityMiddlewareでX-XSS-Protectionヘッダーの設定が不要に

SecurityMiddlewareはX-XSS-Protectionヘッダーを設定しなくなりました。SECURE_BROWSER_XSS_FILTER設定がTrueの場合は、設定が削除されます。

索引

【あ行】

【か行】

【さ行】

【た行】

【な行】

【は行】

【ま行】

【や・ら行】

【アルファベット】

【数字】

【コマンド】

【関数】

【クラス】

【メソッド】

【引数】

Django4 Webアプリ開発実装ハンドブック

発行日 2022年 5月 6日 第1版第1刷

著 者 チーム・カルポ

発行者 斉藤 和邦
発行所 株式会社 秀和システム
〒135-0016
東京都江東区東陽2-4-2 新宮ビル2F
Tel 03-6264-3105（販売）Fax 03-6264-3094
印刷所 三松堂印刷株式会社 Printed in Japan

ISBN978-4-7980-6717-9 C3055